**大数据应用人才能力培养
新形态系列**

Hadoop
技术原理与案例教程
微课版

韩玉民 郭丽 ◎ 主编
王尧 张文宁 张炎峰 缑西梅 ◎ 副主编

人民邮电出版社
北京

图书在版编目（CIP）数据

Hadoop技术原理与案例教程：微课版 / 韩玉民, 郭丽主编. -- 北京：人民邮电出版社, 2024.6
（大数据应用人才能力培养新形态系列）
ISBN 978-7-115-63969-1

Ⅰ. ①H… Ⅱ. ①韩… ②郭… Ⅲ. ①数据处理软件—教材 Ⅳ. ①TP274

中国国家版本馆CIP数据核字(2024)第054839号

内 容 提 要

本书系统地介绍Hadoop技术原理与应用。全书分为四篇，第一篇为分布式存储与计算基础，第二篇为数据仓库Hive，第三篇为非关系数据库HBase，第四篇为综合案例。本书共14章，包括大数据基础、Hadoop简介、Hadoop分布式文件系统、Hadoop分布式计算系统、Hadoop资源管理器Yarn、Hadoop案例开发、Hive原理与应用、Hive数据定义、Hive数据分析基础、Hive数据分析案例、HBase基础知识、HBase原理与架构、HBase案例开发、综合案例等。

本书原理与实践并重，前三篇每章都有基本案例和课后习题，以及相应的综合应用案例，第四篇是总结性的综合案例，以便读者能够深入理解原理并培养相应的工程实践能力。

本书可作为高等院校大数据、计算机、信息处理等相关专业的大数据课程教材，也可作为大数据等相关技术人员的培训教材。

◆ 主　编　韩玉民　郭　丽
　　副主编　王　尧　张文宁　张炎峰　緱西梅
　　责任编辑　赖　青
　　责任印制　陈　犇

◆ 人民邮电出版社出版发行　北京市丰台区成寿寺路11号
　　邮编　100164　电子邮件　315@ptpress.com.cn
　　网址　https://www.ptpress.com.cn
　　三河市祥达印刷包装有限公司印刷

◆ 开本：787×1092　1/16
　　印张：21.75　　　　　　　　　　2024年6月第1版
　　字数：550千字　　　　　　　　　2024年6月河北第1次印刷

定价：79.80元

读者服务热线：(010)81055256　印装质量热线：(010)81055316
反盗版热线：(010)81055315
广告经营许可证：京东市监广登字 20170147 号

前言

Hadoop 是目前主流的分布式系统基础架构，因具有高可靠性、高效性、高可扩展性、高容错性、低成本等优势获得广泛应用，目前主流版本为 Hadoop 3.x。

本书系统介绍 Hadoop 全生态技术原理与应用，分为四篇，共 14 章。第一篇为分布式存储与计算基础，第二篇为数据仓库 Hive，第三篇为非关系数据库 HBase，这三篇都有相应的应用案例，第四篇为融合全书原理与实践的综合案例。

第一篇为分布式存储与计算基础，包括第 1~6 章。第 1 章介绍大数据基础，包括数据以及大数据的起源、技术特点与主要应用场景；第 2 章介绍 Hadoop 架构基础；第 3 章介绍 Hadoop 分布式文件系统；第 4 章介绍 Hadoop 分布式计算系统；第 5 章介绍 Hadoop 资源管理器 Yarn；第 6 章为 MapReduce 的应用案例。

第二篇为数据仓库 Hive，包括第 7~10 章。第 7 章介绍 Hive 基本原理；第 8 章介绍 Hive 数据定义，包括数据库和数据表操作等；第 9 章介绍 Hive 数据分析基础，包括数据的增删改查、函数与分析等；第 10 章为 Hive 数据分析案例，包括常用的数据分析方法和二手车数据分析案例。

第三篇为非关系数据库 HBase，包括第 11~13 章。第 11 章介绍 NoSQL 以及 HBase 的部署与基本操作；第 12 章介绍 HBase 的原理与架构；第 13 章为基于学生信息的 HBase 应用案例。

第四篇为综合案例，包括第 14 章。第 14 章通过维基百科数据挖掘综合案例，对全书进行综合性的原理与实践总结。

本书具有如下特色。

（1）体系完整：涵盖 Hadoop 全生态技术原理与工具的介绍。

（2）问题导向：面向问题，以需求驱动，重视实践。

（3）原理与实践并重：采用"技术基础→技术原理→案例"的学习路线，章前有思维导图，章中有案例，章末有常见问题与解决方案（部分章有）、本章小结与习题（除第 14 章外）；前三篇每一篇都有案例实践，帮助读者学以致用，第四篇的综合案例，帮助读者总结提升。

本书提供课件、习题与答案等配套的教学资源。

限于篇幅，书中案例仅提供关键代码，完整的案例项目和代码等资源，读者可到人邮教育社区（www.ryjiaoyu.com）下载。

本书由韩玉民、郭丽担任主编，王尧、张文宁、张炎峰、傣西梅担任副主编，韩玉民对全书进行规划。本书第 1 章由韩玉民编写，第 2~6 章由张文宁、张炎峰编写，第 7~9 章由郭丽编写，第 10 章由郭丽、缑西梅编写，第 11 章由王尧、缑西梅编写，第 12~14 章由王尧编写，全书由韩玉民、郭丽负责统稿。

  本书的编写得到了中原工学院教材建设项目、郑州市"码农计划"项目、新乡医学院三全学院人才培养质量提升"一院一品"项目资助，另外编者也参考了一些相关专著与技术资料，在此一并表示感谢。

编 者
2023 年 7 月

目录

第一篇 分布式存储与计算基础

第1章 大数据基础

1.1 数据、信息和知识 ……………………………………………………………… 2
1.2 大数据 ……………………………………………………………………………… 3
    1.2.1 大数据的发展历程 ……………………………………………………… 3
    1.2.2 大数据的定义 …………………………………………………………… 5
1.3 数据分析流程 …………………………………………………………………… 7
    1.3.1 确定数据分析目标 ……………………………………………………… 7
    1.3.2 数据采集 ………………………………………………………………… 7
    1.3.3 数据预处理 ……………………………………………………………… 10
    1.3.4 数据分析 ………………………………………………………………… 11
1.4 大数据技术生态体系 …………………………………………………………… 13
1.5 大数据应用场景 ………………………………………………………………… 17
    1.5.1 基于大数据的电子商务 ………………………………………………… 18
    1.5.2 能源大数据体系建设 …………………………………………………… 18
    1.5.3 交通大数据体系建设 …………………………………………………… 19
    1.5.4 政务大数据体系建设 …………………………………………………… 20
    1.5.5 基于大数据的人口迁徙 ………………………………………………… 21
    1.5.6 农业大数据体系建设 …………………………………………………… 21
1.6 本章小结 ………………………………………………………………………… 23
习题 …………………………………………………………………………………… 23

第 2 章 Hadoop 简介

- 2.1 Hadoop 概述 ········· 25
  - 2.1.1 起源 ········· 26
  - 2.1.2 Hadoop 发行版本 ········· 26
  - 2.1.3 Hadoop 架构变迁 ········· 27
  - 2.1.4 Hadoop 特点 ········· 27
- 2.2 Hadoop "生态圈" ········· 28
- 2.3 Hadoop 核心架构 ········· 29
  - 2.3.1 HDFS ········· 29
  - 2.3.2 MapReduce ········· 29
  - 2.3.3 Yarn ········· 30
- 2.4 Hadoop 运行模式 ········· 30
  - 2.4.1 本地模式 ········· 30
  - 2.4.2 伪分布式模式 ········· 30
  - 2.4.3 完全分布式模式 ········· 31
- 2.5 Hadoop 集群搭建 ········· 31
  - 2.5.1 集群规划 ········· 31
  - 2.5.2 基本软件的安装 ········· 32
  - 2.5.3 完全分布式集群的搭建 ········· 33
- 2.6 常见问题及解决方案 ········· 46
- 2.7 本章小结 ········· 47
- 习题 ········· 47

第 3 章 Hadoop 分布式文件系统

- 3.1 HDFS 概述 ········· 50
  - 3.1.1 文件系统 ········· 50
  - 3.1.2 传统文件系统 ········· 50
  - 3.1.3 HDFS 的引入 ········· 51
  - 3.1.4 HDFS 的设计目标 ········· 51
  - 3.1.5 HDFS 的使用场景 ········· 52
  - 3.1.6 HDFS 的局限性 ········· 52
- 3.2 HDFS 的技术架构 ········· 53
  - 3.2.1 分块存储 ········· 53
  - 3.2.2 副本机制 ········· 55

3.2.3　NameNode 55
　　　3.2.4　DataNode 56
　　　3.2.5　SecondaryNameNode 57
　　　3.2.6　BackupNode 58
　　　3.2.7　HDFS 写入数据流程 58
　　　3.2.8　HDFS 读取数据流程 59
　3.3　HDFS 的 Shell 操作 60
　　　3.3.1　基本命令 60
　　　3.3.2　上传命令 61
　　　3.3.3　下载命令 61
　　　3.3.4　高级操作 61
　3.4　HDFS 的 API 实战开发 62
　　　3.4.1　环境介绍 62
　　　3.4.2　pom.xml 配置说明 62
　　　3.4.3　HDFS 操作 63
　3.5　HDFS 核心解密 65
　　　3.5.1　再谈 NameNode 65
　　　3.5.2　节点的服役 67
　　　3.5.3　节点的退役 68
　　　3.5.4　DataNode 多目录的配置 69
　3.6　常见问题及解决方案 69
　3.7　本章小结 70
　　习题 70

第 4 章 Hadoop 分布式计算系统

　4.1　MapReduce 概述 74
　4.2　WordCount 入门 74
　　　4.2.1　下载 Hadoop 配置文件 74
　　　4.2.2　项目配置 75
　　　4.2.3　打包在集群运行 77
　4.3　MapReduce 编程思想 78
　　　4.3.1　MapReduce 原理 79
　　　4.3.2　MapReduce 进程 80
　　　4.3.3　MapReduce 编程规范 80
　4.4　Hadoop 序列化 81

	4.4.1 序列化与反序列化	81
	4.4.2 Hadoop 序列化要求	81
	4.4.3 Hadoop 序列化机制	82
4.5	MapReduce 输入	83
4.6	Shuffle 过程	87
	4.6.1 Shuffle 原理	87
	4.6.2 分区	88
	4.6.3 排序	89
	4.6.4 分组	91
4.7	Combiner 过程	92
4.8	MapReduce 输出	93
4.9	常见问题及解决方案	94
4.10	本章小结	98
习题		98

第 5 章 Hadoop 资源管理器 Yarn

5.1	Yarn 基本结构	100
	5.1.1 ResourceManager	101
	5.1.2 ApplicationMaster	101
	5.1.3 NodeManager	102
	5.1.4 Container	102
5.2	Yarn 工作机制	102
5.3	Yarn 资源调度器	103
	5.3.1 FIFO Scheduler	104
	5.3.2 Capacity Scheduler	104
	5.3.3 Fair Scheduler	107
5.4	本章小结	107
习题		107

第 6 章 Hadoop 案例开发

6.1	WordCount	109
6.2	最值	112
6.3	全排序	113
6.4	二次排序	115

6.5 MapReduce 链 ··· 117
6.6 MapReduce 数据合并 ·· 120
  6.6.1 案例描述 ·· 120
  6.6.2 Reduce JOIN 实现 ·· 121
  6.6.3 Map JOIN 实现 ·· 124
6.7 本章小结 ·· 125
习题 ·· 125

第二篇　数据仓库 Hive

第 7 章　Hive 原理与应用

7.1 Hive 简介 ·· 127
  7.1.1 数据仓库简介 ·· 127
  7.1.2 Hive 起源 ··· 127
  7.1.3 Hive 的主要特点 ·· 128
  7.1.4 Hive 下载 ··· 128
  7.1.5 Hive 安装包 ··· 129
7.2 Hive 组件简介 ·· 131
  7.2.1 Hive 元数据管理 ·· 131
  7.2.2 Metastore ·· 132
  7.2.3 HiveServer2 ··· 132
7.3 Hive 启动方式 ·· 133
  7.3.1 Hive Metastore 部署模式 ······································ 133
  7.3.2 JDBC 访问 Hive ··· 139
7.4 Hive 配置文件详解 ·· 142
  7.4.1 Hive 的核心配置文件 ·· 142
  7.4.2 Hive 运行环境参数配置 ······································ 145
  7.4.3 Hive 的本地运行模式 ·· 146
7.5 本章小结 ·· 147
习题 ·· 147

第 8 章 Hive 数据定义

8.1 Hive 的数据结构 ·········149
   8.1.1 创建数据库与表 ·········149
   8.1.2 加载数据到表中 ·········153
   8.1.3 查询数据库与表 ·········160
   8.1.4 修改数据库与表 ·········162
   8.1.5 删除数据库与表 ·········163
   8.1.6 导出数据 ·········164
8.2 Hive 的数据类型 ·········165
   8.2.1 Hive 原生数据类型 ·········165
   8.2.2 Hive 复杂数据类型 ·········169
   8.2.3 数据类型转换 ·········174
8.3 Hive 的数据模型 ·········175
   8.3.1 外部表与内部表的定义与区别 ·········176
   8.3.2 分区的概念与作用 ·········182
   8.3.3 分桶的概念与作用 ·········193
   8.3.4 Hive 数据表的序列化与反序列化 ·········197
8.4 本章小结 ·········199
习题 ·········199

第 9 章 Hive 数据分析基础

9.1 基于 IntelliJ IDEA 实现 Hive 操作 ·········204
   9.1.1 基于 IntelliJ IDEA 配置 Hive ·········204
   9.1.2 Hive 服务器连接 ·········204
   9.1.3 Console 功能区 ·········206
9.2 数据查询 ·········209
   9.2.1 基本查询 ·········209
   9.2.2 分组查询 ·········214
   9.2.3 子查询 ·········218
   9.2.4 Hive 的 JOIN 操作 ·········220
   9.2.5 Hive 的 JOIN 原理 ·········228
9.3 常用系统函数 ·········231
   9.3.1 聚合函数 ·········231
   9.3.2 窗口函数 ·········232

		9.3.3	表值函数	236
		9.3.4	时间日期函数	238
		9.3.5	字符串函数	240
		9.3.6	数学函数	242
		9.3.7	集合函数	243
	9.4	自定义函数		244
		9.4.1	UDF	245
		9.4.2	UDAF	248
		9.4.3	UDTF	250
	9.5	本章小结		251
习题				251

第 10 章 Hive 数据分析案例

10.1	数据分析流程与数据分析目标的选定		255
	10.1.1	数据分析流程	255
	10.1.2	数据分析目标的选定	255
10.2	常用数据分析方法		256
	10.2.1	描述性数据分析	256
	10.2.2	探索性数据分析	258
	10.2.3	预测性数据分析	260
10.3	二手车数据集		261
	10.3.1	数据集简介	261
	10.3.2	数据分析目标	262
	10.3.3	数据导入	262
10.4	二手车市场特征和需求探索案例		263
	10.4.1	二手车数据描述性分析	263
	10.4.2	二手车数据处理与转换	269
	10.4.3	二手车数据探索性分析	270
	10.4.4	二手车数据异常值与缺失值处理	271
10.5	二手车数据变量关系分析		272
	10.5.1	相关系数简介	272
	10.5.2	二手车数据相关系数分析	272
	10.5.3	特征关系可视化分析	275
	10.5.4	结果分析与结论	276
10.6	二手车数据聚类分析		277

10.7　本章小结 278
习题 278

第三篇　非关系数据库 HBase

第 11 章　HBase 基础知识

11.1　HBase 概述 281
　　11.1.1　NoSQL 的出现 281
　　11.1.2　HBase 的出现 281
　　11.1.3　HBase 的相关学习资源 281
11.2　HBase 系统部署 281
　　11.2.1　版本选择 281
　　11.2.2　系统准备 282
　　11.2.3　组件的上传和解压 283
　　11.2.4　配置环境变量 283
　　11.2.5　配置 ZooKeeper 284
　　11.2.6　配置 HBase 284
11.3　HBase 基本 Shell 操作 286
　　11.3.1　启动 HBase Shell 286
　　11.3.2　创建和删除表 286
　　11.3.3　写入数据 287
　　11.3.4　查询数据 288
　　11.3.5　删除数据 289
　　11.3.6　表结构处理 289
11.4　HBase 基本 API 操作 290
　　11.4.1　Maven 工程基本结构 290
　　11.4.2　创建和删除表 291
　　11.4.3　写入数据 293
　　11.4.4　查询数据 294
　　11.4.5　删除数据 294
11.5　本章小结 295
习题 295

第 12 章 HBase 原理与架构

12.1 HBase 数据存储结构 ·········· 297
 12.1.1 大数据时代的 MySQL ·········· 297
 12.1.2 解决问题的思路 ·········· 299
 12.1.3 两类存储思路的对比 ·········· 300
 12.1.4 HBase 的数据格式 ·········· 300
12.2 HBase 架构 ·········· 300
 12.2.1 HBase 整体架构 ·········· 301
 12.2.2 客户端和 HBase 的通信过程 ·········· 302
 12.2.3 WAL 与 HLOG ·········· 302
 12.2.4 HBase 与 HDFS ·········· 302
12.3 本章小结 ·········· 303
习题 ·········· 303

第 13 章 HBase 案例开发

13.1 数据准备 ·········· 304
13.2 基础统计任务 ·········· 306
 13.2.1 基本查询 ·········· 306
 13.2.2 过滤器 ·········· 307
 13.2.3 基本统计任务 ·········· 310
13.3 高级统计任务 ·········· 312
 13.3.1 HBase on MapReduce ·········· 312
 13.3.2 HBase with Hive ·········· 317
13.4 本章小结 ·········· 318
习题 ·········· 319

第四篇 综合案例

第 14 章 综合案例：维基百科数据挖掘

14.1 案例介绍 ·········· 320
 14.1.1 常见文本语料格式 ·········· 320
 14.1.2 语料介绍 ·········· 321
14.2 案例步骤 ·········· 322
 14.2.1 数据的下载与上传 ·········· 322

    14.2.2　创建 Hive 外接表 325
    14.2.3　正文字段预处理 328
    14.2.4　文章单词统计 329
    14.2.5　文章倒排表 330
    14.2.6　正负面分析 332
　14.3　本章小结 333

参考文献 334

第一篇　分布式存储与计算基础

第1章　大数据基础

大数据作为人工智能时代的核心备受瞩目，推动了经济社会发展模式的变革，对社会发展产生了深远的影响。大数据在数据获取、数据存储、数据管理和数据分析等方面都给传统技术带来了极大的挑战，产生了多种大数据相关技术。本章从大数据的基本概念和特征出发，阐述数据分析流程和大数据相关技术，并从多个方面介绍大数据的应用场景。

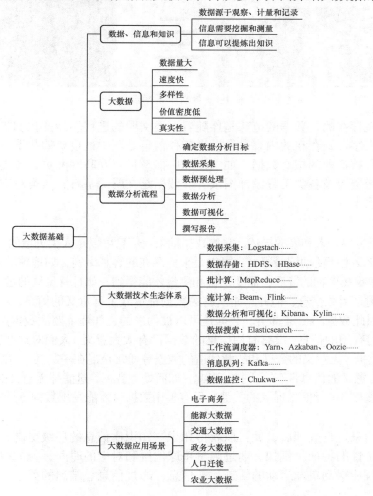

学习目标
(1) 理解大数据的概念及特征。
(2) 了解大数据相关技术。
(3) 了解大数据行业的发展现状。

1.1 数据、信息和知识

1. 数据

数据在拉丁文中表示已知或事实,如今数据代表对某件事物的描述,是对客观事物的性质、状态以及相互关系等进行记载的物理符号或这些物理符号的组合,是可识别的、抽象的。相较于数字,数据的范畴要大得多。它不仅包括文字、字母和数字符号的组合,还包括图形、图像、视频和音频等,如出现在互联网上的各种内容,交通、地理、文化、科学、经济、气象等领域的文字、符号和图片等。

数据源于人们对客观事物的观察、计量和记录,如远古时代人们为了记下猎物数量用石子或绳结计数,当今时代人们通过各类软件、物联网设备及可穿戴设备等将多种生活生产实践活动信息保存到数据库,如图 1-1 所示。不记录、不计量就无法收集数据。

图 1-1　数据采集方式

数据是客观存在的,数据的范畴是伴随着人类文明的进程不断变化和扩大的。当今时代,以语言和文字形式存在的内容是全世界各种信息处理中最重要的数据,也是全世界通信领域和信息科技产业的核心数据,如电视和广播节目、互联网网页、各类社交产品中的数据、医学影像资料及各类工程设计图纸等。数据是文明的基石,人类对它的认识也反映了人类文明的水平。

2. 信息

信息是关于世界、人和事的描述,它比数据抽象。信息可以是人类创造的,如人们的聊天记录、通信记录及生产活动记录等,也可以是天然存在的客观事实,如地球的表面积和质量。但信息有时候隐藏在事物的背后,需要挖掘和测量才能得到,如日月星辰的运行周期等。

数据的作用是承载信息,但并不是所有的数据都承载了有意义的信息。由于数据可以是人类创造的,因此数据不一定真实。数据是可以被伪造的,如环境监测数据造假等。伪造的数据不包含任何有用的信息,没有有用信息的数据没有太大意义,人们对这些数据不太关心。

有意义的数据、无意义的数据和故意伪造的数据等通常是混在一起的,后两类数据对人们从数据中提取有意义的信息带来了干扰。因此,如何处理数据,过滤掉无意义的噪声数据和删除伪造的数据是人们进行信息提取的关键。只有善用数据,才能发现数据背后的信息。

3. 知识

对数据和信息进行处理后,就可以获得知识。知识比信息的层级更高,也更抽象,具有抽象性和系统性的特征。例如,通过测量星球位置和对应的时间,就能得到数据;通过分析这些数据就能得到星球运动的轨迹,即信息;通过信息总结出的关于行星运动的开普勒三大定律，就是知识。

数据中隐藏的信息和知识是客观存在的，但一般只有具有相关领域专业知识的人才能将它们挖掘出来。如人们为了让农作物的收成更好，发展起了天文学，也就是对天体运动的数学规律的研究；天文学的发展带动了古代、近代物理的大发展。数据中包含信息，基于信息可以提炼出知识，而知识能够升华为智慧，不断改变人类生活和周围的世界，促进人类社会的进步。

过去，由于数据的积累需要很长时间，能够采集的数据有限，且数据和信息间的联系是间接的，需要通过观察不同数据之间的相关性才能发现，因此人们很难从数据中获取有用的信息，数据的作用常被忽视。

1.2 大数据

随着计算机技术全面融入社会生活，信息时代的快速发展使得世界充斥着比以往更多的信息，且数据的增长速度也在加快。各行各业每时每刻都在产生数量庞大的数据，如互联网、物联网、车联网等。大数据、云平台等相关技术的快速发展为海量数据的采集、存储和处理提供了强有力的支撑。这些海量数据已成为企业制定战略决策的重要参照，大数据已经成为引领性的先进技术，处在当前信息技术的前沿领域。

1.2.1 大数据的发展历程

现代信息技术的发展为大数据时代的到来提供了技术支撑。一方面，互联网、智能设备、物联网等的广泛应用促使数据的规模越来越大，内容越来越复杂，更新的速度越来越快。另一方面，人类在信息科技领域的进步，如存储设备的容量和传输速度不断提升，中央处理器（Central Processing Unit，CPU）的运行频率不断提高，网络传输速度不断提高，云计算技术的兴起等，为大数据的信息存储和信息处理等核心问题的解决提供了物质基础和技术基础。

大数据的发展经历了萌芽时期、发展时期和兴盛时期3个阶段，如表1-1所示。在萌芽时期，大数据仅作为一种假设被少数学者研究。在发展时期，大数据的概念和特点得到进一步丰富，并行计算和分布式系统等核心技术受到追捧，大数据开始展现活力。在兴盛时期，数据的价值更加凸显，大数据计算迈向新的高度，数据的智能化加速提升，大数据应用渗透至各行各业。

表1-1 大数据发展阶段

阶段	时间	特点
萌芽时期	20世纪90年代至21世纪初	数据库技术成熟，数据挖掘理论成熟，因此该阶段也称为数据挖掘阶段
发展时期	21世纪初至2010年	Web 2.0应用迅猛发展，非结构化数据大量出现，传统的数据库处理方法难以应对，因此该阶段也称为非结构化数据阶段
兴盛时期	2011年至今	大数据应用渗透至各行各业，数据驱动决策

1980年，著名未来学家阿尔文·托夫勒（Alvin Toffler）最早在《第三次浪潮》一书中提出了大数据（Big Data）的概念，并将其赞颂为第三次浪潮的华彩乐章。

1997年，第八届美国电气电子工程师学会（Institute of Electrical and Electronics Engineers，IEEE）会议上，迈克尔·考克斯（Michael Cox）和大卫·埃尔斯沃思（David Ellsworth）发表论文《为外存模型可视化而应用控制程序请求页面调度》，文中首次使用

"大数据"这个概念,文中描写到"可视化对计算机系统提出了一个有趣的挑战:通常情况下数据集相当大,耗尽了主存储器、本地磁盘,甚至远程磁盘的存储容量。我们将这个问题称为大数据"。

2001年2月,梅塔集团分析师道格·莱尼(Doug Laney)发布研究报告《3D数据管理:控制数据容量、处理速度及数据种类》,认为大数据向高速、多样、海量3个方向发展,提出大数据具有高速性(Velocity)、多样化(Variety)、规模化(Volume)3个特性,统称为"3V"。

2005年9月,蒂姆·奥莱利(Tim o'Reilly)发表了《什么是Web 2.0》,明确了Web 2.0是一种由用户主导而产生的内容互联网产品模式,指出"数据将是下一项技术核心"。

2008年,Nature出版专刊Big Data,从互联网技术、网络经济学、超级计算、生物医学等多方面介绍了海量数据带来的挑战。

2010年,肯尼斯·库克尔(Kenneth Cukier)在《经济学人》上发表了大数据专题报告《数据,无所不在的数据》,报告指出"世界上有着无法想象的巨量数字信息,并以极快的速度增长。从经济界到科学界,从政府部门到艺术领域,很多方面都已经受到了这种巨量信息的影响。科学家和计算机工程师已经为这个现象创造了一个新词汇:大数据"。肯尼斯·库克尔也因此成为最早洞见大数据时代趋势的数据科学家之一。

2011年,维克托·迈尔·舍恩伯格(Viktor Mayer-Schönberger)出版了《大数据时代:生活、工作与思维的大变革》,书中从大数据时代的思维变革、商业变革和管理变革3个方面阐述了大数据带来的信息风暴如何变革我们的生活、工作和思维,指出大数据开启了一次重大的时代转型,大数据将为人类生活创造前所未有的可量化维度。

2011年5月,麦肯锡(Mckinsey)全球研究院发布的《大数据:下一个具有创新力、竞争力与生产力的前沿领域》首次提出大数据时代的到来,其称:"数据,已经渗透到当今每一个行业和业务职能领域,成为重要的生产因素。人们对于海量数据的挖掘和运用,预示着新一波生产率增长和消费者盈余浪潮的到来。"

2011年11月,中华人民共和国工业和信息化部(后简称工业和信息化部)发布《物联网"十二五"发展规划》,将信息处理技术作为4项关键技术创新工程之一,包括海量数据存储、数据挖掘、图像视频智能分析等内容,这些都是大数据的重要组成部分。

2012年1月,在瑞士达沃斯召开的世界经济论坛上,大数据是主题之一,会上发布的报告《大数据,大影响》宣称,数据已经成为一种新的经济资产类别,就像货币或黄金一样。

2012年3月,美国政府发布了《大数据研究和发展倡议》,启动"大数据研究与开发"计划,将大数据技术从商业行为上升到国家发展战略,此事件被视为美国政府继"信息高速公路"计划之后在信息科学领域的又一重大举措。

2012年4月,欧洲信息学与数学研究协会会刊ERCIM News出版专刊Big Data,探讨大数据时代密集型数据的获取、管理与分析等重大问题,介绍了欧洲科研机构开展的研究活动和创新性进展。

2012年4月,美国软件公司Splunk在纳斯达克成功上市,成为全球第一家上市的大数据处理公司。

2012年5月,联合国在纽约发布了一份关于大数据政务的白皮书《大数据促发展:挑战与机遇》,总结了各国/地区政府如何利用大数据响应社会需求,指导经济运行,更好地服务和保护人民。

2013年12月,中国计算机学会发布《中国大数据技术与产业发展白皮书(2013年)》,梳理了大数据应用现状及发展趋势,探讨了大数据研究面临的科学问题和技术挑战,为政府制定推动大数据产业发展的政策提供建议，同时为研究机构和研究人员提供了参考指南。

2014年5月，美国政府发布了2014年全球"大数据"白皮书的研究报告《大数据：抓住机遇、守护价值》，报告鼓励使用数据以推动社会进步。

2015年8月，中华人民共和国国务院（后简称国务院）正式印发《促进大数据发展行动纲要》，指出坚持创新驱动发展，加快大数据部署，深化大数据应用，已成为稳增长、促改革、调结构、惠民生和推动政府治理能力现代化的内在需要和必然选择。这标志着大数据正式上升至国家战略层面。

2016年12月，工业和信息化部印发《大数据产业发展规划（2016—2020年）》，该规划指出数据是国家基础性战略资源，是21世纪的"钻石矿"，要推动我国大数据产业持续健康发展，实施国家大数据战略。

2017年，党的十九大报告指出，要"加快建设制造强国，加快发展先进制造业，推动互联网、大数据、人工智能和实体经济深度融合"。

2020年3月，《中共中央 国务院关于构建更加完善的要素市场化配置体制机制的意见》对外发布并指出，加快培育数据要素市场，推进政府数据开放共享、提升社会数据资源价值、加强数据资源整合和安全保护。

2021年3月，《中华人民共和国国民经济和社会发展第十四个五年规划和2035年远景目标纲要》围绕打造数字经济新优势，做出了培育壮大大数据等新兴数字产业的明确部署。

2021年7月，工业和信息化部发布《新型数据中心发展三年行动计划（2021—2023年）》，提出到2023年底，全国数据中心机架规模年均增速保持在20%左右，平均利用率力争提升到60%以上，总算力超过200 EFLOPS，高性能算力占比达到10%。

2021年11月，工业和信息化部发布《"十四五"大数据产业发展规划》，指出大数据产业是以数据生成、采集、存储、加工、分析、服务为主的战略性新兴产业，是激活数据要素潜能的关键支撑，明确了加快培育数据要素市场、发挥大数据特性优势、夯实产业发展基础、构建稳定高效产业链、打造繁荣有序产业生态和筑牢数据安全保障防线等6项主要任务。

2023年2月，中共中央、国务院印发了《数字中国建设整体布局规划》，明确数字中国建设按照"2522"的整体框架进行布局，即夯实数字基础设施和数据资源体系"两大基础"，推进数字技术与经济、政治、文化、社会、生态文明建设"五位一体"深度融合，强化数字技术创新体系和数字安全屏障"两大能力"，优化数字化发展国内国际"两个环境"。

1.2.2　大数据的定义

什么是大数据？至今尚无统一的、公认的完整定义，不同的研究机构与学者对其有着不同的认知，部分典型的代表性定义如下。

高德纳咨询公司将大数据定义为"大数据是大量、高速、多变的信息资产，它需要新型的处理方式去促成更强的决策能力、洞察力与最优化处理"。

麦肯锡全球研究院将大数据定义为"大数据是一种规模大到在获取、存储、管理、分析方面大大超出了传统数据库软件工具能力范围的数据集合，具有海量的数据规模、快速的数据流转、多样的数据类型和价值密度低四大特征"。

维基百科将大数据定义为"数据量规模巨大到无法通过人工在合理时间内截取、管理、处理并整理成为人类所能解读的信息"。

IBM公司使用5个数据特征来定义大数据：数据量大（Volume）、速度快（Velocity）、多样性（Variety）、价值密度低（Value）、真实性（Veracity），简称5V特性，如图1-2所示。

这些定义从不同维度强调了数据的庞大和复杂动态性,对传统数据工具在数据捕获、存储、管理与分析等方面的能力都带来了极大的挑战,需要新一代大数据相关技术的出现。在这些定义中,IBM 公司的 5V 定义准确、生动、形象地介绍了大数据特征,目前已经被越来越多的人接受。

图 1-2 大数据的 5V 特性

1．数据量大

数据量大是大数据最显著的特征,通常指数据的规模非常庞大。这些数据可以来源于传感器等物联网设备,也可以来源于电子商务、社交媒体等互联网服务,数据的规模通常以 GB、TB、PB、EB、ZB 等非常大的单位进行计量。国际数据公司的监测数据显示,2013 年全球大数据储量为 4.3ZB,2014 年和 2015 年分别为 6.6ZB 和 8.6ZB,2016 年为 16.1ZB,2017 年为 21.6ZB,2018 年达到 33ZB,2018 年我国的数据产生量约占全球的 23%。

2．速度快

近年来,大数据发展浪潮席卷全球,大数据的增长速度非常快,全球大数据储量的增速每年都保持在 40%左右,2016 年甚至达到了 87.21%。这就需要使用高速计算和存储技术来处理这些数据以满足实时性和高效性的需求,如搜索引擎要求几分钟前的新闻能够被用户查询到,个性化推荐算法尽可能要求实时完成推荐。

3．多样性

大数据集中的数据是多元的,其存在形式是多种多样、分布广泛的,数据的来源、类型、格式、质量等越来越多样化,包括结构化数据、半结构化数据和非结构化数据,可以是文本、图像、音频或视频等形式。这些多元的数据有助于企业更为全面地了解市场,更快地获取所需信息,更好地评估风险。这也使得人们需要采用多样化的数据处理和分析方法,以便更好地利用各种类型的数据。

4．价值密度低

随着互联网以及物联网的广泛应用,信息感知无处不在,大数据通常包含大量的数据,但大部分数据是无用数据,有价值的信息和知识相对于数据总量的比例较低。数据来源多样、格式复杂、处理方式不一样等原因,使得数据集中可能存在大量低质量的数据,这些数据对分析和挖掘价值的作用非常有限。如何对数据进行复杂处理和分析以提取有用的信息,如何结合业务逻辑挖掘数据的价值,是大数据时代需要解决的问题。

5．真实性

数据真实性通常指数据的准确性和可靠性,大数据的真实性是指在大数据处理和分析过程中,所使用的数据是否真实、可信。由于大数据来源众多、格式复杂、数量庞大,数据的真实性往往面临着多种挑战和问题,如:数据中可能存在错误、冗余、失效、不匹配等情况,影响了数据的准确性、完整性、时效性、一致性等;数据来源可能存在差异或不一致,导致数据失真;数据中可能包含个人隐私等信息需要加密和保护;要防止泄露、窃取、滥用、篡改等行为危害数据的安全。

1.3 数据分析流程

数据存在生命周期,数据生命周期是指数据从创建、存储、使用到归档或销毁的整个过程,通常包括如下几个步骤。

(1)确定数据分析目标。明确数据分析的目的,以便确定数据采集、预处理和分析的方法和工具。

(2)数据采集。采集与数据分析目标相关的数据,包括结构化数据、半结构化数据和非结构化数据,如数据库中的表格、文本、图像及视频等。

(3)数据预处理。对采集到的数据进行清洗、转换等处理,如重复数据的处理、缺失值的处理、异常值的处理等。

(4)数据分析。选择合适的统计分析方法(分类、聚类、回归、关联规则挖掘等)、机器学习算法等进行数据分析。

(5)数据可视化。以图表、报告、仪表盘等可视化的方式呈现数据分析结果,帮助人们快速、准确地理解数据中的信息,提高沟通效率。

(6)撰写报告。撰写数据分析报告,展示数据分析结果,阐述数据分析的结论及建议,为决策者提供参考依据。

1.3.1 确定数据分析目标

明确的数据分析目标是开展数据分析工作的基础,为数据的采集、处理及分析提供清晰的指引方向,确保数据分析结果能够解决实际问题并为业务决策提供支持。

在明确数据分析目标的过程中,需要充分考虑业务背景、数据质量、分析方法和工具等因素,可以采用用户行为理论、PEST 分析法、5W2H 分析法、SWOT 分析法、4P 营销理论、逻辑树法、AARRR 模型等方法,与企业决策人员和业务人员沟通,确保数据分析工作的有效性和实用性。

1. 确定业务目标

明确企业的发展战略和业务目标,确定与数据分析任务相关联的数据和指标,如提高销售额、降低成本、提高客户满意度等。

2. 正确定义问题

根据业务目标,定义需要解决的问题或挑战,如如何提高销售额,如何降低成本,如何提高客户满意度等。

3. 合理拆解问题

将总体目标拆分为若干个不同的子目标,将大问题拆解为若干个子问题,梳理子目标之间、子问题之间的逻辑关系,讨论、分析关键核心问题,保证数据分析维度的正确性、分析结果的有效性和正确性。

4. 确定关键数据指标

根据分析目标,确定关键数据指标,明确数据需求,如销售额、成本、客户满意度等。

1.3.2 数据采集

数据采集是指从真实世界中获取原始数据的过程。在现代社会中,数据采集对于许多领域至关重要,如科学研究、商业分析、政府决策等。准确的数据采集是确保数据分析有效的基础,不准确的数据采集将直接影响后续的数据处理和分析过程,导致无法得出有效的数据分析结论。

为确保数据采集的质量,人们需要制订详细的数据采集计划,选用合适的数据采集方法采集数据,对采集到的数据进行验证、核实和定期更新等,保证数据的可靠性、完整性和实时性。

1. 制订数据采集计划

在明确数据需求后,需要制订详细的数据采集计划,包括以下几方面。

- 确定需要采集的数据来源,如内部数据库、第三方数据供应商等,确保所选数据来源的覆盖范围与数据需求相符。
- 预估需要采集的数据类型、各种类型数据的规模、数据采集的工作量。
- 制定具体的数据采集进度表,进行任务分配并明确每项任务的预期结果。
- 预估数据采集过程中可能发生的风险并制定应对措施。

2. 数据采集方法

数据采集方法的选择受到数据分析目标和数据源特性等方面的影响,目前最常用的数据采集方法包括从关系业务数据库中抽取相关业务数据、从服务器和应用日志中采集日志数据、采用爬虫技术爬取数据、利用开放数据集获取互联网公开数据等,如图 1-3 所示。

图 1-3 数据采集方法

(1)业务数据采集

业务数据是指与业务系统应用相关的数据,直接反映了企业的运营发展状况。在信息化推进过程中,形式多样、功能丰富的软件或硬件系统被开发出来,大多数业务相关数据被持久化存储到关系业务数据库如 MySQL、Oracle 等中。基于关系业务数据库的支撑及结构化查询语言(Structured Query Language,SQL)的强大能力,软件系统能够灵活地实现业务数据的增加、修改、查询、删除和统计功能。

若需要采集的数据来源于内部数据库,则可以针对已有的结构化数据开发导出导入工具以抽取相关数据。若需要采集的数据来源于第三方数据供应商,则可以通过调用应用程序接口(Application Program Interface,API)进行采集。

(2)日志数据采集

在现代化的软件开发中,日志处理是一个非常重要的环节,日志是进行大数据分析的重要数据来源之一。人们可以将 Log4j 和 Logback 等日志框架移植到 C 语言、C++、C#、Perl、Python 和 Ruby 等编程语言中,通过服务器、网络设备、操作系统、中间件、数据库和业务系统等各个层面采集过程中产生的系统状态、用户行为信息等各类数据,形成日志文件,如服务器负载日志、数据库日志、应用运行日志和用户行为日志等文件。

日志数据每时每刻都在产生,数据量庞大且分散在多个存储设备中。随着业务规模的扩大，用户数量、日志类型等的增长，日志数据解析和分析的难度越来越大。对日志数据价值的挖掘，有助于分析监测系统的运行状况以及用户的行为，为系统故障排查、运营风险管控、系统业务优化、市场营销策略调整等提供数据支撑，推动了智能运维的发展。

（3）爬虫数据采集

爬虫是指从搜索引擎下载并存储网页的程序，能够模拟人类访问网站的行为，通过访问网页、抓取数据等方式来获取所需的信息。爬虫程序通常使用编程语言编写，如 Python、Java 和 C#等。爬虫的基本架构由以下几部分组成，如图 1-4 所示。

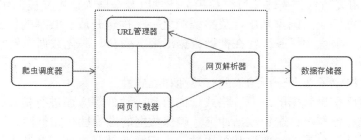

图 1-4　爬虫的基本架构

- 爬虫调度器：用于管理和调度爬虫程序的工具，承担了任务管理、任务调度、错误处理及日志记录等功能，实现自动化提取。
- URL 管理器：负责管理、维护目标网站的统一资源定位符（Uniform Resource Locator，URL）集合，包括已经爬取和未爬取的 URL 集合。
- 网页下载器：向未爬取的目标网站发送请求获取网页内容。
- 网页解析器：解析已下载的网页，提取新的 URL 并添加到 URL 管理器中。
- 数据存储器：将网页的数据解析结果存储到文件或数据库中。

通过爬取网页上的数据，人们可以收集有关产品价格、销售量等的数据，进行搜索引擎优化、市场调研等方面的工作。采用爬虫技术采集数据的步骤如下。

- 发送请求：分析目标网站的结构和数据格式，爬虫向目标网站发送超文本传送协议（Hpertext Transfer Protocol，HTTP）请求。
- 解析网页：接收到网页内容后，需要对网页进行解析，确定包含所需数据的标签或元素。解析网页的过程通常包括超文本标记语言（Hypertext Markup Language，HTML）解析、串联样式表（Cascading Style Sheets，CSS）解析和 JavaScript 解析等。
- 提取数据：根据解析出的标签或元素提取网页数据。
- 数据存储：将提取出的数据存储到本地文件或数据库。

爬虫程序在访问网站时需要遵守法律法规和网站的使用协议，不得侵犯网站的版权和隐私权。

（4）开放数据集

开放数据集常指由政府、非营利性机构、学术机构等提供的，可以被免费使用和分发的数据集合，旨在促进科学研究、教育、商业等领域的发展，提高数据的可用性和可重复性，降低数据采集、整理和分析的成本。

开放数据集通常具有以下特点。

- 免费使用：任何人都可以免费下载和使用开放数据集。
- 开放格式：数据集常以开放的文件格式提供，如 CSV、JSON、XML 等。
- 多样性：数据集涵盖了科学、医学、社会科学等多个应用领域和主题。

常见的开放数据集包括 Kaggle 竞赛数据集、世界银行数据集、联合国数据集等。这些数据集已经被广泛应用于各种领域，如机器学习、自然语言处理、金融分析等。
- Kaggle 竞赛数据集：包括 MNIST 手写数字数据集、CIFAR-10/CIFAR-100 图像数据集、电影评论情感分析数据集、游戏数据集和房价数据集等。
- 世界银行数据集：包括多个国家的人类发展指数、经济发展指标、水资源管理情况及气候变化情况等。
- 联合国数据集：提供全球多个领域的统计数据、全球环境问题相关信息、全球发展问题相关信息、全球儿童权益相关信息以及全球人道主义援助相关信息等。

在我国，数据已成为国家基础性战略资源之一，构建开放、共享的数据资源体系成为数字政府建设的一项重要任务，旨在推动数据汇聚、融合，深化数据高效共享。

3．数据维护

数据的质量决定了数据分析结果的有效性和准确性。

人们需要对已采集数据的来源、格式、内容和一致性等方面进行检查，确保采集的数据能够正确反映业务需求，避免数据冲突，确保数据的准确性、完整性和可靠性。

此外，为了维护数据的时效性和可用性，人们需要及时更新现有数据以反映业务处理的变化，如添加新的数据、删除过时的数据、更新错误的数据等。

1.3.3 数据预处理

数据预处理是指在进行数据分析前对原始数据进行清洗、转换和集成的过程，是数据分析的重要步骤，能够保证数据的一致性和有效性，有助于提高数据分析的准确性和可靠性。

一般情况下，数据预处理包括数据清洗、数据转换、数据规约等内容。

1．数据清洗

数据清洗是对数据集中错误的、不准确的、不完整的、格式错误的以及重复的数据进行修正、移除的过程，包括填充缺失数据、纠正错误数据和删除重复数据等。
- 填充缺失数据。缺失数据是指数据中有重要信息缺失，重要信息如客户资料、交易数据等。大量缺失数据可能导致数据集存在偏差。常见的处理方法包括直接删除含有缺失信息的数据、使用随机数填充缺失数据、使用频率最高的变量值填充缺失数据、使用统计值填充缺失数据、采用线性拟合方法填充缺失数据和采用最近邻策略填充缺失数据等。
- 纠正错误数据。在数据录入或处理过程中，可能会出现一些错误值，如日期格式不正确、日期越界等情况。人们可以采用平均值修正、统计值填充等方式进行错误数据修正，也可以尝试修改数据格式、更正输入错误等将数据更正为正确的数据。
- 删除重复数据。如果数据集中存在重复值，可以删除其中一个或多个重复值。

2．数据转换

数据转换是进行数据处理的重要技术手段之一，通过抽取、转换及加载等方法将一种数据格式或类型转换为另一种数据格式或类型，以满足某一具体应用场景的需求，降低数据使用成本，如将图像数据转换为数值数据等。
- 数据抽取是指将数据从一个或多个数据源中抽取出来的过程，数据源包括文件、数据库、Web 服务以及数据流等。
- 数据转换是将原始数据的格式转换为适合分析或建模的格式的过程，可以进行清洗、转换、汇合、归并、替代、验证、格式化以及拆分等操作。

- 数据加载是将数据按照目标格式加载到目标数据源的过程,数据源如关系数据库、文本文件或非关系数据库等。

3. 数据规约

数据规约是指通过经验或理论将数字或者字符转换成正确、有序且简单的形式。相比于原始数据,规约后的数据在保持数据完整性的基础上规模更小、维度更低,降低了数据的处理成本,提高了数据的存储效率。

常用的数据规约方法包括数据过滤、数据抽样、数据分箱和数据降维等。

- 数据过滤常用于从大量数据中提取有用信息以便进一步分析、建模和展示,可以应用于搜索引擎、数据库查询及图像处理等。常见的数据过滤方法包括关键词过滤、时间过滤、类别过滤、地理位置过滤和文本过滤等,涉及自然语言处理、机器学习及图形识别等多种技术。
- 数据抽样是从数据集中选取部分样本数据进行分析的过程。常用的数据抽样方法包括简单随机抽样、分层抽样、等距抽样和整群抽样等。选用合适的数据抽样方法抽取的样本数据能很好地代表群体数据,基于样本数据的统计分析能够获取群体数据的分析结果,降低了对群体数据分析的难度。
- 数据分箱是一种将连续型数据离散化的方法,其基本思想是将连续型变量划分为若干个离散的区间(称为"箱"或"桶"),然后抽取小规模数据群或区块的分类过程。常见的分箱算法包括等宽分箱、等频分箱和聚类分箱等。
- 数据降维是指将高维数据转换为低维数据的过程,有助于获取数据的分布情况和数据特征,克服维数灾难,节省存储空间,降低计算复杂度。常见的数据降维方法包括主成分分析、线性判别分析、聚类算法等。

1.3.4 数据分析

数据分析是指采用适当的分析方法及分析工具,对处理过的数据进行分析、挖掘和解释,提取有价值的信息并形成有效结论的过程。常见的数据分析目标包括:推测或解释数据并确定如何使用数据、给决策提供合理建议、推断错误原因或预测未来将要发生的事件等。

1. 数据分析层次

由于统计数据具有多样性,可以根据数据分析深度将数据分析分为描述性分析、预测性分析和规范性分析 3 个层次。

(1)描述性分析

描述性分析是指对所采集的历史数据进行分析以得出数量特征,如对数据集进行的趋势分析、数据离散程度分析、数据频数分布分析、数据变异程度分析等。描述性分析是对数据进行进一步分析的基础。

很多企业开展数据的描述性分析,如统计网页浏览量、帖子平均回复数等,用以了解企业的整体绩效,或者找出成功或失败背后的原因。

(2)预测性分析

预测性分析是指使用统计和机器学习等技术,对未来发展的概率和趋势进行预测。常见的预测性分析方法有假设检验、相关分析、回归分析、时间序列分析等,通过对数据进行训练和优化建立预测模型,探究数据的特征和关系,发现数据变化趋势,预测未来结果,从而做出更准确的预测和决策。

（3）规范性分析

规范性分析是指使用数学模型、仿真优化和其他定量技术等探索历史数据和未来发展之间的关系。相比于预测性分析，规范性分析不仅要对未来发展进行预测，还要对预测结果及其影响进行分析解释，为决策提供指导和支持。

规范性分析的一般步骤包括定义问题、确定目标和解决方案、构建优化模型、从众多决策项中寻求最优决策等，常见的应用场景有内容推荐引擎、金融欺诈预测和预防、医疗保健优化、商业投资推荐等。

2．数据分析技术

常见的数据分析技术包括统计分析、数据挖掘、机器学习等。

（1）统计分析

统计分析是应用数学的一个分支，利用概率论建立数学模型，采集所观察的系统的数据，从而进行量化分析、总结、推断和预测。常见的统计分析技术包括描述性统计、推断性统计、回归分析、方差分析、卡方检验、T检验等。

描述性统计分析技术主要通过对数据的整理和计算来描述数据的分布特性等基本情况。常见的描述性统计包括集中趋势分析（如平均数、中位数、众数）、离散程度分析（如标准差、方差、极差）和分布形态分析（如频数分布表、直方图、箱线图）等。

推断性统计是在对数据进行描述性统计的基础上，根据样本数据去推断总体数量特征。常用的推断性统计方法包括聚类分析、回归分析、时序分析等。

（2）数据挖掘

数据挖掘是一个跨学科的计算机科学分支，融合了人工智能、模式识别、机器学习、统计学和数据库等多个领域的理论和技术，是指从大量的数据中通过算法搜索隐藏于其中的信息的过程。

常见的数据挖掘方法包括模糊方法、粗糙集理论、证据理论、人工神经网络、遗传算法、归纳学习等，这些方法被广泛应用于电子商务、银行、电信、保险、交通、医疗等多个领域，已成为有效利用数据资源的重要途径。

数据挖掘基于的数据库类型包含关系数据库、事务数据库、时态数据库、多媒体数据库、空间数据库及数据仓库等，挖掘后获得的知识包括关联规则、特征规则、分类规则、偏差规则、聚类规则、模式分析及趋势分析等。

（3）机器学习

机器学习最早可以追溯到对人工神经网络的研究，它是人工智能研究中的一个分支，研究主旨是使用计算机模拟人类的学习活动。机器学习是研究计算机识别现有知识、获取新知识、不断改善性能和实现自身完善的方法。汤姆·米切尔（Tom Mitchell）在其著作《机器学习》中指出机器学习是指"计算机利用经验自动改善系统自身性能的行为"。

机器学习可以分为无监督学习、有监督学习和半监督学习3种类别。在无监督学习中，只能观测数据特征，没有结果度量。有监督学习是指有结果度量的指导学习过程。半监督学习是部分数据有结果度量，部分数据没有结果度量的学习过程。常见的机器学习算法包括决策树算法、随机森林算法、人工神经网络算法、支持向量机算法、关联规则算法、贝叶斯算法和极大似然估计算法等。

与传统的机器学习算法相比较，大数据环境下的机器学习算法需要关注大数据的属性稀疏性、数据漂移及关系复杂性等特点，适用于研究超高维、高稀疏的大数据中的知识表示和知识发现机制，大数据分布式处理的数据挖掘算法编程模型和分布式并行化执行机制。

1.4 大数据技术生态体系

大数据的相关定义从不同维度强调了数据的庞大和复杂动态特性，这给传统技术带来了极大的挑战，促进了大数据相关技术的蓬勃发展。围绕数据价值挖掘的核心目标和大数据具有的数据量大、速度快、多样性、价值密度低和真实性等特性，人们研发并形成了庞大的大数据技术生态体系，如图 1-5 所示。大数据计算引擎分为离线计算和实时计算。离线计算也被称为批计算，代表性的批计算技术包括 MapReduce、Hive 等。实时计算也被称为流计算，代表性的流计算技术包括 Beam、Flink、Storm 等。

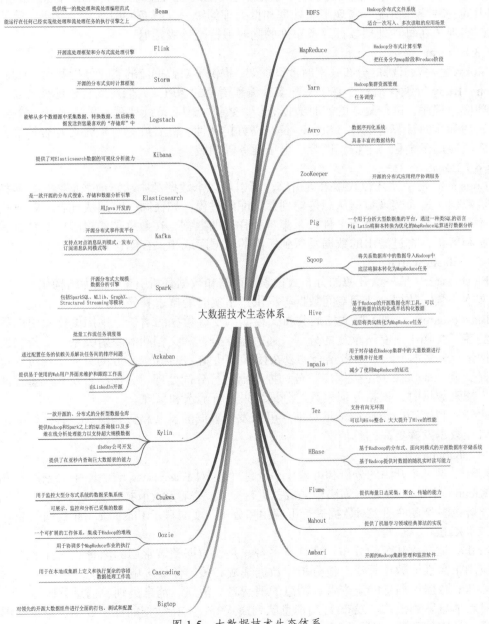

图 1-5　大数据技术生态体系

（1）Beam

Beam 目前是 Apache 软件基金会的顶级项目，是谷歌公司在大数据处理领域对开源社区的又一大贡献。Beam 可以运行在任何已经实现批处理和流处理任务的执行引擎上，提供了统一的批处理和流处理编程范式，其核心思想是将批处理和流处理抽象为 Pipeline、PCollection、PTransform 共 3 个概念，数据的交换和计算等任务由 Beam 支持的分布式后端进行处理，包括 Apache Flink、Apache Spark、Google Cloud Dataflow 和 Hazelcast Jet 等。

（2）Flink

Flink 是一款开源流处理框架和分布式流处理引擎，用于在无边界和有边界数据流上进行有状态计算。Flink 在运行时提供支持流处理和批处理两种类型的功能，将批处理作为流处理中的一种特殊情况，实现了流处理和批处理的统一，具备同时支持低延迟、高吞吐的特性，实现了在每秒处理数百万条事件的同时保持毫秒级延迟。

（3）Storm

Storm 是一款开源的分布式实时计算框架，提供了对数据流的实时分析处理，支持 Java、Python、Ruby 等编程语言。基于适配多种编程语言的 API，人们可以轻松地构建实时数据流处理应用程序，进行复杂的实时数据分析、数据处理、持续计算、联机学习、数据聚合、数据过滤和实时计算等操作。Storm 具有高可扩展性、高吞吐量、低延迟和容错性高等特性，广泛应用于金融、电信、医疗、电子商务等领域。

（4）Logstach

Logstach 是一款开源数据采集引擎，可以从多个数据源中动态地采集数据、转换数据和传输数据，进而实现数据从源传输到存储库的过程，如在同一时间从日志、Web 应用、数据库等众多数据源中捕捉事件，采集各种样式的数据，在数据传输过程中对数据进行动态转换和解析，将过滤出的数据发送到所需的数据库或相关存储位置等。

（5）Elasticsearch

Elasticsearch 是一款开源的分布式搜索、存储和数据分析引擎，能为结构化文本、非结构化文本、数字数据、地理空间数据等提供近乎实时的搜索和分析。

Elasticsearch 实现了对文档的分布式存储以支持数据的增长，采用倒排索引的数据结构，涵盖了文档中所有不重复的分词，通过建立分词和文档间的映射关系，支持快速的结构化搜索、全文本搜索及两者结合的复杂搜索等功能。Elasticsearch 的具体实现过程包括将数据提交至 Elasticsearch 数据库、分词控制器进行分词处理、分词结果及其权重存储等。当用户搜索数据时，根据分词权重对分词结果进行筛选和呈现。

此外，利用 Elasticsearch 汇总信息可以发现数据的发展趋势和模式，其良好的可伸缩性可以让数据发挥更高的价值。

（6）Kibana

Kibana 是一个开源的分析和可视化平台，提供了对 Elasticsearch 数据的可视化分析能力。通过 Kibana 对 Elasticsearch 索引中的数据进行搜索、查看和交互操作，人们可以方便地使用饼图、折线图等多种图表对数据进行可视化和分析，实时显示 Elasticsearch 查询的变化。

（7）Kafka

Kafka 是一款开源的分布式事件流平台，是大数据领域常用的消息队列技术之一，被广泛应用于高性能数据管道、流分析、数据集成和关键任务应用等场景。

Kafka 涵盖了消息的生产者、消息的消费者、消息、消息类别、消息分区等概念，支持点对点消息队列模式、发布/订阅消息队列模式等，支持数据的异步处理、系统解耦、流量削峰、日志处理等，有效解决了消息生产和消息处理速度不一致的问题。

（8）Spark

Spark 是一款开源的、分布式的、用于大规模数据分析的统一引擎，用于在单节点机器或集群上执行大规模的数据工程、数据科学和机器学习等任务。

Spark 诞生于加州大学伯克利分校，采用基于内存的分布式计算框架提高数据的运算速度，实现了对结构化、半结构化、非结构化等多种类型数据的自定义计算。它提供了 Python、Java、Scala、R 语言等相关的 API，也提供了一套丰富的工具，包括用于结构化数据处理的 Spark SQL、用于机器学习的 MLlib、用于图计算的 GraphX 和用于结构化流处理的 Structured Streaming 等。

（9）Azkaban

Azkaban 是 LinkedIn 公司推出的一款批量工作流任务调度器，通过配置任务的依赖关系解决任务间的排序问题，提供易于使用的 Web 用户界面对工作流进行维护和跟踪。

Azkaban 由 Azkaban Web Server、Azkaban Executor Server 和 MySQL 3 个部分组成，分别负责项目管理、工作流定义及任务调度提交、工作流执行计划及日志等信息的存储等任务。

（10）Kylin

Kylin 是由 eBay 公司开发的一款开源的、分布式的分析型数据仓库，提供 Hadoop 和 Spark 之上的 SQL 查询接口及多维在线分析处理功能来支持超大规模数据，通过预计算等技术实现了在数据量不断增长的情况下接近恒定的查询速度，提供了在亚秒内查询巨大数据表的能力，具有良好的可伸缩性和高吞吐量，支持与开放式数据库互连（Open DataBase Connectivity，ODBC）、Java 数据库互连（Java Database Connectivity，JDBC）、REST API 等的集成。

（11）Chukwa

Chukwa 是一款开源的用于监控大型分布式系统的数据采集系统，可以将各种类型的数据采集成适合 Hadoop 处理的文件供 Hadoop 进行分布式操作，支持对已采集的数据进行排序、去重、分析、展示和监控等操作。

Chukwa 构建于 Hadoop 的分布式文件系统和分布式计算框架之上，实现了与 Hadoop 的无缝集成，具有良好的可伸缩性和稳健性。

（12）Oozie

Oozie 是一款开源的用于管理 Hadoop 作业的工作流调度系统，实现了与 Hadoop "生态圈"的良好集成，支持 Java MapReduce、Streaming MapReduce、Pig、Hive、Sqoop 和 Distcp 等 Hadoop 作业，也支持特定系统的作业，如 Java 程序和 Shell 脚本等，具有良好的可伸缩性、可靠性和可扩展性。

（13）Cascading

Cascading 用于在本地或集群上定义和执行复杂的容错数据处理工作流，依赖于 Hadoop 提供存储和执行架构。Cascading API 使得开发人员能够在不需要改变初始工作流定义的情况下，实现在不同的计算框架内运行程序。

（14）Bigtop

Bigtop 面向基础架构工程师和数据科学家，旨在对领先的开源大数据组件进行全面的打包、测试和配置。Bigtop 支持广泛的组件和项目，包括但不限于 Hadoop、HBase 和 Spark。Bigtop 支持 Debian、Ubuntu、社区企业操作系统（Community Enterprise Operating System，CentOS）、Fedora 等操作系统。

（15）HDFS

Hadoop 分布式文件系统（Hadoop Distributed File System，HDFS）是 Hadoop 项目中的存储组件，是用于解决海量数据存储及大容量并发的分布式文件系统，由多个服务器节点构成集群，提供文件存储、文件定位、文件操作等功能。集群中的各个服务器节点有各自的角色，承担各自的任务。

HDFS具有高容错性、高可扩展性、高吞吐量、高性能和低成本等特性，适合一次写入、多次读取的应用场景，能够很好地支持文件的追加和截断，满足多数大数据应用的需求。

（16）MapReduce

MapReduce是Hadoop项目中的分布式计算引擎，是用户开发基于Hadoop的大数据应用程序的核心框架，其核心功能是将用户编写的业务逻辑代码和自带的默认组件整合成一个完整的分布式计算应用程序，并以一种可靠的、具有容错能力的方式运行于由上千个商用计算机组成的集群上。

（17）Yarn

Yarn是Hadoop项目中的资源管理和调度平台，负责为运算程序提供服务器运算资源，相当于一个分布式操作系统平台。Yarn在资源利用率、资源统一管理和数据共享等方面为集群应用提供了便利，支持Spark、Flink及Storm等计算框架的运行。

（18）Avro

Avro是Hadoop项目中用于数据序列化的系统，能够将数据类型或对象转换为与编程语言无关的序列化格式从而进行数据传递和存储。

Avro具备丰富的数据结构，也允许用户自定义数据类型及其组合嵌套，进一步将数据序列化为可压缩的、快速的二进制数据格式以节约数据存储空间和网络传输带宽，支持Java、C语言、C++、C#、Python和Ruby等编程语言。

Avro是Hadoop中序列化数据的首选工具，也是流式数据管道的首选工具，适用于远程或本地大批量数据的交互场景。

（19）ZooKeeper

ZooKeeper是一款开源的分布式应用程序协调服务，用于解决分布式系统中多个进程间的同步限制、分布式集群中应用系统的一致性问题，是Hadoop、HBase、Kafka等软件的重要组件。

ZooKeeper为分布式应用提供了一致性服务，涵盖了统一命名服务、统一配置管理、统一集群管理、服务器动态上下线、软负载均衡、分布式协调及组服务等功能，旨在为大型分布式系统提供一个高性能、高可用且具有严格顺序访问控制能力的分布式协调服务。

（20）Pig

Pig是一款基于Hadoop的开源、大规模数据分析平台，通过一种类SQL的语言Pig Latin将脚本转换为优化的MapReduce运算进行数据分析。

Pig包括用于描述数据流的语言Pig Latin以及运行Pig Latin程序的执行环境，为复杂的海量数据并行计算提供了简便的操作和编程接口。它提供类似于SQL的操作语法，自动将用户请求翻译为并行任务，并在物理集群上执行，具有良好的可扩展性。

（21）Sqoop

Sqoop是一款开源的、用于协助Hadoop和关系数据库间进行批量数据传递和迁移的工具。借助Sqoop，人们可以将关系数据库中的数据导入HDFS，也可以将HDFS中的数据抽取并导入关系数据库。

Sqoop底层采用MapReduce程序实现抽取、转换、加载等功能，具有并行化和高容错性等优势，提升了数据的抽取和传送效率。

（22）Hive

Hive是一款基于Hadoop的开源数据仓库工具，提供了一种类SQL的语言HiveQL（缩写为HQL），以及元数据管理、存储管理、执行引擎等组件，使得用户可以在Hadoop上构建和管理数据仓库。

Hive 可以处理海量的结构化或半结构化数据，支持 MapReduce、Tez、Spark 等多种执行引擎，适用于批处理、交互式、流式等不同类型的查询场景，也可以与 Sqoop、Flume、Pig、HBase 等工具集成，实现更丰富、更灵活的数据处理功能。

（23）Impala

Impala 是一款采用 C++ 和 Java 编写的开源软件，用于对存储在 Hadoop 集群中的大量数据进行大规模并行处理，减少了使用 MapReduce 的延迟。

借助 Impala，人们可以采用 SQL 语句直接与 HDFS 和 HBase 进行交互查询，快速访问 Hadoop 集群中的海量数据，而无须进行数据的移动和转换等操作。

（24）Tez

Tez 是一款支持有向无环图作业的开源计算框架，通过重组多个有依赖关系的作业优化程序的执行过程，提升作业处理性能。Tez 源于 MapReduce 框架，核心任务是将 MapReduce 中的 Map Task 和 Reduce Task 进一步拆分，根据这些拆分后的子任务间的依赖关系进行重组，从而形成一个大的有向无环图。

人们可以将 Tez 与 Hive 整合，将多个依赖作业转换成一个作业，减少了 HDFS 的写入次数，大大提升了 Hive 的性能。

（25）HBase

HBase 是基于 Hadoop 的分布式、面向列模式的开源数据库存储系统，属于典型的非关系数据库，适合非结构化大规模数据集的存储与随机读写操作，具有高可靠性、并行性和良好的可伸缩性。

HBase 提供了表管理、写入数据、查询数据、删除数据等基本 Shell 操作，也支持使用 Java 和 Thrift 等的 API 编程实现数据的存取。

（26）Flume

Flume 是 Cloudera 公司提供的一款分布式的、可靠的、高可用的海量日志采集、聚合、传输的服务。Flume 基于流式架构，灵活简单，具有良好的稳健性和容错性，具有可调的可靠性机制和许多故障切换与恢复机制，采用一个简单的可扩展数据模型支持应用程序的在线分析。

借助 Flume，人们可以采集文件、数据包等各种形式的源数据，对数据进行简单的处理，并自定义数据输出到 HDFS、HBase、Hive 等外部存储系统，能够满足大多数数据采集场景的需求。

（27）Mahout

Mahout 是一款开源的机器学习软件库，提供了机器学习领域经典算法的实现，涵盖聚类、分类、协同过滤、模式挖掘、进化编程等。Mahout 建立在 Hadoop 分布式计算框架上，以处理大规模数据的分析计算，使得算法能够更高效地运行于云计算环境。

（28）Ambari

Ambari 是一款开源的 Hadoop 集群管理和监控软件，基于 RESTFul API，为用户提供了直观、易用的 Web 管理界面，支持 HDFS、MapReduce、Hive、Pig、HBase、ZooKeeper、Sqoop 和 HCatalog 等大多数 Hadoop 组件的集中管理。

作为 Apache 的顶级项目之一，Ambari 已经被广泛用于 Cloudera、LinkedIn 等公司与组织管理其大规模的集群。

1.5 大数据应用场景

大数据对社会的发展具有重要且深远的影响，促进了信息技术与各行业的深度融合，也推动了新技术和新应用的不断涌现,已经在工业、交通、金融、政务、教育、医疗和农业等各个领域有非常多的应用。

1.5.1 基于大数据的电子商务

基于大数据的电子商务是指将大数据分析技术用于电子商务平台的运营和销售过程,从而提升用户体验,增加平台销售额。

大数据在电子商务行业的应用体现在以下几个方面。

个性化商品推荐:电子商务平台可以基于海量的用户浏览行为、购物行为数据,进行大量的算法模型运算,得出各类推荐结论,为用户推荐个性化的商品和服务,提高用户购买意愿和满意度。

精准广告推送:基于海量的互联网用户的各类行为数据的分析,进行用户画像,让广告主进行有针对性的精准广告投放。

营销策略优化:通过对大量数据的分析和挖掘,了解用户的购买行为和偏好,制定更有效的营销策略,提高销售额和市场份额。

实时监控和反馈:通过实时监控用户行为和交易数据,及时发现问题并做出调整,提高用户体验和平台稳定性。

1.5.2 能源大数据体系建设

能源是经济社会发展的基础支撑,是支撑现代化建设的重要公共事业。随着信息技术的发展,大数据技术在能源领域得到广泛的应用。2023年《国家能源局关于加快推进能源数字化智能化发展的若干意见》发布,推动数字技术与能源产业发展深度融合,释放能源数据要素价值潜力,有效提升能源数字化智能化发展水平。大数据在能源行业的部分典型应用体现在如下几个方面。

能源规划与政策支持:通过采集企业与居民的用电、天然气、供冷、供热等各类用能数据,利用大数据技术获取和分析不同地区的能源需求和消费习惯,定位本地企业的能耗问题,研究产业布局结构的合理性,为能源网络的规划提供技术支撑,为制定新能源补贴方案等政策提供数据支持。

新能源基础设施建设:为更好地满足节假日公众出行需求,国家能源局组织相关企业通过充电设施监测平台大数据对节假日期间高速公路的充电情况进行分析、研判,在充电设施运维检查、加强节假日充电引导等方面提出切实举措,加强公路沿线及旅游景区等场景充电服务保障能力,优化群众节假日出行体验。

能源消费:随着能源消费侧的可再生能源渗透比例不断提高以及微电网系统的逐渐成熟,能源用户从传统消费者的角色向产消者的角色过渡。有效整合能源消费侧可再生能源发电资源、充分利用电动汽车等灵活负荷的可控特性以及参与电力市场的互动交易并实现利润最大化,是目前大数据技术在能源消费领域的热点研究问题。对此,国内外已对能源消费终端的大数据技术的实际应用开展了有益的探索。

能源监测与运维:大数据技术能够帮助能源企业实现对电力数据的监测、维护、控制、管理。基于智能电网输配电站的测量数据,实现实时事件预警、故障定位、振荡检测等功能。此外,基于大数据技术可以监测选址分散的风电、光伏等可再生能源电站硬件的磨损及运行状态,及早防范潜在的故障因素。

近年来,华为、百度、阿里巴巴、腾讯等企业加入智慧能源建设领域,以人工智能

（Artificial Intelligence，AI）、大数据、云计算、物联网等高新技术为能源的开采、调度和储存赋能。百度利用百度数据治理方法论与大数据产品能力，为能源行业客户提供包括咨询、平台搭建到场景实现的端到端解决方案，其方案架构如图1-6所示，帮助客户"采数、治数、用数"，助力企业数字化转型。

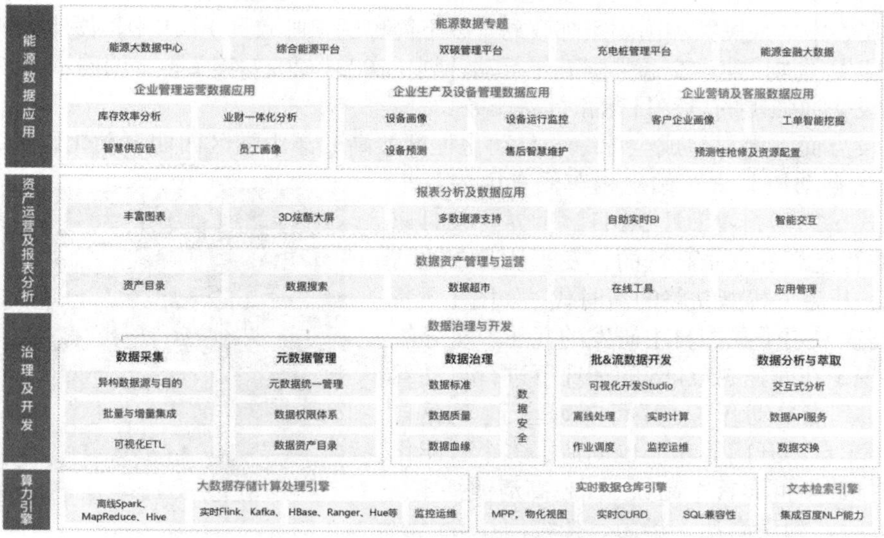

图 1-6 能源行业大数据解决方案架构

2022年腾讯全球数字生态大会智慧能源专场，腾讯云正式发布面向能源行业的生态聚合平台"能碳工场"，并发布十二大行业精选解决方案。腾讯云一方面选取并整合能源企业所需要的关键能力，构建"能源连接器"（EnerLink）和"能源数字孪生"（EnerTwin）两大数字底座，发挥大数据、人工智能及数字孪生等技术能力，支撑各类业务场景的落地、实现；另一方面搭建能碳工场，以主题仓库为核心功能，聚合生态伙伴，共建能碳生态圈，共创数字能源行业场景化解决方案。

1.5.3 交通大数据体系建设

交通是兴国之要、强国之基。建设交通强国是新时代做好交通工作的总抓手，是全面建成社会主义现代化强国的重要支撑。

2019年9月，中共中央、国务院印发《交通强国建设纲要》，明确从2021年到21世纪中叶，我国将分两个阶段推进交通强国建设，到2035年，基本建成交通强国。

2021年，交通运输部科学研究院联合多家单位开展交通强国建设综合交通运输大数据应用专项试点工作，开展综合交通大数据中心体系构建研究，重点突破体系架构、体系组成、建设任务、建设路径等关键问题，形成综合交通大数据中心体系建设方案，组织开展多级综合交通大数据中心建设，提高各级数据中心数据管理、数据治理、加工分析、安全保障等能力，建立完善的跨部门、跨领域、跨区域、跨层级的数据共享机制，开展大数据标准规范研究，加强区块链等新技术的应用，深入推动数据交换共享。试点工作包括以下内容。

交通基础设施地理信息服务平台：加强综合交通基础设施全景化管理，围绕农村公路、高速公路和深水航道，推动重点基础设施数字化升级，推进全生命周期管理。

高速公路全生命周期管理平台：融合建筑信息模型（Building Information Model，BIM）

技术建设高速公路全生命周期管理平台,打通高速公路设计、施工、建设管理及运营交付流程。

航道设施智能化监测预警与信息服务平台:整合航运基础设施资源要素,打造航道设施智能化监测预警与信息服务平台,提升航道智能化监测水平。

2023 年 3 月,中华人民共和国交通运输部(以下简称交通运输部)、国家铁路局、中国民用航空局、中华人民共和国国家邮政局(以下简称国家邮政局)、中国国家铁路集团有限公司联合印发《加快建设交通强国五年行动计划(2023—2027 年)》,明确了 2023—2027 年加快建设交通强国的思路目标和行动任务。

在建设方面,上海建成全球综合自动化程度最高的洋山港区四期自动化码头,浙江杭州借助算法自动控制火车站出租车候车区内汽车的排队模式。2019 年 12 月 30 日,世界首条时速 350 km 的智能高铁京张高铁的首发车从北京北站缓缓驶出,开启了智能铁路的新时代,如图 1-7 所示。京张高铁采用了我国自主研发的北斗卫星导航系统,实现了在时速 350 km 的情况下进行自动驾驶的目标,到点自动开车、区间自动运行、到站自动停车、停车自动开门等功能也创造了多个智能化之最,还打造了世界首个高铁 5G 超高清演播室。

图 1-7 京张高铁开通运营

2020 年,湖南高速、华为、拓维信息等组织联合推出了"AI 收费稽核创新方案",对车辆位置、通行车辆特征、车辆行驶行为等数据进行多源数据融合,通过 AI 大数据分析处理与高效传输,实现了车辆路径还原、以图搜图、车辆异常分析、数据挖掘等功能,建立了完整的图像、轨迹证据链,最大化保障计费、收费的无争议与偷逃费行为的稽查处理,助推智慧高速发展。

1.5.4 政务大数据体系建设

2022 年 9 月,中华人民共和国国务院办公厅(以下简称国务院办公厅)印发《全国一体化政务大数据体系建设指南》(以下简称《建设指南》),指出政务数据在调节经济运行、改进政务服务、优化营商环境、支撑疫情防控等方面发挥了重要作用,提出整合构建标准统一、布局合理、管理协同、安全可靠的全国一体化政务大数据体系,加强数据汇聚融合、共享开放和开发利用。

《建设指南》提出要充分整合现有政务数据资源和平台系统,重点从 8 个方面组织推进全国一体化政务大数据体系建设,分别是统筹管理一体化、数据目录一体化、数据资源一体化、共享交换一体化、数据服务一体化、算力设施一体化、标准规范一体化、安全保障一体化,明确了全国一体化政务大数据体系的总体架构,如图 1-8 所示。

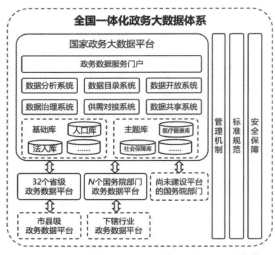

图 1-8 全国一体化政务大数据体系的总体架构

截至 2021 年 10 月，我国已有 193 个地方政府上线了数据开放平台，其中省级平台 20 个（含省和自治区，不包括直辖市和港澳台），城市平台 173 个（含直辖市、副省级与地级行政区）。这些开放的数据有力支撑了"用数据说话、用数据决策、用数据管理、用数据服务、用数据创新"的实践。

2021 年，北京大数据平台汇聚政务数据 347 亿条、社会数据 1264 亿条，支撑复工复产等 181 个应用场景，有力支撑了企业、群众在线办事的效率。

2022 年，《上海市数据条例》正式实施，围绕公共数据的"聚、通、用"，夯实数据治理底座，编制目录 1.8 万余个，累计汇集的数据超过 1344 亿条，开展了自然人、法人、空间地理三大综合数据库的建设，已建成 37 个专题库，推动了数据的多元动态融合，有效赋能政务服务"一网通办"和城市运行的"一网通管"。

2022 年，浙江省出台了《浙江省公共数据条例》，加强公共数据管理，促进公共数据应用创新，加强省市县三级一体化智能化公共数据平台的建设，汇聚全省数据、共享国务院各部门数据，完善各类主题数据库建设，聚焦破解部门间信息孤岛、提升数据质量、赋能基层、保障安全等共性难题。

1.5.5 基于大数据的人口迁徙

随着大数据、云计算、云存储等信息技术的成熟应用，节假日出行带来的人口迁徙对交通、服务等带来极大的挑战，如随着春节的临近，铁路、公路、民航、水运等逐渐迎来客流高峰。如何利用大数据、人工智能等技术更好地服务人们出行，是关乎民生的基本问题。

人口迁徙数据是研究人口流动、人口迁徙以及城市发展的重要数据源，具有极高的研究价值。近年来，互联网快速发展，人口迁徙相关数据受到广泛关注与应用，以人口迁徙数据为基础的科学研究也层出不穷。

百度公司在 2014 年春运期间推出百度迁徙平台，首次启用百度地图定位可视化大数据对国内春节人口迁徙情况进行播报，引发了巨大关注。百度迁徙平台支持实时及历史迁徙数据的获取，如国庆和春运期间的人口迁徙数据等。

高德地图推出中国主要城市迁徙意愿排行榜，可以实时查看热门迁徙路线、热门迁入城市和热门迁出城市等。

1.5.6 农业大数据体系建设

新时代，三农工作的重心历史性转向全面推进乡村振兴，迫切需要信息化、大数据的支撑和助力。2023 年是加快建设农业强国的起步之年，需要全面推进乡村振兴，加快农业农村现代化，建设宜居宜业和美乡村。

2015 年，《农业部关于推进农业农村大数据发展的实施意见》（2018 年组建农业农村部，不再保留农业部）发布，指出农业农村大数据已成为现代农业新型资源要素，发展农业农村大数据是破解农业发展难题的迫切需要，发展农业农村大数据迎来重大机遇。

2016 年，中华人民共和国农业农村部（以下简称农业农村部）印发《农业农村大数据试点方案》，决定在北京等 21 个省（区、市）开展农业农村大数据试点，建设生猪、柑橘等 8 类农产品单品种大数据，在引导市场预期和指导农业生产中充分发挥作用。

2021 年我国成立农业农村部大数据发展中心，推进农业农村数据的整合与汇聚，构建农业农村大数据平台，强化数据分析挖掘，精准服务决策管理，建立开放共享机制，盘活农业农村数据资源。

2023 年,《农业农村部关于落实党中央国务院 2023 年全面推进乡村振兴重点工作部署的实施意见》发布,明确指出要加快探索耕地种植用途管控的法律、政策、技术体系,利用农业遥感等大数据技术,绘制全国耕地种植用途管控"一张图",推进数据整合,搭建应用农业农村大数据平台。

大数据在推进乡村振兴方面的部分应用如下。

精准农业:通过运用大数据、地理信息系统(Geographical Information System,GIS)、全球定位系统(Global Positioning System,GPS)等技术,对土壤、气候、水分和养分等农田环境因素进行实时监测和数据分析,帮助农民更准确地了解农田环境;还可以根据土壤特性、植物需求和环境因素等实现精确施肥、灌溉和用药,实现个性化农业生产管理方案,减少资源浪费和环境污染,推动农业的可持续发展。

灾害预警:基于物联网设备采集自然灾害、动物疫情、植物病虫害等数据,采用大数据分析技术构建农业灾害预测模型,对农业灾害历史数据及实时监测数据进行挖掘、分析、预测、研判,及时发布预警信息,提醒人们采取防治措施,避免病虫害扩散和蔓延,防范重大灾害发生。

质量监管:利用物联网技术、微信移动端、网页端等现代技术手段对农产品进行实时监测和数据采集,建立农产品监管平台和农产品质量安全追溯体系,实现农产品从种植、生产、加工、运输到销售等全过程可追溯,加强信息共享和协同管理,打通上下游追溯体系,提高农产品的质量和安全性,促进农业信息化和智能化的发展。

农业市场监测:采集农产品交易流通、消费需求、价格、市场动态等数据,了解市场需求量、消费结构等信息,构建产量预测、价格分析、供需情况等数据模型,帮助人们更好地把握市场动态,提高农产品的市场竞争力和收益水平,也为农业生产和经营提供决策支持。在农业农村部官方网站可以实时查看农产品批发价格 200 指数及其趋势、各类农产品价格变化趋势,如图 1-9、图 1-10 所示。

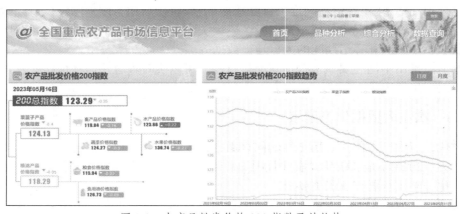

图 1-9　农产品批发价格 200 指数及其趋势

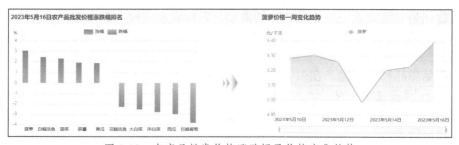

图 1-10　农产品批发价格涨跌幅及价格变化趋势

1.6 本章小结

本章在介绍数据、信息、知识等概念的基础上,对大数据的发展历程及大数据的5V特性进行了阐述;然后,从数据生命周期管理角度出发,详细论述了数据采集、数据预处理、数据分析、数据可视化等不同阶段的工作内容,并对大数据相关技术进行了简要介绍;最后,讨论了大数据对社会发展的重要影响,涵盖了工业、交通、政务和农业等多个领域。

通过对本章的学习,读者能够了解大数据的发展历程,理解大数据的特性和大数据分析处理流程,初步了解大数据相关技术,充分意识到大数据对社会发展的重要影响。

后续章节将分别围绕 Hadoop、Hive 和 HBase 等展开,包括 Hadoop 简介、Hadoop 分布式文件系统、Hadoop 分布式计算系统、Hadoop 资源管理器 Yarn、Hive 原理与应用、Hive 数据定义、Hive 数据分析基础、HBase 基础知识、HBase 原理与架构等内容,以及 Hadoop、Hive 和 HBase 的相关案例等。

习 题

一、单选题

1. 大数据的起源是( )。
   A. 政务　　　　　B. 金融　　　　　C. 互联网　　　　　D. 公共管理
2. ( )是对客观事物的性质、状态及相互关系等进行记载的物理符号或这些物理符号的组合。
   A. 数字　　　　　B. 数据　　　　　C. 文字　　　　　D. 信息
3. 大数据最显著的特征是( )。
   A. 数据规模大　　　　　　　　B. 数据类型多样
   C. 数据处理速度快　　　　　　D. 数据价值密度高
4. 下列关于数据分析的描述不正确的是( )。
   A. 数据分析是指采用适当的分析方法及分析工具,提取有价值信息的过程
   B. 数据离散程度分析是数据描述性分析的内容之一
   C. 预测性分析是对所采集的历史数据进行分析以得出数量特征的分析方法
   D. 机器学习是数据分析常用的技术之一
5. 下列关于大数据的描述正确的是( )。
   A. 大数据又称为巨量资料或海量资料
   B. 大数据可以采用传统信息技术解决
   C. 大数据的价值密度很高
   D. 大数据的数据来源较为单一
6. 以下关于数据采集的描述错误的是( )。
   A. 数据采集是从真实世界对象中获取原始数据的过程
   B. 网络爬虫是一种数据采集方法
   C. 为确保数据采集的质量,人们需要选用合适的数据采集方法
   D. 数据清洗是数据采集中不可缺少的环节
7. 以下关于大数据相关技术的描述不正确的是( )。
   A. MapReduce 是 Hadoop 项目中的分布式计算引擎

B. Hive 是基于 Hadoop 的开源数据仓库工具
C. HBase 是一种关系数据库
D. Oozie 是一款开源的工作流调度系统

8. 以下不属于大数据架构平台的是（　　　）。
A. Hadoop　　　　　B. HDFS　　　　　C. MapReduce　　　　　D. Oracle

二、判断题
1. 大数据中的数据只能是连续值，不能是离散值。（　　）
2. 现代信息技术的发展为大数据时代的到来提供了技术支撑。（　　）
3. 大数据是大量、高速、多变的信息资产。（　　）
4. 大数据更强调对数据的批量分析而非实时分析。（　　）
5. 数据预处理是指采用适当的分析方法及分析工具，对处理过的数据进行分析、挖掘和解释，提取有价值的信息并形成有效结论的过程。（　　）
6. Beam、Flink、Storm、Kafka 等均为大数据相关技术。（　　）
7. Yarn 仅支持 MapReduce 计算框架的运行。（　　）

三、简答题
1. 请描述大数据的 5V 特性。
2. 请简述数据生命周期包含的阶段。
3. 请查阅资料，了解大数据的应用场景及其对社会的影响。

第 2 章 Hadoop 简介

Hadoop 是 Apache 软件基金会旗下的一个开源分布式计算平台，是大数据技术中重要的框架之一，旨在解决海量数据的存储和计算问题，以分布式文件系统 HDFS、分布式计算框架 MapReduce、集群资源管理与任务调度框架 Yarn 为核心，为用户提供系统底层细节透明的分布式基础架构。本章将从概述、生态圈、核心架构、运行模式、集群搭建、常见问题及解决方案等方面对 Hadoop 进行介绍。

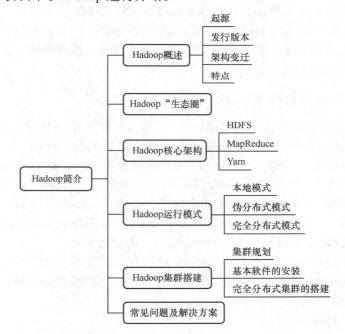

学习目标
（1）理解 Hadoop 的基本概念。
（2）了解 Hadoop 的发展历史及发展现状。
（3）掌握 Hadoop 的集群架构和角色。
（4）掌握 Hadoop 集群的安装与部署。

2.1 Hadoop 概述

Hadoop 是 Apache 软件基金会旗下用 Java 实现的开源分布式计算平台，具备效率高、可靠性强、扩展灵活等特点，用以解决海量数据的存储和分析计算问题，能够为用户提供底层细节透明的分布式基础架构。

Hadoop 概述

2.1.1 起源

2002 年，Apache 启动了 Nutch 项目。该项目是 Apache Lucene 的子项目之一，其设计目标是构建一个大型的全网搜索引擎，实现网页抓取、索引、查询等功能。然而，随着项目的推广应用及抓取网页数量的增加，项目遇到了严重的可扩展性问题，即如何解决数十亿网页的存储和索引问题。

2003—2006 年，谷歌公司先后发布了《谷歌文件系统》（*The Google File System*）、《MapReduce：简化大型集群下的数据处理》（*MapReduce : Simplified Data Processing on Large Clusters*）和《Bigtable：适用于结构化数据的分布式存储系统》（*Bigtable: A Distributed Storage System for Structured Data*）3 篇论文，公开了部分谷歌文件系统（Google File System，GFS）和 MapReduce 思想的细节，开启了工业界的大数据时代，奠定了 HDFS 和 MapReduce 的思想基础。这 3 篇论文被称为谷歌大数据的"三驾马车"，也被称为 Hadoop 的思想之源。这些论文为 Nutch 项目遇到的问题提供了可行的解决方案。受到启发的道格·卡廷（Doug Cutting）等人开始尝试实现 MapReduce 框架，并将它与 Nutch 的分布式文件系统相结合，用以支撑 Nutch 引擎的主要算法，使 Nutch 性能得到较大提升。

Doug Cutting 被人们称为 Hadoop 之父，他曾这样描述过 Hadoop 这个名字："这是我的孩子给他的黄色毛绒小象玩具起的名字。简短易于读写，没有具体意义且没有被别人使用过，这就是我对项目命名的原则。"

2.1.2 Hadoop 发行版本

由于 Hadoop 在大数据处理方面表现突出，许多公司都推出了自己的 Hadoop 商业版本，以提供更为专业的技术支持。目前，Hadoop 的发行版本除了有 Apache 的开源版本外，还有 Intel 发行版、Cloudera 发行版及 Hortonworks 发行版等多种版本。Apache Hadoop 的开源协议允许任何人对其进行修改并作为开源或者商业产品发布，因此这些发行版均是 Apache Hadoop 的衍生版本。国外有影响力且具有代表性的 Hadoop 版本主要有 Apache Hadoop、CDH（Cloudera Distribution Hadoop）、HDP（Hortonworks Data Platform）和 CDP（Cloudera Data Platform）等。

- Apache Hadoop 是最基础的 Hadoop 版本，适合初学者。
- CDH 是 Cloudera 公司提供的 Hadoop 解决方案，常用于大型互联网企业。
- HDP 是 Hortonworks 公司的代表产品，是一个企业级的 Hadoop 发行版，配备了较为完善的支撑文档。

1．Apache Hadoop

Apache Hadoop 也称为 Apache 社区版本，具备开源、免费、社区活跃及资料翔实等优点，适合初学者；但其版本管理、集群部署及运维较为复杂。

2．HDP

Hortonworks Hadoop 是 Hortonworks 公司发行和维护的 Hadoop 版本。该公司由雅虎公司与硅谷风投公司 Benchmark Capital 合资组建，其主打产品 HDP，包含 Apache Hadoop 的所有关键组件，提供了直观的用户界面安装配置工具，在管理工具和集群部署方面有独特优势。目前，该公司已与 Cloudera 公司合并。

3．CDH

2008 年成立的 Cloudera 公司是最早将 Hadoop 商用化的公司，旨在为合作伙伴提供基于 Hadoop 的技术支持、咨询服务、培训等商用解决方案。Cloudera Hadoop 是 Hadoop 众多分支中比较出色的版本，由 Cloudera 公司发行和维护。Cloudera Hadoop 基于 Apache Hadoop 进行了重新构建，优化了组件兼容和交互接口，相比于 Apache Hadoop 在兼容性、安全性、稳定性上均有所增强。

2009 年 Hadoop 的创始人 Doug Cutting 加入 Cloudera 公司。此外，Cloudera 公司开发并贡献了可实时处理大数据的 Impala 项目。2018 年 10 月，Cloudera 公司与 Hortonworks 公司宣布合并。在两个公司合并后，2019 年 11 月，Cloudera 公司沿用 CDH 版本发布了新一代的数据管理和分析平台 CDP，最大化整合了 Cloudera 公司原有的 CDH 和 Hortonworks 公司原有的 HDP 产品的优势，意味着数据管理方式向混合云转变。

2.1.3 Hadoop 架构变迁

Hadoop 的版本到目前为止已经经过了无数次的更新迭代，人们经常将 Hadoop 分为 Hadoop 1.x、Hadoop 2.x 和 Hadoop 3.x 这 3 个版本。

1．Hadoop 1.x

Hadoop 1.x 是主从架构，由一个主服务器节点和多个从服务器节点组成，包含用于分布式文件存储的 HDFS 和用于资源管理与数据处理的分布式计算服务 MapReduce，主要解决了海量数据的存储和计算问题。在 Hadoop 1.x 时代，主服务器节点只有一个，且 MapReduce 需要同时处理业务逻辑运算和资源调度，因此存在单点故障、内存受限及无法实现资源隔离等问题。

2．Hadoop 2.x

Hadoop 2.x 是主从架构，由多个主服务器节点和多个从服务器节点组成，当一个主服务器节点出现故障时，其他主服务器节点可以接管任务。在资源管理和数据运算方面，Hadoop 2.x 增加了资源管理框架 Yarn，Yarn 负责资源管理和调度，MapReduce 负责数据运算，Hadoop 降低了两者之间的耦合度。在数据存储方面，Hadoop 2.x 支持整个命名空间的单活动 NameNode（名称节点）和单备用 NameNode，一定程度上提高了 NameNode 的横向扩展能力和可用性。

总体而言，Hadoop 2.x 较好地解决了单点故障问题，相较 Hadoop 1.x 功能更加强大，具有更好的可扩展性，且支持多种计算框架。

3．Hadoop 3.x

Hadoop 3.x 是对 Hadoop 2.x 的改进和优化，对 Hadoop 2.x 内核进行了精简，支持类路径隔离以防止版本间冲突，重构了 Shell 脚本以支持新特性和动态命令执行等。

在数据存储方面，HDFS 支持擦除编码技术和多 NameNode 机制，节省了存储空间，提高了容错性。在数据运算方面，MapReduce 支持任务的本地化优化和内存参数自动推断等，避免了内存资源的浪费。在资源调度方面，Yarn 升级了时间线服务以提供一个通用的应用程序共享信息和共享存储模块，支持队列配置和基于 cgroup 的内存与磁盘输入输出（Input/Output，I/O）隔离等，提高了框架的稳定性和可扩展性。Hadoop 3.x 的发布标志着数据科学时代的到来。Hadoop 3.x 在可用性、兼容性、可扩展性、容错性和负载均衡等方面都有了较大提升。

2.1.4 Hadoop 特点

Hadoop 在数据存储、分析和计算等方面表现突出，数据存储和数据处理的能力值得人们信赖，具备如下特点。

1．低成本

Hadoop 通过普通、廉价的机器组成服务器集群来分发及处理数据，计算成本较低。

2．高扩展性

Hadoop 是在可用的计算机集群节点间分配数据并完成计算任务的，这些集群可方便地扩展到数以千计的计算节点。

3．高效率

在 MapReduce 的设计思想下，Hadoop 能够实现节点间数据的动态并行计算与迁移，加快了任务的处理速度，具有良好的并发性。

4．高可靠性

Hadoop 能自动维护数据的多份备份，特别是在任务失败后能自动地重新部署计算任务，可靠性高。

2.2 Hadoop"生态圈"

广义来讲，Hadoop 是指 Hadoop"生态圈"，涵盖了数据采集、数据存储、服务管理、数据分析等多种服务组件，Hadoop 为各种上层服务组件提供基础架构。Hadoop"生态圈"如图 2-1 所示。

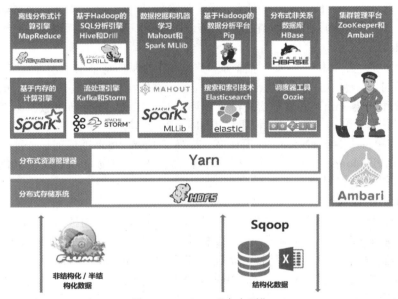

图 2-1　Hadoop"生态圈"

图 2-1 中部分服务组件的功能及作用如下。

1．HDFS

HDFS 是 Hadoop"生态圈"的核心组件。

2．Yarn

Yarn 是 Hadoop"生态圈"的"大脑"，用于管理 CPU 及内存等资源。

3．MapReduce

MapReduce 是 Hadoop"生态圈"中用于并行计算的核心组件。

4．Spark

Spark 是分布式计算环境下进行实时数据分析的支撑框架，常用于数据的在/离线处理

Hadoop"生态圈"

和微批处理。

5．Pig、Hive

Pig 和 Hive 提供用于查询的数据处理服务。

6．HBase

HBase 属于 NoSQL 数据库，是一款分布式的非关系数据库。

7．Mahout、Spark MLlib

Mahout 是用于数据挖掘的组件，Spark MLlib 是用于机器学习的组件。

8．ZooKeeper

ZooKeeper 提供组件之间的协调服务。

9．Oozie

Oozie 用于作业调度计划。

10．Flume

Flume 用于日志采集服务。

11．Sqoop

Sqoop 用于关系数据库和 HDFS 数据存储服务之间的数据导入及导出。

12．Ambari

Ambari 用于创建、监视和管理 Hadoop 集群。

2.3 Hadoop 核心架构

Hadoop "生态圈"包含丰富的组件以支持不同的大数据处理任务，Hadoop 为这些分布式应用服务提供了可靠的平台支持，其核心组件包括解决海量数据存储问题的 HDFS、解决海量数据计算问题的分布式计算框架 MapReduce，以及解决集群环境下资源分配问题的集群资源管理和任务调度框架 Yarn。

2.3.1 HDFS

HDFS 是一个分布式文件系统，采用主从（Master-Slave）架构进行文件管理。一个 HDFS 由一个 NameNode 和若干个 DataNode（数据节点）组成。

NameNode 也称为管理节点，作为主服务器管理文件系统的命名空间和客户端的文件访问操作，用于存储文件的元数据，如文件名、文件目录结构、文件属性（创建时间、副本数、文件权限），以及每个文件的块列表和块所在的 DataNode 的列表信息等。Hadoop 1.x 只能配置一个 NameNode，Hadoop 2.x 可以配置两个 NameNode，而 Hadoop 3.x 可以配置多个 NameNode，以解决 NameNode 单点故障问题，提高 HDFS 的可靠性。

DataNode 是用于存储数据块的数据节点，负责处理客户端的读写请求、在本地文件系统存储文件块数据以及文件块数据的校验等任务。

SecondaryNameNode 的作用是辅助 NameNode 工作，在主 NameNode 的备份和恢复、元数据的合并过程中提供支持。

2.3.2 MapReduce

MapReduce 是一个分布式计算框架，能够以一种可靠的、具有高容错能力的方式并行地处理海量数据集。基于该框架，应用程序能够运行在由上千个商用机器组成的大集群上。

MapReduce 采用分而治之的思想，将计算过程分为 Map 阶段和 Reduce 阶段，其中，Map 阶段用来分而治之地处理输入数据，Reduce 阶段用来合并 Map 阶段的计算结果。MapReduce 任务最终运行在 Yarn 上。

例如，假设学校图书馆一共有 10 个图书室，每个图书室有 10 个书架，统计完一个书架的书约需要 2 个小时。那么，在不使用图书馆图书索引的情况下，工作人员需要一间一间图书室、一个一个书架地统计，在每天 24 小时不间断工作的情况下约需要 8.3 天才能统计完毕。如果采用 MapReduce 策略，则工作人员可以带领 100 位志愿者，然后每人分配一个书架统计（对应 Map 阶段的分而治之任务），在每个人都统计完自己负责的书架后，工作人员再将所有志愿者的统计结果进行汇总（对应 Reduce 阶段的合并计算），最终只需要约 2 个小时就可以统计完毕。

2.3.3 Yarn

Yarn 是 Hadoop 的资源管理器，负责为程序运算提供服务器运算资源，为上层应用提供统一的资源管理和调度服务，有助于集群资源的统一管理和数据共享，提高了资源利用率。

Yarn 主要由一个 ResourceManager、若干个 NodeManager 及跟踪管理应用程序所需的 ApplicationMaster（AM）构成。

ResourceManager 用来处理客户端的任务请求，负责集群资源的统一管理、调度、分配等，拥有系统所有资源分配的决定权。

NodeManager 是集群中单个节点的资源管理器，承担节点状态的上报任务。

ApplicationMaster 作为应用程序的管理者，负责跟踪应用程序的状态，监控任务的进度，协调集群中应用程序执行的进程。每个应用程序都有自己的 ApplicationMaster。

2.4 Hadoop 运行模式

Hadoop 是基于 Java 开发的，具有很好的跨平台性，可以运行在 Linux 平台上，也可以运行在 Windows 平台上。人们通常将 Hadoop 部署在 Linux 平台上，本书采用在 Linux 平台上搭建环境的方式。Hadoop 的运行模式有本地模式、伪分布式模式以及完全分布式模式。

2.4.1 本地模式

本地模式即 Local 模式，默认情况下，Hadoop 即处于该模式，用于开发和调试。但是不推荐使用。本地模式的特点如下。
- 不需要修改相关配置文件。
- 完全运行在本地，使用本地文件系统，而不是分布式文件系统。
- 不加载任何 Hadoop 的守护进程，因此 Hadoop 不会启动 NameNode、DataNode、SecondaryNameNode、ResourceManager、NodeManager 等守护进程。
- MapTask 和 ReduceTask 作为同一个进程的不同部分来执行。
- 主要用于开发调试 MapReduce 程序的应用逻辑。

2.4.2 伪分布式模式

伪分布式模式通过一台主机模拟多台主机，其中所有的守护进程都运行在同一台机器上，从而形成一个小规模的单节点集群，如果计算机配置

伪分布式模式

不高就可以使用本模式。伪分布式模式的特点如下。
- 在一台主机上模拟一个小规模的集群，伪分布式模式是完全分布式模式的一个特例。
- 使用分布式文件系统，允许检查内存使用情况、HDFS 输入输出以及与守护进程的交互。
- 启动 NameNode、DataNode、SecondaryNameNode、ResourceManager、NodeManager 等守护进程，这些守护进程都在同一台机器上运行，是相互独立的 Java 进程。
- 需要修改相关配置文件：core-site.xml、hdfs-site.xml、mapred-site.xml、yarn-site.xml。具体的配置信息请参考完全分布式模式的配置内容，只不过本模式要将所有的内容都配置到本机。
- 格式化文件系统。
- 在本地模式的基础上增加了代码调试功能。

2.4.3 完全分布式模式

完全分布式模式

完全分布式模式即集群模式（Cluster Mode），运行在由多台主机搭建的集群上，是真正的生产环境。该模式对计算机配置特别是内存配置要求较高，建议计算机内存在 8GB 以上。完全分布式模式的特点如下。
- 在所有的主机上安装 JDK、Hadoop、ZooKeeper 等软件，组成相互联通的网络。
- 集群的多台主机间设置安全外壳（Secure Shell，SSH）免密登录，把从各个节点生成的公钥添加到主节点的信任列表中。
- 需要修改配置文件：core-site.xml、hdfs-site.xml、mapred-site.xml、yarn-site.xml、hadoop-env.sh。
- 格式化文件系统。
- 启动 NameNode、DataNode、ResourceManager、NodeManager、SecondaryNameNode 等守护进程。

3 种运行模式主要配置的区别如表 2-1 所示。

表 2-1　3 种运行模式主要配置的区别

.xml 文件	属性名称	本地模式	伪分布式模式	完全分布式模式
core-site.xml	fs.defaultFs（或 fs.default.name）	file:///	hdfs://localhost/	hdfs://node01:9000
hdfs-site.xml	dfs.replication	N/A	1	3（默认）
mapred-site.xml	mapreduce.framework.name	local	yarn	yarn
yarn-site.xml	yarn.resourcemanager.hostname	N/A	localhost	resoucemanager
yarn-site.xml	yarn.nodemanager.auxservice	N/A	mapreduce_shuffle	mapreduce_shuffle

2.5　Hadoop 集群搭建

2.5.1　集群规划

常言道无规矩不成方圆，因此在搭建集群之前一定要做好规划，后续配置过程中才不至于手忙脚乱，不知所措。本书的 Hadoop 集群包括 3 个节点，分别命名为 node01、node02 和 node03，对应 192.168.100.101、192.168.100.102 和 192.168.100.103 这 3 个互联网协议（Internet Protocol，IP）地址，主机上需要安装的软件及其安装路径，以及各节点负责的进程等详细信息如表 2-2 所示。

表 2-2 Hadoop 集群规划

集群节点分配	
主机名	主机 IP
node01	192.168.100.101
node02	192.168.100.102
node03	192.168.100.103
软件版本	
软件名称	版本号
Java	1.8.0_321
CentOS	CentOS 8
Hadoop	3.2.2
各软件安装路径	
Hadoop	/opt/apps/hadoop-3.2.2
Java	/opt/apps/jdk1.8.0_321
节点进程	
node01	NameNode、DataNode、NodeManager
node02	ResourceManager、DataNode、NodeManager
node03	SecondaryNameNode、DataNode、NodeManager

2.5.2 基本软件的安装

Hadoop 的运行需要 VMware、CentOS 及远程连接工具等软件的支持，本节简要介绍基本软件的安装过程。

Hadoop 部署调优

1．安装 VMware Workstation

VMware Workstation 是一款功能强大的桌面虚拟计算机软件，用户可在单一的桌面上同时运行不同的操作系统，是开发、测试、部署新的应用程序的最佳解决方案。

用户可以从 VMware 官方网站上下载软件，按照安装向导进行安装。具体安装步骤见附录 A。

2．创建虚拟机

完全分布式集群的搭建需要配置多台主机，如果没有多台物理机，可以通过 VMware 虚拟出多台虚拟机。虚拟机是指通过软件模拟的、具有完整硬件系统功能的、运行在一个完全隔离的环境中的计算机系统。

在成功安装 VMware Workstation 后，需要在 VMware 中创建虚拟机以支撑其他基础软件的安装。具体安装步骤见附录 B。

3．安装 CentOS

CentOS 是 Red Hat Enterprise Linux 的发行版之一。相对于其他 Linux 发行版，CentOS Linux 可以像 Red Hat Enterprise Linux 一样构建 Linux 系统环境，但不需要向 Red Hat 支付费用，其稳定性值得信赖。

用户可以从 CentOS 的官方网站上下载 CentOS 镜像文件，并将其安装到虚拟机上，具体操作步骤见附录 B。

4．安装远程连接工具

Linux 远程连接工具有很多，如 PuTTY、SecureCRT、Xshell、MobaXterm、FinalShell

等。本书使用 Xshell 作为 Linux 的远程连接工具。具体下载及安装步骤见附录 C。

2.5.3 完全分布式集群的搭建

为了深入了解 Hadoop 技术，本节讲解完全分布式集群的搭建过程，主要包括安装 CentOS 基本工具、修改 hosts 文件、配置 SSH 免密登录、配置 Java 开发环境、下载并安装 Hadoop、修改配置文件、文件分发、设置环境变量、格式化 Hadoop、启动与停止 Hadoop、Hadoop 启动测试等。集群搭建中每个步骤详述如下。

1．安装 CentOS 基本工具

完全分布式集群的搭建需要配置多台主机进行分布式计算，如果没有多台物理机，可以通过 VMware 进行虚拟。这里以创建 3 台主机为例，每台主机除了需要安装 CentOS 外，还需要安装一些基本工具并进行必要操作。

（1）安装同步时间工具

提示：需要为每台节点主机安装同步时间工具，参考代码如下。

```
#安装 ntpdate 工具
[root@node01 ~]$ yum -y install ntp ntpdate
#设置时区为国内
[root@node01 ~]$ timedatectl set-timezone Asia/Shanghai
#设置与网络时间同步
[root@node01 ~]$ ntpdate cn.pool.ntp.org
#设置硬件时钟（将硬件时钟调整为与目前的系统时钟一致）
[root@node01 ~]$ hwclock --systohc
```

（2）安装 vim 编辑器

提示：需要为每台节点主机安装 vim 编辑器，不使用默认的 vi 编辑器。参考代码如下。

```
[root@node01 ~]$ yum -y install vim
```

（3）安装文件上传（rz）下载（sz）工具

提示：在某一台主机上安装即可，如在 node01 上安装。

在 Xshell 工具中通过 rz 调出上传文件的窗口进行文件上传，也可以通过 sz 文件名下载某一个文件，上传文件时可以通过拖曳文件到 Shell 面板直接上传。安装文件上传下载工具的参考代码如下。

```
[root@node01 ~]$ yum -y install lrzsz
```

（4）安装网络下载工具

提示：在某一台主机上安装即可，如在 node01 上安装，参考代码如下。

```
[root@node01 ~]$ yum -y install wget
```

（5）关闭防火墙

提示：每台节点主机均需要执行关闭防火墙和禁止开机启动防火墙的操作，参考代码如下。

```
#查看防火墙开启状态（执行）
[root@node01 ~]$ systemctl status firewalld
#关闭防火墙（执行）
[root@node01 ~]$ systemctl stop firewalld
```

```
#禁止开机启动防火墙（执行）
[root@node01 ~]$ systemctl disable firewalld
#开启防火墙（无需执行，了解即可）
[root@node01 ~]$ systemctl start firewalld
#设置开机启动防火墙（无需执行，了解即可）
[root@node01 ~]$ systemctl enable firewalld
#重启防火墙（无需执行，了解即可）
[root@node01 ~]$ systemctl restart firewalld
```

2. 修改 hosts 文件

对所有节点主机均需修改 hosts 文件，在文件中添加 IP 地址与主机名的映射，便于未来使用时可以直接使用主机名，而不需要去记忆 IP 地址，参考代码如下。

```
192.168.100.101 node01
192.168.100.102 node02
192.168.100.103 node03
```

执行命令后的结果如下所示。

```
[root@node01 ~]$ vim /etc/hosts
#127.0.0.1   localhost localhost.localdomain localhost4 localhost4.localdomain4
#::1         localhost localhost.localdomain localhost6 localhost6.localdomain6
192.168.100.101 node01
192.168.100.102 node02
192.168.100.103 node03
```

3. 配置 SSH 免密登录

配置 SSH 免密登录的目的是让主机之间相互信任，不需要密码即可互相访问，参考代码如下。

```
# 在每台节点主机主目录中创建一个.ssh 文件夹，如果文件夹已存在则无需创建
[root@node01 ~]$ mkdir ~/.ssh
# 每台主机，均需进入~/.ssh 目录进行操作
[root@node01 ~]$ cd ~/.ssh
# 输入以下命令，按回车键，以产生公钥和私钥
[root@node01 .ssh]$ ssh-keygen -t rsa -P ''
# 出现以下信息说明密钥生成成功
Generating public/private rsa key pair.
Enter file in which to save the key (/root/.ssh/id_rsa):
Your identification has been saved in /root/.ssh/id_rsa.
Your public key has been saved in /root/.ssh/id_rsa.pub.
The key fingerprint is:
SHA256:KU0Z/kXpvREFPvkq6wBwog8NLjZ6fSQDyM+747BtUsA root@node01
The key's randomart image is:
+---[RSA 2048]----+
|         . ...o.|
|..      . o .... |
|o.. . o =  ...+. |
| Eoo + * o .. oo |
|  =o* + S    o.|
|  o =.*. .    .. |
|..o.. o  . .   |
| o+o..     .o   |
| .++.       .o  |
+----[SHA256]-----+
# 将所有的 id_rsa.pub 文件进行合并（最简单的方法是将所有节点的文件内容追加到 node01 上）
```

```
[root@node01 .ssh]$ cat ~/.ssh/id_rsa.pub | ssh root@node01 'cat >> ~/.ssh/
authorized_keys'
[root@node02 .ssh]$ cat ~/.ssh/id_rsa.pub | ssh root@node01 'cat >> ~/.ssh/
authorized_keys'
[root@node03 .ssh]$ cat ~/.ssh/id_rsa.pub | ssh root@node01 'cat >> ~/.ssh/
authorized_keys'
# 查看 node01 上的 authorized_keys 文件内容，如下所示
[root@node01 .ssh]$ more authorized_keys
ssh-rsa
AAAAB3NzaC1yc2EAAAADAQABAAABAQCqJi/Q061hGWv91WkRl+fpvoiQ6OyqLSc4lu
5KR0FLmWmRxu/Bp1AeuBzf1V8YyjK+UNapYQMgX2/0RPjDWdCKfchrfhvQz9rOX7w8bqmcYGS
44EFvy0kxBxPRUd0q/X/cm6J9tvOHsgKJEXIzTG1HD+arjUBmgbP6MOr1mH3UgjJqkhRS5SYP+
RcbrRDnTVH+9IE2bKBBHadxK2r8GlP6DL/CtjjYAQSms9x9b9YR9rk/hDUmRO6piq+upy2Gmp
4br1EnRTk3LLgIe5sJZQiBQOaoULL7tj6J7D2LXbC0z+a9p8s/PfE/G/7jhxBAoYpzB30JV5
BPZmz702JOQjRn root@node01
ssh-rsa AAAAB3NzaC1yc2EAAAADAQABAAABAQDLeDS5mF/PwxExo++I99A3BfK8gyaLUYC
8mZGLT4q0H8Skb/7jN1qIjb8MfwubluoIKiHWrA2h/4iEkb2rBzEfUy/JxP+5a+zpi5
NIOcVCX1PcNb7mPmWm1X42Zp6/hOZVXnAHfQv4ZuEZRZrp49GmOnZR8g5mz8Gpr0rl9hk0c1m
50qpfY6I8EYjQ200suo/9vkd941Qquk3aX4A+6huAZq1Lu8B1EyTTDoV6cWS1eN4AbEdN4
nedYN1NqfN5KxYs9ujCfCNfmF41l7HS8vgPc4Yu0aI4LmZnmFhLei0FdK6HSE03nptm7YJ
45oDux5iehxXT8M0nvwC2JcK26aoD root@node02
ssh-rsa AAAAB3NzaC1yc2EAAAADAQABAAABAQDTpPnqphGbBH3vqFFdI0oxq1EmI0zWbrl/
52qIy6ysvJ+cqib34XzFHs4N61P4pyXwzL7tgMaYrAw0YfVMbZwmK3AAlpxlLTpfWLii/
dBTazGcXaHhR0J3s6qKIwu3ZEaeAUGWyGO4KU1uMWM9foLWeAQthTJhYj4HmE2YNmHV5M
39uw+F0j2JXMiWZBLEaklu/IpuWY0IgYVvj/uACowmeFUHHWsYezH0GbxcHPpLnenSfc
WxUAXNNaVYURKV6WnXqmsxV/9k8rWQ49Apk5AjHsAKpdWRXEzGVr0FBBydoGkCCNvgrr
1ORAAiUnFOp0ZEx/Pq9T8cQVdCjk0pILwv root@node03
# 将 node01 上的 authorized_keys 文件分发到其他主机上
[root@node01 .ssh]$ scp ~/.ssh/authorized_keys root@node02:~/.ssh/
[root@node01 .ssh]$ scp ~/.ssh/authorized_keys root@node03:~/.ssh/
# 每台机器之间进行 SSH 免密登录操作，包括自己与自己
[root@node01 ~]$ ssh node01
[root@node01 ~]$ ssh node02
[root@node02 ~]$ ssh node01
[root@node01 ~]$ ssh node03
[root@node03 ~]$ ssh node01
[root@node01 ~]$ ssh node02
[root@node02 ~]$ ssh node02
[root@node02 ~]$ ssh node03
[root@node03 ~]$ ssh node02
[root@node02 ~]$ ssh node03
[root@node03 ~]$ ssh node03
```

上述指令中部分免密登录文件说明如表 2-3 所示。

表 2-3 免密登录文件说明

文件	文件描述
known_hosts	记录 SSH 访问过主机的公钥（Public Key）
id_rsa	生成的私钥
id_rsa.pub	生成的公钥
authorized_keys	存放授权过的 SSH 免密登录的主公钥

注意：SSH 免密登录配置结束后建议创建快照。

4．配置 Java 开发环境

Hadoop 的运行需要 Java 开发环境，因此必须在所有节点上配置 Java 开发环境。为简单起见，仅需在任意一台节点主机（如 node01）上配置即可，其他节点主机可以在最后进

行统一远程复制。

Hadoop 各版本对 Java 开发环境的版本要求如下。
- Hadoop 3.3 以上支持 Java 8 和 Java 11，但是编译时只支持 Java 8。
- Hadoop 3.0～3.2 仅支持 Java 8。
- Hadoop 2.7.x～2.x 支持 Java 7 和 Java 8。

Java 开发工具包（JDK）可以从 Oracle 官网下载，本节以 Oracle JDK 8u321 为例，下载成功后通过以下指令安装。

```
# 在 node01 上创建指定目录
[root@node01 ~]$ mkdir -p /opt/apps
# 进入 apps 目录
[root@node01 ~]$ cd /opt/apps/
# 使用 rz 命令从 Windows 主机上传 JDK 压缩包到 node01，也可以直接拖曳至 Xshell 命令窗口
[root@node01 apps]$ rz
# 解压到当前目录
[root@node01 apps]$ tar -zxvf jdk-8u321-linux-x64.tar.gz
# 配置环境变量，亦可将其配置到 /etc/bashrc 中
[root@node01 apps]$ vim /etc/profile
# 在该文件后面追加以下内容
export JAVA_HOME=/opt/apps/jdk1.8.0_321
export JRE_HOME=$JAVA_HOME/jre
export CLASSPATH=.:$JAVA_HOME/lib/dt.jar:$JAVA_HOME/lib/tools.jar:$JRE_HOME/lib/rt.jar
export PATH=$PATH:$JAVA_HOME/bin:$JRE_HOME/bin
# 使刚才的设置生效
[root@node01 apps]$ source /etc/profile
# 检测是否配置成功
[root@node01 apps]$ java -version
java version "1.8.0_321"
Java(TM) SE Runtime Environment (build 1.8.0_321-b07)
Java HotSpot(TM) 64-Bit Server VM (build 25.321-b07, mixed mode)
```

注意：/etc/profile 在用户第一次登录时，加载一次；/etc/bashrc 在用户每次打开 Shell 的时候，加载一次。

5．下载并安装 Hadoop

从 Hadoop 官方网站下载 Hadoop 安装包，如图 2-2 所示。

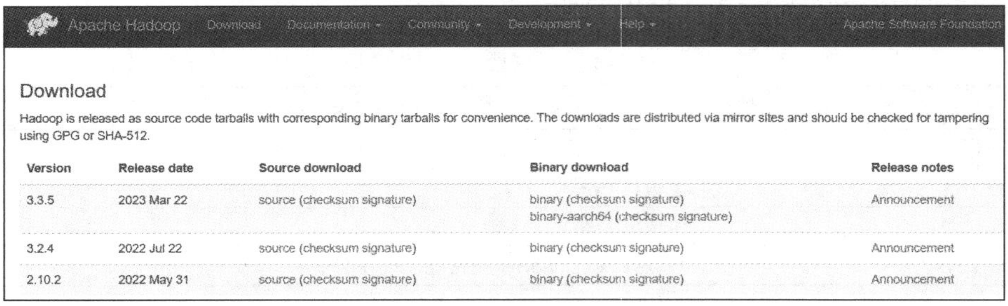

图 2-2　Hadoop 官方网站

集群中的每台节点主机均需要安装、配置 Hadoop，为简单起见，仅需在任意一台节点主机（如 node01）上安装、配置即可，其他节点主机可以在最后进行统一远程复制，参考

代码如下。

```
# 上传
[root@node01 ~]$ cd /opt/apps
[root@node01 apps]$ rz
# 解压
[root@node01 apps]$ tar -zxvf hadoop-3.2.2.tar.gz
# 查看解压后的目录信息
[root@node01 apps]$ ll hadoop-3.2.2/
总用量 176
drwxr-xr-x. 2 1001 1002    183 7月  21 16:27 bin
drwxr-xr-x. 3 1001 1002     20 7月  21 16:07 etc
drwxr-xr-x. 2 1001 1002    106 7月  21 16:27 include
drwxr-xr-x. 3 1001 1002     20 7月  21 16:27 lib
drwxr-xr-x. 4 1001 1002    288 7月  21 16:27 libexec
-rw-rw-r--. 1 1001 1002 147145 7月  21 14:34 LICENSE.txt
-rw-rw-r--. 1 1001 1002  21867 7月  21 14:34 NOTICE.txt
-rw-rw-r--. 1 1001 1002   1366 7月  21 14:34 README.txt
drwxr-xr-x. 3 1001 1002   4096 7月  21 16:07 sbin
drwxr-xr-x. 4 1001 1002     31 7月  21 16:45 share
```

解压后的 Hadoop 目录说明如表 2-4 所示。

表 2-4 Hadoop 目录说明

目录名称	描述
bin	Hadoop 最基本的管理脚本和使用脚本所在的目录
etc	Hadoop 配置文件所在的目录，包括 core-site.xml、hdfs-site.xml、mapred-site.xml 和 yarn-site.xml 等配置文件
include	对外提供的编程库头文件（具体的动态库和静态库在 lib 目录中），这些文件都是用 C++定义的，通常用于 C++程序访问 HDFS 或者编写 MapReduce 程序
lib	包含 Hadoop 对外提供的编程动态库和静态库，与 include 目录中的头文件结合使用
libexec	各个服务对应的 Shell 配置文件所在的目录，可用于配置日志输出目录、启动参数（如 JVM 参数）等基本信息
sbin	Hadoop 管理脚本所在的目录，主要包含 HDFS 和 Yarn 中各类服务启动或关闭的脚本
share	Hadoop 各个模块编译后的 JAR 包所在的目录，这个目录中也包含 Hadoop 文档

6．修改配置文件

在 Hadoop 运行之前需要修改 hadoop-env.sh、core-site.xml、hdfs-site.xml、yarn-site.xml、mapred-site.xml、workers 等配置文件，具体修改如下。

（1）hadoop-env.sh

hadoop-env.sh 是 Hadoop 一些核心脚本的配置文件，要指定 JAVA_HOME，参考代码如下。

```
[root@node01 apps]$ cd hadoop-3.2.2/
[root@node01 hadoop-3.2.2]$ vim etc/hadoop/hadoop-env.sh
#添加以下内容
export JAVA_HOME=/opt/apps/jdk1.8.0_321
```

（2）core-site.xml

core-site.xml 是 Hadoop 核心的配置文件，对应 Common 模块在此配置文件中配置文件系统的访问端口和访问权限等，参考代码如下。

```
[root@node01 hadoop-3.2.2]$ vim etc/hadoop/core-site.xml
```

core-site.xml 配置文件中涉及的参数包括 fs.defaultFS、hadoop.tmp.dir 和 io.file.buffer.size。
- fs.defaultFS：文件系统访问路径，由于需要将 node01 配置为 NameNode，因此在完全分布式集群中配置为 hdfs://node01:9000。默认值为 file:///，即本地文件系统，伪分布式集群中可配置为 hdfs://localhost:9000。
- hadoop.tmp.dir：Hadoop 运行时的临时存储目录，默认值为/tmp/hadoop-${user.name}，即在 Hadoop 安装目录下。
- io.file.buffer.size：序列化文件处理时 I/O 缓冲区的大小，默认值为 4096，单位为 byte，可以设置得大一些，较大的缓冲区可以提供更高的数据传输速率，但这也就意味着会有更大的内存消耗和延迟。一般情况下，可以设置为 64KB（65536Byte）。

core-site.xml 配置文件的具体信息如下。

```xml
<configuration>
    <!--在<configuration></configuration>中间添加以下内容-->
    <property>
        <name>fs.defaultFS</name><!--定义HDFS中 NameNode 的URI 和端口（必须配置）-->
        <value>hdfs://node01:9000</value>
    </property>
    <property>
        <name>hadoop.tmp.dir</name><!--Hadoop 运行时的临时存储目录（必须配置）-->
        <value>file:/opt/apps/hadoop-3.2.2/tmp</value>
    </property>
    <property>
        <name>io.file.buffer.size</name><!--序列化文件处理时I/O缓冲区的大小-->
        <value>131702</value>
    </property>
    <property>
        <name>hadoop.http.staticuser.user</name>
        <value>root</value>
    </property>
    <!--以下两个配置暂时用不上（可以不必配置）。实际需要的时候注意修改hadoopuser为Hadoop的用户，这里应该是root-->
    <property>
        <name>hadoop.proxyuser.root.hosts</name>
        <value>*</value>
    </property>
    <property>
        <name>hadoop.proxyuser.root.groups</name>
        <value>*</value>
    </property>
</configuration>
```

（3）hdfs-site.xml

hdfs-site.xml 是 HDFS 核心的配置文件，对应 HDFS 模块，在此配置文件中配置文件系统数据存储路径和 SecondaryNameNode 地址等。

hdfs-site.xml 配置文件中涉及如下参数。
- dfs.namenode.name.dir：HDFS 中 NameNode 元数据存储目录，默认配置为 file://${hadoop.tmp.dir}/dfs/name。可以配置多个，但多个目录中的内容完全相同。
- dfs.datanode.data.dir：HDFS 中 DataNode 的数据存储目录，即分布式系统中文件的真正存储地址，以数据块（Block）的形式存储到该目录。可以配置多个，但多个目录中的内容不一样。
- dfs.replication：DataNode 存储的数据块的副本数，不大于 DataNode 的个数即可，默认值为 3。副本数过多会占用更多的磁盘空间。
- dfs.namenode.checkpoint.dir：指定 SecondaryNameNode 的工作目录，即辅助 NameNode 在本地文件系统上存储要合并的临时 fsimage 的位置。
- dfs.namenode.secondary.https-address：指定 SecondaryNameNode 的 HTTP 访问地址。若配置此参数，则启动 SecondaryNameNode 进程。
- dfs.webhdfs.enabled：是否启用 Web 访问，默认值为 true，但是在 Hadoop 3.x 版本中此参数已被移除。Hadoop 2.x 中存在该参数。实际应用中，HDFS 的 Web 可视化界面应该始终被允许访问，因此 Hadoop 3.x 增加了 dfs.webhdfs.rest-csrf.enabled 等相关配置（默认值为 false），以便提供 HDFS 的更可靠的 Web 访问（需要将该参数值设置为 true）。
- dfs.hosts：表示允许的节点列表文件路径，dfs.hosts 对应的文件中列出了所有可以连接到 NameNode 的 DataNode 的节点名称。如果为空则所有的节点均可以连入。

注意：只能使用主机名，不能使用 IP 地址，以便于节点的动态上下线。若使用 hdfs dfsadmin-refreshNodes 刷新配置，则要修改相应的 slaves 文件。

- dfs.hosts.exclude：表示不允许的节点列表文件路径。dfs.hosts.exclude 对应的文件中列出了所有被禁止连接到 NameNode 的 DataNode 的节点名称，如果为空则所有的节点均可以连入。

注意：只能使用主机名，不能使用 IP 地址，以便于节点的动态上下线。若使用 hdfs dfsadmin-refreshNodes 刷新配置，则要修改相应的 slaves 文件。

- dfs.blocksize：指定文件的默认数据块大小，以 Byte 为单位。可以使用后缀 K、M、G、T、P、E（不区分大小写）指定大小（例如 128KB、512MB、1GB 等），或提供完整大小（以 Byte 为单位）（例如 134217728 表示 128 MB）。在 Hadoop 2.x 及以上版本中，dfs.blocksize 的默认值为 128MB，Hadoop 1.x 中其默认值为 64MB。
- dfs.namenode.handler.count：NameNode 中用于处理远程过程调用（Remote Procedure Call，RPC）的线程数，默认值为 10。该值越大也就意味着需要更大的线程池以处理来自不同 DataNode 的并发心跳以及客户端的并发元数据操作。对于较大的集群和配置较好的主机，可适当增大该数值以提升 NameNode 服务的并发度。设置该值的一般原则是将其设置为集群大小的自然对数乘以 20，即 $20\times\log(N)$，N 为集群大小。

hdfs-site.xml 配置文件的具体信息如下。

```xml
<configuration>
    <!--在<configuration></configuration>中间添加以下内容-->
    <property><!--NameNode 元数据存储目录（必须配置）-->
        <name>dfs.namenode.name.dir</name>
        <value>file:/opt/apps/hadoop-3.2.2/dfs/name</value>
    </property>
    <property><!--DataNode 的数据存储目录（必须配置）-->
        <name>dfs.datanode.data.dir</name>
        <value>file:/opt/apps/hadoop-3.2.2/dfs/data</value>
    </property>
    <property><!--指定 DataNode 存储的数据块的副本数，不大于 DataNode 的个数就行，默认值为 3（必须配置）-->
        <name>dfs.replication</name>
```

```xml
        <value>2</value>
    </property>
    <property><!--指定SecondaryNameNode的工作目录（必须配置）-->
        <name>dfs.namenode.checkpoint.dir</name>
        <value>file:/opt/apps/hadoop-3.2.2/dfs/namesecondary</value>
    </property>
    <property><!--指定SecondaryNameNode的HTTP访问地址-->
        <name>dfs.namenode.secondary.http-address</name>
        <value>node03:9868</value>
    </property>
    <property><!--指定SecondaryNameNode的HTTPS访问地址，可以不进行配置-->
        <name>dfs.namenode.secondary.https-address</name>
        <value>node03:9869</value>
    </property>
</configuration>
```

（4）yarn-site.xml

yarn-site.xml 是 Yarn 模块的核心配置文件，在此配置文件中可以配置 ResourceManager 主机名和 NodeManager 的内存大小等。

```
[root@node01 hadoop-3.2.2]$ vim etc/hadoop/yarn-site.xml
```

yarn-site.xml 配置文件中涉及如下常用参数。

- yarn.nodemanager.aux-services：MapReduce 应用程序的 Shuffle 服务，需要配置为 mapreduce_shuffle。
- yarn.log-aggregation-enable：是否启用日志聚合功能，默认值为 false，表明关闭日志聚合功能。在业务生产环境下需要设置为 true，日志聚合功能开启后，日志保存到 HDFS 上。
- yarn.log-aggregation.retain-seconds：配置聚合后的日志在 HDFS 中的保存时间，默认值为-1，表示禁用，即不删除日志，单位为 s。生产环境下可以设置为 604800（7天）或者更长时间，注意不能设置得太短。
- yarn.log-aggregation.retain-check-interval-seconds：多长时间检查一次日志，任务执行时将满足条件的日志删除，如果是 0 或者是负数，则该值实际为 yarn.log-aggregation.retain-seconds 参数值的 1/10。
- yarn.resourcemanager.hostname：ResourceManager 的主机名，此参数配置后其余的 yarn.resourcemanager.address 均可不配置。
- yarn.nodemanager.resource.detect-hardware-capabilites：能够让 Yarn 自动探测服务器的资源，默认为 false。
- yarn.nodemanager.resource.memory-mb：设置当前 NodeManager 最大可使用的物理内存，单位为 MB，默认值为-1。如果设置为-1 且 yarn.nodemanager.resource.detect-hardware-capabilities 为 true，则 Hadoop 会自动检测节点内存，并根据操作系统资源进行分配。
- yarn.nodemanager.vmem-pmem-ratio：可使用的虚拟内存与物理内存的比值，默认值为 2.1。如果内存较小，可设置较大的比值进行优化；如果内存较大，可以忽略此参数的配置。
- yarn.nodemanager.resource.cpu-vcores：当前节点的可用的虚拟核心数，默认值为-1。可以根据节点的情况进行配置，也可以将 yarn.nodemanager.resource.detect-hardware-capabilities 配置为 true，以便自动检测 CPU 数量。

yarn-site.xml 配置文件中涉及的不常用但需要熟悉的参数如下。
- yarn.acl.enable：是否启用 Yarn 的访问控制列表（Access Control List，ACL），默认值为 false。
- yarn.admin.acl：默认值为*，也就是说所有用户都可以管理 ResourceManager。

设置用户及用户组的格式为：用户 1,用户 2,用户 3 用户组 1,用户组 2,用户组 3。

注意：用户和用户组之间必须有个空格。
- yarn.resourcemanager.scheduler.class：设置资源调度器的调度策略以满足集群中多个应用的请求。Scheduler 承担资源分配任务，可以通过此参数设置调度策略。

常见的调度策略有以下几类。

Capacity Scheduler：Hadoop 2.x 及以上版本默认的容器调度器。

Fair Scheduler：公平调度器，此参数需要手动配置。

FIFO Scheduler：Hadoop 1.x 默认的先入先出调度器。
- yarn.scheduler.minimum-allocation-mb：ResourceManager 处理请求时分配给 AM 单个容器可申请的最小内存，单位为 MB，默认值为 1024。如果设置的内存过小，则可能导致 MapReduce 程序无法运行。
- yarn.scheduler.maximum-allocation-mb：ResourceManager 处理请求时分配给 AM 单个容器可申请的最大内存，单位为 MB，默认值为 8192。
- yarn.resourcemanager.nodes.include-path：NodeManager 白名单。
- yarn.resourcemanager.nodes.exclude-path：NodeManager 黑名单。

注意：yarn.resourcemanager.nodes.include-path 和 yarn.resourcemanager.nodes.exclude-path 这两个参数可以通过调用 yarn rmadmin-refreshNodes 命令动态生效。
- yarn.nodemanager.local-dirs：生产环境下，建议配置为多目录，以提高 I/O 性能。

yarn-site.xml 配置文件的具体信息如下。

```xml
<configuration>
  <!--在<configuration></configuration>中间添加以下内容-->
  <property>
      <!--Reducer 获取数据的方式（必须配置）-->
      <name>yarn.nodemanager.aux-services</name>
      <value>mapreduce_shuffle</value>
  </property>
  <property>
      <!--Reducer 获取数据的方式中 Shuffle 过程对应的类（可以不配置）-->
      <name>yarn.nodemanager.aux-services.mapreduce_shuffle.class</name>
      <value>org.apache.hadoop.mapred.ShuffleHandler</value>
  </property>
  <property>
      <!--ResourceManager 主机名，配置后其他 yarn.resourcemanager.address 就不用配置了（必须配置）-->
      <name>yarn.resourcemanager.hostname</name>
      <value>node02</value>
  </property>
  <property>
      <!--当前 NodeManager 最大可使用的物理内存，单位为 MB（必须配置）-->
      <name>yarn.nodemanager.resource.memory-mb</name>
      <value>2048</value>
  </property>
  <property>
```

```xml
<!--NodeManager 硬件的自动探测，主要用于修正 CPU 个数，开启后不影响前面内存的配置-->
    <name>yarn.nodemanager.resource.detect-hardware-capabilities</name>
    <value>true</value>
</property>
<!-- 日志聚合功能（暂时不需要配置） -->
<property>
    <name>yarn.log-aggregation-enable</name>
    <value>true</value>
</property>
<!-- 日志保留时间设置为 7 天（暂时不需要配置）-->
<property>
    <name>yarn.log-aggregation.retain-seconds</name>
    <value>604800</value>
</property>
<property>
        <name>yarn.nodemanager.env-whitelist</name>
   <value>JAVA_HOME,HADOOP_COMMON_HOME,HADOOP_HDFS_HOME,HADOOP_CONF_DIR,
CLASSPATH_PREPEND_DISTCACHE,HADOOP_YARN_HOME,HADOOP_MAPRED_HOME</value>
   </property>
</configuration>
```

（5）mapred-site.xml

mapred-site.xml 文件对应 MapReduce 模块，是 MapReduce 核心的配置文件。配置文件中的 mapreduce.framework.name 为 MapReduce 程序运行的框架，默认值为 local，集群模式时需要将其配置为 yarn。

mapred-site.xml 配置文件的具体信息如下。

```xml
[root@node01 hadoop-3.2.2]$ vim etc/hadoop/mapred-site.xml
<configuration>
  <!--在<configuration></configuration>中间添加以下内容-->
  <!--使用 Yarn 运行 MapReduce 程序，（必须配置）-->
  <property>
      <name>mapreduce.framework.name</name>
      <value>yarn</value>
  </property>
  <!--配置历史服务器（暂时不需要配置）-->
  <property><!--MapReduce JobHistory Server 地址-->
      <name>mapreduce.jobhistory.address</name>
      <value>node01:10020</value>
  </property>
  <!--MapReduce JobHistory Server Web 界面地址-->
  <property>
      <name>mapreduce.jobhistory.webapp.address</name>
      <value>node01:19888</value>
  </property>
</configuration>
```

（6）workers

workers 文件中可配置所有 DataNode 的主机名，参考代码如下。

```
[root@node01 hadoop-3.2.2]$ vim etc/hadoop/workers
#添加以下内容:这里添加的是所有的 DataNode,注意删除原来的 localhost（必须配置）
node01
node02
node03
```

7．文件分发

在集群搭建过程中，需要将配置成功的节点主机（如 node01）上的 apps 目录远程分发到其他节点，参考代码如下。

```
[root@node01 ~]$ scp -r /opt/apps root@node02:/opt/
[root@node01 ~]$ scp -r /opt/apps root@node03:/opt/
```

8．设置环境变量

需要在节点中编辑 profile 文件完成环境变量的设置，参考代码如下。

```
# 所有节点均需编辑/etc/profile 文件
[root@node01 hadoop-3.2.2]$ vi /etc/profile
# 添加以下内容
#Hadoop
export HADOOP_HOME=/opt/apps/hadoop-3.2.2
export HADOOP_LOG_DIR=$HADOOP_HOME/logs
export PATH=$PATH:$HADOOP_HOME/bin:$HADOOP_HOME/sbin
#Hadoop User
export HADOOP_USERNAME=root
export HDFS_NAMENODE_USER=$HADOOP_USERNAME
export HDFS_DATANODE_USER=$HADOOP_USERNAME
export HDFS_SECONDARYNAMENODE_USER=$HADOOP_USERNAME
export YARN_RESOURCEMANAGER_USER=$HADOOP_USERNAME
export YARN_NODEMANAGER_USER=$HADOOP_USERNAME
# 使设置立即生效
[root@node01 hadoop-3.2.2]$ source /etc/profile
```

注意：对于集群中的其他节点，如 node02 和 node03，还需要配置 JAVA_HOME 环境变量和 PATH 环境变量。

9．格式化 Hadoop

格式：hdfs namenode -format <集群名称>。node01 上的参考代码如下。

```
[root@node01 ~]$ hdfs namenode -format zut
```

指令执行结果如下：

```
WARNING: /opt/apps/hadoop-3.2.2/logs does not exist. Creating.
2022-02-22 16:57:45,478 INFO namenode.NameNode: STARTUP_MSG:
/************************************************************
STARTUP_MSG: Starting NameNode
STARTUP_MSG:   host = node01/192.168.100.101
STARTUP_MSG:   args = [-format, hnumi]
STARTUP_MSG:   version = 3.2.2
STARTUP_MSG:   classpath = *.jar
STARTUP_MSG:   build = zhangyanfeng -r 7a3bc90b05f257c8ace2f76d74264906f0f7a932;
compiled by 'hexiaoqiao' on 2021-01-03T09:26Z
STARTUP_MSG:   java = 1.8.0_321
************************************************************/
2022-02-22 16:57:45,520 INFO namenode.NameNode: registered UNIX signal
handlers for [TERM, HUP, INT]
2022-02-22 16:57:45,751 INFO namenode.NameNode: createNameNode [-format, hnumi]
Formatting using clusterid: CID-658555e1-e2d5-40c8-a9e8-9844965e13f3
2022-02-22 16:57:47,582 INFO namenode.FSEditLog: Edit logging is async:true
2022-02-22 16:57:47,689 INFO namenode.FSNamesystem: KeyProvider: null
2022-02-22 16:57:47,691 INFO namenode.FSNamesystem: fsLock is fair: true
2022-02-22 16:57:47,691 INFO namenode.FSNamesystem: Detailed lock hold time
```

```
metrics enabled: false
2022-02-22 16:57:47,711 INFO namenode.FSNamesystem: fsOwner = root (auth:SIMPLE)
2022-02-22 16:57:47,716 INFO namenode.FSNamesystem: supergroup = supergroup
2022-02-22 16:57:48,206 INFO common.Storage: Storage directory /opt/apps/
hadoop-3.2.2/dfs/name has been successfully formatted.
2022-02-22 16:57:48,291 INFO namenode.FSImageFormatProtobuf: Saving image
file /opt/apps/hadoop-3.2.2/dfs/name/current/fsimage.ckpt_0000000000000000000
using no compression
2022-02-22 16:57:48,497 INFO namenode.FSImageFormatProtobuf: Image file /opt/
apps/ hadoop-3.2.2/dfs/name/current/fsimage.ckpt_0000000000000000000 of size
399 bytes saved in 0 seconds .
2022-02-22 16:57:48,525 INFO namenode.NNStorageRetentionManager: Going to
retain 1 images with txid >= 0
2022-02-22 16:57:48,534 INFO namenode.FSImage: FSImageSaver clean checkpoint:
txid=0 when meet shutdown.
2022-02-22 16:57:48,535 INFO namenode.NameNode: SHUTDOWN_MSG:
/************************************************************
SHUTDOWN_MSG: Shutting down NameNode at node01/192.168.100.101
************************************************************/
```

通过指令查看 NameNode 的目录结构，如图 2-3 所示。

```
[root@node01 dfs]# more name/current/VERSION
#Tue Sep 17 17:29:25 CST 2019
namespaceID=995379894
clusterID=CID-d9467448-ee7b-4951-867d-a5ae0a45e63b
cTime=0
storageType=NAME_NODE
blockpoolID=BP-139455586-192.168.100.101-1568712565049
layoutVersion=-63
```

图 2-3　NameNode 的目录结构

目录结构中的属性如下。

- namespaceID：HDFS 有多个 NameNode，不同 NameNode 的 namespaceID 是不同的，分别管理一组 blockpoolID。
- clusterID：全局唯一的集群 ID。
- cTime：用于标记 NameNode 存储系统的创建时间，对于刚刚格式化的存储系统，该属性为当前时间；在文件系统升级后，该值会更新到新的时间戳。
- storageType：用于说明该存储目录包含 NameNode 的数据结构。
- blockpoolID：用于标识跨集群的全局唯一的数据块池（Block pool）。
- layoutVersion：表示 HDFS 永久性数据结构的版本信息，其值是一个负整数。通常只有 HDFS 增加新特性时才会更新这个版本号。

注意：Hadoop 格式化的时候，在哪里格式化就会在哪里产生 dfs 目录以及 name 目录，因此格式化必须在 NameNode 执行；启动 HDFS 的时候，在哪里执行启动命令都可以，所识别的是 fs.defaultFS 的配置，因此建议在 NameNode 执行；启动 Yarn 的时候，只能在配置的 ResourceManager 节点（如 node02）上启动。

10．启动与停止 Hadoop

在成功执行上述步骤后，可以通过以下命令启动 Hadoop。

```
# 在 node01 上启动 HDFS
[root@node01 ~]$ start-dfs.sh
Starting namenodes on [node01]
上一次登录：一 2月 21 04:21:57 CST 2022pts/0 上
Starting datanodes
上一次登录：一 2月 21 04:23:35 CST 2022pts/0 上
```

```
Starting secondary namenodes [node03]
上一次登录：一 2月 21 04:23:37 CST 2022pts/0 上
# 在 node02 上启动 Yarn
[root@node02 ~]$ start-yarn.sh
Starting resourcemanager
上一次登录：一 2月 21 04:21:43 CST 2022pts/0 上
Starting nodemanagers
上一次登录：一 2月 21 04:23:28 CST 2022pts/0 上
# 在 node01 上启动 MapReduce 的历史记录服务
[root@node01 ~]$ mapred --daemon start historyserver
# 在所有节点上使用 jps 命令查看进程状态
[root@node01 ~]$ jps
3588 JobHistoryServer
2838 NodeManager
3068 NameNode
3196 DataNode
3646 Jps
[root@node02 ~]$ jps
2768 NodeManager
3207 Jps
3096 DataNode
2622 ResourceManager
[root@node03 ~]$ jps
1985 NodeManager
2275 Jps
2090 DataNode
2190 SecondaryNameNode
```

停止 Hadoop 的命令如下：

```
# 停止 MapReduce 历史服务
[root@node01 ~]$ mapred --daemon stop historyserver
# 停止 Yarn
[root@node02 ~]$ stop-yarn.sh
Stopping nodemanagers
上一次登录：一 2月 21 04:23:30 CST 2022pts/0 上
Stopping resourcemanager
上一次登录：一 2月 21 05:03:58 CST 2022pts/0 上
[root@node01 ~]$ stop-dfs.sh
Stopping namenodes on [node01]
上一次登录：一 2月 21 04:23:41 CST 2022pts/0 上
Stopping datanodes
上一次登录：一 2月 21 05:04:26 CST 2022pts/0 上
Stopping secondary namenodes [node03]
上一次登录：一 2月 21 05:04:28 CST 2022pts/0 上
#Hadoop 2.x 单独启动/停止 HDFS 的某一个服务
hadoop-daemon.sh start|stop namenode|datanode|secondarynamenode
#Hadoop 2.x 单独启动/停止 Yarn 的某一个服务
yarn-daemon.sh start|stop resourcemanager|nodemanager
#Hadoop 3.x 单独启动/停止 HDFS 的某一个服务
hdfs --daemon start|stop namenode|datanode|secondarynamenode
#Hadoop 3.x 单独启动/停止 Yarn 的某一个服务
yarn --daemon start|stop resourcemanager|nodemanager
```

11. Hadoop 启动测试

在成功搭建集群并启动 Hadoop 后，可以通过浏览器检测集群搭建的正确性。

- NameNode WebUI 访问。

访问地址：http://192.168.100.101:9870/。

注意：Hadoop 2.x 版本的访问端口为 50070。

- ResourceManager WebUI 访问。

访问地址：http://192.168.100.102:8088/。

- MapReduce JobHistory Server WebUI 访问。

访问地址：http://192.168.100.101:19888/。

- SecondaryNameNode WebUI 访问。

访问地址：http://192.168.100.103:9868/。

2.6 常见问题及解决方案

初学者在搭建完全分布式集群的过程中，常会遇到很多问题，本节列举几个常见的问题并给出解决方案，供读者参考。

1．虚拟机无法上网

（1）常规解决方案

使用 ping 命令 ping 网关看是否可以 Ping 通，可以 Ping 通则进行下一步，不能 Ping 通则说明虚拟网络编辑器中的网关和虚拟机网关配置不一致或者网络没有设置为自动连接。

使用 ping 命令 ping www.baidu.com 看是否可以 Ping 通，不能 Ping 通则说明网关、IP 地址或者域名系统（Domain Name System，DNS）配置错误。

（2）终极解决方案

查看虚拟网络编辑器中的网关和子网掩码是否和虚拟机中配置的网络的网关和子网掩码一致，另外还要查看 DNS 是否配置正确，再查看 IP 段是否配置正确。如果全部正确就说明网卡服务或者网络适配器有问题，重启对应服务或者重置后再修改即可。

2．命令不可用

大多数命令变为不可用，说明/etc/profile 文件中的 PATH 环境变量的配置有误。

进入/usr/bin 目录，使用 vi 编辑/etc/profile 文件，重新修改 PATH 环境变量即可。

3．Hadoop 格式化出错

格式化出错一般是配置文件有误引起的，查看错误信息，根据错误信息提示修改即可。一般错误信息上都会提示哪个配置文件的哪一行哪一列有误。

注意：*格式化只能进行一次，如果需进行多次格式化，应删除所有节点的 Hadoop 安装目录下的 dfs 目录，然后重新格式化。*

4．Windows 主机无法通过 IP 地址访问 HDFS

通过 jps 命令可以显示 HDFS 进程，但 Windows 主机无法通过 IP 地址访问 HDFS，原因可能是防火墙未关闭或者使用的是传统的 Edge 浏览器，那么关闭虚拟机所有节点的防火墙，并尝试使用谷歌浏览器或新版的 Edge 浏览即可。

5．Hadoop 启动报错

通过 tail-100/opt/apps/hadoop-3.2.2/logs/hadoop-root-datanode-node01.log 查看日志信息。在查看日志信息时，请注意查看日志文件名的规律。

如果是 NameNode 未启动，则查看 hadoop-root-namenode-node01.log。

如果是 DataNode 未启动,则查看 hadoop-root-datanode-node01.log。哪个节点上的这个进程没启动就查看哪个节点上的日志文件信息。

如果是 ResourceManager 未启动,则查看 hadoop-root-resourcemanager-node02.log。

如果是 NodeManager 未启动,则查看 hadoop-root-nodemanager-node02.log。哪个节点上的这个进程没启动就查看哪个节点上的日志文件信息。

2.7 本章小结

本章简要介绍了 Hadoop 版本及架构变迁等基础知识,阐述了 Hadoop "生态圈"、Hadoop 核心架构及 Hadoop 运行模式等,详细介绍了 Hadoop 集群搭建过程,重点介绍了完全分布式集群的搭建及其配置文件的详细信息。

通过对本章的学习,读者能够理解 Hadoop 的基本概念及其应用场景,了解 Hadoop "生态圈",理解 Hadoop 核心架构中的组件及其作用,能够搭建完全分布式集群。

后续章节将围绕 Hadoop 架构中的存储、计算及资源管理等核心组件逐步展开介绍。

习 题

一、单选题

1. Hadoop 框架中最核心的设计是(　　)。
   A. 为海量数据提供存储的 HDFS 和对数据进行计算的 MapReduce
   B. 提供整个 HDFS 的 NameSpace(命名空间)管理、块管理等所有服务
   C. Hadoop 不仅可以运行在企业内部的集群中,而且可以运行在云计算环境中
   D. Hadoop 被视为事实上的大数据处理标准
2. 在一个基本的 Hadoop 集群中,DataNode 负责(　　)。
   A. 执行由 JobTracker 指派的任务   B. 协调数据计算任务
   C. 协调集群中的数据存储   D. 存储被拆分的数据块
3. Hadoop 最初是由(　　)创建的。
   A. Lucene   B. Doug Cutting   C. Apache   D. 谷歌
4. 下列不属于 Hadoop 大数据层功能的是(　　)。
   A. 数据挖掘   B. 离线分析   C. 实时计算   D. BI 分析
5. 下面不属于 Hadoop 特性的是(　　)。
   A. 高可扩展性   B. 只支持少数几种编程语言
   C. 低成本   D. 能在 Linux 上运行
6. 在 Hadoop 核心架构中,HDFS 指的是(　　)。
   A. 分布式文件系统   B. 分布式并行编程模型
   C. 资源管理和调度器   D. Hadoop 上的数据仓库
7. 在 Hadoop 核心架构中,MapReduce 指的是(　　)。
   A. 分布式并行编程模型   B. 分布式计算框架
   C. Hadoop 上的工作流管理系统   D. 提供分布式协调一致性服务
8. 关于 Hadoop 运行模式的描述,不正确的是(　　)。
   A. 默认情况下,Hadoop 处于本地模式
   B. 本地模式不加载守护进程

C. 伪分布式模式不加载守护进程
D. 完全分布式模式也称为集群模式
9. Hadoop 中负责 HDFS 数据存储的模块是（　　）。
A. NameNode　　B. DataNode　　C. ZooKeeper　　D. JobTracker

二、简答题

1. 请简要描述 Hadoop 集群搭建的过程。
2. 请简要描述 Hadoop 的核心组件。

第 3 章 Hadoop 分布式文件系统

HDFS 是 Hadoop "生态圈"中的存储组件，是用于解决海量数据存储及大容量并发的分布式文件系统，具备大容量、高可靠和低成本等优点，是后续运用 MapReduce 等计算模型的基础。本章从 HDFS 的技术架构入手，对 HDFS 的 Shell 操作、API 操作和节点进程等进行介绍。

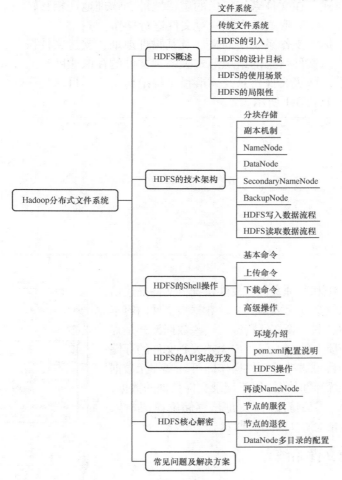

学习目标
（1）理解分布式存储的概念及实现。
（2）掌握 HDFS 的核心架构。
（3）掌握 HDFS 的基本 Shell 操作，能够在 Shell 中完成基本交互。
（4）掌握 HDFS 的读写文件流程，能够应用 API 实现对文件的常规处理。

（5）了解 HDFS 的机架感知策略及节点服役、退役机制等。

3.1 HDFS 概述

3.1.1 文件系统

文件系统是操作系统中负责存取与管理文件信息的程序和数据结构，由文件集合和目录两部分组成。其中，文件是指具有文件名的若干相关元素的集合，目录是文件控制块的有序集合。文件系统实现了文件存储空间管理、目录管理、文件读写管理和文件保护等功能，这不仅方便了用户，保证了文件的安全性，还有效提高了系统资源的利用率。

从操作系统的角度来看，系统中的所有文件都存在文件逻辑结构和文件物理结构两种形式。文件逻辑结构是指从用户角度观察到的文件组织形式，文件物理结构是指文件在外存上的存储组织形式。在文件系统提供的逻辑地址到物理地址相互转换的功能基础上，用户可以在不关心底层实现形式下方便地对文件进行操作。

文件目录用于标志操作系统中的文件及其物理地址，支持文件按名存取、文件共享和文件重命名等操作。文件目录的组织形式关系到文件的存取速度、共享和安全性，先后出现了单级文件目录、两级文件目录及树形目录等结构，树形目录是现代操作系统中通用且实用的目录结构，如图 3-1 所示。

图 3-1 树形目录

为了更好地组织和管理文件，文件系统将文件描述信息拆分为文件数据及文件元数据。文件数据指文件内容本身，如文档、视频、图片等文件资源。这些数据最终是存储在磁盘等存储介质上的，一般用户无须关心文件的存储机制，只需要基于目录树进行文件操作即可。文件元数据（Metadata）又称为解释性数据，用于记录文件数据的数据，一般包括文件大小、最后修改时间、底层存储位置、属性、所属用户、权限等信息，如图 3-2 所示。

图 3-2 文件元数据

3.1.2 传统文件系统

传统文件系统，如 Windows 的新技术文件系统（New Technology File System，NTFS）、Linux 的扩展（Extended，EXT）文件系统、文件传送协议（File Transfer Protocol，FTP）文件系统等，常指运行在单机操作系统上的文件系统，文件的物理存储位置无法跨越多个服务器节点，存储容量有限。

传统文件系统具有如下共同特征。

- 部署结构简单，数据集中存储。
- 文件目录结构常采用树形目录。
- 节点路径从根目录开始，具有唯一性。
- 树中节点分为目录、文件和链接 3 类。
- 随着数据量增大，文件的查询、上传和下载等操作效率较低。

大数据存在数据量大、增长速度快、类型多样、价值密度低等典型特征，这给传统的集中存储式文件系统带来了很大的挑战，主要表现如下。

1．成本高

传统文件系统的物理存储设备通用性差，对存储设备进行升级扩容并进行后期维护的成本较高。

2．性能低

传统文件系统的输入输出性能受到物理存储设备的制约，难以支撑海量数据的高并发、高吞吐应用场景的需求。

3．可扩展性差

传统文件系统无法实现应用系统的快速部署和弹性扩展，在动态扩容、缩容方面成本较高，技术实现难度较大。

4．数据计算和数据存储难以整合

传统文件系统的存储机制将数据计算和数据存储相互隔离，数据计算和数据存储属于不同的技术厂商，无法进行有机、统一的整合。

3.1.3　HDFS 的引入

HDFS 是一个分布式文件系统，实现了文件存储、文件定位、文件操作等功能。顾名思义，该文件系统是分布式的，由多个服务器节点联合提供文件系统功能。多个服务器节点构成集群，集群中的各个服务器节点有各自的角色，承担各自的任务，如图 3-3 所示。图中集群由 5 个服务器节点（DataNode）构成，负责数据的存储，NameNode 负责整个文件系统的管理。

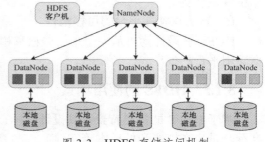

图 3-3　HDFS 存储访问机制

HDFS 相较于传统文件系统，其特征主要体现在下列几个方面。

- HDFS 主要解决大数据应用场景下的大数据存储问题，如 TB 或 PB 级别的数据存储。
- HDFS 是横跨在多个服务器节点上实现的文件存储系统。
- HDFS 对服务器节点的要求不高，是一个能够在具有普通硬件配置的服务器上运行的分布式文件系统。
- HDFS 提供了统一的访问接口，应用程序可以像访问传统文件系统那样访问分布式文件系统。
- HDFS 具有高容错性、高可靠性、高可扩展性及高吞吐量等优点。

3.1.4　HDFS 的设计目标

HDFS 在设计之初就已考虑硬件故障、硬件错误等情况，追求分布式文件系统的高容错性和高可靠性，其设计目标包括以下几个方面。

1．硬件错误

硬件错误是常态而不是异常。集群环境由上千台服务器关联在一起，每台服务器存储文件系统的部分数据，每一个组件都有可能出现故障，这导致了集群环境的高故障率。因此，故障检测和自动快速恢复是 HDFS 的核心架构目标。存储在 HDFS 上的数据可以自动保存多个副本，且在副本丢失后可以自动恢复。

2．流数据访问

区别于运行在传统文件系统上的应用程序，运行在 HDFS 上的应用程序具有较高的数据访问量，需要对其数据集进行流式访问。相较于数据访问的反应时间，这些应用程序更注重数据访问的吞吐量。因此，HDFS 更多是为数据批处理的应用场景而设计的，而不是用户交互使用的应用场景，支持流数据访问。

3．大规模数据集

一般情况下，Hadoop 的文件系统会存储 TB 级别或者 PB 级别的数据，存储数据的服务器节点达到数百个或上千个，需要支持千万级别的文件存储和访问。因此，HDFS 是为大数据服务的，需要提供较高的聚合数据带宽。

4．简单一致性模型

运行在 HDFS 上的应用程序需要一个"一次写入、多次读取"的访问模型，也就是说，一个文件一旦创建、写入、关闭之后就不需要修改了。这一假设简化了数据一致性问题，使得高吞吐量的数据访问成为可能。

5．移动计算比移动数据更划算

一个应用请求的计算，离它操作的数据越近就越高效。在大数据应用中，移动计算的代价比移动数据的代价低。因此，将计算移动到数据附近，比将数据移动到应用所在的存储位置显然更好。

6．异构软硬件平台的可移植性

HDFS 被设计为可从一个平台轻松移植到另一个平台，这有助于 HDFS 作为大规模数据应用平台的推广。

3.1.5 HDFS 的使用场景

基于 HDFS 的提出背景及其设计目标，可以看出 HDFS 具有高容错性、高可扩展性、高吞吐量、高性能和低成本等特性。

HDFS 适合一次写入、多次读出的应用场景，能够很好地支持文件的追加和截断，但不支持文件在任意点的修改。

HDFS 适合用来做大数据分析、大数据应用，不适合网盘应用。

3.1.6 HDFS 的局限性

HDFS 主要是为了满足大数据应用场景的需求，因此具有一定的局限性，不能适用所有的应用场景。HDFS 的局限性体现在如下几个方面。

1．不适合低延迟的数据访问

由于 HDFS 针对海量数据的吞吐量做了优化，牺牲了获取数据的速度，因此 HDFS 适合高吞吐量的应用场景而不适合低延迟的数据访问。如对于要求在毫秒级或秒级时间范围内得以响应的应用，HDFS 很难做到在毫秒级内读取数据，因此不建议采用。

2．不适合存储大量的小文件

HDFS 支持超大文件的存储和访问，通过数据分块将文件分布于不同的 DataNode 上，而将描述文件信息的元数据保存在 NameNode 上。因此，NameNode 的内存大小决定了 HDFS 文件系统所能容纳的文件数量。如果文件系统中存在大量的小文件，则文件系统的寻址性能会受到影响，违反了 HDFS 的设计目标。

3．不支持多用户写入及修改文件

由 HDFS 的设计目标可以了解到，存储在 HDFS 上的数据可以自动保存多个副本以提高文件系统的可靠性。为了防止创建副本引起的冲突，HDFS 仅支持单用户写入，不支持并发多用户写入，适用于数据一次写入多次使用的应用场景。Hadoop 2.0 支持文件追加操作，Hadoop 3.0 在此基础上增加了文件的修改操作，提高了文件系统的数据吞吐量。

4．不支持超强的事务

HDFS 的文件数据量较大，不会因为一个或者几个数据块出现问题就导致所有的数据要重新写入，也就是 HDFS 在数据量足够大的前提下，允许出现差错。因此 HDFS 无法像关系型数据库一样对事务提供强有力的支持。

HDFS 技术架构

3.2 HDFS 的技术架构

HDFS 采用主从架构模型，一个 HDFS 集群一般由一个 NameNode 和若干个 DataNode 组成。NameNode 是 HDFS 的主服务器节点，管理文件系统的命名空间和客户端对文件的访问操作。DataNode 是 HDFS 的从服务器节点，管理存储的数据。NameNode 和 DataNode 各司其职，共同协调完成分布式的文件存储服务。HDFS 架构如图 3-4 所示，图中显示的 HDFS 集群由一个 NameNode 和 5 个 DataNode 组成，其中 5 个 DataNode 位于两个机架（Rack）的不同服务器上。

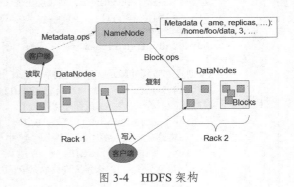

图 3-4　HDFS 架构

3.2.1　分块存储

Block 是 HDFS 中最基本的数据存储单位。当存储超大文件时，HDFS 会按照某个数据容量标准将文件切分成几块，分别存储到不同的节点上，切出的数据就称为数据块。Hadoop 1.x 中的默认数据块大小是 64MB，Hadoop 2.x 和 Hadoop 3.x 中的默认数据块大小是 128MB。

基于分块存储机制，HDFS 能够灵活满足不同场景的需求，其优点体现在下列几个方面。
- 将数据块和元数据分开存储，简化了文件存储系统的管理，降低了管理复杂性。
- 文件块可以保存在不同的节点上，使得 HDFS 能够支持大规模文件存储。
- 有利于数据的复制，便于快速备份，进而提高 HDFS 的容错能力和可用性。
- 分块存储有利于数据集的分布式计算，即为 MapReduce 提供高效的读写性能。

要注意的是，HDFS 的数据块大小不是由集群本身决定的，而是由客户端决定的。用户可以通过修改 hdfs-site.xml 配置文件的参数 dfs.blocksize 设定数据块大小。在 HDFS 中，如果一个文件小于一个数据块的大小,那么在不考虑数据压缩存储的情况下,该文件并不占用整个数据块的存储空间,而是实际多大就占用多大。

```
#这里可以将 HDFS 的数据块文件下载到 Windows 本地,然后使用 Windows 本地的 type 命令将文件合并
#合并后依然为原始文件
type blk_* >> aa.tar.gz

//使用 Java 代码模拟文件分块
import java.io.*;
public class BlockUtil {
public static void main(String[] args) throws Exception {
  BufferedInputStream in = new BufferedInputStream(new FileInputStream
("C:\\Users\\zhang\\Desktop\\
  hadoop-3.2.2.tar.gz"));
    //文件编号
    int n = 0;
    //文件读取状态,是否未读取完毕
    boolean status = true;
    //如果文件没有读取完毕则继续读取
    while (status){
     //创建一个文件,表示一个文件块
     File file = new File("C:\\Users\\zhang\\Desktop\\blk_"+n);
     //如果文件不存在,则创建。否则会出现文件不存在的异常
     if(!file.exists()) {file.createNewFile();}
     //创建该文件块的输出流
     BufferedOutputStream os = new BufferedOutputStream(new FileOutputStream
(file));
     //创建 I/O 缓冲区,提高读写效率,类似 HDFS 中的 io.buffer
     byte[] buffer = new byte[128*1024];
     //只要文件小于 128MB 就循环读取
      while (file.length()<128*1024*1024){
        //将输入流中的数据读取到 buffer 中并返回读取的字节数,即 len
        int len = in.read(buffer);
        //如果 len=-1,表示文件读取完毕,因此变更文件的读取状态为读取完毕,结束所在循环
        if(len == -1){
         status = false;
         break;
        }
        //如果没有执行上一步,说明从 in 中读取了一定的字节数据到 buffer 中,那么就将该数据写
        //出到文件块中
        os.write(buffer,0,len);
      }
     //执行缓冲区的刷新操作
     os.flush();
      //关闭输出流
      os.close();
      //当一个文件块写满之后可以创建新的文件块,该值记录新的文件块的编号
      n++;
    }
    //关闭输入流
    in.close();
   }
}
```

3.2.2 副本机制

为了实现 HDFS 的故障检测和自动快速恢复设计目标，HDFS 对文件的所有数据块进行备份，产生了多个数据块副本。由于 HDFS 实例通常分布在许多机架上的计算机集群上运行，不同机架中两个节点之间的通信必须通过交换机，因此副本存放策略对于 HDFS 的可靠性和性能至关重要，一个典型的数据块副本策略如图 3-5 所示。

副本数可以在文件创建的时候指定，也可以在文件创建后通过命令改变。副本数由参数 dfs.replication 控制，默认值是 3，即额外复制两份，连同本身总共 3 份。

HDFS 采用一种称为机架感知的策略来改进数据的可靠性、可用性和网络带宽的利用率。通过一个机架感知的过程，NameNode 可以确定每一个 DataNode 所属的机架。需要注意的是，机架感知策略中的机架指的是逻辑机架而不是物理机架，逻辑机架本质上是一个映射关系，可以通过 Shell 或者 Python 脚本指定。由此，可以将不同物理机架上的节点配置在同一个逻辑机架上。习惯上，人们常将同一个物理机架或者是同一个用户组内的节点配置在同一个逻辑机架上。

图 3-5　数据块副本策略

一个简单的副本存放策略是将副本存放于不同的机架上，以防止整个机架失效时的数据丢失，有助于读数据时多个机架带宽的充分利用。该策略可以将副本均匀分布在集群中，有利于节点失效情况下的均匀负载，但由于写操作需要传输到不同机架，增加了写数据的代价。

多数情况下，数据块副本的存放采用如下策略。
- 第一个副本：如果是集群内部提交的，那么在哪个 DataNode 上提交就将该副本放在哪个节点上；如果是集群外客户端上传的数据，则从相同机架随机选择一个节点存放。
- 第二个副本：放置在与第一个副本不同机架的节点上。
- 第三个副本：放置在与第二个副本相同机架的节点上。
- 更多副本：如果设置了更多副本，则采用随机策略分配存储节点，哪个节点空闲就将数据块放在哪个节点上。创建的最大副本数是集群中 DataNode 的总数。

3.2.3 NameNode

NameNode 是 HDFS 的守护进程，用来管理文件系统的命名空间，维护着文件系统树及整棵树内所有的文件及目录。NameNode 会将管理的数据块信息放入数据块池，存储及维护描述文件信息的元数据信息，包括文件的存储路径、文件和数据块之间的对应关系、数据块数量、数据块和 DataNode 之间的关系信息等。

元数据的存储格式为 Filename numReplicas block-ids id2host，每一条元数据的大小约为 150B。例如/test/a.log,3,{b1,b2}, [{b1: [h0,h1,h3]},{b2:[h0,h2,h4]}]，表示存储的为 a.log 文件，存储在/test 路径下，副本数为 3，数据被分为两个数据块 b1、b2，数据块 b1 存放于 h0、 h1、h3 节点下，数据块 b2 存放于 h0、h2、h4 节点下。元数据信息存储在内存以及文件中，其中内存存储元数据的实时信息以满足快速查询的需求，磁盘中存储的元数据信息不是实时的，支撑文件系统出错时的数据恢复任务。

在 NameNode 上，存储元数据的目录为 dfs/name/current，主要包括 fsimage 和 edits 两种文件，其中，fsimage 为元数据的镜像文件，edits 为元数据的操作日志文件，记录了对 NameNode 中任何元数据的操作。每当元数据有更新或者添加了元数据时，修改内存中的元数据并追加到 edits 文件中。这样，一旦 NameNode 断电，就可以通过 fsimage 和 edits 文件的合并合成元数据。NameNode 的存储结构如图 3-6 所示。

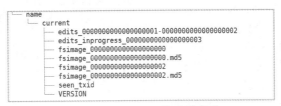

图 3-6 NameNode 的存储结构

```
[root@node01 dfs]$ tree
```

HDFS 处于安全模式时只能对外提供读服务，不能提供写服务。当有文件写请求时，NameNode 会首先将写操作写到磁盘的 edits_inprogress 文件中，当 edits_inprogress 文件写成功后再修改内存中的元数据，在内存修改成功后才向客户端发送成功信号。此时，fsimage 中的数据并没有发生改动，只有在达到某种条件时才进行数据的合并、更新。

无论是 Hadoop 1.x、Hadoop 2.x 还是 Hadoop 3.x，当 HDFS 启动时，NameNode 会做一次 edits 和 fsimage 合并的操作，以确保更新 fsimage 里的元数据。NameNode 通过 RPC 心跳机制来检测 DataNode 是否还存在。具体来讲，当 HDFS 启动的时候，NameNode 会将 fsimage 中的元数据信息加载到内存中，然后等待每个 DataNode 向 NameNode 汇报自身存储的信息，如存储了哪些文件块、块大小、块 ID 等。

NameNode 产生 edits 日志的时机为：
- 手动触发滚动操作 hdfs dfsadmin –rollEdits；
- 在 NameNode 进程启动后，会自动滚动出新的 edits 文件；
- 达到 CheckPoint（检查点）时机。

3.2.4 DataNode

DataNode 是文件系统的工作节点，将 HDFS 数据以文件形式存储在本地的文件系统中。它把每个 HDFS 数据块存储在本地文件系统的一个独立文件中。存储数据块的目录为 dfs/data/current/BP-139455586-192.168.100.101-1568712565049/current/finalized/subdir0/subdir0。在 HDFS 启动时，每个 DataNode 将当前存储的数据块信息告知 NameNode，之后 DataNode 会不断向 NameNode 发送心跳报告，NameNode 向 DataNode 发送相关指令，如复制某一个数据块等。心跳信息的默认发送间隔时间为 3s，心跳信息为本节点的状态以及数据块信息。如果 NameNode 超过 10min 都未收到 DataNode 的心跳信息，则认为该 DataNode 已经丢失，那么 NameNode 会将这个 DataNode 上的所有数据块复制到其他 DataNode 上。NameNode 和 DataNode 的交互过程如图 3-7 所示。

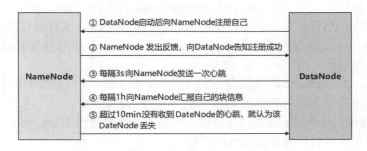

图 3-7 NameNode 和 DataNode 的交互过程

在 HDFS 中，DataNode 上存储的副本执行的是多副本策略，默认副本数是 3。在伪分布式模式下，副本仅能配置 1 个。如果副本数大于 1，则会导致 HDFS 一直处于安全模式而无法退出。

3.2.5 SecondaryNameNode

edits 文件存储元数据的增量修改事务日志，长时间的数据追加会导致该文件数据过大，效率降低，而且一旦断电，恢复元数据需要的时间过长。因此，需要定期进行 fsimage 和 edits 的合并，如果这个操作由 NameNode 完成，效率过低。因此，引入一个新的节点 SecondaryNameNode，专门用于 fsimage 和 edits 的合并。由此可以看出，SecondaryNameNode 并不是 NameNode 的热备份，而是 NameNode 的协助管理者，帮助 NameNode 进行元数据的合并。极端情况下，合并过程可能会造成数据丢失，此时可以从 SecondaryNameNode 中恢复部分数据，但无法恢复全部数据信息。

元数据的合并过程如图 3-8 所示，具体过程如下。

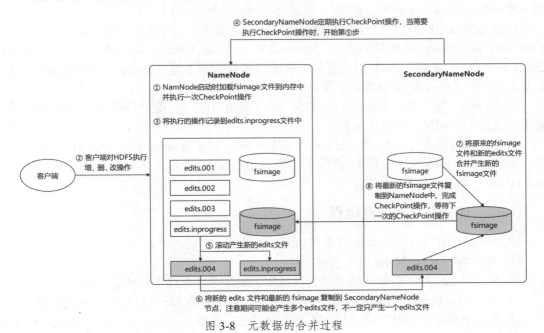

图 3-8 元数据的合并过程

- 达到元数据合并条件后 SecondaryNameNode 会先将 edits.inprogres 流动产生新的 edits 文件，然后将 NameNode 中的 fsimage 和新的 edits 文件通过网络复制到本机。
- NameNode 会创建一个新的 edits.inprogress 文件，新的写操作请求会写入这个 edits.inprogress 文件中。
- SecondaryNameNode 将复制过来的 fsimage 和 edits 文件加载到内存中进行数据合并，然后将合并后的数据写到一个新的文件 fsimage 中。
- SecondaryNameNode 将合并完成的 fsimage 文件复制回 NameNode 节点中替换，然后继续等待时机产生新的 edits 文件。

为了避免 edits 文件过大，以及缩短 NameNode 启动时恢复元数据的时间，需要定期地将 edits 文件合并到 fsimage 文件中，负责此项任务的节点为 CheckPointNode。CheckPointNode 和 SecondaryNameNode 的作用以及配置完全相同，CheckPointNode 可以使用 hdfs namenode -checkpoint 来启动该任务。

元数据的合并时机如下。

- 根据配置文件设置的时间间隔合并。dfs.namenode.checkpoint.period：默认设置为 1h，指定两个连续 CheckPoint 之间的最大延迟，单位为 s。
- 根据 NameNode 上未经 CheckPoint 的任务的数量合并。dfs.namenode.checkpoint.txns：默认设置为一百万。如果尚未达到 CheckPoint 周期，将强制紧急 CheckPoint。
- HDFS 启动时。当 HDFS 启动时也会触发合并过程，此时由 NameNode 执行合并。

3.2.6 BackupNode

BackupNode 提供与 CheckPointNode 相同的 CheckPoint 功能，始终维护与 NameNode 状态保持同步的文件系统的最新副本。除了从 NameNode 处接收文件系统编辑的日志流并将其持久保存到磁盘中，BackupNode 还将这些编辑应用到其在内存中的命名空间副本中，从而创建命名空间的备份。由于备份节点在内存中维护命名空间的副本，因此其随机存储器（Random Access Memory，RAM）要求与 NameNode 的相同。

BackupNode 在内存中已经具有 NameNode 的最新状态，不需要像 CheckPointNode 或 SecondaryNameNode 那样从活动的 NameNode 中下载 fsimage 和 edits 文件即可创建 CheckPoint。由于 BackupNode 仅需要将 NameNode 保存到本地 fsimage 文件中并重新编辑，因此备份节点 CheckPoint 过程效率更高。

NameNode 一次支持一个备份节点。如果使用了备份节点，则不能注册任何 CheckPointNode。将来将支持同时使用多个备份节点。

备份节点的配置方式与 CheckPoint 节点的相同，以 hdfs namenode -backup 启动。

备份节点及其随附的 Web 界面的位置是通过 dfs.namenode.backup.address 和 dfs.namenode.backup.http-address 参数配置的。

3.2.7 HDFS 写入数据流程

客户端完成 HDFS 写入数据的流程如图 3-9 所示，主要步骤如下。
① 客户端向 NameNode 请求上传文件。
② NameNode 检查目录机构及其访问权限，确定是否允许客户端的请求。
③ 客户端得到允许后，将文件切分为数据块，向 NameNode 请求上传第一个数据块 b1。
④ NameNode 进行计算并选择副本的存储节点。多数情况下，第一个选择的是本地节

点，第二个选择的是其他机架的一个节点，第三个选择的是其他机架的另一个节点（默认有 3 个副本存储节点），并把这 3 个 DataNode 信息返回给客户端，分别为 dn1、dn2 和 dn3。

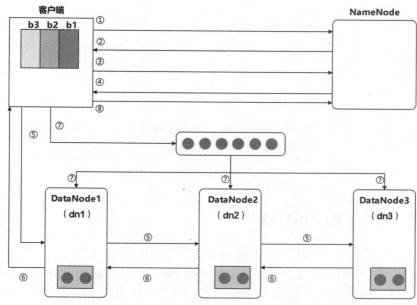

图 3-9　HDFS 写入数据的流程

⑤ 客户端得到这 3 个节点信息后，创建一个写入流，请求与 dn1 建立数据块传输通道。之后，dn1 请求与 dn2 建立数据传输通道，dn2 请求与 dn3 建立数据传输通道。

⑥ 3 个节点接收到请求建立通道后，逐级应答客户端。dn3 响应 dn2 建立连接，dn2 响应 dn1 建立连接，dn1 响应客户端建立连接，如果连接失败则会在请求一段时间后出现错误。

⑦ 客户端开始向 dn1 上传第一个数据块（先从磁盘读取数据放到一个本地内存缓存），以数据包为单位，dn1 收到一个数据包就会传给 dn2，dn2 再传给 dn3；dn1 每传一个数据包都会将其放入一个应答确认队列等待应答。当收到通信管道中所有 DataNode 的确认信息后，该数据包才会从确认队列中删除。

⑧ 当一个数据块传输完成之后，客户端再次请求 NameNode 上传第二个数据块（重复执行步骤③～⑦），直至传输完毕，客户端关闭流资源。

3.2.8　HDFS 读取数据流程

相对于 HDFS 写入数据流程，HDFS 读取数据流程更简单。HDFS 读取数据的流程如图 3-10 所示，主要步骤如下。

① 客户端向 NameNode 请求下载文件，读取数据。

② NameNode 通过查询元数据，如数据块 ID、数据块大小、数据块偏移量、数据块存储位置等，找到文件所在的 DataNode 地址，并将地址返回给客户端。

③ HDFS 按照就近原则，随机挑选一个 DataNode，请求建立数据传输通道读取数据。DataNode 从磁盘里面读取数据输入流，传输数据给客户端，并以数据包为单位进行校验。

④ 客户端以数据包为单位接收。这些数据包先在本地缓存，然后写入目标文件，直至数据读取完毕，关闭流资源。

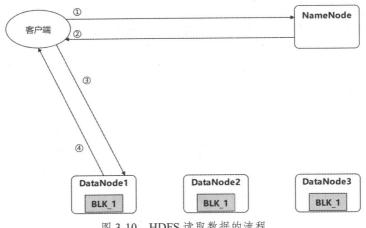

图 3-10　HDFS 读取数据的流程

3.3 HDFS 的 Shell 操作

HDFS 操作

HDFS 文件操作有两种方式：一种是命令行方式，Hadoop 提供了一套与 Linux 文件命令类似的命令行工具；另一种是 Java API，即基于 Hadoop 的 Java 库，采用编程的方式操作 HDFS 文件。本节介绍通过 HDFS 文件命令对文件的操作，下一节介绍通过 Java 编程实现对文件的操作。

文件系统 Shell 包括各种 Shell 命令，这些命令直接与 HDFS 以及 Hadoop 支持的其他文件系统，如 Local FS、Web HDFS、S3 FS 等进行交互。

文件系统的 Shell 命令应使用 bin/hadoop fs <args>的形式。所有 Shell 命令都将路径统一资源标识符（Uniform Resource Identifier, URI）作为参数，其中 URI 的格式为 scheme://authority/path，scheme 和 authority 是可选的。对于 HDFS 来说，scheme 是 hdfs，对于本地文件系统来说，scheme 是 file。如果未指定，则使用配置中指定的默认 scheme。HDFS 中任意一个格式为/parent/child 的文件或目录，都可以使用 hdfs://namenodehost/parent/child 或/parent/child（假定配置设置为指向 hdfs://namenodehost）的形式。

大多数 Shell 命令的行为类似于相应的 UNIX 命令。在命令执行过程中，错误信息被发送到 stderr，输出被发送到 stdout。Shell 命令中也可以使用相对路径。对于 HDFS，当前工作目录是 HDFS 的主目录/user/<username>，该目录通常需要手动创建。当然，HDFS 的主目录也可以隐式访问，例如，可以使用 Trash 目录使用 HDFS 的垃圾文件夹。

3.3.1 基本命令

HDFS 支持的命令很多，部分基本命令如表 3-1 所示。用户可以通过 hadoop fs+具体命令的方式进行调用。

表 3-1　部分基本命令

命令	说明
-mkdir /b	在 HDFS 的根目录下，创建 b 目录
-ls /	查看 HDFS 根目录下有哪些目录
-lsr /	递归查看指定目录下的所有内容。该命令已过时，可以使用 hadoop fs -ls -R 代替
-touch /a.txt	创建一个 a.txt 空文件

续表

命令	说明
-du /1.txt	查看 HDFS 上某个文件的大小。也可以查看指定目录，如果参数为目录，则列出指定目录下所有的文件及其大小，如：hadoop fs -du /2
-df /	显示可用空间，后面可以跟-h 选项，用于友好显示
-rm /文件名	删除 HDFS 文件中或目录中的指定文件，如果是目录，可以添加-r -f 选项
-rmdir /park	删除 park 目录。目录能够成功删除的前提是目录里没有文件，即为空目录
-cat /a.txt	查看/目录下的 a.txt 文件
-chgrp	修改文件所属用户组
-chmod	修改文件的权限
-chown	修改文件所属用户
-tail /a.txt	查看/目录下 a.txt 文件末尾的数据
-mv /2 /1	将 HDFS 上的 2 目录重名为 1
-mv /2/1.txt /1	将/2 目录下的 1.txt 移动到/1 目录下
-cp /1.txt /2	将 HDFS 上或下的 1.txt 复制一份到/2 目录下。目标路径可以有多个，用空格隔开，如：hadoop fs -cp /1.txt /2 /3 …
-setrep 5 /a.txt	设置 HDFS 中文件 a.txt 的副本数，但是并不会真的有这么多副本，还要根据节点情况而定

3.3.2 上传命令

文件的上传和下载是 HDFS 的常用操作，Shell 命令中支持文件上传的常用命令如表 3-2 所示。

表 3-2 支持文件上传的常用命令

命令	说明
-put /root/1.txt /	将本地文件系统中的/root/1.txt 上传到 HDFS 的/目录下
-copyFromLocal /opt/a.txt /	将本地文件系统中的/opt/a.txt 复制到 HDFS 的/目录下，与 put 命令一样
-moveFromLocal /opt/a.txt /	将本地的/opt/a.txt 文件剪切到 HDFS 的/目录下
-appendToFile /opt/a.txt /a.txt	将本地的/opt/a.txt 文件中的内容追加到 HDFS 的 a.txt 文件中

3.3.3 下载命令

文件的上传和下载是 HDFS 的常用操作，Shell 命令中支持文件下载的常用命令如表 3-3 所示。

表 3-3 支持文件下载的常用 Shell 命令

命令	说明
-get/1.txt /	将 HDFS 中的 1.txt 下载到本地的/目录下
-copyToLocal /a.txt /	将 HDFS 中的 a.txt 复制到本地的/目录下，其作用等同于 get 命令
-getmerge /log/* /app.log	将 HDFS 上/log 目录下的所有文件合并后下载到本地

3.3.4 高级操作

除文件的上传和下载外，HDFS 的 Shell 命令中还提供了对集群的高级操作，常用的高级操作命令如表 3-4 所示。感兴趣的读者可以参考官方网站说明进行深入学习。

表 3-4　常用的高级操作命令

命令	说明
hdfs dfsadmin -safemode enter	进入安全模式
hdfs dfsadmin -safemode leave	离开安全模式
hdfs dfsadmin -rollEdits	手动执行 fsimage 文件和 edits 文件合并元数据
hdfs dfsadmin -report	查看存在的 DataNode 信息
hdfs fsck /a	汇报/a 目录的健康状况
hdfs fsck /a/1.txt -files -blocks -locations -racks	查看 1.txt 文件的数据块信息以及机架信息
hdfs fs -expunge	手动清空 HDFS 回收站
hdfs jar xxx.jar	执行 JAR 包

3.4 HDFS 的 API 实战开发

3.4.1 环境介绍

Linux 操作系统的开放性和自由性给开发人员提供了诸多便利，使得开发人员能够更清楚地了解程序的调试及执行过程。鉴于 Java 的跨平台性，虽然 Hadoop 程序一般是部署在 Linux 操作系统上运行的，但多数开发人员依然选择在 Windows 操作系统上进行代码开发，只有在程序运行时才提交到 Linux 操作系统上执行。因此需要在 Windows 操作系统环境下配置 Hadoop 的开发环境，使得开发人员能够通过 Hadoop 的 Java 类库，采用编程方式实现对文件的操作。

Hadoop 程序是基于 Java 开发的，要在 Windows 操作系统上安装相应的 Java 程序开发环境，典型的软件配置如下。
- JDK：需要 Java 1.8_321 及以上版本。
- 构建工具：Maven 环境。
- 开发环境：IntelliJ IDEA。
- 插件：IDEA 需安装 Big Data Tools 等插件。

除 Big Data Tools 插件外，其他推荐使用的插件如下。
- AI 代码提示工具 Codota。
- Java 开发必备插件 Lombok。
- 解决 Maven 依赖的 Maven Helper 插件。
- 括号高亮显示的 Rainbow Brackets 插件。

3.4.2 pom.xml 配置说明

为了更好地使用 Maven 工具来管理和构建项目，本节介绍 Maven 工程的项目对象模型（Project Object Model，POM），以便理解 pom.xml 文件中的配置信息。POM 是 Maven 工程的基本工作单元，是一个项目级别的 XML 文件，包含项目基本信息、项目依赖及项目构建信息等。执行任务或目标时，Maven 会在当前目录中查找、读取 POM 以获取所需的配置信息。

```
<!--项目依赖-->
<dependencies>
    <!--Hadoop 依赖-->
    <dependency>
        <groupId>org.apache.hadoop</groupId>
        <artifactId>hadoop-client</artifactId>
```

```xml
        <version>${hadoop.version}</version>
    </dependency>
    <!--日志框架依赖-->
    <dependency>
        <groupId>org.slf4j</groupId>
        <artifactId>slf4j-simple</artifactId>
        <version>${slf4j.version}</version>
    </dependency>
</dependencies>
```

3.4.3 HDFS 操作

通过 Windows 操作系统上的 Hadoop 开发环境进行文件操作，需要编写相关的 Java 代码实现 HDFS 中的目录创建、文件上传、文件下载、文件删除、文件重命名、文件详情查看等功能。在 Hadoop 提供的 FileSystem 类的支持下，Java 能够方便地与 Hadoop 文件系统进行交互，下面介绍各部分的示例代码。

1. 目录创建

创建目录是进行文件上传、下载等文件操作的基础，以下代码通过相应配置获取文件系统对象，完成在文件系统中创建 cc 目录的任务。

```java
package cn.edu.zut.bigdata.hdfs;

import org.apache.hadoop.conf.Configuration;
import org.apache.hadoop.fs.FileSystem;
import org.apache.hadoop.fs.Path;
import org.apache.log4j.BasicConfigurator;
import org.junit.Test;
import java.net.URI;
import java.net.URISyntaxException;
public class HDFSOperate {
    @Test
    public void mkdir() throws Exception {
        // 获取文件系统
        Configuration conf = new Configuration();
        // 配置在集群上运行
        //conf.set("fs.defaultFS", "hdfs://192.168.100.101:9000");
        FileSystem fs = FileSystem.get(new URI("hdfs://192.168.100.101:9000"), conf,"root");
        fs.mkdirs(new Path("/cc"));
        fs.close();
    }
}
```

2. 文件上传

文件上传是文件系统的常用操作，以下代码通过相应配置获取文件系统对象，通过 copyFromLocalFile() 方法完成指定的本地文件到目标文件的复制上传。查看 copyFromLocalFile() 方法的源码可知，该方法需要本地文件、目标文件两个参数，无返回值。

```java
@Test
public void put() throws Exception {
    // 获取文件系统
    Configuration conf = new Configuration();
    // 配置在集群上运行
    //conf.set("fs.defaultFS", "hdfs://192.168.100.101:9000");
    FileSystem fs = FileSystem.get(new URI("hdfs://192.168.100.101:9000"),
```

```
        conf,"root");
        fs.copyFromLocalFile(new Path("D:\\SoftWare\\03-apache-maven-3.6.2-
bin.zip"),new Path("/cc"));
        fs.close();
    }
```

3．文件下载

文件下载是文件系统的常用操作，以下代码通过相应配置获取文件系统对象，通过 copyToLocalFile()方法完成集群上指定文件到本地文件的下载。查看 CopyToLocalFile()方法的源码可知，该方法需要目标文件和本地文件两个参数，无返回值。

```
    @Test
    public void download() throws Exception {
        // 获取文件系统
        Configuration conf = new Configuration();
        // 配置在集群上运行
        //conf.set("fs.defaultFS", "hdfs://192.168.100.101:9000");
        FileSystem fs = FileSystem.get(new URI("hdfs://192.168.100.101:9000"),
conf,"root");
        fs.copyToLocalFile(new Path("/cc/03-apache-maven-3.6.2-bin.zip"),new
Path("D:\\SoftWare\\"));
        fs.close();
    }
```

4．文件删除

使用 FileSystem 的 delete()方法可以永久性删除文件或目录。该方法需要两个参数，分别为待删除的路径 f 和指定是否递归删除的标记 recursive。如果待删除的路径 f 是一个文件或者空目录，那么 recursive 的值可以忽略。当 recursize 的值为 true，并且 f 是一个非空目录时，非空目录及其内容才会被删除，否则将会抛出 IOException 异常。

```
    @Test
    public void rm() throws Exception {
        BasicConfigurator.configure();
        // 获取文件系统
        Configuration conf = new Configuration();
        // 配置在集群上运行
        //conf.set("fs.defaultFS", "hdfs://192.168.100.101:9000");
        FileSystem fs = FileSystem.get(new URI("hdfs://192.168.100.101:9000"),
conf,"root");
        //true 表示递归
        fs.delete(new Path("/cc/03-apache-maven-3.6.2-bin.zip"),true);
        fs.close();
    }
```

5．文件重命名

使用 FileSystem 的 rename()方法可以实现文件的重命名，使得指定旧路径下的文件异步重命名为给定新路径。

```
    @Test
    public void rename() throws Exception{
        // 创建 conf 对象
        Configuration conf = new Configuration();
        // 创建文件系统对象
        FileSystem fs = FileSystem.get(new URI("hdfs://192.168.100.101:9000"),
conf,"root");
        // 执行相关操作
        fs.rename(new Path("/bbb/hadoop-2.7.7.tar.gz"),new Path("/bbb/hadoop.tar.gz"));
```

```
        // 关闭文件系统
        fs.close();
    }
```

6．文件详情查看

任何文件系统的典型功能都是能够遍历它的目录结构从而获取有关目录和文件的信息。Hadoop 中的 FileStatus 类封装了文件系统中文件和目录的元数据，包括文件长度、数据块大小、冗余度、修改时间、文件所有者和权限等。LocatedFileStatus 类为 FileStatus 类的子类，除包含 FileStatus 类的信息外，还包括了用于读取文件数据的块位置信息。

```
@Test
public void fileInfo() throws Exception{
    // 创建 conf 对象
    Configuration conf = new Configuration();
    // 创建文件系统对象
    FileSystem fs = FileSystem.get(new URI("hdfs://192.168.100.101:9000"),
conf,"root");
    // 获取文件状态
    RemoteIterator<LocatedFileStatus> listFiles = fs.listFiles(new Path("/"),
true);
    while(listFiles.hasNext()){
        LocatedFileStatus status = listFiles.next();
        System.out.println("文件名: "+status.getPath().getName()+", ");
        System.out.println("大小: "+status.getLen()+", ");
        System.out.println("权限: "+status.getPermission()+", ");
        System.out.println("所属组: "+status.getGroup());
        // 获取存储的块信息
        BlockLocation[] blockLocations = status.getBlockLocations();
        for (BlockLocation blockLocation : blockLocations) {
            // 获取块存储的主机节点
            String[] hosts = blockLocation.getHosts();
            for (String host : hosts) {
                System.out.println(host);
            }
        }
        System.out.println("-------------------------");
    }
    // 关闭文件系统
    fs.close();
}
```

7．工具类

为了实现对文件常用操作方法的封装，可以基于 Hadoop 包定义 HDFS 的常用工具类 HDFSUtil，包括采用不同参数获取文件系统对象的方法、设置默认文件系统的方法、适配数据块不同度量单位的方法、目录的创建及文件的上传和下载等，具体代码见线上资源文件/代码/第 3 章/3.4/HDFSUtil.java。

3.5　HDFS 核心解密

3.5.1　再谈 NameNode

1．name 目录

NameNode 的工作目录就是 Hadoop 运行时进行文件存储的工作目录 dfs/name，由 core-site.xml 文件中的 hadoop.tmp.dir 参数指定，该目录下部分重要文件及其描述如表 3-5 所示。

表 3-5　name 目录下部分重要文件及其描述

文件名	描述信息
fsimage_00000000000000001223	元数据的永久性 CheckPoint 信息
edits_00000000000000001111-00000000000000001112	写操作日志信息
edits_inprogress_00000000000000001224	当前写操作日志文件
seen_txid	edits 文件的最后一个数字，标记的是操作数
VERSION	保存了 HDFS 的集群 ID 等信息

2．fsimage 与 edits 解析

NameNode 被格式化之后，将在 dfs/name/current 目录中产生 fsimage 文件和 edits 文件，分别代表元数据的镜像文件和元数据的操作日志文件。HDFS 提供了 oiv 命令和 oev 命令，用于离线查看这两个文件的内容。

（1）oiv 命令

Hadoop 提供 oiv 命令的目的是方便查看 fsimage 文件的相关内容。oiv 命令的基本语法如下。

```
hdfs oiv -p 文件类型 -i 镜像文件路径 -o 转换后文件输出路径
```

通过如下代码将文件转换为 fsimage.xml 后，可以下载 fsimage.xml 文件到本地，使用文本编辑器打开查看相关内容。

```
[root@node01 ~]$ cd /opt/apps/hadoop-3.2.2/dfs/name/current/
[root@node01 current]$ ls
...
edits_00000000000000001109-00000000000000001110  fsimage_00000000000000001223
edits_00000000000000001111-00000000000000001112  fsimage_00000000000000001223.md5
edits_00000000000000001113-00000000000000001114  seen_txid
edits_00000000000000001115-00000000000000001117  VERSION
[root@node01 current]$ hdfs oiv -p XML -i fsimage_00000000000000001223 -o /opt/fsimage.xml
[root@node01 current]$ cd /opt/
[root@node01 opt]$ ls
apps   fsimage.xml
```

思考：通过文件可以看出，fsimage 中没有记录数据块所对应的 DataNode，但 NameNode 却知道某个文件在哪些 DataNode 上，为什么？

因为在集群启动后，DataNode 会上报数据块信息，且每隔一段时间就会上报一次，因此 NameNode 能够准确了解文件的数据块存储信息。

（2）oev 命令

Hadoop 提供 oev 命令的目的是方便查看 edits 文件的相关内容。oev 命令的基本语法如下。

```
hdfs oev -p 文件类型 -i 编辑日志路径 -o 转换后文件输出路径
```

应用案例如下。

通过如下代码将文件转换为 edits.xml 后，可以下载 edits.xml 文件到本地，使用记事本软件打开查看相关内容。

```
[root@node01 opt]$ cd /opt/apps/hadoop-3.2.2/dfs/name/current/
[root@node01 current]$ hdfs oev -p XML -i edits_00000000000000001222-
```

```
0000000000000001223  -o /opt/edits.xml
[root@node01 current]$ cd /opt/
[root@node01 opt]$ ls
apps  edits.xml  fsimage.xml
```

3．CheckPoint 的设置

通常情况下，SecondaryNameNode 每隔 1h 执行一次，也可以根据需求进行设定。如下代码将间隔时间修改为每 10min 执行一次。

```
<property>
    <name>dfs.namenode.checkpoint.period</name>
    <value>600</value>
    <description>10min 执行一次</description>
</property>
```

以下代码设置为每 2min 执行一次 CheckPoint，当对 HDFS 的操作次数达到 10 万时，SecondaryNameNode 就会再执行一次。

```
<property>
    <name>dfs.namenode.checkpoint.txns</name>
    <value>100000</value>
    <description>事务数</description>
</property>
<property>
    <name>dfs.namenode.checkpoint.check.period</name>
    <value>120</value>
    <description> 2min 检查一次操作次数</description>
</property>
```

4．多目录的配置

为了增加可靠性，HDFS 支持将 NameNode 的本地目录配置为多个，每个目录存放的内容相同。以下代码将本地目录配置为两个，name1 与 name2 目录存储的数据是完全一致的。要注意的是，配置多目录的操作必须在集群格式化之前，如果中途进行配置，则需要删除原有目录，重新格式化。

```
<property>
    <name>dfs.namenode.name.dir</name>
    <value>file:///${hadoop.tmp.dir}/dfs/name1,file:///${hadoop.tmp.dir}/dfs/name2</value>
</property>
```

3.5.2　节点的服役

随着 Hadoop 应用程序中数据量的增多，已有 DataNode 的容量可能已经无法满足数据存储的需求，需要在原有集群的基础上动态添加新的 DataNode。

配置服役新节点的具体步骤如下。

（1）配置 Linux 基本环境。
（2）配置所有节点的 hosts 文件。
（3）关闭防火墙。
（4）配置 SSH 免密码登录，在原有免密基础上增加新节点的公钥实现相互免密。
（5）下载安装 JDK。
（6）上传并解压 Hadoop 安装包。

（7）复制旧 Hadoop 的配置目录 etc/hadoop 到本节点。
（8）配置环境变量及 source 命令。
（9）直接启动 DataNode，即可关联到集群。

```
[root@node04 hadoop-3.2.2]$ hdfs --daemon start datanode
```

（10）如果数据不均衡，则执行下述命令。

```
[root@node04 hadoop-3.2.2]$ start-balancer.sh
```

3.5.3 节点的退役

当某些节点需要进行退役更换时，需要在当前集群中停止某些节点的 HDFS 服务。白名单和黑名单是 Hadoop 管理集群节点的一种机制，本节介绍白名单和黑名单的配置。

1．白名单的配置

添加到白名单的节点都允许访问 NameNode，不在白名单中的节点，都会被退出。配置白名单的具体步骤如下。

```
# 在 NameNode 的/opt/apps/hadoop-3.2.2/etc/hadoop 目录下创建 dfs.hosts 文件
[root@node01 hadoop]$ pwd
/opt/apps/hadoop-3.2.2/etc/hadoop
[root@node01 hadoop]$ vim dfs.hosts
#添加以下内容
node01
node02
# 在 NameNode 的 hdfs-site.xml 配置文件中增加 dfs.hosts 参数
<property>
  <name>dfs.hosts</name>
  <value>/opt/apps/hadoop-3.2.2/etc/hadoop/dfs.hosts</value>
</property>
# 同步配置文件和 dfs.hosts
# 刷新 HDFS
[root@node01 hadoop]$ hdfs dfsadmin -refreshNodes
# 刷新 Yarn
[root@node01 hadoop]$ yarn rmadmin -refreshNodes
# 如果数据不均衡，则进行均衡处理
[root@node01 hadoop]$ start-balancer.sh
```

2．黑名单的配置

添加到黑名单的节点，不允许访问 NameNode，会在数据迁移后退出。配置黑名单的具体步骤如下。

```
# 在 NameNode 的/opt/apps/hadoop-3.2.2/etc/hadoop 目录下创建 dfs.hosts.exclude 文件
[root@node01 hadoop]$ pwd
/opt/apps/hadoop-3.2.2/etc/hadoop
[root@node01 hadoop]$ vim dfs.hosts.exclude
#添加以下内容
node03
# 在 NameNode 的 hdfs-site.xml 配置文件中增加 dfs.hosts.exclude 参数
<property>
  <name>dfs.hosts.exclude</name>
  <value>/opt/apps/hadoop-3.2.2/etc/hadoop/dfs.hosts.exclude</value>
</property>
```

```
# 同步配置文件和 dfs.hosts.exclude
# 刷新 HDFS
[root@node01 hadoop]$ hdfs dfsadmin -refreshNodes
# 刷新 Yarn
[root@node01 hadoop]$ yarn rmadmin -refreshNodes
# 如果数据不均衡，则进行均衡处理
[root@node01 hadoop]$ start-balancer.sh
```

注意：如果副本数是 3，服役的节点数小于或等于 3，是不能退役成功的，需要修改副本数后才能退役。

3.5.4 DataNode 多目录的配置

同 NameNode 一样，HDFS 也可以将 DataNode 配置成多个目录，每个目录存储的数据内容不一样，也就是说，DataNode 中的数据不是数据副本。

```
<property>
    <name>dfs.datanode.data.dir</name>
    <value>file:///${hadoop.tmp.dir}/dfs/data1,file:///${hadoop.tmp.dir}/dfs/data2</value>
</property>
```

3.6 常见问题及解决方案

本节介绍 HDFS 开发中部分常见问题及其解决方案。

1. 在项目中使用 Log4j 时，出现 WARN No appenders could be found for logger 警告

```
log4j:WARN No appenders could be found for logger (org.apache.hadoop.metrics2.lib.MutableMetricsFactory).
log4j:WARN Please initialize the log4j system properly.
log4j:WARN See http://logging.apache.org/log4j/1.2/faq.html#noconfig for more info.
```

出现该问题的原因可能是缺失 log4j.properties 或 log4j.xml 配置文件、log4j.properties 配置文件存放位置不正确或 log4j.properties 配置文件编码不正确等。

可以在 resources 目录中创建 log4j.properties 文件，并在文件中添加以下内容，规范日志输出格式。

```
#日志级别: DEBUG, INFO, WARN, ERROR, FATAL
log4j.rootLogger=INFO,stdout
log4j.appender.stdout=org.apache.log4j.ConsoleAppender
log4j.appender.stdout.layout=org.apache.log4j.PatternLayout
log4j.appender.stdout.layout.ConversionPattern=%d{yyyy-MM-dd HH:mm:ss:SSS} %5p - %m%n
```

2. 出现 org.apache.hadoop.security.AccessControlException: Permission denied 异常

```
Exception in thread "main" org.apache.hadoop.security.AccessControlException: Permission denied: user=zhang, access=WRITE, inode="/":root:supergroup:drwxr-xr-x
```

出现该问题的原因是权限不足。

可以使用如下代码创建文件系统对象。

```
FileSystem fs = FileSystem.get(new URI("hdfs://192.168.100.101:9000"),conf,"root");
```

3. 出现 java.io.FileNotFoundException: HADOOP_HOME and hadoop.home.dir are unset 异常

```
java.io.FileNotFoundException: java.io.FileNotFoundException: HADOOP_HOME and
hadoop.home.dir are unset. -see https://wiki.apache.org/hadoop/WindowsProblems
```

出现该问题的原因可能是在项目中添加了 log4j 配置文件。注意：如果不添加 log4j 配置文件，则没有错误提示。

可以尝试将 Hadoop 的 Windows 安装包解压到一个非中文、无空格的路径下，然后配置 HADOOP_HOME 环境变量，之后重启 IDEA。

4. 出现 Unable to load native-hadoop library for your platform 警告

```
[main] WARN org.apache.hadoop.util.NativeCodeLoader - Unable to load native-
hadoop library for your platform... using builtin-java classes where applicable
```

出现该问题的原因是 Hadoop 的资源未成功加载。

可以尝试配置 PATH 环境变量，在 PATH 环境变量中添加%HADOOP_HOME%\bin，并重启 IDEA。

5. 启动 Hadoop 时出现 Call From DESKTOP-KMSTEFU/192.168.100.1 to node01:9000 failed on connection exception 异常

此问题大多是 HDFS 服务未启动引起的，正常启动 HDFS 服务即可。

3.7 本章小结

本章首先简要介绍了 HDFS 的设计目标、使用场景及其局限性，阐述了 HDFS 的主从架构模型及其涉及的相关节点的工作机制，然后从 HDFS 的 Shell 操作和 API 实战开发两方面详细介绍了对 HDFS 文件进行操作的方法，最后介绍了 HDFS 中 NameNode 的部分实现细节以及节点的服役和退役配置等。

通过对本章的学习，读者能够理解 HDFS 的技术架构，能够熟练应用 Shell 命令实现对文件的操作，通过 Hadoop 提供的 Java 类库编程实现对文件的上传、下载等常见操作，深入理解 HDFS 中的 NameNode 工作机制，了解节点的服役和退役配置等。

下一章将介绍 Hadoop 的计算框架 MapReduce 的原理及开发流程。

习　题

一、单选题

1. 分布式文件系统指的是（　　）。
   A. 把文件分布存储到多个计算机节点上，成千上万的计算机节点构成计算机集群
   B. 用于在 Hadoop 与传统数据库之间进行数据传递
   C. 一个高可用的、高可靠的、分布式的海量日志采集、聚合和传输的系统
   D. 一种高吞吐量的分布式发布订阅消息系统，可以处理消费者规模的网站中的所有动作流数据

2. 下面（　　）不属于计算机集群中的节点。
   A. 主节点（Master Node）　　　　　　B. 源节点（SourceNode）
   C. 名称节点（NameNode）　　　　　　D. 从节点（Slave Node）

3. HDFS 采用抽象的数据块概念的优点不包括（　　）。
   A. 简化系统设计　　　　　　　　　B. 支持大规模文件存储
   C. 具备强大的跨平台兼容性　　　　D. 适合数据备份
4. HDFS 中 NameNode 的主要功能是（　　）。
   A. 维护了数据块 ID 到 DataNode 本地文件的映射关系
   B. 存储文件内容
   C. 保存数据文件在磁盘中
   D. 存储元数据
5. 下面对 fsimage 文件的描述错误的是（　　）。
   A. fsimage 文件没有记录每个数据块存储在哪个 DataNode
   B. fsimage 文件包含文件系统中所有目录和文件 inode 的序列化形式
   C. fsimage 文件用于维护文件系统树以及文件树中所有的文件和文件夹的元数据
   D. fsimage 文件记录了每个数据块具体被存储在哪个 DataNode
6. 下面对 SecondaryNameNode 的描述中，错误的是（　　）。
   A. SecondaryNameNode 一般是并行运行在多台机器上的
   B. 它是用来保存 NameNode 中对 HDFS 元数据信息的备份，并减少 NameNode 重启的时间
   C. SecondaryNameNode 通过 HTTP GET 方式从 NameNode 上获取到 fsimage 和 EditLog 文件，并下载到本地的相应目录下
   D. SecondaryNameNode 是 HDFS 架构中的一个组成部分
7. HDFS 采用的模型是（　　）。
   A. 分层模型　　　　　　　　　　　B. 主从架构模型
   C. 管道-过滤器模型　　　　　　　D. 点对点模型
8. 以下属于 DataNode 职责的是（　　）。
   A. 管理文件系统的命名空间　　　　B. 存储元数据
   C. 规范客户端对文件的访问　　　　D. 根据客户端的请求执行读写操作
9. 安全模式期间，集群处于（　　）状态。
   A. 只读　　　B. 只写　　　C. 读写　　　D. 以上都不是
10. NameNode 了解 DataNode 活动的机制是（　　）。
    A. 数据脉冲机制　　B. 有缘脉冲　　C. 心跳　　D. H-信号
11. 在 Hadoop 3.x 中，HDFS 的数据块默认保存份数为（　　）。
    A. 1　　　B. 2　　　C. 3　　　D. 4
12. 以下不会进行数据块复制的情况是（　　）。
    A. DataNode 退役
    B. 数据库损坏
    C. 副本数更改并且不超过 DataNode 数
    D. 将具有 3 个 DataNode 并且副本数为 3 的策略的副本数变更为 4
13. 关于 HDFS 中 NameNode 和 DataNode 多目录配置说法正确的是（　　）。
    A. NameNode 多目录中的内容完全一致，同一个 DataNode 多目录中的内容是不一致的
    B. NameNode 多目录中的内容完全一致，同一个 DataNode 多目录中的内容也是一致的
    C. NameNode 多目录中的内容不一致，同一个 DataNode 多目录中的内容也是不一致的
    D. NameNode 多目录中的内容不一致，但同一个 DataNode 多目录中的内容是一致的

14. Hadoop 2.x 以上版本中，假设副本数为 3，下面关于 HDFS 的副本存放策略说法正确的是（　　）。
   A. 第一个副本在集群上放置的位置在所有 DataNode 上的可能性是均等的
   B. 第二个副本应该放置在和第一个副本不同的机架上
   C. 第三个副本必须放置到和第一个副本相同的机架上
   D. 以上说法都不对

二、填空题
1. 格式化 HDFS 的命令是_____。
2. 启动 HDFS 的 Shell 命令是_____。
3. _____负责 HDFS 数据存储。
4. HDFS API 操作中 FileSystem 类所在的包是_____。
5. 配置 CheckPoint 执行时间间隔的 name 属性是_____。

三、简答题
1. 请描述 NameNode 中 name 目录下 current 子目录中包含的文件。
2. 一个文本文件的大小为 200MB，客户端设置数据块大小为 64MB，Hadoop 集群设置的数据块大小为 128MB，请分析客户端上传该文件到集群后占用数据块的数量。
3. 请描述 HDFS 读取数据和写入数据的流程。
4. 请描述 HDFS 的副本存放策略。

第4章 Hadoop 分布式计算系统

MapReduce 是 Hadoop "生态圈"中的分布式计算框架，用于大规模数据集的并行运算。MapReduce 采用分而治之的思想，把对大规模数据集的操作，分发到多个节点共同完成，然后通过整合各个节点的中间结果，得到最终计算结果，具备易于编程、可扩展性强及容错性高等特点。本章从 MapReduce 的编程思想及序列化入手，详细介绍 MapReduce 输入、Shuffle 过程、Combiner 过程及 MapReduce 输出等。

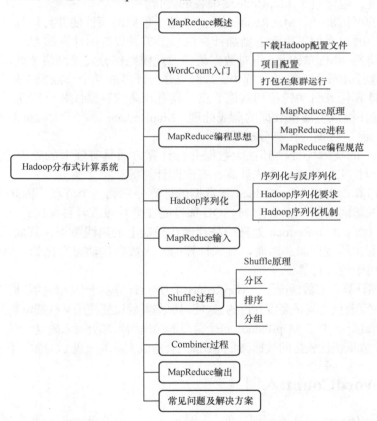

学习目标
（1）了解 MapReduce 的组成。
（2）理解 MapReduce 编程思想。
（3）理解 Hadoop 序列化基本概念。
（4）掌握 MapReduce 计算过程。
（5）能够使用 Java 完成 MapReduce 程序的开发。

4.1 MapReduce 概述

MapReduce 入门

MapReduce 的推出给大数据并行计算带来了巨大的影响,现在 MapReduce 已成为事实上的大数据处理工业标准。尽管 MapReduce 还有很多局限性,但人们普遍认为,MapReduce 是到目前为止最广为接受和最易于使用的大数据并行处理技术之一。

MapReduce 是一个分布式计算程序的编程框架,是用户开发基于 Hadoop 的大数据应用程序的核心框架,其核心功能是将用户编写的业务逻辑代码和它自带的默认组件整合成一个完整的分布式计算应用程序。这些应用程序能够运行在由上千个商用计算机组成的大集群上,并以一种可靠的、具有容错能力的方式并行处理海量数据集。

MapReduce 在大数据并行计算方面具有下列独特的优势。

(1)易于编程。为了方便开发人员编程,MapReduce 框架隐藏了很多内部功能的实现细节。用户能够通过框架接口完成分布式程序的编写,可以着重关注应用的业务逻辑,这降低了编程难度,也促进了 MapReduce 编程的流行。

(2)良好的可扩展性。MapReduce 是一个基于集群的高性能并行计算平台,当计算资源无法满足要求时,人们可以动态增加计算机数量扩展集群的计算能力。

(3)高容错性。MapReduce 将对数据集的大规模操作分发给网络上的多个节点,以增强可靠性。在进行分布式计算的过程中,若参与并行计算的某个节点发生故障,MapReduce 能够将其上的计算任务自动转移到其他节点,具有较高的容错性和可靠性。

(4)适合 PB 级以上海量数据的离线处理。MapReduce 适用于大数据的离线处理场景,适合 PB 级以上海量数据的计算分析等。

MapReduce 的技术特征使其在大数据并行计算方面具有强大的处理能力,但也使得 MapReduce 不擅长实时计算、流式计算、有向图计算等。

(1)实时计算。由于 MapReduce 将数据的计算分发到多个节点,因此 MapReduce 不适合低延迟数据访问场景,无法像 MySQL 那样能在毫秒级或者秒级内返回计算结果。

(2)流式计算。MapReduce 处理的是存储在磁盘上的离线数据,其数据源是静态的,无法加载动态变化的数据源。然而,流式计算的输入数据是动态变化的,因此 MapReduce 无法较好地应用于流式计算。

(3)有向图计算。多数情况下,MapReduce 的并行计算基于非循环的数据流模型,一次计算过程中不同计算节点之间是高度并行的,这使得那些需要反复使用某些特定数据集的迭代算法无法高效运行。此外,由于 MapReduce 每个阶段的输出结果都会写入磁盘,对于存在依赖关系的多个应用程序或依赖性较强的数据,MapReduce 会造成大量的磁盘 I/O 操作,降低了运算性能。

4.2 WordCount 入门

在讲解 MapReduce 的具体原理之前,先通过一个简单的 WordCount 案例程序来增强读者对 MapReduce 程序处理流程及其运行机制的直观理解。WordCount 案例的功能是将给定文件中的每一行文本读取出来,对每一行进行单词拆分进而统计每一个单词出现的次数。

4.2.1 下载 Hadoop 配置文件

为了更方便地在本地进行 Hadoop 程序开发,可以将虚拟机上的 Hadoop 配置文件下载到本地,包括 core-site.xml、hdfs-site.xml、mapred-site.xml、yarn-site.xml 4 个配置文件，如图 4-1 所示。

图 4-1 下载 Hadoop 配置文件

4.2.2 项目配置

将 Hadoop 的核心配置文件下载到本地后，还需要在编写程序之前创建 Maven 项目，完成 Maven 项目中 pom.xml 文件的依赖信息、Hadoop 配置文件及日志相关文件的补充与完善。

1．pom.xml

在 pom.xml 文件中添加 Hadoop 依赖和日志框架依赖，使用标签<dependency>进行标记，具体内容如下。

```xml
<properties>
  <hadoop.version>3.2.2</hadoop.version>
  <slf4j.version>1.7.25</slf4j.version>
  <project.build.sourceEncoding>UTF-8</project.build.sourceEncoding>
</properties>
<dependencies>
  <dependency>
    <groupId>org.apache.hadoop</groupId>
    <artifactId>hadoop-client</artifactId>
    <version>${hadoop.version}</version>
  </dependency>
  <dependency>
    <groupId>org.slf4j</groupId>
    <artifactId>slf4j-simple</artifactId>
    <version>${slf4j.version}</version>
  </dependency>
</dependencies>
```

2．resources 目录

将 Hadoop 的 4 个配置文件复制到 src/main/resources 目录中，如图 4-2 所示。

3．创建 log4j 配置文件

log4j 是 Apache 的一个开源项目，通过使用 log4j，可以控制日志信息的输出格式、日志信息级别及输出目的地等。

如果需要在控制台查看输出的错误信息，一般需要配置 log4j 配置文件。然

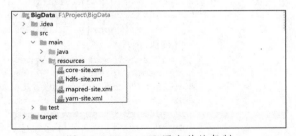

图 4-2 Hadoop 配置文件的复制

而，在程序运行过程中，有可能会出现 log4j 配置文件的警告信息，如图 4-3 所示。出现这个警告的原因是没有配置 log4j.properties 文件或者该配置文件在项目目录中的位置不对。

```
D:\SoftWare\Java\jdk1.8.0_261\bin\java.exe ...
SLF4J: Failed to load class "org.slf4j.impl.StaticLoggerBinder".
SLF4J: Defaulting to no-operation (NOP) logger implementation
SLF4J: See http://www.slf4j.org/codes.html#StaticLoggerBinder for further details.
log4j:WARN No appenders could be found for logger (org.apache.htrace.core.Tracer).
log4j:WARN Please initialize the log4j system properly.
log4j:WARN See http://logging.apache.org/log4j/1.2/faq.html#noconfig for more info.
```

图 4-3 log4j 警告信息

在 Maven 项目中创建 log4j.properties 文件并添加以下代码。

```
#log4j.rootLogger=debug,appender
log4j.rootLogger=info,appender
log4j.appender.appender=org.apache.log4j.ConsoleAppender
log4j.appender.appender.layout=org.apache.log4j.TTCCLayout
```

然后，将 log4j.properties 文件放到 src/main/resources 目录中，如图 4-4 所示。

4．编写代码

WordCount 代码包含 WordCount 类、WordCountMapper 类和 WordCountReducer 类。WordCount 类用于统筹 Map 逻辑及 Reduce 逻辑，关联相关的业务类。WordCountMapper 类继承自 Mapper 类，重写 map()方法，实现单词切分功能。WordCountReducer 类继承自 Reducer 类，重写 reduce()方法，实现数据汇总功能。

图 4-4 log4j.properties 文件存放位置

```java
package cn.edu.zut.bigdata.hadoop.mr.wc;
//注意引用的类所在的包
import org.apache.hadoop.conf.Configuration;
import org.apache.hadoop.fs.Path;
import org.apache.hadoop.io.IntWritable;
import org.apache.hadoop.io.LongWritable;
import org.apache.hadoop.io.Text;
import org.apache.hadoop.mapreduce.Job;
import org.apache.hadoop.mapreduce.Mapper;
import org.apache.hadoop.mapreduce.Reducer;
import org.apache.hadoop.mapreduce.lib.input.FileInputFormat;
import org.apache.hadoop.mapreduce.lib.output.FileOutputFormat;
import java.io.IOException;

public class WordCount {
    public static void main(String[] args) throws Exception {
        Configuration conf = new Configuration();
        System.setProperty("HADOOP_USER_NAME", "root");
        //本地执行
        //conf.set("mapreduce.framework.name","local");
        conf.set("mapreduce.app-submission.cross-platform", "true");
        conf.set("yarn.app.mapreduce.am.resource.mb","256");
        Job job = Job.getInstance(conf,"WC");
        job.setJarByClass(WordCount.class);
        job.setJar(System.getProperty("user.dir")+"\\target\\BigData-1.0.0.jar");
        job.setMapperClass(WordCountMapper.class);
        job.setReducerClass(WordCountReducer.class);
        job.setMapOutputKeyClass(Text.class);
        job.setMapOutputValueClass(IntWritable.class);
        job.setOutputKeyClass(Text.class);
        job.setOutputValueClass(IntWritable.class);
        FileInputFormat.setInputPaths(job,new Path("hdfs://node01:9000/wc/in"));
        FileOutputFormat.setOutputPath(job,new Path("hdfs://node01:9000/wc/out"));
        System.out.println(job.waitForCompletion(true)?0:1);
    }
}

class WordCountMapper extends Mapper<LongWritable, Text,Text, IntWritable>{
```

```java
        @Override
        protected void map(LongWritable key, Text value, Context context) throws
IOException, InterruptedException {
            String[] words = value.toString().split("\t");
            for (String word : words) {
                context.write(new Text(word),new IntWritable(1));
            }
        }
}
class WordCountReducer extends Reducer<Text,IntWritable,Text,IntWritable>{
    @Override
    protected void reduce(Text key, Iterable<IntWritable> values, Context
context) throws IOException, InterruptedException {
        int count = 0;
        for (IntWritable value : values) {
            count += value.get();
        }
        context.write(key,new IntWritable(count));
    }
}
```

4.2.3 打包在集群运行

WordCount 代码在本地测试成功后,可以将其提交到集群进行并行计算。首先,需要在 Maven 项目的 pom.xml 文件中引入构建的插件,将依赖打入包中;其次,更新 Java 代码的路径等信息并打包为 JAR 文件;最后将打包好的 JAR 文件上传到集群运行。

1. 修改代码

在原本的代码的基础上增加文件打包、修改文件路径等相关代码,修改后的代码如下。

```java
public class WordCount {
    public static void main(String[] args) throws IOException,
ClassNotFoundException, Interrupted Exception {
        Configuration conf = new Configuration();
        //System.setProperty("HADOOP_USER_NAME", "root");
        conf.set("yarn.app.mapreduce.am.resource.mb", "256");
        //conf.set("mapreduce.app-submission.cross-platform", "true");
        //conf.set("mapreduce.framework.name","local");
        Job job = Job.getInstance(conf, "WC");
        //job.setJar(System.getProperty("user.dir") + "\\target\\BigData-1.0.0.jar");
        job.setJar("BigData-1.0.0.jar");
        job.setMapperClass(WordCountMapper.class);
        job.setReducerClass(WordCountReducer.class);
        job.setMapOutputKeyClass(Text.class);
        job.setMapOutputValueClass(IntWritable.class);
        job.setOutputKeyClass(Text.class);
        job.setOutputValueClass(IntWritable.class);
        FileInputFormat.addInputPath(job, new Path("/wc/in"));
        FileOutputFormat.setOutputPath(job, new Path("/wc/out"));
        job.waitForCompletion(true);
    }
}
/**
 * InputFormat:默认为 TextInputFormat->LineRecordReader
 */
class WordCountMapper extends Mapper<LongWritable, Text, Text, IntWritable> {
    /**
     * @param key 行偏移量
```

```java
     * @param value 行的内容
     * @param context 上下文，用于输出内容，最终输出到Reducer
     */
    @Override
    protected void map(LongWritable key, Text value, Context context) throws IOException, InterruptedException {
        String[] words = value.toString().split("\t");
        for (String word : words) {
            context.write(new Text(word), new IntWritable(1));
        }
    }
}
/** Reduce 之前 Shuffle
 * @author zhang
 */
class WordCountReducer extends Reducer<Text, IntWritable, Text, IntWritable> {
    @Override
    protected void reduce(Text key, Iterable<IntWritable> values, Context context) throws IOException, InterruptedException {
        int count = 0;
        for (IntWritable value : values) {
            count += value.get();
        }
        context.write(key, new IntWritable(count));
    }
}
```

2．上传集群运行

打开项目的 target 目录，将其中的 jar 包上传到 Hodoop 的任意一个节点上，然后使用 hodoop.jar 命令运行 jar 包来实现同频统计。

```
[root@node02 ~]# hadoop jar BigData-1.0.0.jar
```

4.3 MapReduce 编程思想

作为一种并行计算框架，MapReduce 需要自动完成计算任务的并行化处理、自动划分计算数据和计算任务、自动分配集群节点、自动采集计算结果和容错处理等任务。

MapReduce 采用主从架构。Master 是整个集群唯一的全局管理者，功能包括作业管理、状态监控和任务调度等，Slave 负责任务的执行和任务状态的汇报。

Hadoop 中每个应用程序被表示成一个作业（Job），每个作业又被分成多个任务（Task）。每个 MapReduce 应用程序都唯一对应一个 MRAppMaster，即每个 Job 启动时都会启动一个 MRAppMaster 进程，每个 MRAppMaster 负责监控和管理一个应用程序，负责 Job 中执行状态的监控、容错处理、资源申请及任务提交等。MapReduce 程序中负责某项计算的进程被称为任务（Task），如 MapTask 和 ReduceTask 等。此外，每个 MapReduce 程序即每个作业均需要指定输入目录和输出目录，用于读取数据和输出计算结果。

MapReduce 程序的运行包括 Map 阶段和 Reduce 阶段。
- Map 阶段的目的是切分输入的数据，即将一个大数据切分为若干片（Split）小数据，每片数据会交给一个 Task 进行计算，Map 阶段的这些计算进程称为 MapTask。在一个 MapReduce 程序的 Map 阶段，会启动 N 个（取决于切片数）MapTask，这些 MapTask 并行运行在集群上。

- Reduce 阶段的目的是将 Map 阶段中每个 MapTask 计算后的结果进行合并汇总。Reduce 阶段的这些计算进程称为 ReduceTask，每个 ReduceTask 最终都会产生一个结果。在一个 MapReduce 程序的 Reduce 阶段，也可以启动多个 ReduceTask。由于一个 ReduceTask 只会处理一个分区的数据，因此在 Map 阶段进行数据写出时，MapReduce 会为每组输出打上标记进行分区。基于每个 ReduceTask 的计算结果，Reduce 阶段能够产生程序的最终处理结果。

在图 4-5 所示的 MapReduce 处理流程中，输入为两个文件，大小分别为 200MB 和 100MB，程序需要将 a～p 开头的单词放入一个结果文件 part0 中、q～z 开头的单词放入另外一个结果文件 part1 中。在 Map 阶段默认以文件为单位、以文件块大小为切片大小将文件 1 切分为两个切片、文件 2 切分为一个切片，启动 3 个 MapTask 分别对应负责一个切片数据的处理。由于需要将程序的输出分为两组，因此将每个 MapTask 的输出分为两个区进行标记，a～p 开头的单词放入一个区，q～z 开头的单词放入另一个区。ReduceTask 启动后分别负责从 MapTask 中复制相应分区的数据并进行排序和分组，即一个 ReduceTask 负责 a～p 开头的单词分区任务并将结果写到磁盘文件 part0，另外一个 ReduceTask 负责 q～z 开头的单词分区任务并将结果写到磁盘 part1。

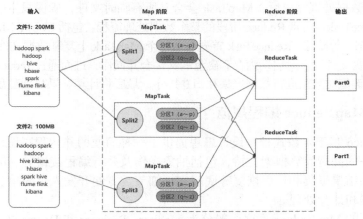

图 4-5 MapReduce 处理流程

4.3.1 MapReduce 原理

对于相互之间不具有计算依赖关系的大数据集合，MapReduce 采用分而治之的策略把对数据集的大规模操作分发给集群的每个节点从而实现并行计算。相比于消息传递接口（Message Passing Interface，MPI）编程等并行计算方法，MapReduce 借鉴了 Lisp 函数式语言中的思想，用 Map 和 Reduce 两个函数提供了高层的并发编程模型抽象，使得开发人员不需要在并行计算过程中自行指定存储、计算、分发等任务。

MapReduce 分布式程序运行分为 Map 阶段和 Reduce 阶段。

- Map 是映射，Map 阶段负责数据的过滤拆分，将原始数据转换为键值对（<key, value>），启动多个 MapTask 负责每个独立数据集的计算，在数据处理完成后，将生成的键值对分区，为后续 Reduce 阶段做好准备。Map 阶段的多个 MapTask 实例完全并行运行，互不相干。
- Reduce 是规约，Reduce 阶段负责数据的计算归并，通过启动多个 ReduceTask 对 MapTask 处理后的数据进行复制、文件合并及归并排序等，将具有相同键的值进行处理后输出新的键值对作为最终计算结果，写到磁盘上。该阶段的多个 ReduceTask 并发实例互不相干，但是它们的数据依赖于上一个阶段的所有 MapTask 并发实例的输出。

需要注意的是，MapReduce 编程模型默认情况下只能包含一个 Map 阶段和一个 Reduce 阶段。如果用户的业务逻辑比较复杂，则需要创建多个 MapReduce 程序，并将这些程序串行运行。

4.3.2 MapReduce 进程

一个完整的 MapReduce 程序在分布式运行时有 3 类实例进程，分别为 MRAppMaster、MapTask 和 ReduceTask，这些实例进程的功能如下。

- MRAppMaster：MapReduce 程序启动时首先启动的进程，负责 MapReduce 程序的过程调度及状态协调。
- MapTask：负责 Map 阶段的整个数据处理流程，包括 Read、Map、Collect、Spill 及 Combine 等阶段。MapTask 首先通过 RecordReader 将原始输入数据解析为键值对形式的数据，进而交给 map()方法产生一系列新的键值对。在 map()方法中，当数据处理完后，会将生成的键值对分区写入环形缓冲区。当缓冲区写满时，生成一个临时文件，在将数据写入本地磁盘之前，需要对数据进行排序、合并及压缩等操作。当所有数据处理完成后，MapTask 会合并所有临时文件，确保只生成一个数据文件。
- ReduceTask：负责 Reduce 阶段的整个数据处理流程，包括 Copy、Merge、Sort、Reduce 和 Write 等阶段。ReduceTask 首先会从每个 MapTask 上复制数据文件，在内存使用过多或磁盘文件过多时启动内存和磁盘的文件合并操作，进而通过 reduce()方法对所有键相同的键值对数据进行数据聚集和归并排序，最后将计算结果写到磁盘文件中。

4.3.3 MapReduce 编程规范

MapReduce 基于函数式程序设计思想提供了一种简便的并行程序设计方法，为开发人员提供了统一的并行计算框架支持，包括抽象操作及并行编程接口等，屏蔽了数据存储、划分、分发、结果采集和错误恢复等底层实现细节，方便开发人员简单、方便地完成大规模数据的编程和计算处理。

用户编写的 MapReduce 程序一般分为 Mapper、Reducer 和 Driver 这 3 个组成部分，其中，Mapper 封装了应用程序 Map 阶段的数据处理逻辑，Reducer 封装了应用程序 Reduce 阶段的数据处理逻辑，Driver 负责任务的提交运行等。

1．Mapper
- 用户自定义的 Mapper 要继承 Mapper 类。
- Mapper 的输入数据是键值对的形式。
- Mapper 中的业务逻辑写在 map()方法中。
- Mapper 的输出数据是键值对的形式。
- 针对每个键值对调用 map()方法对数据进行处理。

2．Reducer
- 用户自定义的 Reducer 要继承 Mapper 类。
- Reducer 的输入数据类型对应 Mapper 的输出数据类型。
- Reducer 的业务逻辑写在 reduce()方法中。
- ReduceTask 进程对具有相同键的键值对调用一次 reduce()方法。

3．Driver

将封装了 MapReduce 程序相关运行参数的 Job 对象提交到集群。

4.4 Hadoop 序列化

程序的运行离不开数据持久化的支持，程序运行过程中产生的数据需要以某种技术保存到可永久保存的存储设备中。由 MapReduce 的运行机制可知，人们需要将产生的中间结果、最终计算结果等写入磁盘保存起来，这涉及对象的序列化和反序列化。

4.4.1 序列化与反序列化

一般情况下，对象只存储在本地的内存中，只允许本地的进程调用，不能被发送到网络上的另外一台计算机。由内存特性可知，对象在计算机关机、断电时无法继续使用。

分布式应用程序运行在由多台主机组成的集群上，需要将对象通过网络传输到另外的主机上，需要在不同的主机之间进行数据调用与传递。这就需要对对象进行序列化处理以保证对象的完整性和可传递性，支持对象的网络化传输。

序列化就是把内存中的对象转换成字节序列（或其他数据传输协议）以便于持久化存储和网络传输。

反序列化就是将收到字节序列（或其他数据传输协议）或硬盘的持久化数据转换成内存中的对象。

4.4.2 Hadoop 序列化要求

不同的编程语言为对象的持久化存储及读取提供了不同的序列化方法。Java 规定只有实现了 Serializable 接口的类的对象才能被序列化为字节序列。然而，Java 的序列化是一个重量级序列化框架，通过 Serializable 接口序列化后的对象会附带诸多额外的对象信息，如数据校验信息、对象头、对象继承关系等，这加重了对象的传输负担，不便于对象在网络中的高效传输。

面向大数据的分布式程序需要完成对象在集群节点中的通信或调用，这要求 Hadoop 的对象序列化速度要快，序列化后的数据量要小，以减少带宽需求，加快数据传输速度。Hadoop 中多个节点上进程间的通信是通过 RPC 实现的。RPC 协议将对象序列化成二进制流后发送到远程节点，远程节点将二进制流反序列化为原始对象。通常情况下，RPC 序列化格式的典型特性如下。

1．紧凑

带宽是集群数据中心最稀缺的网络资源，紧凑的对象序列化机制能在保证信息完整性的基础上充分利用网络带宽资源，此外，紧凑的对象存储格式有助于分布式文件系统存储空间的高效利用。

2．快速

集群由多个计算节点组成，分布式程序在运行时把对数据集的大规模操作分发给集群上的每个节点，计算过程中涉及大量的进程通信，因此需要尽量提高序列化和反序列化的速度，降低数据的读写开销。

3．可扩展

人们提出了不同的通信协议以满足进程通信不断变化的需求。面对多种多样的通信协议，客户端和服务器进行进程通信时需要同时满足新老协议的通信需求。因此，通信过程中一方面需要引进新协议以满足新协议报文信息传送，另一方面也需要满足原序列化方式支持原协议报文的要求。例如，一方面需要在方法调用过程中增添新参数满足新协议规定的消息格式，另一方面服务器也需要能接受来自客户端无新增参数的原协议规定的消息格式。

4．互操作

工程实践中存在客户端多样化的应用场景，人们希望应用能够支持基于不同编程语言开发的客户端与服务器间的交互。因此要求对象的序列化格式能够满足客户端多样性的转换需求，支持使用不同的编程语言方便地读取和写入永久存储的数据。

4.4.3 Hadoop 序列化机制

为满足程序分布式运行的要求，Hadoop 提出了一套精简、高效的序列化机制，定义了序列化相关的 Writable 接口、Comparable 接口和 WritableComparable 接口。

Writable 接口包括 write(DataOutput out)和 readFields(DataInput in)方法，分别用于对象的序列化和反序列化，相关代码如下。所有实现 Writable 接口的类，其对象都可以进行序列化和反序列化。

```
public interface Writable {
    void write(DataOutput var1) throws IOException;
    void readFields(DataInput var1) throws IOException;
}
```

Comparable 接口包含 compareTo()方法，相关代码如下，所有实现了 Comparable 接口的类的对象都可以和自身相同类型的对象比较大小。

```
public interface Comparable<T> {
public int compareTo(T o);
}
```

WritableComparable 接口同时继承了 Writable 接口和 Comparable 接口的功能。

```
public interface WritableComparable<T> extends Writable, Comparable<T> {
}
```

1．基本数据类型的序列化类

为了方便开发人员编写程序，Hadoop 实现了许多基本数据类型的可序列化，Java 基本数据类型和 Hadoop 序列化类的对照如表 4-1 所示。如 IntWritable 是对 Java 中 int 类型的封装，通过实现 WritableComparable 接口实现序列化和反序列化，LongWritable 是对 Java 中 long 类型的封装，通过实现 WritableComparable 接口实现序列化和反序列化。

表 4-1 Java 基本数据类型和 Hadoop 序列化类的对照

Java 基本数据类型	Hadoop 序列化类
boolean	BooleanWritable
byte	ByteWritable
int	IntWritable
float	FloatWritable
long	LongWritable
double	DoubleWritable
String	Text
map	MapWritable
array	ArrayWritable

2．自定义序列化类

Hadoop 实现了常见基本数据类型的序列化类以满足简单数据类型的序列化需求，也支持数据类型的自定义以满足复杂场景的需求。开发人员可以通过实现 Hadoop 序列化接口中的相关方法，实现序列化的二进制表示和排序顺序的自定义。

自定义序列化类的步骤如下。

（1）自定义序列化类必须实现 Writable 接口，定义 write()和 readFields()方法，实现序列化和反序列化功能。

（2）因为反序列化需要利用 Java 语言的反射调用无参构造方法，因此要求自定义序列化类必须具有无参构造方法。

（3）自定义序列化类重写 Writable 接口中的 write()方法，实现对象序列化功能。

（4）自定义序列化类重写 Writable 接口中的 readFields()方法，实现对象反序列化功能。

（5）自定义序列化类中的反序列化顺序需要和序列化顺序完全一致，即写入和读取的顺序必须完全一致。

（6）如果需要将自定义序列化类作为键值对中的键类型，则自定义序列化类还需要实现 Comparable 接口，重写 compareTo()方法，以支持 MapReduce 框架中对键值对按照键进行比较和排序的活动。

4.5 MapReduce 输入

为了满足大数据分布式计算的要求，MapReduce 在 Map 阶段首先需要将输入目录下的文件按照一定的标准进行分片处理，然后根据切片数量启动 MapTask，一个切片由一个 MapTask 处理。MapTask 按照一定的规则读取切片中的数据，解析并返回键值对，对每个键值对调用一次 map()方法并对输出的键值对进行分区、排序、合并等。

1．切片

为了完成大数据的分布式计算，MapReduce 需要在数据输入阶段完成数据切片工作。MapReduce 中的数据切片是指按照一定的标准对输入数据的逻辑进行切片，并不会在磁盘上将其切分成片进行存储。HDFS 中的数据块是对数据存储的物理划分，从物理位置上将数据存储于不同的集群节点上。

Hadoop 提供了计算切片大小的方法，如下所示。

```
protected long computeSplitSize(long blockSize, long minSize,long maxSize) {
    return Math.max(minSize, Math.min(maxSize, blockSize));
}
protected long getFormatMinSplitSize() {
    return 1;
}
public static long getMinSplitSize(JobContext job) {
    return job.getConfiguration().getLong(SPLIT_MINSIZE, 1L);
}
public static long getMaxSplitSize(JobContext context) {
    return context.getConfiguration().getLong(SPLIT_MAXSIZE, Long.MAX_VALUE);
}
public static final String SPLIT_MAXSIZE = "mapreduce.input.fileinputformat.split.maxsize";
public static final String SPLIT_MINSIZE = "mapreduce.input.fileinputformat.split.minsize";
long minSize = Math.max(getFormatMinSplitSize(), getMinSplitSize(job));
long maxSize = getMaxSplitSize(job);
long splitSize = computeSplitSize(blockSize, minSize, maxSize);
```

开发人员可以在源代码中加入如下代码行以设置切片大小。

```
conf.set("mapreduce.input.fileinputformat.split.maxsize","102400");
conf.set("mapreduce.input.fileinputformat.split.minsize","1024");
```

2．默认输入格式

面向不同的应用场景，MapReduce 程序需要处理不同类型的数据文件，如二进制文件和数据库表等，进而将这些文件进行切片处理。Hadoop 提供了用以表示所有输入数据类型的 InputFormat 接口，包含 getSplits()方法和 createRecordReader()方法。其中，getSplits()方法根据切片规则对文件切片，完成整个切片的核心过程；createRecordReader()方法负责把切片后的文件解析为键值对。

根据处理的数据类型不同，解析键值对的规则不同，InputFormat 定义了 DBInputFormat、FileInputFormat 和 DelegatingInputFormat 等 3 个子类。其中，DBInputFormat 用于加载数据库中的数据，FileInputFormat 用于处理文件系统中的数据，DelegatingInputFormat 则是把多种 InputFormat 组合到一起形成的委托接口。从功能可以看出，FileInputFormat 是用途最广的，其次是 DBInputFormat，最后是 DelegatingInputFormat。

FileInputFormat 是用于处理输入文件的，该类提供了如何计算输入分片的方法。MapReduce 在对每一个文件切片的过程中，需要获取文件的大小、计算切片大小，然后基于切片单位形成一个或多个切片，并将切片信息写到一个切片规划文件中，该文件仅记录了切片的元数据信息，如起始位置、长度以及所在的节点列表等。

根据文件解析键值对方式的不同，形成了 TextInputFormat、KeyValueTextInputFormat、NLineInputFormat、CombineFileInputFormat 和 SequenceFileInputFormat 等多个子类。TextInputFormat 是默认的 FileInputFormat 实现类，该类按行读取每条记录，键是 LongWritable 类型，存储了一行在整个文件中的起始字节偏移量，值是 Text 类型，存储了一行的文本内容，不包括任何换行符和回车符等行终止符。

在 WorkCount 程序中使用的是 Hadoop 默认的输入格式，即 TextInputFormat 类，关于 TextInputFormat 的详细内容，感兴趣的读者可以通过查看源代码学习。

3．自定义输入格式

除了可以使用已有的输入格式，用户还可以自定义输入格式，自定义输入格式后只需要在 MapReduce 的主驱动程序中设置输入格式的类为自定义的输入格式类即可。

下面的代码自定义了输入格式类 HostInputFormat、键值对解析类 HostRecordReader，并在主程序中进行了应用。

（1）自定义的 HostInputFormat 类

自定义输入格式类 HostInputFormat，该类继承自 FileInputFormat 类，重写了 createRecordReader()方法，核心代码如下。完整代码见线上资源文件/代码/第 4 章/4.5/HostInputFormat.java。

```java
public class HostInputFormat extends FileInputFormat<Text, Text> {
    @Override
    public RecordReader<Text, Text> createRecordReader(InputSplit split,
TaskAttemptContext context)
            throws IOException, InterruptedException {
        // 自动生成方法
        return new HostRecordReader();
    }
}
```

（2）自定义的 HostRecordReader 类

自定义键值对解析类 HostRecordReader，该类继承自 RecordReader 类，定义了行阅读器、切片起始位置、结束位置、存储一行内容的缓冲区及当前指针位置等变量,重写了 initialize()、nextKeyValue()、getCurrentKey()、getCurrentValue()、getProgress()和 close()方法,核心代码如下。完整代码见线上资源文件/代码/第 4 章/4.5/HostRecordReader .java。

```java
public class HostRecordReader extends RecordReader<Text, Text> {
    private LineReader lr;// 定义一个行阅读器
    private Text key = new Text(); // 设置 key 和 value,以备后用
    private Text value = new Text();
    private long start;// 设置切片起始位置,每一行开始读取的位置
    private long end;// 结束位置
    private Text line = new Text();// 设置一个缓冲,为一行的内容
    private long currentPos;// 当前指针的位置(当前读取到了哪个位置)

    /**
     * 重写初始化方法
     */
    @Override
    public void initialize(InputSplit split, TaskAttemptContext context)
throws IOException, InterruptedException {
        System.out.println("这个是初始化方法");
        // 获取切片:配置信息、文件路径、开始读取的位置、读取多长
        FileSplit fileSplit = (FileSplit)split;
        // 获取配置信息
        Configuration conf = context.getConfiguration();
        Path filePath = fileSplit.getPath();
        FileSystem fs = filePath.getFileSystem(conf);//获取系统对象
        // 获取文件的输入流
        FSDataInputStream fis = fs.open(filePath);
        // 初始化行阅读器
        lr = new LineReader(fis);
        // 初始化开始读取的位置
        start = fileSplit.getStart();
        // 设置这个切片读取的结束位置
        end = fileSplit.getLength()+start;
        fis.seek(start);//设置 I/O 读取文件的指针的位置
        if(start != 0) {
            System.out.println(start);
        // new Text()用于存储数据,0 代表 Text 中允许放入的最大数据,end-start 代表可以
        // 用来消费的最大数据
            start += lr.readLine(new Text(),0,(int)(end-start));
        }
        // 初始化指针位置
        currentPos = start;
    }
    /**
     * 判断有没有下一个键值对。如果有,返回值为 true,否则返回 false
     */
    @Override
    public boolean nextKeyValue() throws IOException, InterruptedException {
        key = new Text();
        value = new Text();
        System.out.println("--------------");
        while(true) {
            if(currentPos >=end) return false;
```

```java
        //开始读取数据：将读取到的数据的内容放到line里面，返回的是读取的字节数，
        //然后更改当前指针的位置
        currentPos+=lr.readLine(line);
        String str = line.toString();
        String[] strs = str.split("\t");
        if(!str.endsWith("#") && strs.length == 2){
            key.set(strs[0]);
            value.set(strs[1]);
            return true;
        }
    }
}
@Override
public float getProgress() throws IOException, InterruptedException {
    return (float) (((double)(currentPos-start))/(end-start));
}
}
```

（3）主类

完整的 MapReduce 程序包括 Mapper 程序、Reducer 程序及 Driver 程序。在下面的代码中，定义了 HostInputFormatDriver 类、Mapper 的实现类 HostInputFormatMapper、Reducer 的实现类 HostInputFormatReducer。

需要通过代码行 job.setInputFormatClass(HostInputFormat.class)将自定义输入格式 HostInputFormat 设置为 MapReduce 程序的输入格式。完整代码见线上资源文件/代码/第 4 章/4.5/HostInputFormatDriver.java。

```java
public class HostInputFormatDriver {
    public static void main(String[] args) throws Exception {
        Configuration conf = new Configuration();
        conf.set("mapreduce.framework.name", "local");
        System.setProperty("HADOOP_USER_NAME", "root");

        //设置切片大小
        //conf.set("mapreduce.input.fileinputformat.split.maxsize", "2287");
        Job job = Job.getInstance(conf, "diyInputFormat");
        //job.setJarByClass(HostInputFormatDriver.class);
        job.setMapperClass(HostInputFormatMapper.class);
        job.setReducerClass(HostInputFormatReducer.class);

        job.setMapOutputKeyClass(Text.class);
        job.setMapOutputValueClass(Text.class);

        job.setOutputKeyClass(Text.class);
        job.setOutputValueClass(Text.class);

        //自定义输入格式
        job.setInputFormatClass(HostInputFormat.class);

        FileInputFormat.setInputPaths(job, new Path("file:///hadoop/diyinput/in"));
        FileOutputFormat.setOutputPath(job, new Path("file:///hadoop/diyinput/out/"));

        job.waitForCompletion(true);
    }
}

class HostInputFormatMapper extends Mapper<Text, Text, Text, Text>{
```

```java
        @Override
        protected void map(Text key, Text value, Mapper<Text, Text, Text,
Text>.Context context)
                throws IOException, InterruptedException {
            // 自动生成方法
            super.map(key, value, context);
        }
    }
    class HostInputFormatReducer extends Reducer<Text, Text, Text, Text>{
        @Override
        protected void reduce(Text key, Iterable<Text> values, Context context)
                throws IOException, InterruptedException {
            StringBuilder sb = new StringBuilder("[");
            for(Text value:values) {
                sb.append(value.toString());
                sb.append(",");
            }
            sb.deleteCharAt(sb.length()-1).append("]");
            context.write(key, new Text(sb.toString()));
        }
    }
```

4.6 Shuffle 过程

MapReduce 计算模型一般包括进行数据过滤分发的 Map 阶段和数据归并计算的 Reduce 阶段，Map 阶段的输出是 Reduce 阶段的输入，Reduce 需要通过 Shuffle 过程来获取数据。Map 阶段后 Reduce 阶段前的数据处理过程称为 Shuffle 过程。了解具体的 Shuffle 过程，能帮助开发人员编写出更加高效的 MapReduce 程序。

MapReduce 进阶

MapReduce 中的 Shuffle 是把一组无规则的数据尽量转换成一组具有一定规则的数据，跨越了 Map 端和 Reduce 端，即 Map Shuffle 和 Reduce Shuffle。在 Map 端的 Shuffle 过程是对 Map 结果进行分区、排序、分隔，然后将属于同一分区的输出合并在一起写到磁盘上，最终得到一个分区有序的文件。Reduce 端的 Shuffle 过程是从 Map 端拉取自己所需的数据，进行数据合并和数据排序。

4.6.1 Shuffle 原理

Shuffle 过程完成了从 Map 阶段的输出到 Reduce 阶段的输入的整个过程，如图 4-6 所示。

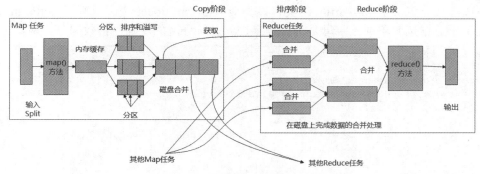

图 4-6 MapReduce 中的 Shuffle 过程

MapTask 在完成一个切片的数据解析后，将其解析后的键值对数据输出到内存中的一个缓冲区内，并对进入缓冲区的数据进行分区（Partition）、排序（Sort）、溢写（Spill）和合并（Merge）。

- 分区（Partition）：MapReduce 通过指定分区将同一个分区的数据发送给同一个 Reducer 处理，实现类似的数据分区和统计等，提高 ReduceTask 的并发量。
- 排序（Sort）：将缓冲区中的数据按照分区和键两个关键字升序排序。
- 溢写（Spill）：当缓冲区的数据存储达到缓冲区容量阈值时，后台线程会把数据溢写到磁盘指定的目录下，每次溢写均会创建一个磁盘文件。
- 合并（Merge）：当数据量较大时，缓冲区会不断溢写从而形成分布式存储在不同磁盘上的多个文件，此时需要通过合并过程将这些小文件合并为一个大的数据文件作为 Map 端的输出。

ReduceTask 在 Shuffle 过程中完成数据的获取和合并排序任务。

- 获取（Fetch）：ReduceTask 通过 HTTP 从各个 Map 端获取所需要的数据，每获取一个 Map 端的数据就会创建一个文件。获取的数据会先放入内存缓冲区，当内存中的数据量达到阈值时，启动内存到磁盘的合并，即 ReduceTask 获取的数据有的在内存中，有的在磁盘上。
- 合并（Merge）：当属于该 Reducer 的 Map 输出全部复制完成后，会在 Reducer 上生成多个文件（如果拖取的所有 Map 数据总量都没有超过内存缓冲区，则拖取的所有数据就只存在于内存中），这时启动磁盘到磁盘的合并，最终输出一个整体有序的数据块作为 Reducer 的输入文件。由于 Map 的输出数据是有序的，因此 Reduce 端的合并过程也就是数据的合并排序过程。

需要注意的是，ReduceTask 在远程复制数据的同时会启动后台线程对内存和磁盘上的文件进行合并，以防止内存使用过多或磁盘上文件过多，即数据获取和数据合并两个任务是重叠而不是完全分开的。

4.6.2 分区

分区是 Map Shuffle 过程中对数据进行分区的活动，负责按照键的归类控制 Map 输出结果。即键值对是按照键进行分区的，同一个分区的数据发送给同一个 Reducer 进行数据处理。分区数与 Reduce 的任务数相同。

MapReduce 中的分区默认从 0 开始递增，一个分区对应一个 ReduceTask，一个 ReduceTask 对应一个结果文件。如果不指定，默认使用的分区类是 HashPartitioner，使用键的哈希值对设定的 ReduceTask 数量取余。

下面的代码定义了 MyPartition 类，该类继承自 Partitioner 类，重写了 getPartition()方法，设定了数据按照单词首字母是否大于字符 h 进行分区的规则，将数据分为两个分区。

```
package cn.edu.zut.bigdata.mr.partitioner;

import org.apache.hadoop.io.Text;
import org.apache.hadoop.mapreduce.Partitioner;
public class MyPartition extends Partitioner<Text, Text>{
    @Override
    public int getPartition(Text key, Text value, int numPartitions) {
return key.toString().charAt(0)>'h'?1:0;
    }
}
```

在 MapReduce 程序的主程序类 WordCountPartition 中通过代码行 job.setPartitionerClass (MyPartition.class)设置程序使用的分区类。完整代码见线上资源文件/代码/第 4 章/4.6/partition/ WordCountPartition.java。

```java
public class WordCountPartition {
    public static void main(String[] args) throws Exception {
        Configuration conf = new Configuration();
        conf.set("mapreduce.framework.name", "local");
        System.setProperty("HADOOP_USER_NAME","root");
        Job job = Job.getInstance(conf, "partition");
        job.setMapOutputKeyClass(Text.class);
        job.setMapOutputValueClass(IntWritable.class);
        job.setOutputKeyClass(Text.class);
        job.setOutputValueClass(IntWritable.class);
        job.setPartitionerClass(MyPartition.class);//设置分区类
        job.setNumReduceTasks(2);//设置 Reduce 个数
            //设置 Mapper 和 Reducer 类
            FileInputFormat.setInputPaths(job, new Path("file:///hadoop/partition/in"));
            FileOutputFormat.setOutputPath(job, new Path("file:///hadoop/partition/out2/"));
            job.waitForCompletion(true);
        }
}
class MyMapper extends Mapper<LongWritable, Text, Text, IntWritable>{
@Override
    protected void map(LongWritable key, Text value, Context context)
        throws IOException, InterruptedException {
        String[] strs = value.toString().split("");
        for(String str:strs) {
            context.write(new Text(str), new IntWritable(1));
        }
    }
}
class MyReducer extends Reducer<Text, IntWritable, Text, IntWritable>{
   @Override
    protected void reduce(Text key, Iterable<IntWritable> values, Context context)
         throws IOException, InterruptedException {
        int sum = 0;
        for(IntWritable v:values) {
            sum+=v.get();
        }
        context.write(key, new IntWritable(sum));
    }
}
```

4.6.3 排序

排序是 MapReduce 计算过程的核心部分。MapReduce 默认按照键的排序规则对数据进行升序排列。如果需要实现不同的排序规则，如按照降序排列等，开发人员可以通过自定义排序的形式满足需求。

以下代码自定义了排序类 MySort，该类继承自 WritableComparator 类，重写了 compare() 方法，实现了数据的降序排列，核心代码如下。完整代码见线上资源文件/代码/第 4 章/4.6/ sort/MySort.java。

```java
public class MySort extends WritableComparator {
```

```
        //这里必须重写无参构造方法，调用父类的构造方法传入键的类型，便于自动创建键的实例
        public MySort(){
            super(Text.class,true);
        }
        @Override
        public int compare(WritableComparable a, WritableComparable b) {
            Text v1 = (Text) a;
            Text v2 = (Text) b;
            return -v1.compareTo(v2); //正常顺序为升序，逆向为降序
        }
    }
```

在 MapReduce 程序的主程序类 WordCountSort 中通过代码行 job.setSortComparatorClass(MySort.class)设置程序使用的排序类。主程序类 WordCountSort 的核心代码如下，完整代码见线上资源文件/代码/第 4 章/4.6/sort/WordCountSort.java。

```
public class WordCountSort {
    public static void main(String[] args) throws Exception {
        Configuration conf = new Configuration();
        System.setProperty("HADOOP_USER_NAME","root");
        conf.set("mapreduce.framework.name","local");
        Job job = Job.getInstance(conf,"MR");
        // 设置Mapper、Reducer
        job.setMapperClass(WordCountMapper.class);
        job.setReducerClass(WordCountReducer.class);
        job.setNumReduceTasks(2);
        // 设置输出的类型
        job.setMapOutputKeyClass(Text.class);
        job.setMapOutputValueClass(IntWritable.class);
        job.setOutputKeyClass(Text.class);
        job.setOutputValueClass(IntWritable.class);
        // 设置排序类
        job.setSortComparatorClass(MySort.class);
        FileInputFormat.addInputPath(job,new Path("file:///hadoop/sort/in/"));
        FileOutputFormat.setOutputPath(job,new Path("file:///hadoop/sort/out/"));
        job.waitForCompletion(true);
    }
}
class WordCountMapper extends Mapper<LongWritable, Text,Text, IntWritable>{
    @Override
    protected void map(LongWritable key, Text value, Context context)
                    throws IOException, InterruptedException {
        String line = value.toString();// 将value转换为String类型
        String[] words = line.split("\t");// 对文本进行分割
        for(String word:words){
            context.write(new Text(word),new IntWritable(1));
        }
    }
}
class WordCountReducer extends Reducer<Text,IntWritable,Text,IntWritable>{
    @Override
    protected void reduce(Text key, Iterable<IntWritable> values, Context context)
                    throws IOException, InterruptedException {
        int count = 0;
        for(IntWritable v:values){
            count+=v.get();
        }
```

```
            context.write(key,new IntWritable(count));
        }
    }
```

4.6.4 分组

默认情况下，reduce()方法每次接收的都是一组具有相同键的值，所以每个 reduce()方法每次只能对相同的键所对应的值进行计算。但是有时候我们期望不同的键的值也能够在一次 reduce()方法调用的时候进行操作，这种情况下，就可以采用自定义分组的方法实现。

下面的代码自定义了分组类 MyGroup，该类继承自 WritableComparator 类，重写了 compare()方法，实现了自定义分组功能。完整代码见线上资源文件/代码/第 4 章/4.6/group/MyGroup.java。

```
public class MyGroup extends WritableComparator {
    //这里必须重写无参构造方法，调用父类的构造方法传入键的类型，便于自动创建键的实例
    public MyGroup(){
        super(Text.class,true);
    }
    @Override
    public int compare(WritableComparable a, WritableComparable b) {
        Text v1 = (Text) a;
        Text v2 = (Text) b;
        //返回 0 表示同一组，非 0 表示不同组
        return v1.toString().charAt(0)>'c' || v1.toString().equals
(v2.toString())?0:1;
    }
}
```

在 MapReduce 程序的主程序类 WordCountGroup 中通过代码行 job.setGroupingComparatorClass (MyGroup.class)设置程序使用的分组类。完整代码见线上资源文件/代码/第 4 章/4.6/group/WordCountGroup.java。

```
public class WordCountGroup {
    public static void main(String[] args) throws Exception {
        Configuration conf = new Configuration();
        System.setProperty("HADOOP_USER_NAME","root");
        conf.set("mapreduce.framework.name","local");
        Job job = Job.getInstance(conf,"MR");
        // 设置 Mapper、Reducer
        job.setMapperClass(WordCountMapper.class);
        job.setReducerClass(WordCountReducer.class);
        // 设置输出的类型
        job.setMapOutputKeyClass(Text.class);
        job.setMapOutputValueClass(IntWritable.class);
        job.setOutputKeyClass(Text.class);
        job.setOutputValueClass(IntWritable.class);
        // 设置分组类
        job.setGroupingComparatorClass(MyGroup.class);
        FileInputFormat.addInputPath(job,new Path("file:///hadoop/group/in/"));
        FileOutputFormat.setOutputPath(job,new Path("file:///hadoop/group/out/"));

        job.waitForCompletion(true);
    }
}
class WordCountMapper extends Mapper<LongWritable, Text,Text, IntWritable>{
```

```java
        @Override
        protected void map(LongWritable key, Text value, Context context) throws
IOException, InterruptedException {
            System.out.println(key+"----------------");
            String line = value.toString();// 将value转换为String类型
            String[] words = line.split("\t"); // 对文本进行分割
            for(String word:words){
                context.write(new Text(word),new IntWritable(1));
            }
        }
}

class WordCountReducer extends Reducer<Text,IntWritable,Text,IntWritable>{
    @Override
    protected void reduce(Text key, Iterable<IntWritable> values, Context
context) throws IOException, InterruptedException {
        int count = 0;
        for(IntWritable v:values){
            count+=v.get();
        }
        context.write(key,new IntWritable(count));
    }
}
```

4.7 Combiner 过程

Hadoop 框架使用 Mapper 将数据处理成键值对形式，在集群节点间通过 Shuffle 过程对这些数据进行整理，然后使用 Reducer 处理数据并进行最终输出。在该工作机制下，如果 MapReduce 程序需要计算 100 亿个数据的最大值，那么 Mapper 会生成 100 亿个键值对在网络间传输，这严重浪费了网络带宽，降低了程序运行效率。此外，MapReduce 程序对分布不平衡的数据集进行分析计算时也会存在单个节点负载过大的情况，同样导致了程序性能的下降。

针对上述性能瓶颈问题，MapReduce 编程模型提供了 Combiner 组件来优化 MapReduce 程序性能。在 MapReduce 程序执行过程中，每个 MapTask 都可能会产生大量的本地输出，Combiner 的作用就是对每一个 MapTask 的输出进行局部汇总，以减少在 Map 和 Reduce 节点之间的数据传输量，提高网络 I/O 性能，减轻 Reducer 的负担，这是 MapReduce 的优化手段之一。

Combiner 组件通过对键排序和对值迭代的方式实现了本地键的聚合功能，也实现了本地模式下的归并计算功能。如在 WordCount 程序中就可以启用 Combiner 过程，先完成的 Map 会在本地进行 Reduce 的值叠加，实现了本地计算的聚合功能，提升了计算速度。如果没有启用 Combiner 过程，那么所有值的叠加就必须等所有的 Map 结束后才能进行，效率会相对低下。

Combiner 组件的父类是 Reducer，是本地模式下运行的 Reducer，运行于每一个 MapTask 所在的节点。MapReduce 框架下的 Reducer 接收所有 MapTask 的输出结果，也就是说 Combiner 的输出是 Reducer 的输入。

由于 Combiner 相当于本地模式下 Reducer 的计算模式，因此并不适用于所有场景。如在 WordCount 中就可以启用 Combiner 过程，但是在求平均值的过程中就无法使用 Combiner 过程。核心代码如下，完整代码见线上资源文件/代码/第 4 章/4.7/WordCount.java。

```java
public class WordCount {
    public static void main(String[] args) throws Exception {
        Configuration conf = new Configuration();
        System.setProperty("HADOOP_USER_NAME","root");
        conf.set("mapreduce.framework.name","local");
        Job job = Job.getInstance(conf,"MR");
        // 设置Mapper、Reducer
        job.setMapperClass(WordCountMapper.class);
        job.setReducerClass(WordCountReducer.class);
        //设置Combiner类
        job.setCombinerClass(WordCountReducer.class);
        // 设置输出的类型
        job.setMapOutputKeyClass(Text.class);
        job.setMapOutputValueClass(IntWritable.class);
        job.setOutputKeyClass(Text.class);
        job.setOutputValueClass(IntWritable.class);
        FileInputFormat.addInputPath(job,new Path("file:///hadoop/combiner/in/"));
        FileOutputFormat.setOutputPath(job,new Path("file:///hadoop/combiner/out1/"));
        job.waitForCompletion(true);
    }
}
class WordCountMapper extends Mapper<LongWritable, Text,Text, IntWritable>{
    @Override
    protected void map(LongWritable key, Text value, Context context)
                throws IOException, InterruptedException {
        String line = value.toString();
        String[] words = line.split("\t");
        for(String word:words){
            context.write(new Text(word),new IntWritable(1));
        }
    }
}
class WordCountReducer extends Reducer<Text,IntWritable,Text,IntWritable>{
    @Override
    protected void reduce(Text key, Iterable<IntWritable> values, Context context)
                    throws IOException, InterruptedException {
        int count = 0;
        for(IntWritable v:values){
            //count++;
            count+=v.get();
        }
        context.write(key,new IntWritable(count));
    }
}
```

4.8 MapReduce 输出

1. 默认输出格式

MapReduce 程序运行完毕后，需要将计算结果输出。

Hadoop 提供了用以表示所有输出数据格式的 OutputFormat 接口，能够将用户提供的键值对写入特定格式的文件中。OutputFormat 是 MapReduce 输出的基类，所有 MapReduce 输出都实现了 OutputFormat 接口。

Hadoop 提供了多个 OutputFormat 的实现类，一些常见的输出格式类如下。

- FileOutputFormat：需要提供所有基于文件的 OutputFormat 实现的公共功能。

- TextOutputFormat：默认输出格式，以键\t 值的形式把每条记录写为文本行。
- SequenceFileOutputFormat：输出二进制文件，该类可以快速地序列化任意的数据类型到文件中。
- NullOutputFormat：忽略收到的数据，即不输出。
- SequenceFileAsBinaryOutputFormat：将键值对当作二进制数据写入一个顺序文件。
- MapFileOutputFormat：将结果写入一个 MapFile 中，该文件按照键有序排列。

MapReduce 程序默认情况下只有一个 Reducer，默认输出格式是 TextOutputFormat 格式，默认输出一个文件名为 part-r-00000 的文件。若有多个 Reducer，则输出文件的个数与 Reducer 的个数一致。如果有两个 Reducer，输出结果就有两个文件，第一个为 part-r-00000，第二个为 part-r-00001，以此类推。

2．自定义输出格式

与 IntputFormat 相似，当面对一些特殊场景的特定需求，通过 Hadoop 提供的 TextOutputFormat、SequenceFileOutputFormat、NullOutputFormat 等无法满足需求时，可以参考如下步骤自定义输出格式。

（1）自定义一个继承 OutputFormat 的类，一般继承 FileOutputFormat。
（2）实现其 getRecordWriter()方法，返回一个 RecordWriter 类型。
（3）自定义一个继承 RecordWriter 的类，重写 write()方法，将每个键值对写入文件。

4.9 常见问题及解决方案

本节讨论 MapReduce 程序开发中的部分常见问题及其解决方案。

1．HADOOP_HOME 环境变量未设置

MapReduce 程序运行过程显示 HADOOP_HOME 和 hadoop.home.dir 未设置的异常，控制台输出的错误提示如下所示，错误提示截图如图 4-7 所示。

```
Exception in thread "main" java.lang.RuntimeException: java.io.
FileNotFoundException: java.io.FileNotFou-
ndException: HADOOP_HOME and hadoop.home.dir are unset. -see https://wiki.
apache.org/hadoop/Wind-
owsProblems
```

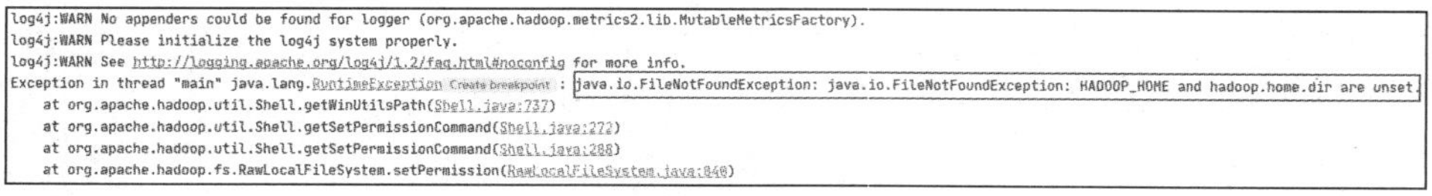

图 4-7 HADOOP_HOME 环境变量未设置

出现该问题的原因是未设置或未正确设置 HADOOP_HOME 环境变量，解决方案为：在系统环境变量中重新配置 HADOOP_HOME 环境变量并重新启动开发环境 IDEA。

2．PATH 环境变量未设置

MapReduce 程序运行过程显示链接异常，控制台输出的错误提示如下所示，错误提示截图如图 4-8 所示。

```
Exception in thread "main" java.lang.UnsatisfiedLinkError: org.apache.hadoop.
io.nativeio.NativeIO$Windows.access0(Ljava/lang/String;I)
```

出现该问题的原因可能是在 Java 虚拟机启动时不小心删除了程序运行所需的库文件，

使得 Java 虚拟机在解析 native 方法时找不到对应的本机库文件，解决方案为：在 PATH 环境变量中添加%HADOOP_HOME%\bin。

```
log4j:WARN No appenders could be found for logger (org.apache.hadoop.metrics2.lib.MutableMetricsFactory).
log4j:WARN Please initialize the log4j system properly.
log4j:WARN See http://logging.apache.org/log4j/1.2/faq.html#noconfig for more info.
Exception in thread "main" java.lang.UnsatisfiedLinkError: org.apache.hadoop.io.nativeio.NativeIO$Windows.access0(Ljava/lang/String;I)Z
    at org.apache.hadoop.io.nativeio.NativeIO$Windows.access0(Native Method)
    at org.apache.hadoop.io.nativeio.NativeIO$Windows.access(NativeIO.java:788)
    at org.apache.hadoop.fs.FileUtil.canRead(FileUtil.java:1223)
    at org.apache.hadoop.util.DiskChecker.checkAccessByFileMethods(DiskChecker.java:160)
    at org.apache.hadoop.util.DiskChecker.checkDirInternal(DiskChecker.java:100)
    at org.apache.hadoop.util.DiskChecker.checkDir(DiskChecker.java:77)
    at org.apache.hadoop.fs.LocalDirAllocator$AllocatorPerContext.confChanged(LocalDirAllocator.java:315)
    at org.apache.hadoop.fs.LocalDirAllocator$AllocatorPerContext.getLocalPathForWrite(LocalDirAllocator.java:378)
```

图 4-8 链接异常

3．写权限问题

MapReduce 程序运行过程显示访问控制异常，控制台输出的错误提示如下所示，错误提示截图如图 4-9 所示。

```
org.apache.hadoop.ipc.RemoteException(org.apache.hadoop.security.
AccessControlException): Permission denied: user=zhang, access=WRITE,
inode="/a":root:supergroup:drwxr-xr-x
```

```
org.apache.hadoop.ipc.RemoteException(org.apache.hadoop.security.AccessControlException): Permission denied: user=zhang, access=WRITE, inode="/a":root:supergroup:drwxr-xr-x
    at org.apache.hadoop.hdfs.server.namenode.FSPermissionChecker.check(FSPermissionChecker.java:399)
    at org.apache.hadoop.hdfs.server.namenode.FSPermissionChecker.checkPermission(FSPermissionChecker.java:255)
    at org.apache.hadoop.hdfs.server.namenode.FSPermissionChecker.checkPermission(FSPermissionChecker.java:193)
    at org.apache.hadoop.hdfs.server.namenode.FSDirectory.checkPermission(FSDirectory.java:1852)
    at org.apache.hadoop.hdfs.server.namenode.FSDirectory.checkPermission(FSDirectory.java:1836)
    at org.apache.hadoop.hdfs.server.namenode.FSDirectory.checkAncestorAccess(FSDirectory.java:1795)
```

图 4-9 访问控制异常

出现该问题的原因可能是当前用户不具备向文件系统某个目录写入的权限，解决方案为：在代码中添加 System.setProperty("HADOOP_USER_NAME", "root")代码行，将当前用户修改为 root 用户，使当前用户具备文件系统的最高访问权限。

4．跨平台问题

MapReduce 程序在 Yarn 上运行时可能会出现跨平台运行错误，控制台输出的错误提示如下所示，错误提示截图如图 4-10 所示。

```
[2020-10-05 22:31:02.066]Container exited with a non-zero exit code 1. Error
file: prelaunch.err.
Last 4096 bytes of prelaunch.err :
/bin/bash: 第 0 行:fg: 无任务控制
```

```
[2020-10-05 22:31:02.066]Container exited with a non-zero exit code 1. Error file: prelaunch.err.
Last 4096 bytes of prelaunch.err :
/bin/bash: 第 0 行:fg: 无任务控制

[2020-10-05 22:31:02.067]Container exited with a non-zero exit code 1. Error file: prelaunch.err.
Last 4096 bytes of prelaunch.err :
/bin/bash: 第 0 行:fg: 无任务控制
```

图 4-10 跨平台运行错误

出现该问题的原因是 MapReduce 程序默认采用特定于平台的环境构建 Classpath，解决方案为：在程序的主驱动类中添加跨平台设置代码。

```
conf.set("mapreduce.app-submission.cross-platform", "true")
```

mapreduce.app-submission.cross-platform 为 true，表示将使用与 MapReduce 应用程序无关的平台，默认 CLASSPATH：HADOOP_MAPRED_HOME/share/hadoop/mapreduce/*。

如果 mapreduce.app-submission.cross-platform 为 false，表示将使用特定于平台的环境可变扩展语法来构造默认的 CLASSPATH 条目。

Linux 环境下 CLASSPATH：$HADOOP_MAPRED_HOME/share/hadoop/mapreduce/*，$HADOOP_MAPRED_HOME/share/hadoop/mapreduce/lib/*。

Windows 环境下 CLASSPATH：%HADOOP_MAPRED_HOME%/share/hadoop/mapreduce/*，%HADOOP_MAPRED_HOME%/share/hadoop /mapreduce/lib/*。

5．无法加载主类

MapReduce 程序运行时可能会出现无法加载主类的错误，控制台输出的错误提示如下所示，错误提示截图如图 4-11 所示。

错误：找不到或无法加载主类 org.apache.hadoop.mapreduce.v2.app.MRAppMaster

```
[2020-10-05 22:52:32.365]Container exited with a non-zero exit code 1. Error file: prelaunch.err.
Last 4096 bytes of prelaunch.err :
Last 4096 bytes of stderr :
错误：找不到或无法加载主类 org.apache.hadoop.mapreduce.v2.app.MRAppMaster

[2020-10-05 22:52:32.365]Container exited with a non-zero exit code 1. Error file: prelaunch.err.
Last 4096 bytes of prelaunch.err :
Last 4096 bytes of stderr :
错误：找不到或无法加载主类 org.apache.hadoop.mapreduce.v2.app.MRAppMaster
```

图 4-11　无法加载主类

出现该问题的原因是 yarn-site.xml 与 mapred-site.xml 文件中未配置 yarn.application.classpath，解决方案为：在项目中的 yarn-site.xml 中添加以下标签，但不推荐采用此种方法。

```xml
<property>
<name>yarn.application.classpath</name>
<value>$HADOOP_HOME/etc/hadoop:$HADOOP_HOME/share/hadoop/common/lib/*:$HADOOP_HOME/share/hadoop/common/*:$HADOOP_HOME/share/hadoop/hdfs:$HADOOP_HOME/share/hadoop/hdfs/lib/*:$HADOOP_HOME/share/hadoop/hdfs/*:$HADOOP_HOME/share/hadoop/mapreduce/lib/*:$HADOOP_HOME/share/hadoop/mapreduce/*:$HADOOP_HOME/share/hadoop/yarn:$HADOOP_HOME/share/hadoop/yarn/lib/*:$HADOOP_HOME/share/hadoop/yarn/*</value>
</property>
<property>
<name>yarn.application.classpath</name><value>/opt/apps/hadoop-3.2.2/etc/hadoop:/opt/apps/hadoop-3.2.2/share/hadoop/common/lib/*:/opt/apps/hadoop-3.2.2/share/hadoop/common/*:/opt/apps/hadoop-3.2.2/share/hadoop/hdfs:/opt/apps/hadoop-3.2.2/share/hadoop/hdfs/lib/*:/opt/apps/hadoop-3.2.2/share/hadoop/hdfs/*:/opt/apps/hadoop-3.2.2/share/hadoop/mapreduce/lib/*:/opt/apps/hadoop-3.2.2/share/hadoop/mapreduce/*:/opt/apps/hadoop-3.2.2/share/hadoop/yarn:/opt/apps/hadoop-3.2.2/share/hadoop/yarn/lib/*:/opt/apps/hadoop-3.2.2/share/hadoop/yarn/*</value>
</property>
```

推荐在 yarn-site.xml 中添加以下标签进行环境变量的继承。

```xml
<property>
<name>yarn.nodemanager.env-whitelist</name>
<value>JAVA_HOME,HADOOP_COMMON_HOME,HADOOP_HDFS_HOME,HADOOP_CONF_DIR,CLASSPATH_PREPEND_DISTCACHE,HADOOP_YARN_HOME,HADOOP_MAPRED_HOME</value>
</property>
```

6．Mapper 类找不到的异常

MapReduce 程序运行时可能会出现 Mapper 类找不到的异常，控制台输出的错误提示

如下所示，错误提示截图如图 4-12 所示。

```
java.lang.ClassNotFoundException: Class cn.edu.zut.bigdata.mr.wc.WordCountMapper
not found
```

```
Error: java.lang.RuntimeException: java.lang.ClassNotFoundException: Class com.hnumi.bigdata.mr.wc.WordCountMapper not found
    at org.apache.hadoop.conf.Configuration.getClass(Configuration.java:2638)
    at org.apache.hadoop.mapreduce.task.JobContextImpl.getMapperClass(JobContextImpl.java:187)
    at org.apache.hadoop.mapred.MapTask.runNewMapper(MapTask.java:759)
    at org.apache.hadoop.mapred.MapTask.run(MapTask.java:347)
    at org.apache.hadoop.mapred.YarnChild$2.run(YarnChild.java:174) <1 internal call>
    at javax.security.auth.Subject.doAs(Subject.java:422)
    at org.apache.hadoop.security.UserGroupInformation.doAs(UserGroupInformation.java:1729)
    at org.apache.hadoop.mapred.YarnChild.main(YarnChild.java:168)
Caused by: java.lang.ClassNotFoundException Create breakpoint : Class com.hnumi.bigdata.mr.wc.WordCountMapper not found
    at org.apache.hadoop.conf.Configuration.getClassByName(Configuration.java:2542)
    at org.apache.hadoop.conf.Configuration.getClass(Configuration.java:2636)
    ... 8 more
```

图 4-12　Mapper 类找不到的异常

出现该问题的原因可能是程序无法正确识别 Mapper 类所在的路径，解决方案为：将项目打成 JAR 包，然后在项目中添加如下代码。

```
job.setJar(System.getProperty("user.dir")+"\\target\\BigData-1.0.0.jar");
```

7．AM 申请内存不足

MapReduce 程序运行时可能会出现 AM 申请内存不足的问题，控制台输出的错误提示如下所示，错误提示截图如图 4-13 所示。

```
Invalid resource request, requested resource type=[memory-mb] < 0 or greater
than maximum allowed allocation. Requested resource=<memory:1536, vCores:1>,
maximum allowed allocation=<memory:1024, vCores:2>, please note that maximum
allowed allocation is calculated by scheduler based on maximum resource of
registered NodeManagers, which might be less than configured maximum
allocation=<memory:8192, vCores:4>
```

```
Requested resource=<memory:1536, vCores:1>, maximum allowed allocation=<memory:1024, vCores:2>, please note that
```

图 4-13　AM 申请内存不足

出现该问题的主要原因是 yarn.app.mapreduce.am.resource.mb 的默认值为 1536，解决方案为：将其设置为 256。

```
conf.set("yarn.app.mapreduce.am.resource.mb","256");
```

yarn.scheduler.maximum-allocation-mb 表示单个任务可申请的最大物理内存量，默认值为 8GB，也就是说 Yarn 能够使用的最大内存为 8GB。可以设置为 1GB，即 1024MB。

yarn.scheduler.minimum-allocation-mb 表示单个任务可申请的最小物理内存量，默认值为 1GB，也就是说 Yarn 能够使用的最小内存为 1GB。可以设置为 256MB。

可以先将以下配置添加到 yarn-site.xml 中，也可以等出现错误时再添加。

```
<property>
  <name>yarn.scheduler.maximum-allocation-mb</name>
  <value>1024</value>
</property>
<property>
  <name>yarn.scheduler.minimum-allocation-mb</name>
  <value>256</value>
</property>
```

8．虚拟内存不足

MapReduce 程序运行时可能会出现虚拟内存不足的问题，控制台输出的错误提示如下所示，错误提示截图如图 4-14 所示。

```
beyond the 'VIRTUAL' memory limit. Current usage: 234.8 MB of 1 GB physical
memory used; 2.5 GB of 2.1 GB virtual memory used. Killing container.
```

is running 4774896648 beyond the 'VIRTUAL' memory limit. Current usage: 234.8 MB of 1 GB physical memory used; 2.5 GB of 2.1 GB virtual memory used. Killing container.

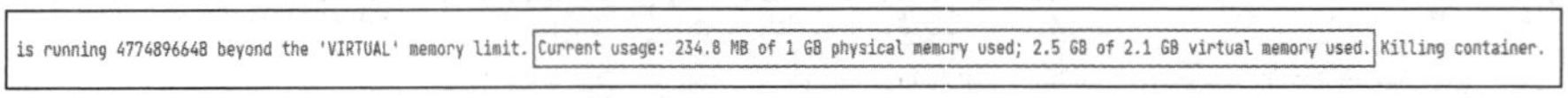

图 4-14　虚拟内存不足

出现该问题的原因是程序在尝试使用更多内存时被中断了，根本原因在于内存不足。默认配置的虚拟内存为物理内存的 2.1 倍，当设置的物理内存为 1GB，而实际虚拟内存也是 1GB 时，就会出现虚拟内存不足的问题。

解决方案为：禁用虚拟内存或者增加虚拟内存，如下所示。

```xml
<property>
    <name>yarn.nodemanager.vmem-check-enabled</name>
    <value>false</value>
</property>
```

4.10　本章小结

本章介绍了 MapReduce 编程思想，包括分布式运行机制、相关进程及编程规范，阐述了 Hadoop 序列化要求及序列化机制，深入介绍了 MapReduce 的核心过程，涵盖了 MapReduce 输入、Shuffle 过程、Combiner 过程及 MapReduce 输出等内容，分析了 MapReduce 编程常见错误及解决方案。

通过对本章的学习，读者应能够理解 MapReduce 原理，能够使用 Java 利用 MapReduce 框架进行编程开发，能够处理常见编程错误。

下一章将围绕 Hadoop 的资源管理器 Yarn 介绍集群的资源管理及调度机制。

习　题

一、单选题

1. 下列关于 MapReduce 模型的描述，错误的是（　　）。
   A. MapReduce 采用分而治之策略
   B. MapReduce 的设计理念是"计算向数据靠拢"
   C. MapReduce 框架采用了主从架构
   D. MapReduce 应用程序只能用 Java 来写

2. 适合 MapReduce 的场景是（　　）。
   A. 实时计算　　　　B. 迭代计算　　　　C. 流式计算　　　　D. 离线计算

3. 下列关于 MapReduce 的工作流程描述正确的是（　　）。
   A. 所有的数据交换都是通过 MapReduce 框架自身去实现的
   B. 不同的 MapTask 之间会进行通信
   C. 不同的 ReduceTask 之间可以发生信息交换
   D. 用户可以显式地从一台机器向另一台机器发送消息

4. 下列关于 MapReduce 的说法错误的是（　　）。
   A. MapReduce 具有广泛的应用，如关系代数运算、分组与聚合运算等

B. MapReduce 将复杂的、运行于大规模集群上的并行计算过程高度抽象为两个方法

C. 编程人员在不会分布式并行编程的情况下，也可以很容易地将自己的程序运行在分布式系统上，完成海量数据集的计算

D. 不同的 MapTask 之间可以进行通信

5. 下列关于 MapReduce 的描述正确的是（　　）。

A. MapReduce 程序必须包含 Mapper 和 Reducer

B. MapReduce 程序必须包含 Mapper

C. MapReduce 程序的 Mapper 数量可以是数据块数量的两倍

D. MapReduce 程序的 Reducer 数量不能超过 Mapper 的数量

6. 下列关于 Map 和 Reduce 的描述错误的是（　　）。

A. Map 将小数据集进一步解析成一批键值对，输入 map()方法中进行处理

B. map()方法对每一个输入的<k1, v1>会输出一批<k2, v2>，<k2, v2>是计算的中间结果

C. Reduce 输入的中间结果<k2, List(v2)>中的 List(v2)表示是一批属于不同 k2 的值

D. Reduce 输入的中间结果<k2, List(v2)>中的 List(v2)表示是一批属于同一个 k2 的值

7. 下列关于 Map 端的 Shuffle 的描述正确的是（　　）。

A. MapReduce 默认为每个 MapTask 分配 1000MB 缓存

B. 多个溢写文件归并成一个或多个大文件，文件中的键值对是排序的

C. 即使数据很少，也需要溢写到磁盘，直接在缓存中归并，然后输出给 Reduce 端

D. 每个 MapTask 分配多个缓存，使得任务运行更有效率

8. 下列关于 MapReduce 的说法不正确的是（　　）。

A. MapReduce 是一种计算框架

B. MapReduce 来源于谷歌的学术论文

C. MapReduce 隐藏了并行计算的细节，方便使用

D. MapReduce 程序只能用 Java 编写

9. 下列不属于 MapReduce 计算过程的是（　　）。

A. Map　　　　　B. Reduce　　　　　C. Shuffle　　　　　D. Repack

二、简答题

1. 请描述 MapReduce 的优势及其适用的应用场景。

2. 请描述 MapReduce 中的 Shuffle 过程。

3. 请描述 MapReduce 中常用的序列化类有哪些。

第 5 章　Hadoop 资源管理器 Yarn

Yarn 是 Hadoop 资源管理器，是 Hadoop "生态圈"的重要成员，在开源大数据领域有着重要地位，很多计算框架如 Spark、Flink 及 Storm 等都能够运行在 Yarn 上。Yarn 负责系统的资源管理及任务调度监控，每个集群由一个 ResourceManager 和若干个 NodeManager 构成，每个应用程序启动时产生一个 ApplicationMaster 进行应用程序的资源管理和状态监控。本章介绍 Yarn 的基本结构和工作机制，并对 Yarn 资源调度器进行较为深入的讲解。

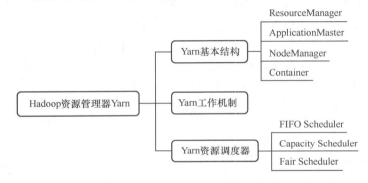

学习目标
（1）了解 Yarn 的基本结构。
（2）掌握 Yarn 的工作机制。
（3）理解资源调度器的调度策略。

5.1　Yarn 基本结构

Yarn 框架从 Hadoop 2.x 开始引入，最初是为了改善 MapReduce 的实现，但是它具有通用性，同样适用于其他分布式计算模式的执行，弥补了早期 Hadoop 在可扩展性、效率等方面的不足。Yarn 是一个通用的资源管理和调度平台，负责为运算程序提供服务器运算资源，相当于一个分布式操作系统平台，MapReduce 等运算程序则相当于运行于该操作系统之上的应用程序。Yarn 在资源利用率、资源统一管理和数据共享等方面为集群应用提供了便利。

Yarn 基本结构和工作机制

Yarn 将资源管理和任务调度监控分为两个独立的进程，可以支持 MapReduce、Hive、HBase、Pig 和 Spark 等多种应用。这种架构设计使得 Yarn 能从系统层面对各种应用进行统一管理，多种应用可以互不干扰地运行在同一个 Hadoop 系统中，共享整个集群资源，提高了系统的可扩展性。

Yarn 主要由 ResourceManager、ApplicationMaster、NodeManager 和 Container 等组件构成。在整个资源管理框架中，Yarn 总体上仍是主从架构，ResourceManager 为主服务器节点，NodeManager 为从服务器节点，ResourceManager 负责对所有 NodeManager 上的资源进行统

一管理。用户每提交一个应用程序，就产生一个跟踪和管理该应用程序的 ApplicationMaster，用户向 ResourceManager 申请资源，要求 NodeManger 启动可以占用一定资源的任务，每个任务对应一个 Container。Container 是一个动态资源分配单位，封装了内存、CPU、磁盘、网络等资源。Yarn 的基本组件及其交互如图 5-1 所示。

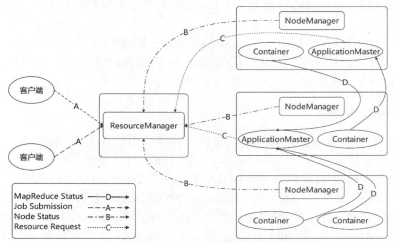

图 5-1　Yarn 的基本组件及其交互

5.1.1　ResourceManager

ResourceManager 是集群资源的仲裁者，负责整个系统内所有应用程序的资源管理和分配，是一个全局的资源管理器，是 Yarn 框架的主进程，拥有集群资源的全局视图，为用户提供公平的、基于容量的本地化资源调度。ResourceManager 定期接收来自 NodeManager 通过心跳机制汇报的关于本机的资源使用情况，至于具体的资源处理则交由 NodeManager 自己实现。ResourceManager 包括调度器（Scheduler）和应用程序管理器（ApplicationManager）两个组件。

1．调度器

调度器负责将系统中的资源分配给各个正在运行的应用程序，受到资源容量、队列以及其他因素的影响，如每个队列分配的资源上限、最多允许执行的程序数等。调度器根据应用程序的资源需求以资源容器（Container）为单位进行资源分配。值得注意的是，Yarn 是一个纯粹的调度器，不负责应用程序执行状态的监视和跟踪，也不负责因执行失败或者硬件故障而产生的失败任务的重新启动，这些任务交由与应用程序相关的 ApplicationMaster 完成。

2．应用程序管理器

应用程序管理器负责整个系统中所有应用程序的管理，包括应用程序的提交、与调度器协商资源、为每个应用程序启动 ApplicationMaster、监控 ApplicationMaster 的运行状态及进度，并提供在出现故障时重新启动 ApplicationMaster、Container 的服务。

5.1.2　ApplicationMaster

用户每提交一个应用程序，Yarn 就会产生一个用于跟踪和管理该应用程序的 ApplicationMaster。

ApplicationMaster 是对运行在 Yarn 中的某个应用的抽象，运行在某一个 NodeManager 上，负责向 ResourceManager 申请资源，通过获取 Container 来启动和执行相关任务。如果任务执行失败，系统会重新为其申请资源和重新启动任务。

5.1.3 NodeManager

NodeManager 相当于集群节点的代理，管理该节点上的应用程序和工作流，负责该节点的资源管理、任务管理、日志管理及每个 Container 的生命周期等，实现与 ResourceManager 的协调工作。

集群中的每个节点都会拥有一个 NodeManager 守护进程，负责定时向 ResourceManager 汇报该节点中内存、CPU 等资源的使用情况和 Container 的运行状态等，并处理来自 ResourceManager 和 ApplicationMaster 的命令等。

5.1.4 Container

Container 是 Yarn 框架的计算单元，是执行具体应用任务（如 MapTask、ReduceTask）的基本单位。每个任务对应一个 Container，用于任务的运行和监控。

Container 是 Yarn 对计算机计算资源的抽象，一个 Container 就是一组分配的系统资源，封装了 CPU、内存、磁盘、网络等计算资源，由 NodeManager 监控、ResourceManager 调度。

每个应用程序从 ApplicationMaster 开始，就是一个 Container。成功启动后，伴随着任务需求的增多，ApplicationMaster 就会与 ResourceManager 协商获取更多的 Container，因此 Container 是伴随着任务需求动态申请和释放的。

集群中的一个节点会运行多个 Container，但一个 Container 不会跨节点运行。

5.2 Yarn 工作机制

应用程序在 Yarn 中的执行流程如图 5-2 所示。为简化描述，图 5-2 中的 ResourceManager 简写为 RM，ApplicationMaster 简写为 AM，NodeManager 简写为 NM。

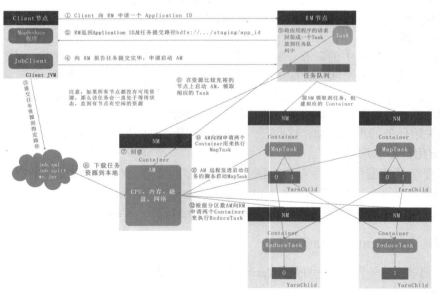

图 5-2　应用程序在 Yarn 中的执行流程

（1）客户端（Client）向 ResourceManager 提交应用程序并申请一个 Application ID。

（2）ResourceManager 在应答中回复 Application ID、任务提交路径以及有助于客户端请求资源的资源容量信息。

（3）应用程序提交任务资源到指定路径。

（4）资源提交完毕后，应用程序向 ResourceManager 申请启动 ApplicationMaster。

（5）ResourceManager 将应用程序的请求封装成 Task，加入 ResoureManager 的任务队列中。

（6）ResourceManager 在资源比较充裕的节点上启动 ApplicationMaster，找到一个 NodeManager 领取该 Task。如果所有节点都没有可用资源，那么该任务会处于等待状态。

（7）该 NodeManager 创建 Container 并启动，产生 ApplicationMaster 实例，建立 ApplicationMaster 实例的 RPC 端口和用于跟踪的 URL，用来监控应用程序的状态。创建 ApplicationMaster 实例向 ResourceManager 进行注册，注册后客户端就可以查询 Resource Manager 获得自己 ApplicationMaster 的详细信息并进行交互。

（8）Container 从 HDFS 上下载任务资源到本地。

（9）ApplicationMaster 向 ResourceManager 申请 Container 以执行 MapTask。在图 5-2 中，ApplicationMaster 向 ResourceManager 申请两个 Container 完成两个 MapTask 的执行。

（10）ResourceManager 分配 NodeManager 执行 MapTask 任务，NodeManager 领取任务并创建 Container。在图 5-2 中，ResourceManager 将两个 MapTask 分配给两个 NodeManager 执行，这两个 NodeManager 分别领取任务并创建 Container。

（11）ApplicationMaster 向接收到任务的 NodeManager 发送任务启动脚本，NodeManager 启动 MapTask。在图 5-2 中，MapReduce 程序向两个接收到任务的 NodeManager 发送任务启动脚本，这两个 NodeManager 分别启动 MapTask 完成键值对映射功能。应用程序的代码在 Container 中执行，并把执行的进度、状态等信息发送给 ApplicationMaster，随着任务的执行，ApplicationMaster 将心跳和进度信息发给 ResourceManager，在这些心跳信息中，ApplicationMaster 还可以请求和释放一些 Container。

（12）ApplicationMaster 等待所有 MapTask 执行完毕后，向 ResourceManager 申请 Container 执行 ReduceTask。在图 5-2 中，ApplicationMaster 等两个 MapTask 执行结束后，根据分区数向 ResourceManager 申请两个 Container 来执行 ReduceTask。ResourceManager 将两个执行 ReduceTask 的任务分配给两个 NodeManager，这两个 NodeManager 分别领取任务并创建 Container。同理，应用程序的代码在 Container 中执行，并把执行的进度、状态等信息发送给 ApplicationMaster，随着任务的执行，ApplicationMaster 将心跳和进度信息发给 ResourceManager，在这些心跳信息中，ApplicationMaster 还可以请求和释放一些 Container。

（13）ReduceTask 通过 MapTask 获取相应分区的数据。当应用程序执行完毕后，ApplicationMaster 向 ResourceManager 申请取消注册然后关闭，归还用到的所有 Container。当 Container 被"杀死"或者回收后，ResourceManager 就会通知 NodeManager 聚合日志并清理 Container 专用的文件。

5.3 Yarn 资源调度器

资源调度器是 Yarn 的核心组件之一，负责将系统中的资源分配给各个正在运行的应用程序。Yarn Scheduler 是 Yarn 的主调度器，存在多种实现方式，对应不同的调度策略，如常见的 FIFO 调度器（FIFO Scheduler）、容量调度器（Capacity Scheduler）、公平调度器（Fair Scheduler）等。调度器是一个可以插拔的组件，用户可以根据接口定义编写自己的调度器，实现自定义的调度逻辑。

在了解各类调度器的具体调度策略之前，需要了解 Yarn 的资源管理机制。Yarn 框架以资源池的形式组织系统资源，每个资源池对应一个队列。Hadoop 2.x 采用树形方式组织队列，根队列为 root，所有的应用都运行在叶子队列中。Yarn 中最大的资源池存储的是整个集群的所有资源，对应根队列 root。对于任何一个应用，用户都可以在提交时显式地指定它属于的队列，从而使用该队列相应的资源。如果用户在提交应用程序时不指定队列，那么默认提交到 default 队列。用户只能将自己的任务提交给子队列，每个队列都可继续向其中添加子队列。子队列使用的资源都是父队列的。

Yarn 中有 3 种常用的调度器，分别为 FIFO Scheduler、Capacity Scheduler 和 Fair Scheduler。

5.3.1 FIFO Scheduler

FIFO Scheduler 把应用程序按提交的顺序排成一个先进先出的队列，在进行资源分配时先为队列头部的应用程序分配资源，待队列头部应用程序的资源需求得到满足后才为下一个应用程序分配资源，以此类推，调度策略如图 5-3 所示。

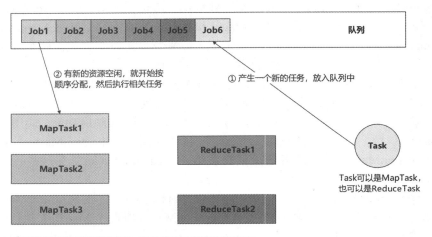

图 5-3 FIFO Scheduler 的调度策略

多个 MapReduce 应用程序向 ResourceManager 申请启动各自的 ApplicationMaster，ResourceManager 将这些应用程序的请求初始化成任务，按照到达时间形成 Job1、Job2……的先来先服务任务队列，队首对应第一个应用程序。ResourceManager 寻找合适的 NodeManager 产生 ApplicationMaster，分配若干 NodeManager 创建 Container 资源以执行 Job1 的 MapTask 和 ReduceTask，在第一个应用程序执行完毕后，ResourceManager 回收相关资源，继续为第二个应用程序服务，以此类推。

FIFO Scheduler 是最简单的调度器，不需要任何配置，也不考虑应用程序的计算规模等信息。在共享集群场景下，大规模的应用程序有可能会占用集群的所有资源，这导致后来到达的小规模应用程序被阻塞。在共享集群中，更适合采用 Capacity Scheduler 或 Fair Scheduler，允许大任务和小任务在提交时获得一定的系统资源。

5.3.2 Capacity Scheduler

Capacity Scheduler 是 Yarn 框架默认的资源调度器，允许多个组织共享整个集群。每个组织有各自的任务队列，拥有一定容量的集群资源，可以获得集群的一部分计算能力。在此调度策略下，Yarn 可以通过设置多个任务队列为多个组织提供服务。在一个队列内部，资源调度采用先进先出策略。Capacity Scheduler 的调度策略如图 5-4 所示。

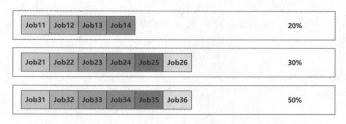

图 5-4　Capacity Scheduler 的调度策略

图 5-4 所示的调度策略，ResourceManager 将集群资源分为 3 个队列：第一个队列分配了集群资源的 20%，那么这个队列将最多占用整体内存资源的 20%；第二个队列分配了集群资源的 30%，那么这个队列将最多占用整体内存资源的 30%；第三个队列分配了集群资源的 50%，那么这个队列将最多占用整体内存资源的 50%。这 3 个队列中的作业均是按照到达时间进行排序的，到达时间最早的作业排在队首，到达时间最晚的作业排在队尾。提交 MapReduce 任务时需要指定任务加入的队列，这样更有利于资源的分配。

在 Yarn 的默认配置下，Capacity Scheduler 只有一个 default 队列，如图 5-5 所示。

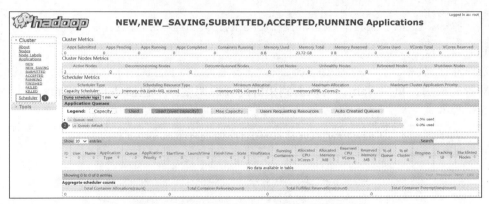

图 5-5　Capacity Scheduler 的默认调度队列

为了支持容量调度实现集群资源共享，开发人员需要在 capacity-scheduler.xml 中配置多个队列，并降低 default 队列资源占比，代码如下。

```xml
<property>
    <name>Yarn.scheduler.capacity.root.queues</name>
    <value>default,my</value>
</property>
```

同时为新加的队列添加必要的属性，代码如下。

```xml
<property>
    <name>Yarn.scheduler.capacity.root.my.capacity</name>
    <value>60</value>
</property>
<property>
    <name>Yarn.scheduler.capacity.root.my.user-limit-factor</name>
    <value>1</value>
```

```xml
</property>
<property>
    <name>Yarn.scheduler.capacity.root.my.maximum-capacity</name>
    <value>80</value>
</property>
<property>
    <name>Yarn.scheduler.capacity.root.my.state</name>
    <value>RUNNING</value>
</property>
<property>
    <name>Yarn.scheduler.capacity.root.my.acl_submit_applications</name>
    <value>*</value>
</property>
<property>
    <name>Yarn.scheduler.capacity.root.my.acl_administer_queue</name>
    <value>*</value>
</property>
<property>
    <name>Yarn.scheduler.capacity.root.my.acl_application_max_priority</name>
    <value>*</value>
</property>
<property>
    <name>Yarn.scheduler.capacity.root.my.maximum-application-lifetime
    </name>
    <value>-1</value>
</property>
<property>
    <name>Yarn.scheduler.capacity.root.my.default-application-lifetime
    </name>
    <value>-1</value>
</property>
```

配置完成后，重启 Yarn，可以看到集群的资源调度器中包括 default 和 my 两个队列，如图 5-6 所示。

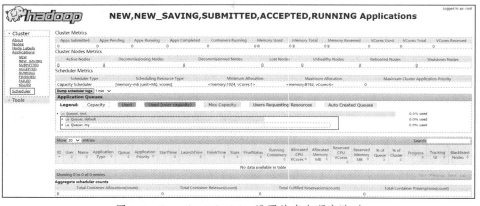

图 5-6　Capacity Scheduler 设置的多个调度队列

在存在多个调度队列的情况下，任务默认提交到 default 队列。如果希望向其他队列提交任务，需要在主程序 Driver 类中进行声明。

```
conf.set("mapred.job.queue.name", "my");
```

由 Capacity Scheduler 的调度策略可知，每个队列中单个作业使用的资源不会超过队列的资源容量。当队列中存在多个作业时，有可能会出现队列资源无法满足作业需求的现象，那么该队列只能等着其他队列释放容器资源。对于这种现象，可以为队列设置一个最大容量限制，以免某个队列过多占用空闲资源而其他队列无法使用。

5.3.3 Fair Scheduler

Fair Scheduler 旨在为所有应用程序公平地分配集群资源，公平性可以体现在同一个队列中不同作业的资源公平共享，也可以体现在不同队列间的资源公平共享。需要注意的是，Fair Scheduler 中的"公平"默认是指作业之间、队列之间的资源占比大致相同，也可以通过分配文件为每一个队列设置不同的资源分配权重。例如：默认配置下，队列 A、B，A 启动一个作业 a1，此时 A 占用 100%资源，过一段时间，B 启动一个作业 b1，而后 A、B 将平分资源，各占 50%，如果此时 B 又启动了一个作业 b2，那么 b1、b2 将各占队列 B 的 50%资源，即 a1 作业占系统资源的 50%，b1、b2 各占系统资源的 25%。

相较于 Capacity Scheduler，Fair Scheduler 设计了一个基于规则的作业分配调度队列，并不会为某个队列预留资源，调度器会在所有正在运行的作业之间动态平衡集群资源，进行资源的动态回收与分配，这样就实现了较高的集群利用率。

5.4 本章小结

开源大数据应用领域中的很多计算框架都可以运行在 Yarn 上，采用 Yarn 来管理集群是大多数公司面对大数据计算场景的常用解决方案。Yarn 是一个通用的资源管理和调度平台，依赖 ResourceManager、ApplicationMaster、NodeManager 和 Container 等组件完成了对资源的统一管理和调度，使得多个应用程序能共享集群资源。应用程序提交后在多个组件的相互协作下进行应用程序的注册、资源申请、任务运行及资源回收等，实现了资源的动态管理。Yarn 以资源池的形式组织系统资源，以调度器的方式实现了多种调度策略，包括 FIFO Scheduler、Capacity Scheduler 和 Fair Scheduler 等，满足不同的调度需求。

通过对本章的学习，读者能够了解 Hadoop 中集群资源管理器 Yarn 的核心组件，理解应用程序在 Yarn 框架中的运行机制，掌握不同资源调度器的调度策略。

习　题

一、单选题

1. Yarn 的调度算法中一般建议用（　　）。
  A. FIFO Scheduler B. Capacity Scheduler
  C. Fair Scheduler D. SJF Scheduler
2. Yarn 管理的资源不包括（　　）。
  A. 集群 CPU B. 集群内存 C. 集群带宽 D. Container 资源
3. Yarn 的主节点和从节点分别是（　　）。
  A. ResourceManager　NodeManager B. NameNode　DataNode
  C. MapTask　ReduceTask D. Hadoop　MapReduce
4. 在 Hadoop 2.x 及以上版本中，负责为 MapReduce 程序运行提供 Container 的框架是（　　）。
  A. Yarn B. HDFS C. Lucene D. NameNode

5. 下面关于 Yarn 说法错误的是（　　）。
A. Yarn 解决了 JobTracker 的单点问题
B. Yarn 的组件有 ResourceManager 和 NodeManager
C. Yarn 只提供对 MapReduce 的支持，不支持执行其他任务
D. Yarn 故障的时候，HDFS 依然能够正常访问

6. Hadoop 3.x 中 Yarn 的默认资源调度器是（　　）。
A. FIFO Scheduler   B. Capacity Scheduler
C. Fair Scheduler   D. Sequences Scheduler

二、简答题

1. 请简述为什么会产生 Yarn，它解决了什么问题，有什么优势。
2. 请描述 Yarn 的基本结构及其作用。
3. 请简述 Yarn 的工作机制。
4. 请描述 Yarn 框架中不同资源调度器的调度策略。
5. 请描述 Container 组件及其作用。

第 6 章 Hadoop 案例开发

本章基于 MapReduce 编程思想及工作原理，通过若干案例具体说明 MapReduce 程序的开发流程，帮助读者掌握 MapReduce 的具体应用，案例包括单词统计、计算数组最值、数据排序等常见应用。

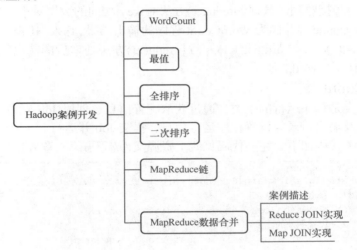

学习目标
（1）理解 MapReduce 编程思想。
（2）能够使用 Java 完成 MapReduce 程序的开发。
（3）掌握 ChainMapper 和 ChainReducer 的使用。

6.1 WordCount

WordCount 案例用于统计文本中每类单词出现的次数，输入为文本文件，输出为类似于 key value 的形式，如 hello 1 表示单词 hello 出现了 1 次。

本例中需要统计的文本存储于 hdfs://192.168.100.101:9000/wc/input/目录。统计结果以 key value 形式输出，程序输出结果存储于 hdfs://192.168.100.101:9000/wc/ output/目录。

根据 MapReduce 编程思想，用户编写的 MapReduce 程序一般分为 Mapper、Reducer 和 Driver 这 3 个部分。围绕本案例，创建 Mapper 类、Reducer 类和 Driver 类，分别负责 Map 阶段的数据处理逻辑、Reduce 阶段的数据处理逻辑和任务提交运行等。

1．WordCountMapper 类

WordCountMapper 类继承自 Mapper 类。
- MapReduce 框架自动完成文件按行分割后，形成键值对<key,value>，key 为 MapReduce

自动计算出的偏移量，value 为本行的内容，如<0,"Hello World">、<12,"Bye World">。这些自动分割形成的键值对作为 WordCountMapper 类中 map()方法的输入。
- 在 map()方法中对分割后的键值对进行处理，生成新的键值对。处理流程为对每一行文字按照"\t"分隔符拆分为多个单词，并将单词出现的次数标记为 1，形成<key,value>的形式，key 为某个单词，value 为 1。如<0,"Hello World">经过 map()方法处理后的结果为<Hello,1>、<World,1>，<0,"Bye World">经过 map()方法处理后的结果为<Bye,1>、<World,1>。

2．WordCountReducer 类
WordCountReducer 类继承自 Reducer 类。
- WordCountReducer 类接收 Mapper 端的输出结果<key,value>，并将 key 相同的 value 合并到一个 list 中，如<Hello,1>、<World,1>、<Bye,1>、<World,1>经过 Reducer 处理后的结果为<Bye,list(1)>、<Hello,list(1)>、<Word,list(1,1)>。
- 基于上一步接收到的数据，reduce()方法对 key 相同的数据对进行汇总处理，得到新的<key,value>，并作为 WordCount 程序的输出结果，存入 HDFS。如<Bye,list(1)>、<Hello,list(1)>、<Word,list(1,1)>经过 reduce()方法处理后的输出结果为<Bye,1>、<Hello,1>、<Word,2>。

3．WordCount 类
WordCount 类是程序运行的主类，通过获取配置信息、创建 Job 对象、指定 Job 数据类型、指定输入及输出目录等设置程序运行信息，提交 Job 并运行。

本案例的参考代码如下。完整代码见线上资源文件/代码/第 6 章/6.1/WordCount.java。

```java
public class WordCount {
    public static void main(String[] args) throws Exception {
        //1. 获取配置信息
        Configuration conf = new Configuration();
        //2. 设置额外的配置
        //2.1 Permission denied: user=zhang, access=WRITE, inode="/wc":root:supergroup:drwxr-xr-x
        //设置系统的环境变量
        System.setProperty("HADOOP_USER_NAME", "root");
        FileSystem fs = FileSystem.get(new URI("hdfs://192.168.100.101:9000"), conf, "root");
        //2.2 Exception message: /bin/bash:    第 0 行: fg: 无任务控制
        // 设置跨平台
        conf.set("mapreduce.app-submission.cross-platform", "true");
        //2.3 Error: Java heap space
        //conf.set("mapred.child.java.opts", "-Xmx512m");

        //3. 创建Job对象
        Job job = Job.getInstance(conf, "wc");
        //4. 指定Job 的主程序
        job.setJarByClass(WordCount.class);
        //4.1 java.lang.ClassNotFoundException: Class cn.edu.zut.bigdata.mr.WordCountMapper not found
        job.setJar("C:\\Users\\zhang\\Desktop\\MR.jar");
        //5. 指定Job 的 Map 和 Reduce 业务类
        job.setMapperClass(WordCountMapper.class);
        job.setReducerClass(WordCountReducer.class);
        //6. 指定Job 工作的数据类型
        job.setMapOutputKeyClass(Text.class);
```

```java
            job.setMapOutputValueClass(IntWritable.class);
            job.setOutputKeyClass(Text.class);
            job.setOutputValueClass(IntWritable.class);
            //7.  指定Job的输入及输出目录
            FileInputFormat.setInputPaths(job, new Path("hdfs://192.168.100.
101:9000/wc/input/"));
            Path outPath = new Path("hdfs://192.168.100.101:9000/wc/output/");
            if(fs.exists(outPath)) {
                fs.delete(outPath, true);
            }
            FileOutputFormat.setOutputPath(job, outPath);
            //8. 提交Job
            System.out.println(job.waitForCompletion(true)?0:1);;
    }
}

/**
 * KEYIN：这个是Map读取到的一行文本的起始偏移量，long类型
 * 在Hadoop中，已经有了更简单的序列化接口，所以使用LongWritable类型
 * VALUEIN：默认情况下，Map读取到的一行文本数据，类型是Text，其实就是String类型
 * KEYOUT：根据Map中的业务逻辑，运算结果输出的键为Text类型，其实就是一个个的单词
 * VALUEOUT：完成后输出的值的数据类型为int，对应Hadoop中的Writable
 */
class WordCountMapper extends Mapper<LongWritable, Text,Text, IntWritable> {
    //注意：文本每一行的单词使用制表符分隔
    @Override
    protected void map(  LongWritable key, Text value, Context context)
throws IOException, InterruptedException {
        //输出key到控制台
        //System.out.println(key);
        //将value转换成字符串
        String line = value.toString();
        //根据"\t"进行切分
        String[] words = line.split("\t");
        //输出指定的单词，并将单词出现的次数标记为1
        for(String word :  words) {
            //将单词传递出去：zhangsan, 1  lisi, 1 haha, 1
            context.write(new Text(word), new IntWritable(1));
        }
    }
}


/**
 * KEYIN:  ValueIN,对应的是Mapper的输出的键与值
 */
class WordCountReducer extends Reducer<  Text,IntWritable,Text,IntWritable >{
    @Override
     protected void reduce(Text key, Iterable<IntWritable> values, Context
context) throws IOException, InterruptedException {
        //计数，在Reducer中，会自动将相同的key分成一组，其值会形成一个迭代器放入values
        int count = 0;
        for(IntWritable value:values) {
            count+=value.get();
        }
        context.write(key, new IntWritable(count));
    }
}
```

6.2 最值

本案例在本地计算数据文件的最大值和最小值,若需要提交至集群执行,请参考 6.1 节 WordCount 的相关内容。

本例中需要统计的数据存储于 file:///hadoop/maxmin/in/目录,文件中的每一行都是一个数据。统计结果以 key value 形式输出,程序输出结果存储于 file:///hadoop/maxmin/out/目录。

根据 MapReduce 编程思想,用户编写的 MapReduce 程序一般分为 Mapper、Reducer 和 Driver 这 3 个部分。围绕本案例,创建 Mapper 类、Reducer 类和 Driver 类,分别负责 Map 阶段的数据处理逻辑、Reduce 阶段的数据处理逻辑和任务提交运行等。

1．MaxMinMapper 类

MaxMinMapper 类继承自 Mapper 类。

- 在 MapReduce 框架自动完成文件按行分割后,形成键值对<key,value>,key 为 LongWritable 类型,value 为本行的内容,如<0,88888888>。这些自动分割形成的键值对作为 MaxMinMapper 类中 map()方法的输入。
- 在 map()方法中对分割后的键值对进行处理,生成新的键值对。处理流程为提取每一行的数字作为键,使用 NullWritable 作为值类型,表示不写入数据,只充当占位符。NullWritable 是 Writable 的一个特殊类,实现方法为空,序列化长度为 0,表示不从数据流中读取数据,也不写入数据,只充当占位符。如果在 MapReduce 编程中不需要使用键或值,可以将键或值声明为 NullWritable 类型,通过 NullWritable.get()获取空值。

2．MaxMinReducer 类

MaxMinReducer 类继承自 Reducer 类。

- MaxMinReducer 类接收 Mapper 端的输出结果<key,value>,并将 key 相同的 value 合并到一个 list 中。由于从 MaxMinMapper 端接收过来的<key,value>的 value 类型是 NullWritable,因此在本例中不需要再进行处理。
- reduce()方法接收上一步的数据并对 key 相同的数据进行汇总处理,得到新的<key, value>,并作为 MaxMin 程序的输出结果,存入 HDFS。由于 MapReduce 默认的输出结果会按照 key 自动排序,因此在 reduce()方法中对数据汇总结果进行了最值的相关处理。

3．MaxMin 类

MaxMin 类是程序运行的主类,通过获取配置信息、创建 Job 对象、指定 Job 数据类型、指定输入及输出目录等设置程序运行信息,提交 Job 并运行。

本案例的参考代码如下。完整代码见线上资源文件/代码/第 6 章/6.2/MaxMin.java。

```
public class MaxMin{
    public static void main(String[] args) throws Exception {
        Configuration conf = new Configuration();
        System.setProperty("HADOOP_USER_NAME","root");
        conf.set("mapreduce.framework.name","local");
        Job job = Job.getInstance(conf,"MR");
        // 设置 Mapper、Reducer
        job.setMapperClass(WordCountMapper.class);
        job.setReducerClass(WordCountReducer.class);
        // 设置输出的类型
        job.setMapOutputKeyClass(Text.class);
        job.setMapOutputValueClass(IntWritable.class);
        job.setOutputKeyClass(Text.class);
```

```java
            job.setOutputValueClass(IntWritable.class);
            FileInputFormat.addInputPath(job,new Path("file:///hadoop/maxmin/in/"));
            FileOutputFormat.setOutputPath(job,new Path("file:///hadoop/maxmin/out/"));
            job.waitForCompletion(true);
    }
}
class MaxMinMapper extends Mapper<LongWritable, Text,LongWritable, NullWritable>{
    @Override
    protected void map(LongWritable key, Text value, Context context) throws IOException, InterruptedException {
        String line = value.toString();
        context.write(new LongWritable(Long.valueOf(line)),NullWritable.get());
    }
}

class MaxMinReducer extends Reducer<LongWritable,NullWritable,LongWritable, LongWritable>{
    private TreeSet<LongWritable> result = new TreeSet<LongWritable>();
    @Override
    protected void reduce(LongWritable key, Iterable<NullWritable> values, Context context) throws IOException, InterruptedException {
        //添加元素到 result 中
        result.add(key);
        //如果元素的个数为3,表示第一个为最小值,最后一个为最大值,删除中间的那个即可
        if(result.size() == 3){
            Object[] tmp = result.toArray();
            result.remove(tmp[1]);
            tmp = null;
        }
    }
    @Override
    protected void cleanup(Context context) throws IOException, InterruptedException {
        LongWritable[] tmp = new LongWritable[2];
        result.toArray(tmp);
        context.write(tmp[0],tmp[1]);//最后输出最值
    }
}
```

6.3 全排序

在大数据领域,数据去重和数据排序是许多实际任务执行时要完成的一项工作。本案例对输入文件中的数据进行数据去重和数据排序处理,文件中的每行都是一个数据。同最值案例一样,本案例在本地环境进行计算处理,若需要提交至集群执行,请参考本章 6.1 节 WordCount 的相关内容。

回顾相关原理可知,MapReduce 程序 Shuffle 过程包括排序动作,可以考虑在本案例中使用 MapReduce 的默认排序规则。MapReduce 默认是按照键进行排序的。如果键是封装 int 类型的 IntWritable 类型,那么 MapReduce 按照数字大小对键排序。如果键是封装 String 类型的 Text 类型,那么 MapReduce 按照字典顺序对字符串排序。

此外,MapReduce 中将同一个数据的所有记录都交给一个 Reduce 节点,因此无论数据出现多少次,只要在最终结果中输出一次即可,也就是说 Reduce 的输入应该将数据作为键,对该数据的值没有要求。

本例中需要统计的数据存储于 file:///hadoop/allsort/in/目录,文件中的每一行都是一个

数据。统计结果以 key value 形式输出，程序输出结果存储于 file:///hadoop/allsort/out/ 目录。

根据 MapReduce 编程思想，用户编写的 MapReduce 程序一般分为 Mapper、Reducer 和 Driver 这 3 个部分。围绕本案例，创建 Mapper 类、Reducer 类和 Driver 类，分别负责 Map 阶段的数据处理逻辑、Reduce 阶段的数据处理逻辑和任务提交运行等。

1．AllSortMapper 类

AllSortMapper 类继承自 Mapper 类。
- 在 MapReduce 框架自动完成文件按行分割后，形成键值对<key,value>，key 为 LongWritable 类型，value 为本行的内容，如<0,88888888>。这些自动分割形成的键值对作为 AllSortMapper 类中 map()方法的输入。
- 在 map()方法中对分割后的键值对进行处理，生成新的键值对。处理流程为提取每一行的数字作为键，使用 NullWritable 作为值类型，表示不写入数据，只充当占位符。

2．AllSortReducer 类

AllSortReducer 类继承自 Reducer 类。
- AllSortReducer 类接收 Mapper 端的输出结果<key,value>，并将 key 相同的 value 合并到一个 list 中。由于从 AllSortMapper 端接收过来的<key,value>的 value 类型是 NullWritable，因此在本例中也不用再进行处理。
- reduce()方法接收上一步的数据进行处理，得到新的<key,value>，key 为 LongWritable 类型，value 为 NullWritable 类型，作为 AllSort 程序的输出结果，存入 HDFS。由于 MapReduce 默认的输出结果已经按照 key 进行了自动排序，因此在 reduce()方法中直接输出即可。

3．AllSort 类

AllSort 类是程序运行的主类，通过获取配置信息、创建 Job 对象、指定 Job 数据类型、指定输入及输出目录等设置程序运行信息，提交 Job 并运行。

本案例的参考代码如下。完整代码见线上资源文件/代码/第 6 章/6.3/AllSort.java。

```java
public class AllSort {
    public static void main(String[] args) throws Exception {
        Configuration conf = new Configuration();
        System.setProperty("HADOOP_USER_NAME","root");
        conf.set("mapreduce.framework.name","local");
        Job job = Job.getInstance(conf,"MR");
        // 设置 Mapper、Reducer
        job.setMapperClass(WordCountMapper.class);
        job.setReducerClass(WordCountReducer.class);
        // 设置输出的类型
        job.setMapOutputKeyClass(LongWritable.class);
        job.setMapOutputValueClass(NullWritable.class);
        job.setOutputKeyClass(LongWritable.class);
        job.setOutputValueClass(NullWritable.class);
        FileInputFormat.addInputPath(job,new Path("file:///hadoop/allsort/in/"));
        FileOutputFormat.setOutputPath(job,new Path("file:///hadoop/allsort/out/"));
        job.waitForCompletion(true);
    }
}
class AllSortMapper extends Mapper<LongWritable, Text,LongWritable, NullWritable>{
    @Override
    protected void map(LongWritable key, Text value, Context context)
            throws IOException, InterruptedException {
        String line = value.toString();
```

```
            context.write(new LongWritable(Long.valueOf(line)),NullWritable.get());
        }
    }
class AllSortReducer extends Reducer<LongWritable,NullWritable,LongWritable,
NullWritable>{
        @Override
        protected void reduce(LongWritable key, Iterable<NullWritable> values,
Context context)
                              throws IOException, InterruptedException {
            context.write(key,NullWritable.get());
        }
    }
```

6.4 二次排序

在 MapReduce 程序中，默认情况下，其 Shuffle 过程会自动根据 key 进行排序，但是有时候需要对 key 相同的 value 进行排序，这种场景下就会用到二次排序。二次排序首先按照第一列排序，然后再对第一列相同的行按照第二列排序，但是不能破坏第一次排序的结果。

二次排序经常应用于海量日志排序、学生成绩排名等。海量日志排序可以先按日志等级排序，然后按照日志的 IP 排序；学生成绩排名可以先按照语文成绩排序，然后按照数学成绩排序等。

本节以学生成绩排名为例来说明二次排序的实现步骤。本例的输入内容为一个或多个成绩文件，每个文件中的每一行都是学生的成绩信息，包括学号、语文成绩、数学成绩，成绩之间使用空格分隔。输出文件中每一行都是一个学生的成绩信息，所有学生的成绩信息按照语文成绩降序排列，如果语文成绩相同，则按照数学成绩降序排列。

根据 MapReduce 编程思想，用户编写的 MapReduce 程序一般分为 Mapper、Reducer 和 Driver 这 3 个部分。针对本案例，创建 StudentWritable 类、StudentPartitioner 类、StudentGroupingComparator 类、StudentMapper 类、StudentReducer 类、StudentDriver 类。

1．StudentWritable 类

StudentWritable 类需要实现 WritableComparable 接口，该接口为 Hadoop 中 MapReduce 包含排序功能的序列化接口，因此在本例中需要重写序列化与反序列化方法，以及排序逻辑。

2．StudentPartitioner 类

由于 MapReduce 默认分区采用的是 HashPartitioner，而该分区并不适合成绩的排序处理，因此在本例中采用 StudentPartitioner 类自定义分区。在本例中，语文成绩低于 60 分为 0 号分区，语文成绩在 60 分至 75 分为 1 号分区，在 76 分至 85 分为 2 号分区，高于 85 分为 3 号分区。

3．StudentGroupingComparator 类

StudentGroupingComparator 类为自定义分组函数类。在 Reduce 阶段，本例需要构建同一个键对应的值迭代器，只要语文成绩相同，就可以将数据分配到同一个组中，也就是同一个值迭代器中，进而按照数学成绩排序。此迭代器就是一个比较器，按照 MapReduce 自定义分组编程规则，需要继承 WritableComparator 类。

4．StudentMapper 类

StudentMapper 类实现在 Mapper 端读取成绩数据，封装每一条数据为一个学生成绩信息对象，其中 map()方法输出的键的类型为 StudentWritable，值的类型为 NullWritable。

5．StudentReducer 类

StudentReducer 类用于实现 Reducer 端的处理。Reducer 端的方法比较简单，由于

MapReduce 中 Reducer 端自带排序功能，因此直接原样输出即可，因为其中的键已经经过排序，同时分组中亦进行了二次排序，至此二次排序功能已实现。

6．StudentDriver 类

Student Driver 类用于封装该程序所需要的各种配置和输入/输出目录信息，并提交任务运行。本案例参考代码如下，完整代码见线上资源文件/代码/第 6 章/6.4/StudentWritable.Java。

```java
public class StudentWritable implements WritableComparable<StudentWritable> {
  private String number;
  private int chinese;
  private int math;
  //二次排序的过程：先按语文成绩从大到小排序，再按数学成绩从大到小排序
  @Override
  public int compareTo(StudentWritable o) {
  if (this.chinese != o.chinese) {
      return this.chinese < o.chinese ? -1:1 ;
  } else if(this.math != o.math){
      return this.math < o.math ? -1:1 ;
  } else {
      return 0;
  }
}
//重写序列化方法和反序列化方法
@Override
public void write(DataOutput out) throws IOException {
  out.writeUTF(this.number);
  out.writeInt(this.chinese);
  out.writeInt(this.math);
}
@Override
public void readFields(DataInput in) throws IOException {
  this.number = in.readUTF();
  this.chinese = in.readInt();
  this.math = in.readInt();
}

//<StudentWritable,NullWritable>注意键、值为 Map 端的输出
public class StudentGroupingComparator extends WritableComparator {
   //自定义分组排序—一定要有一个无参构造方法
    protected StudentGroupingComparator() {
      super(StudentWritable.class, true);
    }
    @Override
    public int compare(WritableComparable a, WritableComparable b) {
      //父类向下转型
      StudentWritable s1 = (StudentWritable) a;
      StudentWritable s2 = (StudentWritable) b;
      if (s1.getMath() == s2.getMath()) {
          return 0;
      }
      return s1.getMath() - s2.getMath();
    }
}

public class StudentMapper extends Mapper<LongWritable, Text, StudentWritable, NullWritable> {
  @Override
  protected void map(LongWritable key, Text value, Mapper<LongWritable, Text,
```

```java
StudentWritable,
                    NullWritable>.Context context) throws IOException,
                    InterruptedException {
        String words = value.toString();
        String[] s = words.split(" ");
        //封装 Student 对象
        StudentWritable stu = new StudentWritable();
        stu.setNumber(s[0]);
        stu.setChinese(Integer.parseInt(s[1]));//注意转换类型
        stu.setMath(Integer.parseInt(s[2]));//注意转换类型
        //写入上下文
        context.write(stu,NullWritable.get());
    }
}

public class StudentReducer extends Reducer<StudentWritable, NullWritable,
StudentWritable,NullWritable>
{
    @Override
    protected void reduce(StudentWritable key, Iterable<NullWritable>
values, Reducer<StudentWritable,
                    NullWritable, StudentWritable, NullWritable>.Context
context) throws
                    IOException, InterruptedException {
        context.write(key,NullWritable.get());
    }
}

public class StudentDriver {
  public static void main(String[] args) throws Exception {
    Configuration conf = new Configuration();
    Job job = Job.getInstance(conf);   //创建一个 Job 的实例
    job.setJarByClass(StudentDriver.class);
    job.setMapperClass(StudentMapper.class); //关联 Mapper 和 Reducer
    job.setReducerClass(StudentReducer.class);
    //Map 阶段输出的键、值类型
    job.setMapOutputKeyClass(StudentWritable.class);
    job.setMapOutputValueClass(NullWritable.class);
    //程序最终输出的键、值类型
    job.setOutputKeyClass(StudentWritable.class);
    job.setOutputValueClass(NullWritable.class);
    FileInputFormat.setInputPaths(job,new Path("file:///D:/mr/secondary/in"));
    FileOutputFormat.setOutputPath(job,new Path("file:///D:/mr/secondary/out"));
    //设置分区
    job.setPartitionerClass(StudentPartitioner.class);
    job.setNumReduceTasks(4);
    //设置 Reduce 端的分组
    job.setGroupingComparatorClass(StudentGroupingComparator.class);
    boolean flag = job.waitForCompletion(true);
    System.exit(flag ? 0 : 1);
    }
}
```

6.5 MapReduce 链

ChainMapper 类允许在一个 MapTask 中使用多个 Mapper 子类，这些 Mapper 子类的执行与 Linux 的管道命令十分相似，第一个 Mapper 的输出会成为第二个 Mapper 的输入，第二个 Mapper 的输出也会变成第三个 Mapper 的输入，以此类推，直到最后一个 Mapper 的输出变成整个 MapTask 的输出，如果有 Reducer，则传输给 Reducer。这些可复用的 Mapper 在一个 Task 中可以联合起来执行一个复杂的操作，特别要注意，Mapper 管道不需要特殊的输出类型，创建管道的过程中要注意上一个的输出要和下一个的输入相匹配，确保最后一个 Mapper 是使用 addMapper()方法增加进入 chain 中的。

ChainReducer 类允许多个 Mapper 在 Reducer 执行完毕之后执行在一个 ReduceTask 中，Reducer 的每一条输出都被作为输入给 ChainReducer 类设置的第一个 Mapper，然后第一个 Mapper 的输出作为第二个 Mapper 的输入，以此类推，最后一个 Mapper 的输出会作为整个 ReduceTask 的输出，写到磁盘上。

例如，本案例中需要对商品数据实现统计过滤操作。某商场销售的订单数据示例如下。

```
手机 5500
笔记本 8000
T恤 250
裤子 1000
图书 788
垃圾袋 43
笔记本 13400
美的空调 4500
美的空调 5300
小商品 5
小商品 3
...
```

定义第一个 Mapper，用于过滤销售价格低于 100 元的订单数据；定义第二个 Mapper，用于过滤销售价格高于 10000 元的订单数据；让 Reducer 分类统计总金额；Reducer 后的 Mapper 实现过滤商品名长度大于 3 的数据。

本案例代码参考如下，完整代码见线上资源文件/代码/第 6 章/6.5/ChainMR.java。

```java
public class ChainMapperReducer {
    //Mapper1: 读取数据并过滤销售价格低于100元的订单数据
    private static class ChainMapper1 extends Mapper<LongWritable, Text, Text,LongWritable> {
        @Override
        protected void map(LongWritable key, Text value, Mapper<LongWritable, Text, Text, LongWritable>.Context context) throws IOException, InterruptedException {
            String[] strs = value.toString().split(" ");
            long money = Long.parseLong(strs[1]);
            if(money >= 100){
                context.write(new Text(strs[0]), new LongWritable(money));
            }
        }
    }
    //Mapper2: 过滤销售价格高于10000元的订单数据
    private static class ChainMapper2 extends Mapper<Text, LongWritable, Text,LongWritable> {
        @Override
        protected void map(Text key, LongWritable value, Mapper<Text, LongWritable, Text, LongWritable>.Context context) throws IOException,
```

```java
                   InterruptedException {
        if(value.get() <= 10000){
            context.write(key,value);
        }
    }
}
//Reducer：分类统计总金额
private static class ChainReducer1 extends Reducer<Text,LongWritable,
Text,LongWritable> {
    @Override
    protected void reduce(Text key, Iterable<LongWritable> values,
Reducer<Text, LongWritable, Text,
LongWritable>.Context context) throws IOException, InterruptedException {
        long sum = 0;
        for (LongWritable v : values) {
            sum+=v.get();
        }
        context.write(key,new LongWritable(sum));
    }
}
//Mapper3：过滤商品名长度大于 3 的数据
private static class ChainMapper3 extends Mapper<Text, LongWritable,
Text,LongWritable> {
    @Override
    protected void map(Text key, LongWritable value, Mapper<Text, LongWritable, Text,
                    LongWritable>.Context context) throws IOException,
                    InterruptedException {
        if(key.toString().length() <= 3){
            context.write(key,value);
        }
    }
}
public static void main(String[] args) throws Exception {
    Configuration conf = new Configuration();
    Job job = Job.getInstance(conf);   //创建一个 Job 实例
    //添加一个 Mapper 实例
    //参数说明：任务对象，Mapper 实例类，键输入类型，值输入类型，
    //键输出类型，值输出类型，配置对象
    ChainMapper.addMapper(job,ChainMapper1.class,LongWritable.class,Text.class,
                    Text.class,LongWritable.class,conf);
    ChainMapper.addMapper(job,ChainMapper2.class,Text.class,LongWritable.class,
                    Text.class,LongWritable.class,conf);
    //组装 Reducer
    ChainReducer.setReducer(job,ChainReducer1.class,Text.class,LongWritable.
                    class,Text.class,LongWritable.class,conf);
    //Reduce 阶段结束后添加 Mapper 处理
    ChainReducer.addMapper(job,ChainMapper3.class,Text.class,LongWritable.
                    class,Text.class,LongWritable.class,conf);
    FileInputFormat.setInputPaths(job,new Path("D:/mr/chain/in"));
    FileOutputFormat.setOutputPath(job,new Path("D:/mr/chain/out"));
    boolean flag = job.waitForCompletion(true);
    System.exit(flag ? 0 : 1);
  }
}
```

6.6 MapReduce 数据合并

一般情况下，MapReduce 程序的开发可以按照编程规范，分别开发 Mapper、Reducer 和 Driver 这 3 个类，重写 Mapper 类的 map()方法、Reducer 类的 reduce()方法等封装数据处理逻辑。值得注意的是，MapReduce 程序中的 Mapper 和 Reducer 除了有 map()方法和 reduce()方法外，还有 setup()方法与 cleanup()方法。其中，setup()方法在 map()方法或 reduce()方法之前运行，cleanup()方法在 map()方法或 reduce()方法之后运行，如 6.2 节的最值案例中，通过在 MaxMinReducer 类中重写 cleanup()方法，输出最值的统计结果。详细信息读者可以查看 Mapper 类或 Reducer 类的源代码。

对多个不同源数据文件进行合并处理是 MapReduce 程序中常见的应用场景，JOIN 操作是常用的合并多个数据的方式。在 MapReduce 程序中，数据合并可以在 Map 阶段进行，也可以在 Reduce 阶段进行。Reduce JOIN 是在 Map 阶段完成数据的标记，在 Reduce 阶段完成数据的合并。Map JOIN 是直接在 Map 阶段完成数据的合并，没有 Reduce 阶段。

6.6.1 案例描述

以学生信息统计为例，实现根据班级编号 cid 将学生信息表和班级信息表进行合并的功能。

输入为两个数据文件，分别为 student.txt、clazz.txt。数据文件 student.txt 存放学生信息，每行内容均为一个学生的学号（uid）、姓名（name）、班级编号（cid）和年龄（age）等信息，如表 6-1 所示。数据文件 clazz.txt 存放班级信息，每行内容包含一个班级的班级编号（cid）和班级名字（cname），如表 6-2 所示。

表 6-1 学生信息表

uid	name	cid	age
1001	张三1	01	17
1002	张三2	01	18
1003	张三3	02	17
1004	张三4	03	19
1005	张三5	01	18
1006	张三6	02	18
1007	张三7	02	19
1008	张三8	03	17
1009	张三9	01	19

表 6-2 班级信息表

cid	cname
01	数科 221
02	数科 222
03	数科 223

程序输出格式要求每行均为一个学生信息的统计结果，包含一个学生的学号（uid）、姓名（name）、班级名字（cname）和年龄（age）等信息，如表 6-3 所示。

表 6-3 学生统计结果

uid	name	cname	age
1001	张三 1	数科 221	17
1002	张三 2	数科 221	18
1003	张三 3	数科 222	17

6.6.2 Reduce JOIN 实现

数据合并功能在 Reduce 阶段的实现称为 Reduce JOIN。Reduce JOIN 的实现思路为关联条件作为 Map 输出的键，让两表满足 JOIN 条件的数据携带数据所属的文件信息，发往同一个 ReduceTask，在 Reduce 中进行数据的串联。

按照 MapReduce 程序开发的流程，分别开发程序的 Map 部分 ReduceJoinMapper、Reduce 部分 ReduceJoinReducer 和主程序部分 ReduceJoin。在 Reduce 阶段进行数据关联时，将 cid 作为 ReduceJoinMapper 输出的键，让学生信息表和班级信息表中满足 JOIN 条件的数据携带所属的文件信息，发往同一个 ReduceJoinReducer 进行学生信息数据的串联。

为了实现学生信息对象的序列化，定义学生 StudentWritable 类，封装学生信息表和班级信息表的所有信息，相当于做了数据的全外连接。StudentWritable 类实现 WritableComparable 接口，重写了 write()方法、readFields()方法、compareTo()方法及 toString()方法。定义 StudentComparator 类继承 WritableComparator 类，重写 compare()方法，以支持对象间的排序比较等。

在 Java 代码开发过程中，可以使用 Lombok 插件提高开发效率，使代码看起来更简洁。Lombok 是一个 Java 库，可以插入编辑器和构建工具中，使用注解完成类中基本方法的自动生成。在学生信息统计案例的程序开发中，由于使用了 Lombok 插件，因此 IDEA 必须安装 Lombok 插件，并且在 pom.xml 中引入以下依赖。

```
<dependency>
    <groupId>org.projectlombok</groupId>
    <artifactId>lombok</artifactId>
    <version>1.18.12</version>
</dependency>
```

ReduceJoinMapper 类需要完成数据切片、Map 映射等任务，因此要重写 Mapper 类的 setup()方法和 map()方法。在 setup()方法中读取缓存文件，通过 context.getInputSplit()获取切片对象，通过切片的 getPath().getName()获取输入文件的路径。将分割好的切片对象交给 map()方法处理，生成新的<key,value>。在 map()方法中，先按照 "\t" 拆分每一行，根据文件名的不同获取并填充学生的不同信息列，将封装好的 StudentWritable 类型的 student 对象作为 key，使用 NullWritable 作为 value 类型，表示不写入数据，只充当占位符。

ReduceJoinReducer 类接收 ReduceJoinMapper 的输出结果，将 key 相同的 value 合并到一个 list 中。在 reduce()方法中通过第一条数据获取当前键值对的班级名称 cname 值，然后通过迭代遍历的方式获取当前数据的其他信息，进行信息合并。

ReduceJoin 是程序运行的主类，通过获取配置信息、创建 Job 对象、指定 Job 数据类型、指定输入及输出目录等设置程序运行信息，提交 Job 运行。

本案例的参考代码如下，完整代码见线上资源文件/代码/第 6 章/6.6/ReduceJoin.java。

```
public class ReduceJoin {
    public static void main(String[] args) throws Exception {
        Configuration conf = new Configuration();
        System.setProperty("HADOOP_USER_NAME", "root");
```

```java
                conf.set("mapreduce.framework.name","local");
                Job job = Job.getInstance(conf, "ReduceJoin");
                job.setMapperClass(ReduceJoinMapper.class);
                job.setReducerClass(ReduceJoinReducer.class);
                job.setMapOutputKeyClass(StudentWritable.class);
                job.setMapOutputValueClass(NullWritable.class);
                job.setOutputKeyClass(StudentWritable.class);
                job.setOutputValueClass(NullWritable.class);
                //自定义分组
                job.setGroupingComparatorClass(StudentComparator.class);
                FileInputFormat.addInputPath(job, new Path("/join/in"));
                FileOutputFormat.setOutputPath(job, new Path("/join/out"));
                job.waitForCompletion(true);
        }
}
class ReduceJoinMapper extends Mapper<LongWritable, Text,StudentWritable,
NullWritable>{
        private String filename;
        private StudentWritable student = new StudentWritable();
        @Override
        protected void setup(Context context) throws IOException,
InterruptedException {
                //获取切片对象
                FileSplit fs = (FileSplit) context.getInputSplit();
                //获取文件名
                filename = fs.getPath().getName();
        }
        @Override
        protected void map(LongWritable key, Text value, Context context) throws
IOException, InterruptedException {
                String[] fields = value.toString().split("\t");
                if("student.txt".equals(filename)){
                        student.setUid(fields[0])
                                .setName(fields[1])
                                .setCid(fields[2])
                                .setAge(Integer.parseInt(fields[3]))
                                .setCname("");
                }else{
                        student.setCid(fields[0]).setCname(fields[1]);
                }
                //输出
                context.write(student,NullWritable.get());
        }
}
class ReduceJoinReducer extends Reducer<StudentWritable,NullWritable,
StudentWritable,NullWritable>{
        @Override
        protected void reduce(StudentWritable key, Iterable<NullWritable> values,
Context context) throws IOException, InterruptedException {
                //第一条数据为班级数据
                Iterator<NullWritable> it = values.iterator();
                //通过第一条数据获取 cname
                it.next();
                String cname = key.getCname();
                //遍历剩下的数据，替换并写出，每次遍历都会拿到对应的 key，key 会自动变化
                while (it.hasNext()) {
                        System.out.println(key);
                        it.next();
```

```java
                key.setCname(cname);
                context.write(key,NullWritable.get());
            }
        }
    }

    /**
     * 这里使用 Lombok 插件：需要在 IDEA 中安装 Lombok 插件，并且在 pom.xml 中引入 Lombok 依赖。缺一不可
     */
@Getter
@Setter
@AllArgsConstructor
@NoArgsConstructor
@Accessors(chain = true)
class StudentWritable implements WritableComparable<StudentWritable> {
    private String uid = "";
    private String name = "";
    private String cid = "";
    private int age = 0;
    private String cname = "";
    @Override
    public void write(DataOutput dataOutput) throws IOException {
        dataOutput.writeUTF(this.uid);
        dataOutput.writeUTF(this.name);
        dataOutput.writeUTF(this.cid);
        dataOutput.writeInt(this.age);
        dataOutput.writeUTF(this.cname);
    }
    @Override
    public void readFields(DataInput dataInput) throws IOException {
        this.uid = dataInput.readUTF();
        this.name = dataInput.readUTF();
        this.cid = dataInput.readUTF();
        this.age = dataInput.readInt();
        this.cname = dataInput.readUTF();
    }
    @Override
    public int compareTo(StudentWritable o) {
        //按照 cid 分组，组内以 cname 排序
        int tmp = this.cid.compareTo(o.cid);
        return tmp==0?o.cname.compareTo(this.cname):tmp;
    }
    @Override
    public String toString() {
        return uid+"\t"+name+"\t"+age+"\t"+cname;
    }
}
class StudentComparator extends WritableComparator {
    public StudentComparator() {
        super(StudentWritable.class,true);
    }
    @Override
    public int compare(WritableComparable a, WritableComparable b) {
        StudentWritable v1 = (StudentWritable) a;
        StudentWritable v2 = (StudentWritable) b;
        return v1.getCid().compareTo(v2.getCid());
    }
}
```

6.6.3　Map JOIN 实现

Reduce 端的数据 JOIN 过程能够完成不同源数据的合并动作，但在大量数据的合并过程中，可能会产生多个 ReduceTask 中数据分配不均匀的数据倾斜现象，导致并行度低、压力大从而降低性能。

Map JOIN 是指数据的 JOIN 过程直接在 Map 阶段进行，适用于一个文件十分小、一个文件很大的应用场景。在数据合并过程中，Map JOIN 会把小文件全部读入内存中，将大文件进行分区，每个分区读取一次小文件数据并与小文件进行连接查询，减少了大文件数据的读取次数，节省了内存空间。由于在 Map 阶段进行了合并操作，没有 Shuffle 过程和 Reduce 阶段，提高了程序运行效率。

采用 Map JOIN 实现学生信息统计时，学生类 StudentWritable、StudentComparator 及 Lombok 插件的引入同 ReduceJoin 程序的相同。

根据 Map JOIN 的机制，定义 MapJoin 类及 MapJoinMapper 类。

MapJoin 是程序运行的主类，除了常规的设置程序运行信息外，还将小文件数据加载到内存，并将运行进度等信息及时输出给用户。

MapJoinMapper 类继承自 Mapper 类，重写了 setup()方法和 map()方法。在 setup()方法中，首先从缓存文件中找到 clazz.txt 并将其封装为缓冲流 BufferedReader，然后逐行读取文件中的信息，将数据存储于数据结构 HashMap 中。在 map()方法中按照"\t"将每一行拆分为多个信息列，封装为 StudentWritable 对象，将结果输出到上下文中。

本案例的参考代码如下，完整代码见线上资源文件/代码/第 6 章/6.6/MapJoin.java。

```java
public class MapJoin {
    public static void main(String[] args) throws Exception {
        Configuration conf = new Configuration();
        System.setProperty("HADOOP_USER_NAME", "root");
        conf.set("mapreduce.framework.name","local");
        Job job = Job.getInstance(conf, "MapJoin");
        job.setMapperClass(MapJoinMapper.class);
        job.setMapOutputKeyClass(StudentWritable.class);
        job.setMapOutputValueClass(NullWritable.class);
        job.setNumReduceTasks(0);
        job.setCacheFiles(new URI[]{new URI("/join/map/cache/clazz.txt")});
        //自定义分组
        FileInputFormat.addInputPath(job, new Path("/join/map/in"));
        FileOutputFormat.setOutputPath(job, new Path("/join/map/out"));
        job.waitForCompletion(true);
    }
}
class MapJoinMapper extends Mapper<LongWritable, Text,StudentWritable, NullWritable> {
    private Map<String, String> clazz = new HashMap<>();
    private StudentWritable student = new StudentWritable();
    @Override
    protected void setup(Context context) throws IOException, InterruptedException {
        //从缓存文件中找到 clazz.txt
        URI[] cacheFiles = context.getCacheFiles();
        Path path = new Path(cacheFiles[0]);
        //获取文件系统并打开流
        FileSystem fileSystem = FileSystem.get(context.getConfiguration());
        FSDataInputStream fsDataInputStream = fileSystem.open(path);
```

```
            //通过包装流转换为缓冲流
            BufferedReader br = new BufferedReader(new InputStreamReader
(fsDataInputStream, "utf-8"));
            //逐行读取，按行处理
            String line;
            while (StringUtils.isNotEmpty(line = br.readLine())) {
                String[] fields = line.split("\t");
                clazz.put(fields[0], fields[1]);
            }
            //关闭流
            IOUtils.closeStream(br);
    }
    @Override
    protected void map(LongWritable key, Text value, Context context) throws
IOException, InterruptedException {
            String[] fields = value.toString().split("\t");
            student.setUid(fields[0])
                    .setName(fields[1])
                    .setCid(fields[2])
                    .setAge(Integer.parseInt(fields[3]))
                    .setCname(clazz.get(fields[2]));
            //输出
            context.write(student,NullWritable.get());
    }
}
```

6.7 本章小结

本章通过 WordCount、最值及全排序等 MapReduce 编程案例讲解了 MapReduce 程序的开发方法，并围绕多源数据的合并进行了讨论。

通过对本章学习，读者能够使用 Java 利用 MapReduce 框架进行编程开发，通过编程案例深入理解 MapReduce 开发流程，掌握多源数据合并的 Reduce JOIN 和 Map JOIN 机制。

习 题

编程题

1. 假设在程序输入目录中存在多个文件，这些文件的文件名和文件数量均是不确定的，文件中每两个单词之间使用制表符分隔。请编写 MapReduce 程序统计每个单词在每个文件中出现了多少次。

2. 现有一个学生成绩数据表，包含学生的各科成绩，由于试卷允许学生进行多次答题，每个学生的每门课程均产生了多次成绩记录，成绩记录中可能会出现某科成绩为空的情况，凡是为空的成绩，均是 NULL。请编写 MapReduce 程序实现以下需求：

（1）自定义学生类，统计每个学生每门课程的平均成绩及该生所有课程的平均成绩；

（2）统计每个学生每门课程成绩的最高分和最低分；

（3）统计每门课程的平均成绩。

第二篇　数据仓库 Hive

第 7 章　Hive 原理与应用

MapReduce 的出现，使得大数据计算的通用程序设计成为可能，其大大简化了分布式计算编程的难度，在一定程度上降低了分布式计算的学习成本，为开发人员向分布式计算程序设计转型提供了较大的支持。但从传统的编程思维方式转换成 MapReduce 的编程思维方式，还有一定的难度。并且，企业中需要经常利用分布式计算完成大数据分析工作的是数据分析师，数据分析师主要使用的工具是 SQL，这给 MapReduce 在更广范围的使用造成了阻碍。

为了降低 MapReduce 的设计成本，扩展其应用范围，人们考虑直接将 SQL 运行在大数据平台上，完成数据分析，这就是 Hive 的核心功能。

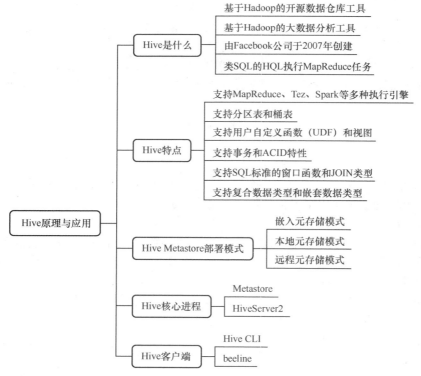

学习目标

（1）掌握嵌入式元存储模式、本地元存储模式、远程元存储模式 3 种 Hive Metastore

部署模式。

（2）理解 Hive Metastore 3 种部署模式的原理和区别。

（3）掌握 Hive 的访问模式，熟练使用 Hive 客户端命令。

7.1 Hive 简介

Hive 基本内容与部署

MapReduce 既是一个编程模型，又是一个计算框架。其核心采用了分而治之算法思想，解决了分布式计算难题。但 MapReduce 程序编写难度大，不利于数据分析工作的开展。

Hive 实现了对 Hadoop 的抽象和封装，提供了符合数据分析师日常习惯的数据分析与处理工具。Hive 使用类 SQL 的 HQL 实现数据查询，并将 HQL 语句转换为 MapReduce 任务运行，使不熟悉 MapReduce 的用户可以很方便地利用 HQL 实现数据的查询、汇总和分析。而 MapReduce 开发人员也可以把自己编写的 Mapper 和 Reducer 函数作为插件支持 Hive 做更复杂的数据分析。

7.1.1 数据仓库简介

数据仓库（Data Warehouse）是一种用于存储和分析大量历史数据的系统，通常用于支持决策分析、商业智能、数据挖掘等应用场景，是面向主题的大数据分析工具。它从多个异构的数据源中抽取、清洗、转换、加载和整合数据，使数据具有一致性和可比性。数据仓库中的数据是不可变的、带有时间戳的、反映历史变化和趋势的。数据仓库可以支持各种形式的数据查询和分析，包括 SQL、报表、图表、多维分析等。数据仓库还需要保证数据的安全性、质量、可用性和性能，通过设置访问控制、审计日志、备份恢复、监控优化等措施实现。

Hive 是一种基于 Hadoop 的开源数据仓库工具，它提供了类 SQL 的查询语言 HQL，以及元数据管理、存储管理、执行引擎等组件，使得用户可以在 Hadoop 上构建和管理数据仓库。Hive 可以处理海量的结构化或半结构化数据，利用 Hadoop 的分布式存储和计算能力，实现高效的可扩展性和并行性。Hive 支持 MapReduce、Tez、Spark 等多种执行引擎，以适应批处理、交互式、流式等不同类型的查询场景，还可以与 Hadoop "生态圈"中的 Sqoop、Flume、Pig、HBase 等工具进行集成，以实现更丰富、更灵活的数据处理功能。

7.1.2 Hive 起源

基于 MapReduce 的数据仓库系统在支持大数据分析方面扮演着重要的角色，这些系统能够快速分析典型 Web 服务提供商和社交网站中用户的行为趋势以及需求的动态变化，已成功地应用于多个主要 Web 服务提供商和社交网络网站，为执行诸如 Web 点击流分析、广告分析、数据挖掘等日常操作提供了关键支持。

尽管使用 Hadoop 和 MapReduce 可以实现较好的可伸缩性，构建具有一定规模的 Hadoop 集群可以大大提高任务的执行效率，但却要面对 MapReduce 编程模型的复杂性。对于稍微复杂的统计逻辑，开发人员必须设计多个 MapReduce 任务，这对开发人员的技术提出了更高的要求。为了突破这些瓶颈，Facebook 公司的工程师通过抽象和封装，开发了基于 Hadoop 的 HDFS 和 MapReduce 的数据管理系统 Hive，并于 2008 年 8 月开源。Hive 为开发人员提供了类 SQL 的 HQL 编写数据分析流程，提供了简单、易用的工具，将 HQL 语句提交给 HQL 执行引擎，由 HQL 执行引擎将其解析成 MapReduce 执行计划，最后提交给 Hadoop 集群执行。如图 7-1 所示，Hive 将复杂的 MapReduce 程序编写过程简化成了 HQL

语句的编写过程，对 Hadoop 平台进行系统复用，将查询语言与计算框架分离，大大降低了基于 Hadoop 实现大数据分析的门槛。Hive 的引入有效地解决了数据分析中的计算时间和人力时间的双重瓶颈。

图 7-1 HQL 执行原理

Hive 作为基于 Hadoop 的大数据分析工具，旨在用类似于 SQL 的查询语言 HQL 来实现 MapReduce 任务和 SQL 之间的过渡。Hive 由 Facebook 公司于 2007 年 8 月开始开发，解决了 MapReduce 难以处理的数据表列、列类型缺失的问题，并通过引入类型系统，在数据输入和输出部分加入类型约束。Facebook 公司在 2010 年发表了关于 Hive 的论文《Hive——运用于 Hadoop 的拍字节范围数据仓库》（*Hive - a petabyte scale data warehouse using hadoop*），并将整个系统开源，从而引起了广泛的关注。自第一个稳定版本发布以来，Hive 的功能和性能不断增加和完善，已成为一种功能强大且受欢迎的大数据分析工具，被广泛用于企业级应用和数据科学项目中。

7.1.3 Hive 的主要特点

（1）支持 HQL，将 HQL 语句转换为 MapReduce 等数据处理引擎的任务。
（2）可以根据数据的属性或哈希值进行分区或分组，提高数据管理和查询效率。
（3）支持用户自定义函数（User Defined Function，UDF）和视图，可以扩展 HQL 的功能和灵活性。
（4）支持事务和 ACID（Atomicity, Consistency, Isolation, Durability，原子性、一致性、隔离性、持久性）特性，可以保证数据的一致性和完整性。
（5）支持向量化和并行查询执行引擎，可以利用 CPU 和内存的优势，提高查询性能。
（6）支持 Tez、Spark 等高性能数据处理引擎，可以替代或补充 MapReduce，提高数据处理速度和效率。
（7）支持 SQL 标准的窗口函数和 JOIN 类型，可以实现更复杂的数据分析和统计功能。
（8）支持复合数据类型和嵌套数据类型，可以处理更复杂的数据结构。

7.1.4 Hive 下载

Hive 官方网站如图 7-2 所示，打开 Release 导航页面，即可看到 Downloads 的相关说明，如图 7-3 所示。

图 7-2 Hive 官方网站

图 7-3 Downloads 的相关说明

单击 Download a release now!，选择某个下载站点链接，如图 7-4 所示，进入下载页面，可以看到不同版本的 Hive 下载链接，如图 7-5 所示，根据实际需要选择合适的版本。这里选择 hive-3.1.3 进行安装和部署，如图 7-6 所示。

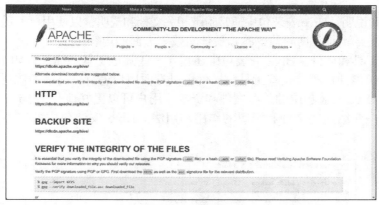

图 7-4　下载页面

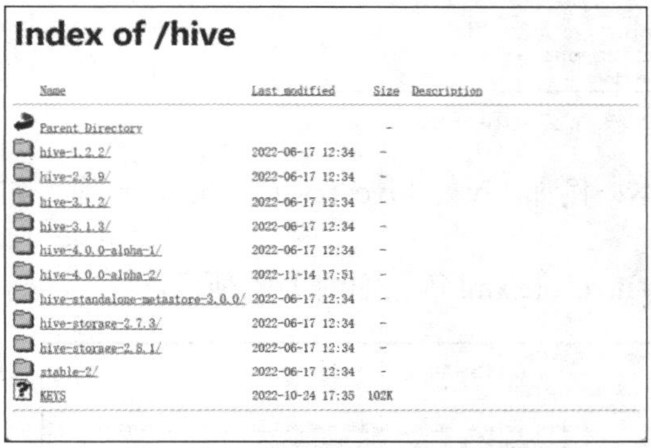

图 7-5　Hive 建议下载网站链接

图 7-6　hive-3.1.3 版本下载页面

将下载的压缩包解压缩至能够访问 Hadoop 集群的某台机器上。本节将 apache-hive-3.1.3-bin.tar.gz 解压缩至 Hadoop 集群的 node1 的/opt/module 文件夹中，如图 7-7 所示，将 Hive 安装文件解压缩至/opt/module/apache-hive-3.1.3-bin 路径。

```
[hadoop@node01 module]$ ll
总用量 185456
drwxr-xr-x. 10 hadoop hadoop       184 1月  10 18:15 apache-hive-3.1.3-bin
drwxr-xr-x. 14 hadoop hadoop       270 1月  11 20:02 hadoop-3.3.4
drwxr-xr-x.  8 hadoop hadoop       273 1月  10 17:15 jdk1.8.0_341
-rw-r--r--.  1 hadoop hadoop 189905998 1月  10 17:12 jdk-19_linux-x64_bin.tar.gz
```

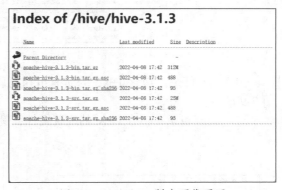

图 7-7　apache-hive-3.1.3-bin.tar.gz 解压缩

7.1.5　Hive 安装包

为了使用 Hive，用户需要下载并安装 Hive 安装包，该安装包包含 Hive 所需的各种文件和资源。本节将介绍 Hive 安装包中包含的 5 类核心文件和资源。

（1）二进制文件和脚本。Hive 安装包包含 Hive 可执行文件，如 hive、hiveserver2、beeline 等，以及一些用于启动和配置 Hive 的脚本文件，如 hive-config.sh 和 hive-env.sh。

（2）库文件和 JAR 包。Hive 依赖许多库和 JAR 文件以实现其功能，这些文件已包含在 Hive 安装包中。

（3）示例数据和脚本。Hive 安装包包含部分示例数据和脚本，方便用户进行测试和学习。

（4）文档和说明。Hive 安装包中通常附带相关文档和说明，以便用户了解 Hive 的安装、配置和使用方法，涵盖常见问题解答和最佳实践等方面的内容。

（5）其他工具和插件。Hive 安装包中还包含一些其他工具和插件，如 Hive 的可视化工具、Hive 的扩展插件等，这些工具和插件可以方便用户进行更高级的数据处理和分析。

通过了解 Hive 安装包中的这些文件和资源，用户可以更好地利用 Hive 进行大数据分析。接下来逐一介绍这些文件和资源的作用和用法。Hive 安装包中的核心文件和资源如图 7-8 所示。

```
[hadoop@node01 apache-hive-3.1.3-bin]$ ll
总用量 56
drwxr-xr-x. 3 hadoop hadoop   157 1月  10 18:15 bin
drwxr-xr-x. 2 hadoop hadoop  4096 1月  10 18:15 binary-package-licenses
drwxr-xr-x. 2 hadoop hadoop  4096 1月  13 18:21 conf
drwxr-xr-x. 4 hadoop hadoop    34 1月  10 18:15 examples
drwxr-xr-x. 7 hadoop hadoop    68 1月  10 18:15 hcatalog
drwxr-xr-x. 2 hadoop hadoop    44 1月  10 18:15 jdbc
drwxr-xr-x. 4 hadoop hadoop 12288 1月  13 14:04 lib
-rw-r--r--. 1 hadoop hadoop 20798 3月  29 2022 LICENSE
-rw-r--r--. 1 hadoop hadoop   230 3月  29 2022 NOTICE
-rw-r--r--. 1 hadoop hadoop   540 3月  29 2022 RELEASE_NOTES.txt
drwxr-xr-x. 4 hadoop hadoop    35 1月  10 18:15 scripts
```

图 7-8　Hive 安装包中的核心文件和资源

（1）bin 目录：包含 Hive 的所有可执行脚本，例如 hive、hiveserver2、beeline 等，如图 7-9 所示。

（2）conf 目录：包含 Hive 的配置文件，例如 hive-site.xml 等，如图 7-10 所示。

```
[hadoop@node01 bin]$ ll
总用量 44
-rwxr-xr-x. 1 hadoop hadoop   881 10月 24 2019 beeline
drwxr-xr-x. 3 hadoop hadoop  4096 1月  10 18:15 ext
-rwxr-xr-x. 1 hadoop hadoop 10158 3月  29 2022 hive
-rwxr-xr-x. 1 hadoop hadoop  2085 2月  28 2022 hive-config.sh
-rwxr-xr-x. 1 hadoop hadoop   885 10月 24 2019 hiveserver2
-rwxr-xr-x. 1 hadoop hadoop   880 10月 24 2019 hplsql
-rwxr-xr-x. 1 hadoop hadoop  3064 10月 24 2019 init-hive-dfs.sh
-rwxr-xr-x. 1 hadoop hadoop   832 10月 24 2019 metatool
-rwxr-xr-x. 1 hadoop hadoop   884 10月 24 2019 schematool
```

图 7-9　Hive 的 bin 目录

```
[hadoop@node01 conf]$ pwd
/opt/module/apache-hive-3.1.3-bin/conf
[hadoop@node01 conf]$ ll
总用量 360
-rw-r--r--. 1 hadoop hadoop   1596 10月 24 2019 beeline-log4j2.properties.template
-rw-rw-r--. 1 hadoop hadoop  22249 2月   9 18:14 derby.log
-rw-r--r--. 1 hadoop hadoop 300727 4月   4 2022 hive-default.xml.template
-rw-r--r--. 1 hadoop hadoop   2364 2月  15 13:10 hive-env.sh
-rw-r--r--. 1 hadoop hadoop   2274 10月 24 2019 hive-exec-log4j2.properties.template
-rw-r--r--. 1 hadoop hadoop   3086 9月   5 2020 hive-log4j2.properties.template
-rw-rw-r--. 1 hadoop hadoop   1925 2月  19 19:05 hive-site.xml
-rw-r--r--. 1 hadoop hadoop   2060 10月 24 2019 ivysettings.xml
-rw-r--r--. 1 hadoop hadoop   3558 9月   5 2020 llap-cli-log4j2.properties.template
-rw-r--r--. 1 hadoop hadoop   6937 3月  29 2022 llap-daemon-log4j2.properties.template
drwxrwxr-x. 5 hadoop hadoop    133 2月   9 18:14 metastore_db
-rw-r--r--. 1 hadoop hadoop   2662 10月 24 2019 parquet-logging.properties
```

图 7-10　Hive 的 conf 目录

（3）lib 目录：包含 Hive 的所有依赖库，例如 hive-common-x.y.z.jar、hive-metastore-x.y.z.jar 等。

此外，Hive 安装包中还包含一些重要文件，例如 LICENSE 文件、NOTICE 文件、README 文件和 RELEASE_NOTES 文件。其中，LICENSE 文件是 Hive 的许可证文件，NOTICE 文件包含 Hive 使用的第三方软件的许可信息，README 文件提供了 Hive 的简要说明，RELEASE_NOTES 文件包含本次版本发布的重要更新和修复内容。

Hive 安装包的 bin、conf 和 lib 目录是需要熟悉和掌握的核心内容。bin 目录下的脚本包括 Hive 的所有核心组件，是进行数据分析和处理的入口。conf 目录下的配置文件是进行 Hive 参数配置的关键，可以控制 Hive 在不同场景下的行为和表现。lib 目录下的依赖库是 Hive 的支撑和基础，可以让 Hive 更加稳定和高效运行。

在实际操作中，还需要根据自己的需求和场景，对 Hive 的核心组件进行调整和优化。

另外，需要注意的是，Hive 安装包中的文件和目录结构可能因版本而异。因此，在安装和配置 Hive 时，需要仔细查看当前版本的 Hive 文档和说明，以确保正确地进行操作。

7.2 Hive 组件简介

Hive 基于 Hadoop 集群提供数据分析服务，其原理如图 7-11 所示。Hive 提供了一组交互接口，用户可通过 Hive 命令行界面（Command Line Interface，CLI），向 Hive 提交用于数据处理的 SQL 操作。Hive 使用内置的驱动器（Driver），结合元存储（Metastore），将 SQL 解析、编译为 MapReduce 任务，提交到 Hadoop 中执行，最终将执行结果返回至 Hive 交互接口。

图 7-11　Hive 核心组件

Hive 的主要组件和进程如下。

（1）CLI：提供用户与 Hive 交互的方式。

（2）驱动器：负责接收用户的 HQL 语句，进行解析、编译、优化和执行，并将结果返回给用户。驱动器包括解析器（Parser）、编译器（Compiler）、优化器（Optimizer）、执行器（Executor）4 个子组件。

（3）元存储：存储 Hive 中的元数据信息，例如表名、列名、分区名、表属性、表位置等。

（4）HiveServer2：允许其他应用程序通过 JDBC、ODBC 驱动连接到 Hive，并执行 HQL 语句。

7.2.1　Hive 元数据管理

Hive 是一个支持类 SQL 的数据仓库系统，它可以对存储在 HDFS 或其他存储系统（如 HBase）中的大规模数据进行查询和分析。为了实现这一功能，Hive 需要为数据定义表、列等数据库属性信息，这些信息就是 Hive 的元数据。Hive 的元数据是指存储数据中的表、分区、列等描述信息，包括数据类型、存储格式、位置等。Hive 的查询和分析都是基于元数据进行的。Hive 的元数据通常存储在关系数据库中，因此，元数据的存储和管理是 Hive 运行的关键。Hive 还提供了一个 Metastore 服务，用来访问和操作元数据，以及与其他系统进行交互。只有在正确存储和管理元数据的情况下，才能保证 Hive 系统的高效运行和管理。

Hive 将元数据存储到关系数据库中，可以保证 Hive 系统的稳定性、可靠性和高效性，同时也方便了数据共享和数据处理。

（1）可靠性和持久性：关系数据库具有数据可靠和持久的特点，Hive 元数据作为 Hive 系统的关键组成部分，需要长期保存和保证数据不丢失。

（2）高效性：关系数据库采用高效的索引和查询技术，可以快速检索和访问 Hive 元数据，提高查询效率和性能。

（3）兼容性：关系数据库是通用的数据存储和管理方案，可以与各种其他系统和工具进行集成和交互，方便数据共享和数据处理。

（4）可管理性：关系数据库具有较为完善的管理和维护工具，可以方便地进行数据备份、恢复、监控和管理，保证系统的稳定性和可靠性。

MySQL 或 Derby 等都可以作为存储元数据的关系数据库。Hive 中自带 Derby 数据库，作为默认元数据存储数据库。如果使用 MySQL，需要确保存在可用的 MySQL 服务，并在其中创建了新的存储 Hive 元数据的数据库。

7.2.2 Metastore

Metastore 是 Hive 提供的一个元存储服务，它用来存储和管理 Hive 数据表和分区的元数据，并提供元数据服务 API 给 Hive、Impala 和 Spark 等客户端。Metastore 负责将元数据存储到关系数据库中，如图 7-12 所示。

图 7-12 元存储与元数据

Metastore 使 Hive 可以对存储在 HDFS 或其他存储系统中的大规模数据进行类 SQL 的查询和分析。Metastore 是元数据的存储和访问层，而元数据是数据的描述层。Metastore 通过元数据服务 API，将元数据信息提供给客户端，以便客户端可以根据元数据信息来访问和操作实际的数据。例如，当客户端执行一个查询语句时，Metastore 会返回查询所涉及的表和分区等元数据信息，如数据类型、存储格式、位置等，然后客户端根据这些信息来读取和处理实际的数据文件。Metastore 核心功能的描述如下。

（1）存储元数据：Metastore 负责在关系型数据库（如 MySQL）中存储和管理 Hive 元数据，包括数据库、表、列、分区、索引和视图的定义和属性。

（2）元数据查询：在执行查询过程中，Hive 需通过 Metastore 获取表、分区、列等元数据信息。

（3）元数据管理：通过 Metastore，用户可以方便地进行元数据管理，如创建、修改和删除表与分区等操作。

（4）元数据的持久化：Hive 的元数据是持久化的，即使 HiveServer 进程重启，也能够保留之前的元数据信息。

7.2.3 HiveServer2

HiveServer2 是 Hive 对外提供 SQL 查询服务的组件进程，可以接收客户端的连接和请求，通过访问 Metastore 服务来获取元数据信息，完成查询编译，支持使用者对大规模数据进行类 SQL 的查询和核心进程分析，如图 7-13 所示。

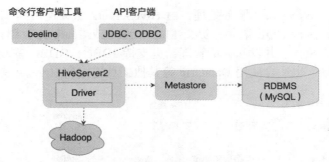

图 7-13　HiveServer2 工作示意图

HiveServer2 负责将 SQL 查询转换为 MapReduce、Tez 或 Spark 作业，若 Hive 基于 MapReduce 引擎，则作业会被提交到 Hadoop 集群执行。HiveServer2 提供了更方便、有效的 API 服务，支持多用户访问，以及基于 JDBC 的扩展访问模式。此外，HiveServer2 提供的命令行工具 beeline，是一个基于 SQLLine CLI 的 JDBC 客户端，可用于连接 HiveServer2 并执行 SQL 语句。

7.3　Hive 启动方式

Hive 需要在 Hadoop 集群上进行数据存储、查询和分析。因此，在进行 Hive 访问前，需满足以下基本要求。

（1）JDK 已成功安装，并已配置好 JAVA_HOME 环境变量。
（2）Hadoop 已经安装并配置完成。
（3）具备 MySQL 或 Derby 数据库以存储 Hive 元数据。

在对 Hive 相关属性进行配置之前，首先将 Hive 的 bin 目录添加到 PATH 环境变量中，以便能在命令行的任意路径中运行 Hive 的可执行脚本。如图 7-14 所示，将 Hive 的 bin 目录添加至/etc/profile.d/my_env.sh 配置文件中，命令如下。

```
#JAVA_HOME
export JAVA_HOME=/opt/module/jdk1.8.0_341
export PATH=$PATH:$JAVA_HOME/bin
#HADOOP
export HADOOP_HOME=/opt/module/hadoop-3.3.4
export PATH=$PATH:$HADOOP_HOME/bin
export PATH=$PATH:$HADOOP_HOME/sbin
#HIVE
export HIVE_HOME=/opt/module/apache-hive-3.1.3-bin
export PATH=$PATH:$HIVE_HOME/bin
```

图 7-14　/etc/profile.d/my_env.sh 配置信息

```
$ sudo vi /etc/profile.d/my_env.sh
```

7.3.1　Hive Metastore 部署模式

Hive 的 CLI 和 beeline 都是 Hive 提供给用户的命令行访问工具，用于与 Hive 服务器进行交互，执行 HQL 查询语句，Hive 的架构示意如图 7-15 所示。

Hive CLI 是基于命令行的接口，它直接连接到 Metastore 服务获取元数据信息，在本地编译和执行 HQL 语句，提交 MapReduce 或 Spark 作业到相应的框架。Hive CLI 不支持多用户认证、授权、并发和会话管理，也不支持 JDBC、ODBC 驱动。Hive CLI 适合单用户场景和测试环境，不适合生产环境和多用户场景。

beeline 是基于 JDBC 的客户端，它通过 Thrift 接口连接到 HiveServer2 服务，然后把

HQL 语句提交给 HiveServer2 服务处理，由 HiveServer2 服务连接到 Metastore 服务获取元数据信息，编译和执行 HQL 语句，提交 MapReduce 或 Spark 作业到相应的框架。beeline 支持多用户认证、授权、并发和会话管理，也支持 JDBC、ODBC 驱动。beeline 适合生产环境和多用户场景，也适合使用 DataGrip 等其他工具连接到 Hive。

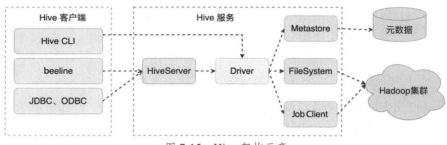

图 7-15 Hive 架构示意

Hive 使用 Metastore 服务 API 为客户端提供元数据信息的访问。Hive Metastore 由以下两部分组成。

（1）提供对其他 Apache Hive 服务的 Metastore 访问服务。
（2）与 HDFS 存储分开的 Hive 元数据的磁盘存储。

针对 Metastore 服务的部署模式，Hive 将 Metastore 的部署模式分为"嵌入式元存储模式""本地元存储模式""远程元存储模式"。Hive 启动时，会根据不同的用户接口启动不同的进程。如使用 Hive CLI，根据 Metastore 的部署模式，可能会启动一个 Metastore 服务进程或者直接连接到嵌入式 Derby 数据库。

1．嵌入式元存储模式

默认情况下，在 Hive 中，Metastore 服务与 Hive 服务运行在同一 JVM 中。在这种模式下，使用存储在本地文件系统上的嵌入式 Derby 数据库。因此，Metastore 服务和 Hive 服务都通过使用嵌入式 Derby 数据库在同一个 JVM 中运行。

但是，这种模式也有局限性，因为任何时候都只有一个嵌入式 Derby 数据库可以访问磁盘上的数据库文件，如图 7-16 所示。每打开一个 Hive CLI 客户端，就将启动一个 Metastore 服务与 Derby 数据库连接，由于 Derby 数据库的单用户访问约束，一次只能打开一个 Hive CLI 会话。此模式适合单机测试和学习，不适合企业开发和生产环境。

图 7-16 嵌入式元存储模式

（1）初始化元存储数据库

如图 7-17 所示，Derby 数据库作为元数据的存储数据库需要初始化。初始化的目的是创建存储 Hive 元数据的表，该元存储数据库的初始化命令如下所示。

```
$ schematool -dbType derby -initSchema
```

执行初始化命令后，可以通过以下几个方面来验证 Derby 是否初始化成功。首先，查看命令的输出结果是否有错误或异常信息。其次，查看 Hive 目录下是否生成了 metastore_db 文件夹，这是 Derby 数据库存储元数据的位置，如图 7-18 所示。再次，查看 Hive 目录下是否生成了 hive-schema-2.3.0.derby.sql 文件，这是初始化时执行的 SQL 脚本，包含创建元数据表的语句。

图 7-17 Derby 数据库初始化

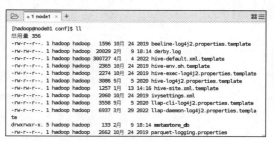

图 7-18 Derby 初始化结果

（2）通过 Hive CLI 访问 Hive

使用以下命令，启动 Hive CLI 客户端，对 Hive 的安装结果进行验证。如下述代码所示，在控制台输入命令"hive"，启动 Hive CLI，并执行简单的 SQL 语句，如 SHOW DATABASES;、SHOW TABLES;等。如果能正常运行并返回结果，如图 7-19 所示，说明 Hive 运行成功，Derby 初始化成功。

图 7-19 Hive 启动测试

```
$ hive
hive> SHOW DATABASES;
hive> SHOW TABLES;
```

（3）通过 beeline 客户端访问 Hive

在嵌入式元存储模式下，如果尝试多个 Hive CLI 会话连接会出现错误。如果需要使用多会话模式，需要通过下述命令独立启动 HiveServer2 服务，使用 beeline 客户端对 Hive 进行访问。

```
$ hive --service hiveserver2 &
```

如图 7-20 所示，当启动 HiverServer2 服务时，会让 Driver、Metastore，以及与 Derby 数据库的连接同时在一个 JVM 进程中启动。使用 beeline 时，需要指定连接 URL、用户名和密码，启动示例如下。

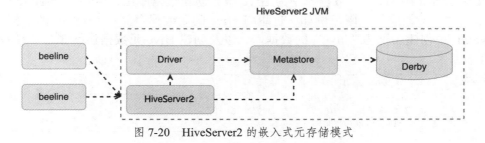

图 7-20 HiveServer2 的嵌入式元存储模式

```
$ beeline -u jdbc:hive2://localhost:10000 -n hadoop
```

2．本地元存储模式

Hive 作为数据仓库框架，嵌入式元存储模式的单会话限制不够友好。因此引入本地元存储模式，该模式允许同时存在多个 Hive 会话，多个用户可同时使用 Metastore 服务，如图 7-21 所示。

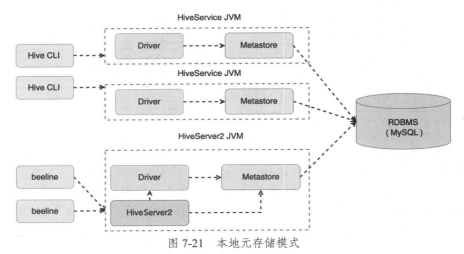

图 7-21　本地元存储模式

本地元存储模式通过使用 JDBC 的任意兼容方式来实现。它连接到一个在单独进程中运行的数据库，但 Metastore 服务仍然在与 Hive 相同的进程中运行，因此称为本地 Metastore。此时，在启动 Apache Hive 客户端之前，需要将 JDBC、ODBC 驱动程序库添加到 Hive 的 lib 文件夹。

（1）配置 MySQL 数据库

使用 Hive 的本地元存储模式，一般选择将 Hive 的元数据配置到 MySQL 中。

首先，需要将 MySQL 的 JDBC 驱动包复制到 Hive 的 lib 目录下，并修改 hive-site.xml 文件中的连接参数，结果如图 7-22 所示。

```
[hadoop@node01 lib]$ pwd
/opt/module/apache-hive-3.1.3-bin/lib
[hadoop@node01 lib]$ ll | grep mysql
-rw-r--r--. 1 hadoop hadoop  2515519 1月  13 14:04 mysql-connector-j-8.0.31.jar
-rw-r--r--. 1 hadoop hadoop    10476 12月 20 2019 mysql-metadata-storage-0.12.0.jar
[hadoop@node01 lib]$
```

图 7-22　将 JDBC 驱动包复制到 HIVE_HOME/lib

```
$ cp mysql-connector-j-8.0.32.jar $HIVE_HOME/lib
```

其次，需要在 MySQL 数据库中为 Hive 服务创建数据库用户账户，为 Hive 提供元存储库，并授予相应的权限。例如，这里将 Hive 的元数据存储在 MySQL 的数据库中。在 MySQL 中创建名称为"hive"的数据库，以及创建 Hive 元数据访问账户并授权，命令如下。

```
mysql>  CREATE DATABASE hive;
mysql>  CREATE USER 'hiveowner'@'%' IDENTIFIED BY 'hadoop123.';
mysql>  GRANT ALL ON hive.* TO 'hiveowner'@'%';
mysql>  FLUSH PRIVILEGES;
```

然后，修改 Hive 的配置文件，指定 MySQL 的连接信息和驱动器，告知 Hive 该如何连接到 MySQL 数据库，需要对 HIVE_HOME/conf 下的 hive-site.xml 文件进行配置，如图 7-23 所示。

```
/opt/module/apache-hive-3.1.3-bin/conf
[hadoop@node01 conf]$ ll
总用量 336
-rw-r--r--. 1 hadoop hadoop   1596 10月 24 2019 beeline-log4j2.properties.template
-rw-r--r--. 1 hadoop hadoop 300727 4月   4 2022 hive-default.xml.template
-rw-r--r--. 1 hadoop hadoop   2365 10月 24 2019 hive-env.sh.template
-rw-r--r--. 1 hadoop hadoop   2274 10月 24 2019 hive-exec-log4j2.properties.template
-rw-r--r--. 1 hadoop hadoop   3086 9月   5 2020 hive-log4j2.properties.template
-rw-rw-r--. 1 hadoop hadoop   1257 1月  13 14:16 hive-site.xml
-rw-r--r--. 1 hadoop hadoop   2060 10月 24 2019 ivysettings.xml
-rw-r--r--. 1 hadoop hadoop   3558 9月   5 2020 llap-cli-log4j2.properties.template
-rw-r--r--. 1 hadoop hadoop   6937 3月  29 2022 llap-daemon-log4j2.properties.template
-rw-r--r--. 1 hadoop hadoop   2662 10月 24 2019 parquet-logging.properties
[hadoop@node01 conf]$
```

图 7-23　hive-site.xml 文件

Hive 提供服务时，需要访问元数据。因此，与 JDBC 访问 MySQL 的方式相同，在 hive-site.xml 文件中需要指定元数据所在的 MySQL 的 URL、驱动名称、用户名和密码，配置文件对应属性的 name 及本节使用的 value，如下所示。

```xml
<?xml version="1.0"?>
<?xml-stylesheet type="text/xsl" href="configuration.xsl"?>
<configuration>
<!-- JDBC 连接的 URL -->
 <property>
      <name>javax.jdo.option.ConnectionURL</name>
      <value>jdbc:mysql://node1:3306/hive?useSSL=false</value>
</property>
<!-- JDBC 连接的 Driver-->
 <property>
      <name>javax.jdo.option.ConnectionDriverName</name>
      <value>com.mysql.cj.jdbc.Driver</value>
</property>
<!-- JDBC 连接的 UserName-->
 <property>
      <name>javax.jdo.option.ConnectionUserName</name>
      <value>hiveowner</value>
</property>
<!-- JDBC 连接的 Password -->
 <property>
      <name>javax.jdo.option.ConnectionPassword</name>
      <value>hadoop123.</value>
</property>
</configuration>
```

（2）初始化元存储数据库

最后初始化元存储数据库，使用 schematool 命令根据指定的数据库类型创建元数据表。初始化的命令如下。

```
$ schematool -dbType mysql -initSchema
```

初始化成功后，将看到如下提示信息。

```
Metastore connection URL:        jdbc:mysql://node1:3306/hive?useSSL=false
Metastore Connection Driver :    com.mysql.cj.jdbc.Driver
Metastore connection User:       hiveowner
```

```
Starting metastore schema initialization to 3.1.0
Initialization script hive-schema-3.1.0.mysql.sql
Initialization script completed
schemaTool completed
```

在 MySQL 服务中，切换至 Hive 数据库，可以查看到 Metastore 相关的数据表信息，如图 7-24 所示。

```
mysql> USE hive;
Reading table information for completion of table and column names
You can turn off this feature to get a quicker startup with -A

Database changed
mysql> SHOW TABLES;
+-------------------------------+
| Tables_in_hive                |
+-------------------------------+
| AUX_TABLE                     |
| BUCKETING_COLS                |
| CDS                           |
| COLUMNS_V2                    |
| COMPACTION_QUEUE              |
| COMPLETED_COMPACTIONS         |
| COMPLETED_TXN_COMPONENTS      |
| CTLGS                         |
| DATABASE_PARAMS               |
```

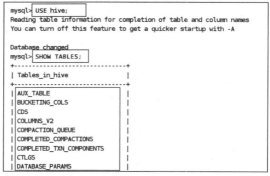

图 7-24　MySQL 元数据初始化结果

此时，Hive 的本地元存储模式已配置完成。参考“1.嵌入式元存储模式”，可以通过 Hive CLI 或者 beeline 客户端对 Hive 服务进行访问。例如，通过 Hive CLI 启动 Hive Service 的 JVM 进程，并创建表 local_table。

```
$ hive
hive (default)> CREATE TABLE local_table(id INT,name STRING);
OK
Time taken: 0.433 seconds
```

如图 7-25 所示，进入 MySQL 的 Hive 数据库中，查看 DBS 表，Hive 生成了默认数据库 default，默认的存储路径为 HDFS 的/user/hive/warehouse。

```
mysql> SELECT * FROM DBS ;
+-------+-----------------------+-------------------------------------------+---------+------------+------------+-----------+
| DB_ID | DESC                  | DB_LOCATION_URI                           | NAME    | OWNER_NAME | OWNER_TYPE | CTLG_NAME |
+-------+-----------------------+-------------------------------------------+---------+------------+------------+-----------+
|     1 | Default Hive database | hdfs://node1:8020/user/hive/warehouse     | default | public     | ROLE       | hive      |
+-------+-----------------------+-------------------------------------------+---------+------------+------------+-----------+
1 row in set (0.00 sec)
```

图 7-25　查看元数据中 DBS 表数据

3．远程元存储模式

Hive 的远程元存储模式是将 Hive 作为一个分布式应用运行在 Hadoop 集群上。远程元存储模式下，元数据保存在远程安装的 MySQL 数据库中，允许多个会话连接。这种模式适合跨机器或跨网络使用 Hive，但是需要启动一个 Metastore 服务，用来提供元数据服务 API 给客户端。

如图 7-26 所示，Metastore 服务在其自己单独的 JVM 中运行，而不在 HiveServer 的 JVM 中运行。如果其他进程希望与 Metastore 服务器通信，可以使用 Thrift Network API。

（1）配置远程 Metastore 服务

远程元存储模式下，需要配置 hive.metastore.uris 参数，用来指定 Metastore 服务运行的 IP 地址和端口。Metastore 服务的端口号默认为 9083，并且需要手动启动 Metastore 服务，元数据同样采用外部数据库来存储，本节依然使用 MySQL 数据库。

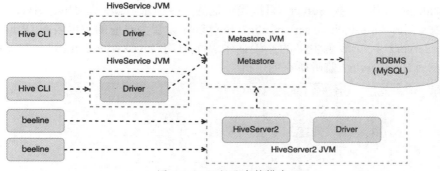

图 7-26 远程元存储模式

因此，在 hive-site.xml 文件中追加如下配置信息即可。

```
<!-- 指定元存储服务要连接的 IP 地址和端口 -->
<property>
    <name>hive.metastore.uris</name>
    <value>thrift://node1:9083</value>
</property>
```

（2）启动 Metastore 服务

当 Metastore 服务需要访问元数据时，将通过 Thrift Network API 进行访问，如果无法找到该服务信息，则会给出图 7-27 所示的错误提示信息。

```
hive (default)> SHOW DATABASES;
FAILED: HiveException java.lang.RuntimeException: Unable to instantiate org.apache.h
adoop.hive.ql.metadata.SessionHiveMetaStoreClient
Hive Session ID = 2d233f01-0a9a-4b2b-8f90-8c06ac1a99c3
hive (default)>
```

图 7-27 Metastore 服务未启动的错误提示

因此，远程元存储模式下，需要使用以下命令，独立启动 Metastore 服务。

```
$ hive --service metastore &
```

Metastore 服务正常启动后，即可使用 Hive CLI 客户端对 Metastore 服务进行访问。或者如"1.嵌入式元存储模式"所述，启动 HiveServer2 服务后，通过 beeline 客户端对 Metastore 服务进行访问。

7.3.2 JDBC 访问 Hive

Hive 提供了基于 JDBC 的访问形式，允许外部或内部的 BI 工具通过标准的 JDBC 接口连接到 HiveServer2 执行 HQL 语句，分析、查询存储在 HDFS 上的大规模数据集。本节介绍基于 JDBC 访问 Hive 客户端 beeline 的常用方法。

beeline 是 Hive 的客户端，其使用 JDBC 连接到 HiveServer2，后者是集群上的服务。使用 beeline 命令时，需要先启动 Hive 的 Metastore 服务和 HiveServer2 服务，实现远程客户端使用不同编程语言向 Hive 提交请求并返回结果。

1. HiveServer2 监听主机配置

为了让远程客户端在连接 HiveServer2 时，提供合法的用户名和密码，以便 HiveServer2 验证客户端的身份和权限，防止未授权的客户端访问或修改 Hive 中的数据或配置，需要在 hive-site.xml 文件中配置 hive.server2.thrift.bind.host 和 hive.server2.thrift.port，让 HiveServer2 只监听指定的主机或网络端口，从而提高安全性和灵活性。hive.server2.thrift.bind.host 的默认值是 localhost，表示 HiveServer2 只接受本地的连接请求。如果让 HiveServer2 接受其他主机的连接请求，需要将 hive.server2.thrift.bind.host 设置为对应的主机名或 IP 地址，如果允许 HiveServer2 接受多个主机的连接请求，可以将 hive.server2.thrift.bind.host 配置为 0.0.0.0，表示 HiveServer2 监听所有的主机。

```xml
<!--指定HiveServer2连接的主机或网络端口-->
<property>
        <name>hive.server2.thrift.bind.host</name>
        <value>node1</value>
</property>
<property>
        <name>hive.server2.thrift.port</name>
        <value>10000</value>
</property>
```

2．HiveServer2 集群访问代理用户配置

beeline 连接到 HiveServer2 时，HiveServer2 会根据 beeline 提供的用户名和密码，判断是否需要进行用户身份的代理和切换。如果需要进行用户身份的代理和切换，HiveServer2 会检查 Hadoop 的 core-site.xml 文件中的 hadoop.proxyuser.username.hosts 配置参数，确定是否允许该用户通过 beeline 所在的主机进行代理请求。如果允许，HiveServer2 会使用 beeline 提供的用户名和密码，以被代理用户的身份和权限来访问 Hadoop 集群。

因此，启动 HiveServer2 之前，需要对 Hadoop 的 core-site.xml 文件进行配置。使用 hadoop.proxyuser.hadoop.hosts 参数指定哪些主机可以使用被代理用户的身份和权限访问 Hadoop 集群，代理用户的名称可以是任意的 Hadoop 集群用户。例如，用户名为 hadoop 的 Hadoop 集群用户配置示例如下所示。

```xml
<!--Hadoop集群用户配置-->
        <property>
                <name>hadoop.proxyuser.hadoop.hosts</name>
                <value>*</value>
        </property>
        <property>
                <name>hadoop.proxyuser.hadoop.groups</name>
                <value>*</value>
        </property>
```

3．beeline 客户端常用操作

beeline 是基于 JDBC 的 Hive 客户端工具，可以通过 Thrift 接口连接到 HiveServer2，并执行 HQL 语句。beeline 支持嵌入式元存储模式和远程元存储模式。嵌入式元存储模式下，beeline 运行嵌入式的 Hive，类似于 Hive CLI。远程元存储模式下，beeline 通过 Thrift 接口连接到 HiveServer2。

（1）beeline 连接 HiveServer2

使用 beeline 连接 HiveServer2，需要提供以下信息。
- JDBC 连接字符串，包含传输模式、主机名、端口号、数据库名等信息。
- 用户名和密码，用于身份验证。
- 可选的 JDBC 驱动类名，用于加载 JDBC 驱动。

可以通过以下两种方法提供上述信息，完成 HiveServer2 的连接。

① 命令行参数。

在启动 beeline 时，可以使用-u 参数指定 JDBC 连接字符串，使用-n 参数指定用户名，

使用-p 参数指定密码，使用-d 参数指定 JDBC 驱动类名。例如：

```
$ beeline -u jdbc:hive2://localhost:10000/default -n root -p root -d
org.apache.hive.jdbc.HiveDriver
```

② 交互式命令。

在启动 beeline 后，可以使用!connect 命令指定 JDBC 连接字符串、用户名、密码和 JDBC 驱动类名。例如：

```
$ beeline
beeline> !connect jdbc:hive2://localhost:10000/default root root
org.apache.hive.jdbc.HiveDriver
```

如果连接成功，会显示如下信息：

```
Connecting to jdbc:hive2://localhost:10000/default
Connected to: Apache Hive (version 3.1.2)
Driver: Hive JDBC (version 3.1.2)
Transaction isolation: TRANSACTION_REPEATABLE_READ
Beeline version 3.1.2 by Apache Hive
0: jdbc:hive2://localhost:10000/default>
```

（2）执行 HQL 语句

连接到 HiveServer2 后，可以在 beeline 提示符下输入 HQL 语句，并以分号结束。例如：

```
0: jdbc:hive2://localhost:10000/default> SHOW DATABASES;
+----------------+
| database_name  |
+----------------+
| default        |
| test           |
+----------------+
2 rows selected (0.123 seconds)
```

也可以使用!run 命令执行一个包含 HQL 语句的文件。例如：

```
!run /home/hadoop/queries.sql
```

（3）查看和修改配置参数

在 beeline 中，可以使用 SET 命令查看和修改配置参数。例如，查看 hive.exec.dynamic.partition.mode 参数值，代码如下：

```
jdbc:hive2://node1:10000/default> SET hive.exec.dynamic.partition.mode;
+-----------------------------------------------+
|                      SET                      |
+-----------------------------------------------+
| hive.exec.dynamic.partition.mode=nonstrict    |
+-----------------------------------------------+
1 row selected (0.012 seconds)
```

修改 hive.exec.dynamic.partition.mode 参数值为 strict，代码如下：

```
jdbc:hive2://node1:10000/default> SET hive.exec.dynamic.partition.mode =strict;
+--------------------------------------------+--+
|                    SET                     |
+--------------------------------------------+--+
| hive.exec.dynamic.partition.mode=strict    |
+--------------------------------------------+--+
1 row selected (0.011 seconds)
```

（4）beeline CLI 常用命令

Hive CLI 在交互模式中可以执行任何 Shell 命令，而 beeline 在交互模式中只能执行 beeline 命令。Shell 命令是操作系统提供的命令，例如 ls、cat、more 等。beeline 命令是 beeline 客户端提供的命令，beeline 命令以!开始，例如!connect、!quit、!help 等，常用命令如表 7-1 所示。beeline 常用的命令可以分为如下几类。

表 7-1 beeline 常用命令

序号	命令	说明
1	!connect	连接到 HiveServer2
2	!reconnect	重新连接到 HiveServer2
3	!close	断开与 HiveServer2 的连接
4	!exit	退出 Shell 界面
5	!help	显示全部命令列表
6	!verbose	显示查询追加的明细

- 连接命令：用于建立或断开与 HiveServer2 的连接。
- HQL 命令：用于执行 HQL 语句，包括数据定义语言（Data Definition Language, DDL）语句、数据操纵语言（Data Manipulation Language, DML）语句、数据查询语言（Data Query Language, DQL）语句等。
- 元数据命令：用于查看或修改元数据信息。
- 配置命令：用于查看或修改配置参数，包括 Hive 和 beeline CLI 的参数。
- 变量命令：用于定义或引用变量，包括系统变量和用户变量。
- 脚本命令：用于执行或记录一个包含多个命令的文件。
- 帮助命令：用于查看 beeline CLI 的帮助信息。

7.4 Hive 配置文件详解

Hive 配置文件用于配置 Hive 的参数和属性，控制 Hive 在不同场景下的行为和表现。这些配置文件包括 hive-site.xml、hive-env.sh、hadoop-env.sh 等。

其中，hive-site.xml 是 Hive 的主要配置文件，用于配置数据仓库路径、元存储模式、任务队列等参数信息。hive-env.sh 和 hadoop-env.sh 则是 Hive 和 Hadoop 的环境变量配置文件，用于配置 Hive 和 Hadoop 的运行环境变量，如 JAVA_HOME、HADOOP_HOME 等。

上述配置文件允许用户根据自己的需求和场景，对 Hive 进行灵活的参数配置和优化，以达到更好的性能和效果。

7.4.1 Hive 的核心配置文件

Hive 的核心配置文件主要包括全局参数配置文件 hive-site.xml、Hive 运行环境配置文件 hive-env.sh，以及日志配置文件 hive-log4j2.properties。

1. Hive 全局参数配置：hive-site.xml

hive-site.xml 是 Hive 的主要配置文件，该文件位于 Hive 的 conf 目录下，可以根据实际需要进行修改和调整。hive-site.xml 用于配置 Hive 的全局参数，包括 Hive 的运行模式、Hive 的存储位置、Hive 的数据库连接信息等。hive-site.xml 文件常见的配置参数与说明如表 7-2 所示。

表 7-2 hive-site.xml 文件常见的配置参数与说明

参数名称	参数说明
hive.metastore.uris	指定 Hive 元数据存储的位置，可以是本地文件系统或者远程的 MySQL 数据库
hive.exec.scratchdir	指定 Hive 查询的临时文件存储位置
hive.exec.local.scratchdir	指定 Hive 查询本地节点上的临时文件存储位置
hive.exec.mode.local.auto	指定 Hive 查询是否在本地节点上执行
hive.exec.dynamic.partition	指定是否允许动态分区
hive.exec.dynamic.partition.mode	指定动态分区的模式
hive.exec.max.dynamic.partitions	指定动态分区的最大数量
hive.exec.max.dynamic.partitions.pernode	指定每个节点上动态分区的最大数量
hive.exec.compress.output	指定查询结果是否压缩
hive.exec.prallel	指定是否允许并行查询
hive.exec.parallel.thread.number	指定并行查询的线程数量
hive.exec.max.created.files	指定查询结果中最大的文件数量
hive.exec.max.sort.files	指定排序操作中最大的文件数量
hive.exec.max.merge.distance	指定合并操作中最大的文件距离
hive.exec.max.merge.size	指定合并操作中最大的文件大小
hive.exec.max.initial.splits	指定查询初始化时最大的分片数量
hive.exec.counters.pull.interval	指定查询计数器拉取的时间间隔
hive.exec.reducers.bytes.per.reducer	指定每个 Reducer 处理的数据量
hive.exec.reducers.max	指定最大的 Reducer 数量
hive.exec.reducers.bytes.max	指定最大的 Reducer 处理的数据量
hive.exec.compress.intermediate	指定是否压缩中间结果
hive.exec.compress.output.codec	指定压缩输出的编码格式
hive.exec.compute.splits.in.cluster	指定是否在集群中计算分片
hive.exec.copyfile.maxsize	指定复制文件的最大容量
hive.exec.default.partition.name	指定默认分区的名称
hive.exec.scratchdir.permission	指定临时文件夹的权限
hive.execution.engine	指定 Hive 查询的执行引擎
hive.map.aggr	指定是否允许 Map 端的聚合操作
hive.server2.enable.doAs	指定是否允许用户以其他用户的身份执行查询
hive.server2.logging.operation.enabled	指定是否记录查询操作日志
hive.server2.logging.operation.log.location	指定查询操作日志的存放位置
hive.server2.thrift.max.worker.threads	指定 Thrift 服务的最大工作线程数量
hive.server2.thrift.port	指定 Thrift 服务的端口号
hive.server2.use.SSL	指定是否使用 SSL 加密
hive.server2.zookeeper.namespace	指定 ZooKeeper 的命名空间

hive-site.xml 文件中可以配置的参数非常多，每个参数 Hive 都给定了默认值，在使用时根据实际需求修改相应的参数值即可。

hive-default.xml.template 是 Hive 安装包中提供的一个配置文件模板，其中包含了 Hive 的大部分默认配置选项及其默认值。它是一个模板文件，作为创建实际配置文件 hive-site.xml 的参考。可以通过查看该文件来了解不同配置参数的作用和默认设置，如图 7-28 所示。

```
<property>
    <name>hive.exec.scratchdir</name>
    <value>/tmp/hive</value>
    <description>HDFS root scratch dir for Hive jobs which gets created with write all
    (733) permission. For each connecting user, an HDFS scratch dir: ${hive.exec.scratchd
    ir}/&lt;username&gt; is created, with ${hive.scratch.dir.permission}.</description>
</property>
```

图 7-28 hive-default.xml.template 文件

2．Hive 运行环境配置：hive-env.sh

hive-env.sh 文件用于配置 Hive 的环境变量，包括 Hive 的安装路径、Hive 的日志路径、Hive 的缓存路径等。该文件位于 Hive 的 conf 目录下，可以根据实际需要进行修改和调整。hive-env.sh 文件常见的配置参数与说明如表 7-3 所示。

表 7-3 hive-env.sh 文件常见的配置参数与说明

参数名称	参数说明
HADOOP_HOME	Hadoop 安装路径
HIVE_CONF_DIR	Hive 配置文件路径
HIVE_LOG_DIR	Hive 日志文件路径
HIVE_AUX_JARS_PATH	Hive 辅助 JAR 文件路径
HIVE_CLASSPATH	Hive 类路径
HIVE_HEAPSIZE	Hive 堆大小
HIVE_OPTS	Hive 运行参数
HIVE_SERVER2_THRIFT_PORT	HiveServer2 Thrift 端口
HIVE_SERVER2_THRIFT_BIND_HOST	HiveServer2 Thrift 绑定主机
HIVE_SERVER2_WEBUI_PORT	HiveServer2 WebUI 端口

如图 7-29 所示，在 hive-env.sh 文件中可以对 Hive 运行时所需的环境变量进行配置，如 HADOOP_HOME、HIVE_CONF_DIR 等。

```
# Larger heap size may be required when running queries over large number of files or
partitions.
# By default hive shell scripts use a heap size of 256 (MB).  Larger heap size would a
lso be
# appropriate for hive server.


# Set HADOOP_HOME to point to a specific hadoop install directory
# HADOOP_HOME=${bin}/../../hadoop

# Hive Configuration Directory can be controlled by:
# export HIVE_CONF_DIR=
```

图 7-29 hive-env.sh 文件示例

环境变量也可以在操作系统的环境变量中进行配置，例如，Hive 如果与 Hadoop 环境配置在同一台主机上，就可以直接利用 Hadoop 环境搭建时配置的环境变量，如图 7-30 所示。

3．Hive 日志配置：hive-log4j2.properties

Hive 的日志系统默认是启用的，不需要进行额外的配置。Hive 在启动时会自动创建一个日志目录，并将日志文件写入该目录。日志目录的位置和名称可以在 hive-log4j2.properties 配置文件中进行修改。

```
#JAVA_HOME
export JAVA_HOME=/opt/module/jdk1.8.0_341
export PATH=$PATH:$JAVA_HOME/bin
#HADOOP
export HADOOP_HOME=/opt/module/hadoop-3.3.4
export PATH=$PATH:$HADOOP_HOME/bin
export PATH=$PATH:$HADOOP_HOME/sbin
#HIVE
export HIVE_HOME=/opt/module/apache-hive-3.1.3-bin
export PATH=$PATH:$HIVE_HOME/bin
```

图 7-30　利用 Hadoop 环境搭建时配置的环境变量

在 Hive 中，日志级别是通过配置文件进行设置的。Hive 默认的日志级别为 INFO，可以通过修改 hive-log4j2.properties 文件中的日志级别来调整日志输出的详细程度。常见的日志级别如下。

（1）ERROR：只输出错误日志。
（2）WARN：输出警告和错误日志。
（3）INFO：输出常规信息、警告和错误日志。
（4）DEBUG：输出调试信息、常规信息、警告和错误日志。
（5）TRACE：输出所有的日志信息，包括调试信息、常规信息、警告和错误日志。

可以根据需要将日志级别调整为 DEBUG 或 TRACE，以便更详细地了解 Hive 的行为和性能瓶颈。

需要注意的是，过多的日志输出会影响 Hive 的性能和可用性，因此在生产环境中应该针对需要或性能优化的情况，谨慎地调整日志级别和输出量。

如图 7-31 所示，在 Hive 的 conf 目录下存在 Hive 日志配置的模板文件 hive-log4j2.properties.template。可以直接修改该文件名为 hive-log4j2.properties，并按照实际需要对配置信息进行修改。

```
status = INFO
name = HiveLog4j2
packages = org.apache.hadoop.hive.ql.log

# list of properties
property.hive.log.level = INFO
property.hive.root.logger = DRFA
property.hive.log.dir = ${sys:java.io.tmpdir}/${sys:user.name}
property.hive.log.file = hive.log
property.hive.perflogger.log.level = INFO

# list of all appenders
appenders = console, DRFA

# console appender
appender.console.type = Console
appender.console.name = console
appender.console.target = SYSTEM_ERR
appender.console.layout.type = PatternLayout
appender.console.layout.pattern = %d{ISO8601} %5p [%t] %c{2}: %m%n
```

图 7-31　hive-log4j2.properties.template 文件

7.4.2　Hive 运行环境参数配置

在不同的场景下，需要对 Hive 的行为和性能进行不同的调整。例如，如果需要提高 Hive 的查询性能，可以通过对 Hive 的配置进行优化来达到更好的查询效果。此外，Hive 也需要根据不同的存储引擎和数据源进行配置，以便能够提供更好的支持。因此，进行自定义配置可以让 Hive 适应不同的业务场景，提高数据处理的效率和准确性。

Hive 运行环境有相关的默认配置选项，可以支持 Hive 的正常运行。如果需要对某些信息进行自定义配置，Hive 提供了多种方法供用户选择，不同的配置方法适用于不同的场景。根据实际需求选择合适的方法可以提高配置的效率和可靠性。

1．命令行参数

命令行参数法是在启动 Hive 时通过命令行参数传递配置信息，如设置日志级别或指定 Hadoop 配置文件的路径。这种方法只适用于需要在运行时临时改变少量配置参数的情况。

例如，可以使用以下命令启动 Hive 并设置 JVM 内存参数。

```
$ hive --hiveconf mapred.job.tracker=myjobtracker:8021
--hiveconf hive.exec.dynamic.partition.mode=nonstrict
-hiveconf mapreduce.map.memory.mb=2048
-hiveconf mapreduce.reduce.memory.mb=4096
```

2．环境变量

环境变量法是将参数信息设置在系统环境变量中，Hive 在启动时，会自动加载指定的配置文件或者设置的配置参数。这种方法适用于在多个运行环境中共享同一组配置参数的情况。

3．配置文件

Hive 提供了多个配置文件，包括 hive-site.xml、hdfs-site.xml 和 core-site.xml 等。这些配置文件定义了 Hive 和 Hadoop 的配置参数，可以在程序运行时被加载并覆盖默认值。这种方法适用于需要在多个运行环境中定义不同的配置参数的情况。

4．会话内局部配置方式

Hive 还可以在一个会话中使用 SET 命令更改设置，即在已经进入 Hive CLI 时进行参数声明。这对于某个特定的查询修改 Hive 或者 MapReduce 作业非常友好。

```
hive> SET hive.enforce.bucketing=TRUE
```

Hive 设置的属性值，按如下先后顺序生效。

① hive SET 命令。
② 命令行 hive -hiveconf 选项。
③ hive-site.xml。
④ hive-default.xml。
⑤ hadoop-site.xml。
⑥ hadoop-default.xml。

7.4.3　Hive 的本地运行模式

Hive 的本地运行模式不是在 Hadoop 集群提交作业，而是在单台机器上处理所有的任务。Hive 的本地运行模式是一种优化策略，用于处理小数据集的查询，避免为查询触发执行任务的时间消耗过多。

Hive 的本地运行模式由参数 hive.exec.mode.local.auto 控制，如果该值设置为 true（默认为 false），Hive 会根据一些条件判断是否使用本地运行模式。

Hive 使用本地运行模式需满足以下条件。

（1）Job 的输入数据大小必须小于参数 hive.exec.mode.local.auto.inputbytes.max 的值（默认为 128MB）。

（2）Job 的 Map 数必须小于参数 hive.exec.mode.local.auto.tasks.max 的值（默认为 4）。
（3）Job 的 Reduce 数必须为 0 或者 1。

如果满足上述条件，Hive 会使用本地文件系统而不是 HDFS 来存储中间结果，并使用单个进程而不是多个进程来执行 MapTask 和 ReduceTask。此时需要设置参数 fs.defaultFS 为 file:///，表示使用本地文件系统。

要关闭本地运行模式，只需要将 hive.exec.mode.local.auto 设置为 false 即可。

本地运行模式的优点是可以节省时间和资源，缺点是不能利用 Hadoop 集群的分布式计算能力，因此不适合用于处理大数据集。在使用本地运行模式时，需要根据数据量和任务复杂度合理调整参数值，以达到最佳效果。

7.5 本章小结

Hive 最初是在 Hadoop 平台基础上设计的一款数据分析工具。Hive 可以将结构化的数据文件映射为一个表，并提供类 SQL 查询功能。Hive 的本质是一个 Hadoop 的客户端，用于将 HQL 语句转换成 MapReduce 程序。

Metastore 服务和 HiveServer2 服务是 Hive 的两个重要组件，它们分别负责提供元数据访问和查询执行的功能。二者之间的关系取决于 Metastore 的部署模式。

其中，嵌入式元存储模式简单、易用，但是不支持多客户端并发访问元数据，因此只适合测试和单用户场景。本地元存储模式支持多客户端并发访问元数据，提高了 Hive 的性能和可靠性，适合生产环境。远程元存储模式提供了更高的可用性和可管理性，可以单独部署和监控 Metastore 服务。

Hive 元数据是 Hive 中存储表、分区、列、函数等信息的数据库。

Hive 支持基于 JDBC 驱动连接，需要启动 HiveServer2 进程，并且根据 Metastore 的部署模式，会启动一个 Metastore 服务进程或者直接连接到嵌入式 Derby 数据库。

Hive 提供了 Hive CLI 与 beeline 两个客户端。Hive CLI 通过 Metastore 服务直接访问元数据，而 beeline 通过 HiveServer2 访问元数据。由于 Hive CLI 绕过了 HiveServer2，所以无法实现多用户的权限控制，而 beeline 可以通过 HiveServer2 进行权限控制。

习　题

一、单选题

1. Hive 的 Metastore 是（　　）。
A. 一个存储 Hive 元数据的数据库　　B. 一个存储 Hive 数据的文件系统
C. 一个存储 Hive 配置的文件夹　　　D. 一个存储 Hive 日志的文件夹

2. HiveServer2 是（　　）。
A. 一个提供 Thrift 接口的 Hive 服务，可以让远程客户端连接到 Hive 并执行 HQL 语句
B. 一个提供 WebUI 的 Hive 服务，可以让用户通过浏览器访问 Hive 并查看查询结果
C. 一个提供 REST API 的 Hive 服务，可以让其他应用程序调用 Hive 并获取数据
D. 一个提供 JDBC 驱动的 Hive 服务，可以让其他数据库连接到 Hive 并进行数据交换

3. 在 Hive 中，关于元数据的配置文件是（　　）。
A. hive-site.xml　　　　　　　　　　B. hivemetastore-site.xml
C. hiveserver2-site.xml　　　　　　　D. hive-default.xml

二、填空题

1. Hive CLI 客户端的启动命令是_____，它可以用来执行 HQL 语句、管理表和数据库，以及查看 Hive 的配置信息。
2. Hive 包含_____、_____和_____3 个核心组件，分别用于存储数据、执行 HQL 语句、计算和管理元数据。

三、简答题

1. 请简要说明 Hive 的架构和工作原理。
2. 请比较 Hive 和传统的关系数据库的异同点。

第 8 章 Hive 数据定义

大数据时代，数据的规模不断增长，多样性不断提升，对数据的存储和分析提出了新的挑战和需求。Hive 可以对存储在 HDFS 上的海量数据进行结构化的定义、查询和分析。Hive 的数据定义是 HQL 的重要组成部分，它涉及数据库、数据表、数据类型、数据模型等概念，是 Hive 数据分析的基础和前提。本章主要介绍与 Hive 的数据定义相关的基本概念和操作方法，为后续的 Hive 数据查询和分析打下坚实的基础。

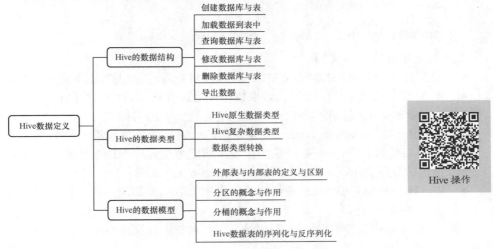

Hive 操作

学习目标

（1）熟练创建、修改、删除数据库和数据表，区分内部表和外部表的特点和用途。
（2）掌握数据类型的选择方法，能够使用复杂数据类型来表示更丰富的数据结构。
（3）掌握数据模型的设计方法，优化表的存储和查询效率。
（4）掌握 Hive 数据加载、导出到表的方法，能够使用元数据来管理和查看表的信息。

8.1 Hive 的数据结构

Hive 的数据操作是指使用 HQL 对 Hive 中的数据进行插入、更新、删除和查询等操作。利用 Hive 进行数据操作前，需要创建数据库、数据表等存储结构，以便对 Hive 中的数据进行灵活和高效的处理和分析。本节将对创建数据库与表、加载数据到表中、查询数据库与表等基本操作进行详细介绍。

8.1.1 创建数据库与表

Hive 可以使用 HQL 来查询和分析存储在 HDFS 中的大规模数据。但是，HDFS 中的数据是以文件和目录的形式存储的，没有明确的结构和元数据，这使得直接对 HDFS 中的数据进行查询和分析非常困难和低效。因此，Hive 需要创建数据库与表来定义数据的结构和元数据，以便于使用 HQL 进行查询和分析。

数据库与表是 Hive 中的逻辑概念，它们与 HDFS 中的目录和文件有一定的对应关系，但是不完全相同。数据库与表不仅可以指定数据的位置、格式、属性、分区、桶等信息，还可以将 HDFS 中的无结构数据转换为有结构数据，这些信息可以帮助 Hive 优化查询计划和执行效率，从而提升 Hive 的查询和分析能力。

1．创建数据库

创建数据库的核心目的在于高效地组织和管理数据资源。用户可根据需求为数据库命名并设定存储位置，同时，可以对数据库进行增加、删除、修改及查询操作。

Hive 创建数据库的关键字与 SQL 的一致，只需要使用 CREATE DATABASE 或 CREATE SCHEMA 语句即可。

创建数据库的语法规范如下所示：

```
CREATE (DATABASE|SCHEMA) [IF NOT EXISTS] database_name
  [COMMENT database_comment]
  [LOCATION hdfs_path]
  [WITH DBPROPERTIES (property_name=property_value, ...)];
```

上述规范中各项的含义如下。
- CREATE DATABASE 或者 CREATE SCHEMA 是创建数据库的关键字，两者是等价的。
- IF NOT EXISTS 是可选的，如果数据库已经存在，该语句不执行。
- database_name 是必须的，表示要创建的数据库的名称。
- COMMENT database_comment 是可选的，表示给数据库添加一个注释。
- LOCATION hdfs_path 是可选的，表示指定数据库在 HDFS 中的存储位置，如果不指定，默认为/user/hive/warehouse/database_name.db。
- WITH DBPROPERTIES 是可选的，表示给数据库添加一些属性和值，可以用来存储一些额外的信息。

例如，在 Hive 中创建数据库 student_db，并将数据库存储在 HDFS 的/user/hive/student_db 目录下，代码如下。

```
CREATE DATABASE IF NOT EXISTS student_db
COMMENT 'student_db数据库提示信息：存储学生成绩信息'
LOCATION '/user/hive/student_db'
WITH DBPROPERTIES ('creator'='hadoop', 'created_at'='2023-04-30');
```

上述代码运行成功后，执行 SHOW DATABASES 命令，可以看到数据库被成功创建，结果如图 8-1 所示。

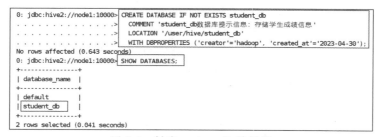

图 8-1　创建 student_db 数据库

Hive 创建的数据库与表对应的是 HDFS 中的物理文件路径。因此，访问 HDFS 的/user/hive 路径可以看到数据库 student_db 对应的存储结果，如图 8-2 所示。

图 8-2　student_db 对应的存储结果

注意：Hive 创建数据库时，若未指定数据库存储路径，则默认存储路径为/user/hive/warehouse。

如以下代码所示，创建数据库时未指定存储路径，该数据库会保存在默认存储路径/user/hive/warehouse 下。

```
CREATE DATABASE locationdb;
```

访问 HDFS 的/user/hive/warehouse 路径可看到该数据库信息，如图 8-3 所示。

图 8-3　未指定 HDFS 存储路径的 locationdb

2．创建数据表

创建数据表的目的是定义和分析结构化数据。Hive 依据待分析文件的格式创建对应的表结构，可以指定表的列名、数据类型、分隔符、存储格式等属性，也可以对表进行插入、查询、修改、删除等操作。Hive 还支持区别内部表和外部表，以及分桶的优化，具体介绍见 8.3 节。

创建数据表时，使用 CREATE TABLE 关键字，并指定表名和列名及数据类型等，基本语法规范如下：

```
CREATE [EXTERNAL] TABLE [IF NOT EXISTS] table_name
  [ (col_name data_type [DEFAULT value] [COMMENT col_comment], ...)]
  [COMMENT table_comment]
  [PARTITIONED BY (col_name data_type [COMMENT col_comment], ...)]
  [
    CLUSTERED BY (col_name [, col_name, ...])
    [SORTED BY (col_name [ASC | DESC] [, col_name [ASC | DESC] ...])]
    INTO num_buckets BUCKETS
  ]
  [
    [ROW FORMAT row_format]
    [STORED AS file_format]
     | STORED BY 'storage.handler.class.name' [WITH SERDEPROPERTIES (...)]
  ]
```

```
[LOCATION hdfs_path]
[TBLPROPERTIES (property_name=property_value, ...)];
```

在编写建表语句时，需注意每一个属性配置的先后顺序，必须按语法规范顺序编写，否则会提示语法错误。

- EXTERNAL 表示创建一个外部表，即表的数据不由 Hive 管理，而是引用已有的 HDFS 文件或目录。如果删除外部表，只删除元数据，不删除实际数据（表中存储的具体内容）。如果不指定 EXTERNAL，则创建一个内部表，即表的数据由 Hive 管理，在 Hive 的默认仓库目录下创建相应的文件或目录。如果删除内部表，同时删除元数据和实际数据，详见 8.3.1 节。
- IF NOT EXISTS 表示如果表已经存在，则不执行创建操作，避免报错。
- table_name 表示表的名称，可以带有数据库名作为前缀，例如 db_name.table_name。如果不指定数据库名，则默认在当前数据库下创建表。
- (col_name data_type [DEFAULT value] [COMMENT col_comment], ...) 指定表的列名、数据类型、默认值和注释。列名和数据类型必须指定，而默认值和注释是可选的。默认值表示插入数据时没有指定该列的值时使用的值。注释表示对该列的描述。
- COMMENT table_comment 表示对表的描述。
- PARTITIONED BY (col_name data_type [COMMENT col_comment], ...) 表示对表进行分区，即按照某些列的值将数据划分为不同的子集。分区可以提高查询性能和管理效率。分区列不需要在前面的列定义中出现，详见 8.3.2 节。
- CLUSTERED BY (col_name [, col_name, ...])、[SORTED BY (col_name [ASC | DESC] [, col_name [ASC | DESC] ...])、INTO num_buckets BUCKETS 表示对表进行分桶，即按照某些列的哈希值将数据划分为固定数量的文件。分桶可以提高 JOIN 操作的性能和并行度，可以指定分桶列是否按照某种顺序排序，详见 8.3.3 节。
- ROW FORMAT row_format 指定行的格式，包括如何序列化和反序列化数据，以及如何分隔列、集合、映射等。默认的行格式为 DELIMITED，表示使用 Hive 的默认 SerDe 类 LazySimpleSerDe 进行数据处理。同时可以在 DELIMITED 后面指定不同的分隔符。例如，"FIELDS TERMINATED BY ','"表示使用逗号作为列分隔符；"COLLECTION ITEMS TERMINATED BY '-' "表示使用短横线作为集合元素分隔符；"MAP KEYS TERMINATED BY ':'"表示使用冒号作为映射键分隔符；"LINES TERMINATED BY '\n' "表示使用换行符作为行结束符；"NULL DEFINED AS '\N'"表示使用\N 作为空值字符，详见 8.3.4 节。
- LOCATION hdfs_path 用来指定表的数据在 HDFS 上的位置，如果不指定，Hive 会在默认的仓库目录下创建一个与表名相同的目录来存储数据。如果指定了一个已有的目录，Hive 会将该目录下的文件作为表的数据。

例如，在 Hive 的 student_db 数据库中创建数据表 student，表包含 id、name、age 以及 gender 等 4 列，表文件存储于 HDFS 的/user/hive/student_db/student 路径下。执行如下示例代码，结果如图 8-4 所示。

```
CREATE TABLE IF NOT EXISTS student
(id INT, name STRING, age INT, gender STRING)
ROW FORMAT DELIMITED
FIELDS TERMINATED BY ','
STORED AS TEXTFILE
LOCATION '/user/hive/student_db/student';
```

```
0: jdbc:hive2://node1:10000> CREATE TABLE IF NOT EXISTS student
. . . . . . . . . . . . . . .> (id INT, name STRING, age INT, gender STRING)
. . . . . . . . . . . . . . .> ROW FORMAT DELIMITED
. . . . . . . . . . . . . . .> FIELDS TERMINATED BY ','
. . . . . . . . . . . . . . .> STORED AS TEXTFILE
. . . . . . . . . . . . . . .> LOCATION '/user/hive/student_db/student';
No rows affected (1.665 seconds)
0: jdbc:hive2://node1:10000> SHOW TABLES ;
+-----------+
| tab_name  |
+-----------+
| student   |
+-----------+
1 row selected (0.086 seconds)
```

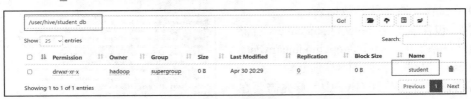

图 8-4　创建数据表 student

其中，CREATE TABLE IF NOT EXISTS student 是创建数据表的主要语句，表示如果数据表 student 不存在，就创建一个新的数据表 student。

本例中，student 表有 4 列，id 列为整数类型，name 列为字符串类型，age 列为整数类型，gender 列为字符串类型。ROW FORMAT DELIMITED 用于定义数据表的行格式，表示每一行的数据项需要指定具体分隔符号。FIELDS TERMINATED BY ','定义了数据表每一行中的每个列之间使用“,”分隔。STORED AS TEXTFILE 定义数据表的存储格式是文本文件。LOCATION 定义了数据表在文件系统中具体的存储路径。student 表的存储位置是 /user/hive/student_db，如图 8-5 所示。

图 8-5　HDFS 下数据表 student 的存储

8.1.2　加载数据到表中

Hive 可以将大规模数据集存储在 HDFS 或其他文件系统中进而用类 SQL 的 HQL 来分析。使用 Hive 进行数据分析，首先需要将数据加载到 Hive 的数据表中，Hive 中的数据加载是指将数据文件与 Hive 数据表建立关联关系，如图 8-6 所示。Hive 提供了 LOAD DATA 和 INSERT 两种方式将数据加载到表中。

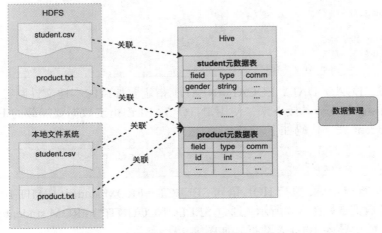

图 8-6　数据文件与数据表建立关联关系

1. LOAD DATA 语句

使用 LOAD DATA 语句，可以从本地文件系统或 HDFS 中将数据加载到 Hive 数据表中，这种方式不会对数据做任何转换，只是复制或移动数据文件到 Hive 数据表中，所以加载速度非常快，但要求数据文件的格式和 Hive 数据表的数据格式保持一致。

语法格式如下。

```
LOAD DATA [LOCAL] INPATH '<The table data location>'
[OVERWRITE] INTO TABLE <table_name>;
```

各项的含义如下。

- LOAD DATA 表示加载数据的操作。
- LOCAL 表示数据源是本地文件系统，如果不指定 LOCAL 参数，则表示数据源是 HDFS。
- INPATH '<The table data location>'表示指定数据源的路径，该路径可以是一个文件或目录。如果是目录，会加载目录下的所有文件。
- OVERWRITE 表示覆盖表中已有的数据。如果指定了 OVERWRITE 参数，表示会删除表中已有的数据，然后加载新的数据。否则，会在表中追加新的数据。
- INTO TABLE <table_name> 表示要加载数据的目标表的名称。

（1）加载本地文件到数据表

例如，包含学生成绩的文件 student.csv 存储在本地文件系统中，路径为/opt/module/mydata/student.csv，文件内容如图 8-7 所示。

若将该文件加载到 Hive 中，首先需要在数据库 student_db 中创建数据表 student，然后使用","分隔符将文件中的每一个数据项分别存储到 student 表的对应列中。本例将每一项都设置为字符串类型。数据表的结构定义如下。

图 8-7 本地文件 student.csv 的文件内容

```
CREATE TABLE student(
    gender STRING,
    race STRING,
    parental_level STRING,
    lunch STRING,
    course STRING,
    math STRING,
    reading STRING,
    writing STRING
) ROW FORMAT DELIMITED FIELDS TERMINATED BY ',';
```

其次，通过 LOAD DATA LOCAL INPATH 指定要加载的本地文件路径，路径为/opt/module/mydata/student.csv。接下来，使用 INTO TABLE 指定数据要加载的 Hive 目标表，如本例中的 student 表，代码如下。

```
LOAD DATA LOCAL INPATH '/opt/module/mydata/student.csv'
INTO TABLE student;
```

上述代码运行成功后，执行 HQL 语句 SELECT * FROM student LIMIT 10，查询 student 表中的前 10 条数据，如图 8-8 所示。通过 SELECT COUNT(*) FROM student 语句，可以看到 student 表中成功导入 1000 条数据，如图 8-9 所示。

```
0: jdbc:hive2://localhost:10000> SELECT * FROM student LIMIT 10;
+----------+-----------+---------------------+---------------+-------------+--------+----------+-----------+
| gender   | race      | parental_level      | lunch         | course      | math   | reading  | writing   |
+----------+-----------+---------------------+---------------+-------------+--------+----------+-----------+
| "female" | "group B" | "bachelor's degree" | "standard"    | "none"      | "72"   | "72"     | "74"      |
| "female" | "group C" | "some college"      | "standard"    | "completed" | "69"   | "90"     | "88"      |
| "female" | "group B" | "master's degree"   | "standard"    | "none"      | "90"   | "95"     | "93"      |
| "male"   | "group A" | "associate's degree"| "free/reduced"| "none"      | "47"   | "57"     | "44"      |
| "male"   | "group C" | "some college"      | "standard"    | "none"      | "76"   | "78"     | "75"      |
| "female" | "group B" | "associate's degree"| "standard"    | "none"      | "71"   | "83"     | "78"      |
| "female" | "group B" | "some college"      | "standard"    | "completed" | "88"   | "95"     | "92"      |
| "male"   | "group B" | "some college"      | "free/reduced"| "none"      | "40"   | "43"     | "39"      |
| "male"   | "group D" | "high school"       | "free/reduced"| "completed" | "64"   | "64"     | "67"      |
| "female" | "group B" | "high school"       | "free/reduced"| "none"      | "38"   | "60"     | "50"      |
+----------+-----------+---------------------+---------------+-------------+--------+----------+-----------+
```

图 8-8 student 表中的前 10 条数据

```
0: jdbc:hive2://localhost:10000> SELECT COUNT(*) FROM student;
+-------+
|  _c0  |
+-------+
| 1000  |
+-------+
1 row selected (187.35 seconds)
```

图 8-9 统计 student 表中的数据条数

访问 HDFS，找到 student 表的存储路径，可以看到本地文件被复制到该路径下，如图 8-10 所示。

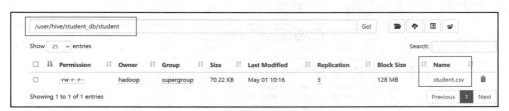

图 8-10 student 表存储目录下的数据文件

在加载数据时需要注意文件数据项的数据类型要与数据表中列的数据类型保持一致，Hive 的数据类型详见 8.2 节。

在本例中，student.csv 文件存储的后 3 列为学生成绩，在进行数据分析时，需要进行数据运算。现将 student 表的后 3 列的数据类型调整为 INT 类型，数据表的结构定义如下所示。

```
CREATE TABLE student_type(
    gender STRING,
    race STRING,
    parental_level STRING,
    lunch STRING,
    course STRING,
    math INT,
    reading INT,
    writing INT
) ROW FORMAT DELIMITED FIELDS TERMINATED BY ',';
```

执行数据加载操作后，因为 student.csv 文件中的后 3 列数据被双引号引起来，所以无法被转换成数据表中后 3 列定义的 INT 类型数据。因为数据类型转换失败，后 3 列数据显示结果为 NULL，如图 8-11 所示。

```
0: jdbc:hive2://localhost:10000> SELECT * FROM student_type LIMIT 10;
+---------+----------+----------------------+----------------+-------------+------+---------+---------+
| gender  | race     | parental_level       | lunch          | course      | math | reading | writing |
+---------+----------+----------------------+----------------+-------------+------+---------+---------+
| "female"| "group B"| "bachelor's degree"  | "standard"     | "none"      | NULL | NULL    | NULL    |
| "female"| "group C"| "some college"       | "standard"     | "completed" | NULL | NULL    | NULL    |
| "female"| "group B"| "master's degree"    | "standard"     | "none"      | NULL | NULL    | NULL    |
| "male"  | "group A"| "associate's degree" | "free/reduced" | "none"      | NULL | NULL    | NULL    |
| "male"  | "group C"| "some college"       | "standard"     | "none"      | NULL | NULL    | NULL    |
| "female"| "group B"| "associate's degree" | "standard"     | "none"      | NULL | NULL    | NULL    |
| "female"| "group B"| "some college"       | "standard"     | "completed" | NULL | NULL    | NULL    |
| "male"  | "group B"| "some college"       | "free/reduced" | "none"      | NULL | NULL    | NULL    |
| "male"  | "group D"| "high school"        | "free/reduced" | "completed" | NULL | NULL    | NULL    |
| "female"| "group B"| "high school"        | "free/reduced" | "none"      | NULL | NULL    | NULL    |
+---------+----------+----------------------+----------------+-------------+------+---------+---------+
```

图 8-11 数据类型不匹配，加载失败

为解决上述问题，需将数据文件中的数值信息处理为可转换为 INT 类型的数据格式，即去除双引号。新建用于存储学生数据的 student-type.csv 文件，将 student.csv 文件数据后 3 列的双引号删除后，存储于文件 student-type.csv 中，如图 8-12 所示。

重新加载数据到 student_type 表中，如图 8-13 所示，后 3 列被正确转换为 INT 类型，数据加载成功。

```
[hadoop@node01 mydata]$ head student-type.csv
female,group B,bachelor's degree,standard,none,72,72,74
female,group C,some college,standard,completed,69,90,88
female,group B,master's degree,standard,none,90,95,93
male,group A,associate's degree,free/reduced,none,47,57,44
male,group C,some college,standard,none,76,78,75
female,group B,associate's degree,standard,none,71,83,78
female,group B,some college,standard,completed,88,95,92
male,group B,some college,free/reduced,none,40,43,39
male,group D,high school,free/reduced,completed,64,64,67
female,group B,high school,free/reduced,none,38,60,50
```

图 8-12 student-type.csv 文件内容

```
LOAD DATA  LOCAL INPATH '/opt/module/mydata/student-type.csv'
INTO TABLE student_type;
```

```
0: jdbc:hive2://localhost:10000> SELECT * FROM student_type LIMIT 10;
+--------+---------+--------------------+--------------+-----------+------+---------+---------+
| gender | race    | parental_level     | lunch        | course    | math | reading | writing |
+--------+---------+--------------------+--------------+-----------+------+---------+---------+
| female | group B | bachelor's degree  | standard     | none      | 72   | 72      | 74      |
| female | group C | some college       | standard     | completed | 69   | 90      | 88      |
| female | group B | master's degree    | standard     | none      | 90   | 95      | 93      |
| male   | group A | associate's degree | free/reduced | none      | 47   | 57      | 44      |
| male   | group C | some college       | standard     | none      | 76   | 78      | 75      |
| female | group B | associate's degree | standard     | none      | 71   | 83      | 78      |
| female | group B | some college       | standard     | completed | 88   | 95      | 92      |
| male   | group B | some college       | free/reduced | none      | 40   | 43      | 39      |
| male   | group D | high school        | free/reduced | completed | 64   | 64      | 67      |
| female | group B | high school        | free/reduced | none      | 38   | 60      | 50      |
+--------+---------+--------------------+--------------+-----------+------+---------+---------+
```

图 8-13 student-type 数据表中的前 10 条数据

（2）加载 HDFS 文件到数据表

若要使用 LOAD DATA 语句从 HDFS 中加载文件，则不能指定 LOCAL 参数。

准备待加载的 HDFS 文件，例如，将本地文件/opt/module/mydata/student.csv 上传至 HDFS 文件系统的/user/hive 目录中，如图 8-14 所示。代码如下。

```
[hadoop@node01 mydata]$ hadoop fs -put student.csv /user/hive/
[hadoop@node01 mydata]$ hadoop fs -ls /user/hive
Found 4 items
drwxr-xr-x   - hadoop supergroup          0 2023-05-02 14:39 /user/hive/external
-rw-r--r--   3 hadoop supergroup      71901 2023-05-02 17:13 /user/hive/student.csv
drwxr-xr-x   - hadoop supergroup          0 2023-05-01 22:37 /user/hive/student_db
drwxr-xr-x   - hadoop supergroup          0 2023-05-02 16:58 /user/hive/warehouse
[hadoop@node01 mydata]$
```

图 8-14 HDFS 的/user/hive 目录文件列表

```
hadoop fs -put student.csv /user/hive/
```

从 HDFS 的/user/hive/student.csv 文件中加载数据，并追加到 student 表中，可以直接使用命令 LOAD DATA INPATH，具体代码如下。

```
LOAD DATA INPATH '/user/hive/student.csv'
INTO TABLE student;
```

数据加载命令执行成功后，实际上执行了文件移动操作，会将被加载文件移动至数据表所在的存储目录中。如图 8-15 所示，访问 HDFS，可以看到/user/hive 下的 student.csv 文件已不存在。

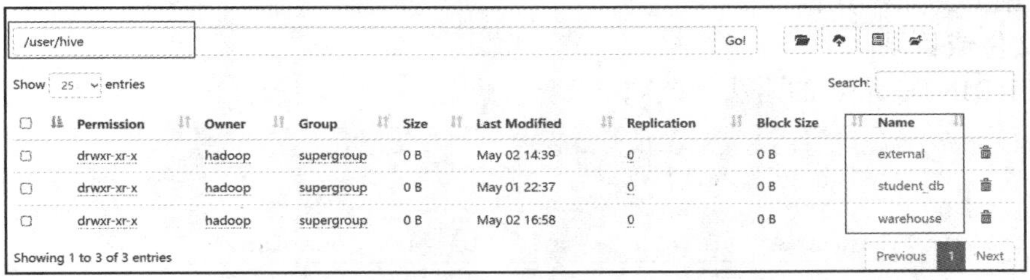

图 8-15　HDFS 中的/user/hive/student.csv 文件被移动

访问 student 表所在的 HDFS，可以看到被加载文件/user/hive/student.csv 已被移动到 student 表的存储目录/user/hive/student_db/student 中，由于该目录中已存在同名文件，文件名会增加"_copy_1"后缀，如图 8-16 所示。

图 8-16　HDFS 文件移动至/user/hive/student_db/student 中

执行统计命令 SELECT COUNT(*) FROM student，此时数据表中数据总量为 2000，说明默认加载数据是用追加模式添加的，如图 8-17 所示。

（3）数据覆盖

如果要覆盖 student 表中已有的数据，而不是追加，需要在指定目标表时，使用 OVERWRITE INTO TABLE 说明操作为覆盖操作，代码如下。

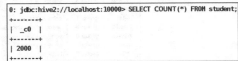

图 8-17　student 表中的数据条数

```
LOAD DATA INPATH '/user/hive/student.csv'
OVERWRITE INTO TABLE student;
```

如图 8-18 所示，此时 HDFS 中/user/hive/student_db/student 代表的 student 表数据存储文件夹中仅包含加载的 student.csv 文件。

图 8-18　数据加载覆盖结果

2. INSERT 语句

INSERT 语句用于将数据插入一个已存在的 Hive 数据表中。Hive 中的 INSERT 语句有如下两种形式。

① INSERT INTO TABLE：将数据追加到表中已有的数据后面。
② INSERT OVERWRITE TABLE：让数据覆盖表中已有的数据。

Hive 中的 INSERT 语句可以选择以下 3 种内容作为插入数据来源。

① 静态值列表。
② SELECT 语句结果。
③ 文件或目录。

INSERT INTO 语句的语法规范如下。

```
INSERT INTO TABLE <table_name>
    [VALUES (value,...),...]
    | SELECT ... FROM ...
    | LOAD DATA [LOCAL] INPATH '<The table data location>';
```

各项的含义如下。

- <table_name> 表示要插入数据的目标表的名称。
- VALUES (value,...),... 表示要插入的静态值列表，每个括号内的值对应一行数据，每个值对应一列数据，值的类型和顺序要和目标表的列匹配。
- SELECT ... FROM ... 表示要插入的数据查询结果，查询结果的列数和类型要和目标表的匹配。
- LOAD DATA [LOCAL] INPATH '<The table data location>' 表示要插入的数据文件或目录路径，可以来自本地文件系统或 HDFS，文件或目录中的数据格式要和目标表的数据格式匹配。

假设已存在 Hive 数据表 student_type，其结构如图 8-19 所示。

```
+--------+---------+-------------------+------------+-----------+------+---------+---------+
| gender | race    | parental_level    | lunch      | course    | math | reading | writing |
+--------+---------+-------------------+------------+-----------+------+---------+---------+
| female | group B | bachelor's degree | standard   | none      | 72   | 72      | 74      |
| female | group C | some college      | standard   | completed | 69   | 90      | 88      |
| female | group B | master's degree   | standard   | none      | 90   | 95      | 93      |
| male   | group A | associate's degree| free/reduced| none     | 47   | 57      | 44      |
| male   | group C | some college      | standard   | none      | 76   | 78      | 75      |
| female | group B | associate's degree| standard   | none      | 71   | 83      | 78      |
| female | group B | some college      | standard   | completed | 88   | 95      | 92      |
| male   | group B | some college      | free/reduced| none     | 40   | 43      | 39      |
| male   | group D | high school       | free/reduced| completed| 64   | 64      | 67      |
| female | group B | high school       | free/reduced| none     | 38   | 60      | 50      |
+--------+---------+-------------------+------------+-----------+------+---------+---------+
```

图 8-19   student_type 表结构

（1）将静态值列表插入目标表

HQL 使用 INSERT INTO 语句将一个静态值列表的数据插入目标表中。语法格式如下。

```
INSERT INTO TABLE
<table_name>
VALUES (<add values AS column entity>);
```

例如，向 student_type 表中插入两条静态值列表，并将 parental level 标记为'new record'，代码如下。

```
INSERT INTO student_type
VALUES
('female','group A','new record','standard','none',60,60,60),
```

```
('female','group B','new record','standard','none',70,70,70);
```

该语句会将静态值列表中的数据插入到 student_type 表中,结果如图 8-20 所示。

```
0: jdbc:hive2://localhost:10000> SELECT * FROM student_type WHERE parental_level='new record';
+---------+---------+----------------+----------+---------+------+---------+---------+
| gender  | race    | parental_level | lunch    | course  | math | reading | writing |
+---------+---------+----------------+----------+---------+------+---------+---------+
| female  | group A | new record     | standard | none    | 60   | 60      | 60      |
| female  | group B | new record     | standard | none    | 70   | 70      | 70      |
+---------+---------+----------------+----------+---------+------+---------+---------+
```

图 8-20 插入结果查询

(2)将 SELECT 语句结果插入目标表

HQL 使用 INSERT INTO 语句将一个 SELECT 语句的结果插入目标表中,语法格式如下。

```
INSERT INTO TABLE <table_name> SELECT <select_query>;
```

例如,将 student_type 表中 parental_level='new record' 的学生的信息,经过三科成绩加 5 处理后,追加到 student_type 表中,代码如下。

```
INSERT INTO TABLE student_type
    SELECT gender,race,parental_level,lunch, course,math+5, reading+5, writing+5
     FROM student_type
    WHERE parental_level='new record';
```

如图 8-21 所示,parental_level='new record' 的记录增加了两条,math、reading 和 writing 的成绩是在之前的记录基础上加 5 的结果,表明数据被成功插入数据表中。

```
0: jdbc:hive2://localhost:10000> SELECT * FROM student_type WHERE parental_level='new record';
+---------+---------+----------------+----------+---------+------+---------+---------+
| gender  | race    | parental_level | lunch    | course  | math | reading | writing |
+---------+---------+----------------+----------+---------+------+---------+---------+
| female  | group A | new record     | standard | none    | 60   | 60      | 60      |
| female  | group B | new record     | standard | none    | 70   | 70      | 70      |
| female  | group A | new record     | standard | none    | 65   | 65      | 65      |
| female  | group B | new record     | standard | none    | 75   | 75      | 75      |
+---------+---------+----------------+----------+---------+------+---------+---------+
```

图 8-21 查询结果

(3)将文件或目录数据插入目标表

Hive 还支持使用 INSERT 语句将一个文件或目录中的数据插入目标表。例如,将本地文件系统中 /home/user/data.csv 文件的数据以覆盖方式插入 student 表中,代码如下。

```
INSERT OVERWRITE TABLE student
LOAD DATA LOCAL INPATH '/home/user/data.csv';
```

3. LOAD DATA 与 INSERT 的区别

INSERT 可以将查询结果或指定静态值列表插入数据表中,一般用于在数据表中追加数据。LOAD DATA 只能通过指定文件路径的方式加载数据。因此,INSERT 可以从同一或不同 Hive 数据表中加载数据,也可以从其他数据源(如 HBase)加载数据,数据源比较灵活。LOAD DATA 只能从本地文件系统或 HDFS 中加载数据。

INSERT 是一种复制操作,它会将原始数据复制到目标表或文件中,并保留原始数据。LOAD DATA 是一种移动操作,内部表加载数据会将原始文件移动到目标表的目录下,并删除原始文件,外部表加载数据则不会移动文件,而是创建一个符号链接,具体内容见 8.3 节。因此,使用 INSERT 语句,可以将其他表或查询结果数据插入 Hive 数据表中,这种方式会运行 MapReduce 任务来处理数据,所以速度较慢,如图 8-22 所示。

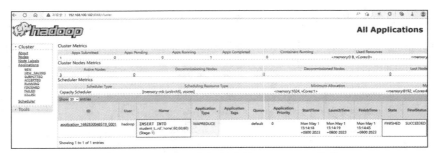

图 8-22　INSERT 语句会运行 MapReduce 任务

　　INSERT 会根据目标表的格式和分隔符来写入数据，如果原始数据和目标表的数据类型不一致，则需要转换。LOAD DATA 不会检查或转换原始文件的格式和分隔符，而是直接将文件写入目标表的目录下。因此，如果原始文件和目标表格式不一致，则可能导致查询结果出错。

　　LOAD DATA 加载数据与 INSERT 插入数据的时间差异较大，如图 8-23 所示。

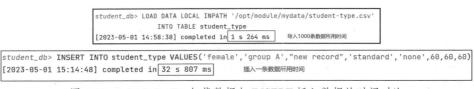

图 8-23　LOAD DATA 加载数据与 INSERT 插入数据的时间对比

　　在使用 Hive 导入数据时，应该根据不同的场景选择合适的方式。如果原始数据已经在本地文件系统或 HDFS 中，并且和目标表的格式和分隔符一致，则可以使用 LOAD DATA 加载数据，以提高效率。如果原始数据在其他 Hive 数据表中或其他数据源中，并且需要进行筛选、转换或聚合等操作，则可以使用 INSERT 插入数据，以保证正确性。如果原始文件和目标表格式不一致，并且需要进行格式转换，则可以使用 INSERT OVERWRITE DIRECTORY 语句先将原始文件转换为目标表格式，并写入一个临时目录中，然后使用 LOAD DATA 加载数据将临时目录中的文件数据导入目标表中。

8.1.3　查询数据库与表

　　进行数据分析之前，往往需要了解 Hive 中存储了哪些数据集，以及它们的组织方式，即需要查询 Hive 中有哪些数据库、数据表，以便选择合适的数据源进行分析。Hive 支持使用以下相关命令对数据库和数据表信息进行查询。

1．显示 Hive 中的所有数据库

```
SHOW DATABASES;
```

　　该命令用于显示 Hive 中的所有数据库。Hive 默认有一个 default 数据库，进入 Hive 客户端之后，默认处于 default 数据库下。显示 Hive 中的所有数据库的结果如图 8-24 所示。

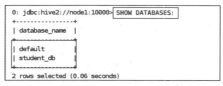

图 8-24　显示 Hive 中的所有数据库

2. 切换数据库

```
USE database_name;
```

该命令可以让 Hive 切换到指定的数据库中，以便操作库中的数据，例如执行命令 USE student_db 可切换到 student_db 数据库。此时，默认操作的为 student_db 中的数据表。

3. 显示数据库基本信息

```
DESCRIBE DATABASE database_name;
```

该命令用于显示指定数据库的基本属性信息，包括名称、位置、所有者等。例如，显示默认数据库 default 的详细信息，结果如图 8-25 所示。

```
0: jdbc:hive2://node1:10000> DESCRIBE DATABASE default;
+----------+-----------------------+-------------------------------------------+-------------+-------------+-------------+
| db_name  |        comment        |                 location                  | owner_name  | owner_type  | parameters  |
+----------+-----------------------+-------------------------------------------+-------------+-------------+-------------+
| default  | Default Hive database | hdfs://node1:8020/user/hive/warehouse     | public      | ROLE        |             |
+----------+-----------------------+-------------------------------------------+-------------+-------------+-------------+
1 row selected (0.024 seconds)
0: jdbc:hive2://node1:10000>
```

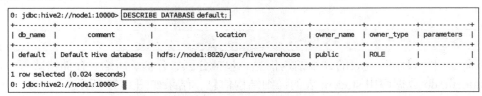

图 8-25　显示默认数据库 default 的详细信息

4. 显示当前数据库中的所有表

```
SHOW TABLES;
```

该命令用于显示当前数据库中的所有表，如图 8-26 所示。

```
0: jdbc:hive2://node1:10000> USE student_db;
No rows affected (0.063 seconds)
0: jdbc:hive2://node1:10000> SHOW TABLES;
+----------------+
|    tab_name    |
+----------------+
| employee       |
| myuser         |
| product        |
| student        |
| student_array  |
| student_type   |
+----------------+
6 rows selected (0.238 seconds)
```

图 8-26　显示当前数据库中的所有表

```
SHOW TABLES LIKE 'pattern';
```

该命令用于显示当前数据库中符合某种模式的表，例如语句 SHOW TABLES LIKE 'student*'可以显示以 student 开头的表，结果如图 8-27 所示。

```
0: jdbc:hive2://node1:10000> SHOW TABLES LIKE'student*';
+----------------+
|    tab_name    |
+----------------+
| student        |
| student_array  |
| student_type   |
+----------------+
3 rows selected (0.078 seconds)
0: jdbc:hive2://node1:10000>
```

图 8-27　数据库表的模糊检索

5. 显示数据表的结构信息

```
DESCRIBE table_name;
```

该命令用于显示指定表的基本结构信息，包括列名、数据类型、注释等。例如，显示 student_db 数据库中 student 表的基本结构信息，结果如图 8-28 所示。

```
0: jdbc:hive2://node1:10000> DESCRIBE student_db.student;
+----------------+------------+----------+
|    col_name    | data_type  | comment  |
+----------------+------------+----------+
| gender         | string     |          |
| race           | string     |          |
| parental_level | string     |          |
| lunch          | string     |          |
| course         | string     |          |
| math           | string     |          |
| reading        | string     |          |
| writing        | string     |          |
+----------------+------------+----------+
8 rows selected (0.04 seconds)
```

图 8-28　显示指定表的基本结构信息

```
DESCRIBE FORMATTED  table_name;
```

该命令用于显示指定表的详细结构信息，包括分区、分桶、压缩、存储格式等。例如，显示 student_db 数据库中 student 表的详细结构信息，结果如图 8-29 所示。

```
0: jdbc:hive2://node1:10000> DESCRIBE FORMATTED student_db.student;
+-----------------------------------+----------------------------------------------------+-----------------------+
|             col_name              |                     data_type                      |        comment        |
+-----------------------------------+----------------------------------------------------+-----------------------+
| # col_name                        | data_type                                          | comment               |
| gender                            | string                                             |                       |
| race                              | string                                             |                       |
| parental_level                    | string                                             |                       |
| lunch                             | string                                             |                       |
| course                            | string                                             |                       |
| math                              | string                                             |                       |
| reading                           | string                                             |                       |
| writing                           | string                                             |                       |
|                                   | NULL                                               | NULL                  |
| # Detailed Table Information      | NULL                                               | NULL                  |
| Database:                         | student_db                                         | NULL                  |
| OwnerType:                        | USER                                               | NULL                  |
| Owner:                            | hadoop                                             | NULL                  |
| CreateTime:                       | Mon May 01 10:15:19 CST 2023                       | NULL                  |
| LastAccessTime:                   | UNKNOWN                                            | NULL                  |
| Retention:                        | 0                                                  | NULL                  |
| Location:                         | hdfs://node1:8020/user/hive/student_db/student     | NULL                  |
| Table Type:                       | MANAGED_TABLE                                      | NULL                  |
| Table Parameters:                 | NULL                                               | NULL                  |
|                                   | bucketing_version                                  | 2                     |
|                                   | numFiles                                           | 1                     |
|                                   | numRows                                            | 0                     |
|                                   | rawDataSize                                        | 0                     |
|                                   | totalSize                                          | 71901                 |
|                                   | transient_lastDdlTime                              | 1682907361            |
|                                   | NULL                                               | NULL                  |
| # Storage Information             | NULL                                               | NULL                  |
| SerDe Library:                    | org.apache.hadoop.hive.serde2.lazy.LazySimpleSerDe | NULL                  |
| InputFormat:                      | org.apache.hadoop.mapred.TextInputFormat           | NULL                  |
| OutputFormat:                     | org.apache.hadoop.hive.ql.io.HiveIgnoreKeyTextOutputFormat | NULL          |
| Compressed:                       | No                                                 | NULL                  |
| Num Buckets:                      | -1                                                 | NULL                  |
| Bucket Columns:                   | []                                                 | NULL                  |
| Sort Columns:                     | []                                                 | NULL                  |
| Storage Desc Params:              | NULL                                               | NULL                  |
|                                   | field.delim                                        | ,                     |
|                                   | serialization.format                               | ,                     |
+-----------------------------------+----------------------------------------------------+-----------------------+
38 rows selected (0.045 seconds)
```

图 8-29　显示指定表的详细结构信息

8.1.4　修改数据库与表

在使用 Hive 管理数据时，为了更清晰、更准确地反映数据的含义或用途，需要更新数据库或表的描述信息。有时，为了适应数据分析的需求或变化，还需要修改表的列名、数据类型、注释或位置等信息。Hive 支持通过 ALTER 关键字对数据库或表的可变更信息进行修改。

1．修改数据库属性

```
ALTER DATABASE database_name
SET DBPROPERTIES (property_name=property_value, ...);
```

通过 ALTER 关键字可以修改数据库的创建时间、备注等属性信息。例如，如果想修改 student_db 数据库的备注，可以使用以下命令：

```
ALTER DATABASE student_db
SET DBPROPERTIES ( 'comment'='This is a demo database');
```

注意，数据库的其他元数据信息都是不可更改的，包括数据库名和数据库所在的目录位置。

2．修改表的属性

修改表名，语法格式如下。

```
ALTER TABLE table_name RENAME TO new_table_name;
```

修改表的属性，语法格式如下。

```
ALTER TABLE table_name
SET TBLPROPERTIES (property_name=property_value, ...);
```

3．修改表的列属性

在表的末尾添加新的列，语法格式如下。

```
ALTER TABLE table_name
ADD COLUMNS  (col_name data_type [comment col_comment], ...);
```

替换表的所有列，语法格式如下。

```
ALTER TABLE  table_name
REPLACE COLUMNS(col_name data_type [comment col_comment], ...);
```

修改列名、数据类型、注释或位置，语法格式如下。

```
ALTER TABLE  table_name
CHANGE COLUMN
old_col_name new_col_name new_data_type [comment col_comment] [first|after column_name];
```

4．修改表的文件格式

修改表的文件格式，需要设置属性 FILEFORMAT 为 TEXTFILE、SEQUENCEFILE、ORC 等。语法格式如下。

```
ALTER TABLE  table_name SET FILEFORMAT file_format;
```

8.1.5 删除数据库与表

在做数据分析的时候，具有时效性的数据是指那些随着时间的推移而变化或者失去价值的数据。当数据库或者表中的数据已经过期或者无用时，可以删除它们以节省存储空间和管理成本。Hive 支持使用 DROP 关键字实现数据库与表的删除操作。

1．删除数据库

删除数据库及其元数据信息的语法格式如下。

```
DROP  DATABASE database_name [CASCADE];
```

如果数据库中存在数据表或其他对象,则需要使用 CASCADE 选项来强制删除。注意,如果数据库是外部的,删除数据库不会删除其数据文件。

2. 删除数据表

删除数据表及其元数据信息的语法格式如下。

```
DROP  TABLE  table_name [PURGE];
```

如果数据表是内部的,删除数据表会将其数据文件移动到垃圾箱(Trash)目录。如果想永久性删除数据表及其数据文件,需要使用 PURGE 选项来跳过垃圾箱。注意,如果数据表是外部的,删除数据表不会删除其数据文件。

3. 清空数据表

清空数据表是指将数据表中的数据清空,但是仍然保留数据表结构的定义,语法格式如下。

```
TRUNCATE table_name;
```

注意:TRUNCATE table_name 只能用于内部表的数据清空,不能用于外部表;只能删除数据表中的所有数据,不能指定条件或删除部分数据;删除数据的过程是不可逆的,不能恢复;删除数据后,会保留数据表的结构和元数据信息;删除数据后,会释放数据表占用的存储空间。

8.1.6 导出数据

Hive 可以将 Hive 数据表中的数据导出到本地文件或其他系统中,以便于进一步处理或展示。Hive 常用的数据导出方法如下。

1. 使用 INSERT OVERWRITE LOCAL DIRECTORY 命令导出数据到本地文件

该方法可以将 Hive 数据表中的数据导出到本地文件系统中,支持指定导出的数据格式和列分隔符。在 Hive 客户端中执行以下命令,将查询结果导出到本地目录中。

```
INSERT OVERWRITE LOCAL DIRECTORY '/opt/moudle/data/' -- 指定本地目录
ROW FORMAT DELIMITED FIELDS TERMINATED BY '\t' -- 指定数据格式和列分隔符
SELECT * FROM hive_table; -- 查询语句
```

2. 使用 INSERT OVERWRITE DIRECTORY 命令导出数据到 HDFS

该方法可以将 Hive 数据表中的数据导出到 HDFS 中,支持指定导出的数据格式和列分隔符。在 Hive 客户端中执行以下命令,将查询结果导出到 HDFS 目录中。

```
INSERT OVERWRITE DIRECTORY '/home/data/' -- 指定 HDFS 目录
ROW FORMAT DELIMITED FIELDS TERMINATED BY '\t' -- 指定数据格式和列分隔符
SELECT * FROM hive_table; -- 查询语句
```

3. 使用 EXPORT 命令导出整个表或分区到 HDFS

该方法可以将 Hive 数据表或分区中的所有数据和元数据导出到 HDFS 中,支持指定导出的目录。在 Hive 客户端中执行以下命令,使用 EXPORT 命令来导出整个表到 HDFS 目录中,代码如下。

```
-- 导出整个表
EXPORT TABLE hive_table TO '/home/data/';
```

可以在 HDFS 目录中查看导出的数据和元数据，目录结构如下。

8.2 Hive 的数据类型

Hive 可以将结构化的数据文件映射为一个表，并提供类 SQL 的查询功能。Hive 的本质是将 HQL 语句转换成 MapReduce 程序来执行。因此，Hive 为适应 MapReduce 的计算模型和 HDFS 的存储模型，提供了数据类型的支持。

合理地定义数据类型可以帮助 Hive 准确地解析和处理数据，避免数据类型不匹配或转换错误的问题；同时也可以让 Hive 支持更多的数据操作和函数，例如使用复杂数据类型可以实现更灵活的数据结构和逻辑，使用日期时间类型可以实现更方便的时间计算和格式化。

Hive 支持两种数据类型：原生数据类型和复杂数据类型。原生数据类型包括数值类型、字符串类型、日期时间类型等，复杂数据类型包括数组类型、映射类型、结构类型等。

8.2.1 Hive 原生数据类型

Hive 是为了解决海量结构化数据的统计和分析而设计的，因此需要支持常见的数值、字符串等基本数据类型。例如对网站一个时间段内的页面浏览量（Page View，PV）、独立访客（Unique Visitor，UV）进行多维度数据分析时，需要使用数值类型、字符串类型、日期时间类型等基本数据类型来存储和查询日志中的各种指标和维度。

如图 8-30 所示，Hive 原生数据类型包括数值类型、日期时间类型、字符串类型、布尔类型，以及二进制类型 5 种。Hive 常见数据类型的取值范围与存储示例如表 8-1 所示。

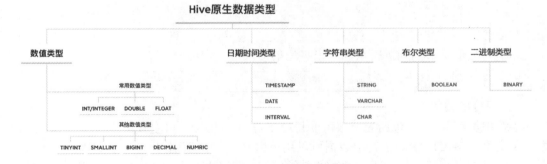

图 8-30　Hive 原生数据类型

表 8-1　Hive 常见数据类型的取值范围与存储示例

数据类型	字节长度（单位：Byte）	取值范围	存储示例
TINYINT	1	−128～127	TINYINT age = 18;
SMALLINT	2	−32768～32767	SMALLINT age = 18;
INT	4	−2147483648～2147483647	INT age = 18;

续表

数据类型	字节长度（单位：Byte）	取值范围	存储示例
BIGINT	8	−9223372036854775808～9223372036854775807	BIGINT age = 18;
FLOAT	4	—	FLOAT age = 18.5;
DOUBLE	8	—	DOUBLE age = 18.5;
DECIMAL	可变长度	—	DECIMAL age = 18.5;
STRING	可变长度	—	STRING name = "John";
BOOLEAN	1	TRUE/FALSE	BOOLEAN is_adult = TRUE;
TIMESTAMP	8	—	TIMESTAMP birth_date = "2020-01-01 00:00:00";
BINARY	可变长度	—	BINARY image = 0xFF00FF;

1．数值类型

常用数值类型共 7 种，包括 1Byte 有符号整数 TINYINT，2Byte 有符号整数 SMALLINT，4Byte 有符号整数 INT，8Byte 有符号整数 BIGINT，4Byte 单精度浮点数 FLOAT，8Byte 双精度浮点数 DOUBLE，任意精度有符号小数 DECIMAL。数值类型的变量可以用于存储和计算各种数值数据，例如统计指标、货币金额等。

例如，下面的语句创建了一个包含多种数值类型列的表，并进行了求和、求平均值、求最大值等操作。

（1）创建包含多种数值类型列的表

```
CREATE TABLE numbers (
    id INT,
    age TINYINT,
    salary FLOAT,
    income DECIMAL(10,2)
);
```

（2）插入数值类型数据

```
INSERT INTO numbers VALUES
(1, 25, 5000.0, 60000.00),
(2, 30, 8000.0, 96000.00),
(3, 35, 10000.0, 120000.00);
```

（3）对数值类型的列进行求和、求平均值、求最大值等操作

```
SELECT SUM(age), AVG(salary), MAX(income) FROM numbers;
```

2．字符串类型

字符串类型共 3 种，包括无上限可变长度字符串 STRING，可变长度字符串 VARCHAR，固定长度字符串 CHAR。字符串数据可以用单引号"'"或双引号"""引起来。Hive 在处理字符串中的字符转义规则时，遵循的是类似 C 语言的转义序列风格。字符串类型可用于存储和处理各种文本数据，例如名称、描述、地址等。

注意，VARCHAR 类型是使用长度说明符（取值范围为 1～65535）创建的，它定义了字符串允许的最大字符数。如果分配给 VARCHAR 类型变量的字符串长度超过长度说明符，则该字符串将被静默截断。CHAR 类型类似于 VARCHAR，但其长度固定，这意味着比指定长度值短的字符串会用空格填充。CHAR 最大长度固定为 255 个字符。

例如，下面的语句创建了一个包含各种字符串类型列的表，并进行了拼接、截取、替

换等操作。

（1）创建一个包含各种字符串类型列的表

```
CREATE TABLE books (
  id INT,
  title STRING,
  author VARCHAR(50),
  genre CHAR(10)
);
```

（2）插入字符串类型数据

```
INSERT INTO books VALUES
(1, 'The Catcher in the Rye', 'J.D. Salinger', 'Novel'),
(2, 'The Hitchhiker\'s Guide to the Galaxy', 'Douglas Adams', 'Sci-Fi'),
(3, 'Harry Potter and the Philosopher\'s Stone', 'J.K. Rowling', 'Fantasy');
```

（3）对字符串类型的列进行拼接、截取、替换等操作

```
SELECT CONCAT(title, ' by ', author) AS full_title FROM books;
SELECT SUBSTR(title, 1, 10) AS short_title FROM books;
SELECT REPLACE(genre, ' ', '') AS trimmed_genre FROM books;
```

3．日期时间类型

常用的日期时间类型包括精度到纳秒的时间戳 TIMESTAMP、日期类型 DATE 两种。日期时间类型可以用于存储和处理各种与时间相关的数据，例如事件发生的时间、日期范围、时间间隔等。

例如，下面的语句创建了一个包含日期时间类型列的表，并进行了格式化、比较、计算等操作。

（1）创建一个包含日期时间类型列的表

```
CREATE TABLE events (
  id INT,
  name STRING,
  start_date DATE,
  end_date DATE,
  start_time TIMESTAMP,
  end_time TIMESTAMP
);
```

（2）插入日期时间类型数据

```
INSERT INTO events VALUES
(1, 'New Year', '2022-01-01', '2022-01-01', '2022-01-01 00:00:00', '2022-01-01 23:59:59'),
(2, 'Spring', '2022-02-01', '2022-02-15', '2022-02-01 08:00:00', '2022-02-15 18:00:00'),
(3, 'Valentine', '2022-02-14', '2022-02-14', '2022-02-14 12:00:00', '2022-02-14 22:00:00');
```

（3）对日期时间类型的列进行格式化、比较、计算等操作

```
SELECT DATE_FORMAT(start_date, 'yyyy-MM-dd') AS formatted_date FROM events;
SELECT * FROM events WHERE start_date > '2022-01-31';
SELECT DATEDIFF(end_date, start_date) AS duration FROM events;
```

另外，INTERVAL 是一种用于表示时间间隔的数据类型，可以用于存储和计算各种时间单位之间的差值，例如年、月、日、时、分、秒等。下面的语句创建了一个包含 INTERVAL

类型列的表,并进行了加减、比较、格式化等操作。

(1) 创建一个包含 INTERVAL 类型列的表

```
CREATE TABLE intervals (
  id INT,
  year_month INTERVAL YEAR TO MONTH,
  day_second INTERVAL DAY TO SECOND
);
```

(2) 插入 INTERVAL 类型数据

```
INSERT INTO intervals VALUES
(1, INTERVAL '1-2' YEAR TO MONTH, INTERVAL '1 2:3:4.000005' DAY TO SECOND),
(2, INTERVAL '2-3' YEAR TO MONTH, INTERVAL '2 4:5:6.000010' DAY TO SECOND),
(3, INTERVAL '3-4' YEAR TO MONTH, INTERVAL '3 6:7:8.000015' DAY TO SECOND);
```

(3) 对 INTERVAL 类型的列进行加减、比较、格式化等操作

```
SELECT year_month + INTERVAL '1' MONTH AS added_month FROM intervals;
SELECT day_second - INTERVAL '1' HOUR AS subtracted_hour FROM intervals;
SELECT year_month > INTERVAL '2' YEAR AS compared_year FROM intervals;
SELECT DATE_FORMAT(day_second, 'HH:mm:ss.SSSSSS') AS formatted_second
FROM intervals;
```

4. 布尔类型

布尔类型(BOOLEAN)可以用于存储和判断二元的逻辑值,含有两个值 TRUE 和 FALSE。例如,下面的语句创建了一个包含一个布尔类型列的表,并进行了筛选和分组。

(1) 创建一个包含布尔类型列的表

```
CREATE TABLE students (
  id INT,
  name STRING,
  gender BOOLEAN
);
```

(2) 将一些数据插入到数据表中

```
INSERT INTO students VALUES
(1, 'Alice', TRUE),
(2, 'Bob', FALSE),
(3, 'Charlie', FALSE),
(4, 'Diana', TRUE);
```

(3) 对布尔类型的列进行筛选和分组

```
SELECT * FROM students WHERE gender = TRUE;
SELECT gender, COUNT(*) FROM students GROUP BY gender;
```

5. 二进制类型

二进制类型是一种用于存储变长的二进制数据的数据类型,可以用于存储和处理各种非文本的数据,例如图片、音频、视频等。例如,下面的语句创建了一个包含二进制类型列的表,并进行了转换和比较。

(1) 创建一个包含二进制类型列的表

```
CREATE TABLE binary_test (
  id INT,
  image BINARY
);
```

（2）插入二进制数据

```
INSERT INTO binary_test VALUES
(1, 0xFF00FF),
(2, 0x00FF00),
(3, 0x0000FF);
```

（3）对二进制类型的列进行转换和比较

```
SELECT id, CAST(image AS STRING) AS image_string FROM binary_test;
SELECT id, image = 0xFF00FF AS image_equal FROM binary_test;
```

8.2.2 Hive 复杂数据类型

Hive 是基于 MapReduce 的计算模型，因此需要支持数组、映射、结构等复杂数据类型，以便在 Map 和 Reduce 阶段传递和处理结构复杂的数据。Hive 可以用于海量结构化数据的离线分析，例如对用户行为、商品销售情况、社交网络等进行分析、挖掘。复杂应用场景下，通常需要使用数组、映射、结构等复杂数据类型来存储和查询复杂的数据结构和逻辑。Hive 复杂数据类型如图 8-31 所示。

图 8-31 Hive 复杂数据类型

1．数组类型

数组类型（ARRAY）是一种复杂数据类型，它可以存储一组同一类型的数据，例如字符串、整数或结构体，是有序的同类型数据的集合。

数组类型用于存储和处理多个相同类型的数据，可以存储对象的多个关联属性，例如用户的好友列表或购物车；还可以存储对象的多个历史状态，例如订单的状态变化或一只股票的价格波动等。

（1）定义数组类型列

在创建数据表时，使用 ARRAY<data_type>来定义数组类型的列，其中，data_type 是数组元素的类型，可以是基本数据类型或复杂数据类型。

假设待存储数据文件 student_array.dat 的内容如下。

```
Alice     90,95,100     reading,music,drawing
Bob       80,85,90      gaming,sports,coding
Charlie   70,75,80      cooking,travelling,writing
```

如下代码所示，创建数据表 student 存储学生的姓名、成绩和爱好，其中，成绩和爱好为多项数据，因此设置为数组类型。在定义语句中，scores ARRAY<INT>定义成绩为多项，每项成绩为 INT 类型，hobbies ARRAY<STRING>定义爱好为多项，每项爱好为 STRING 类型。同时，需要通过 ROW FORMAT DELIMITED FIELDS TERMINATED BY 指定不同列之间的分隔符，还需要通过 COLLECTION ITEMS TERMINATED BY 指定数组元素之间的分隔符，二者做好区分。

```
CREATE TABLE student_array (
 name STRING,
 scores ARRAY<INT>,
 hobbies ARRAY<STRING>
)
ROW FORMAT DELIMITED FIELDS TERMINATED BY '\t'
COLLECTION ITEMS TERMINATED BY ',';
```

将本地文件/opt/module/mydata/student_array.dat 加载到数据表 student_array 中，代码如下所示。

```
LOAD DATA LOCAL INPATH '/opt/module/mydata/student_array.dat' INTO TABLE
student_array;
```

（2）查询数组类型数据

数据加载成功后，若要查看数据表中所有学生的数据，可使用如下代码，查询结果如图 8-32 所示。其中第二、三列的值为数组类型。

```
SELECT * FROM student_array;
```

```
0: jdbc:hive2://localhost:10000> LOAD DATA LOCAL INPATH '/opt/module/mydata/student/student_array.dat' INTO TABLE student_array;
No rows affected (20.486 seconds)
0: jdbc:hive2://localhost:10000> SELECT * FROM student_array;
+----------+----------------+----------------------------------------+
|   name   |     scores     |                hobbies                 |
+----------+----------------+----------------------------------------+
| Alice    | [90,95,100]    | ["reading","music","drawing"]          |
| Bob      | [80,85,90]     | ["gaming","sports","coding"]           |
| Charlie  | [70,75,80]     | ["cooking","travelling","writing"]     |
+----------+----------------+----------------------------------------+
```

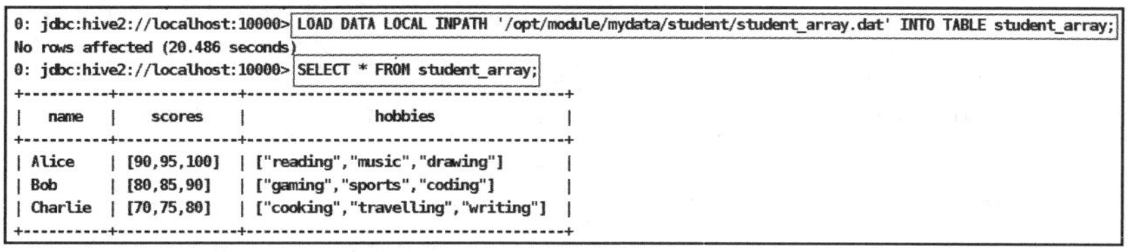

图 8-32　数组类型查询结果

在查询数据时，可使用 array[index]来访问数组中指定位置的元素，其中，index 是从 0 开始的整数。如下代码所示，查询 student_array 表中的学生姓名和第一门成绩两列数据。

```
SELECT name, scores[0] AS first_score FROM student_array;
```

查询语句中，使用 scores[0]访问数组类型中指定索引的值，即第一门成绩。使用 AS first_score 给查询结果的第一门成绩列起别名，即 first_score。查询结果如图 8-33 所示。

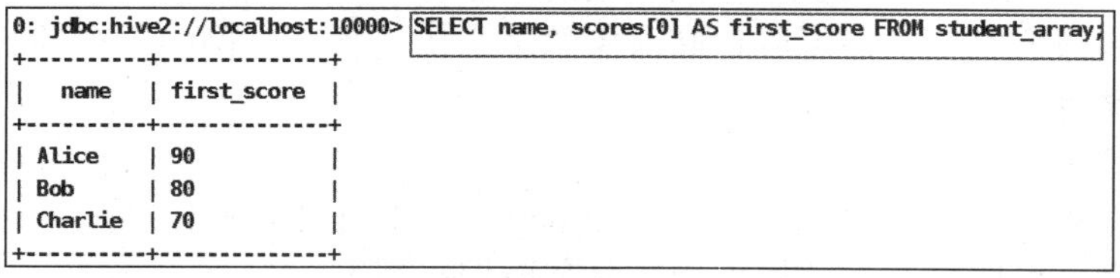

```
0: jdbc:hive2://localhost:10000> SELECT name, scores[0] AS first_score FROM student_array;
+----------+-------------+
|   name   | first_score |
+----------+-------------+
| Alice    | 90          |
| Bob      | 80          |
| Charlie  | 70          |
+----------+-------------+
```

图 8-33　查询学生姓名和第一门成绩

（3）插入数组类型数据

当需要追加数组类型数据时，可使用 ARRAY(element1, element2, ...)来构造数组类型的值，其中 element1, element2, ...是数组元素的值。

如下代码所示，向 student_array 表中插入一条新的数据，包括 3 列的值。其中第二列 scores 值为数组类型，包含 3 门成绩；第三列 hobbies 值为数组类型，包含 3 个爱好。插入语句中，需要使用 ARRAY()函数来构造数组类型的值，其中每个参数是数组的元素，可以是任意类型。

```
INSERT INTO student_array
VALUES ('David', ARRAY(60,65,70), ARRAY('singing', 'dancing', 'acting'));
```

如图 8-34 所示，上述记录被成功插入数据表 student_array。

2．映射类型

映射类型（MAP）可以存储一系列键值对，其中键和值可以是任意类型的，但键不能重复，值可以重复。映射类型用于存储和处理键值对形式的数据，可以存储对象的多个属性和值，例如商品的

图 8-34　插入结果

名称、价格和颜色，或者存储对象的多个关联对象和关系，例如用户的好友名字与亲密度列表。

（1）定义映射类型列

在创建数据表时，使用 MAP<key_type, value_type>来定义映射类型的列，其中，key_type 和 value_type 是键和值的类型，key_type 只能是原生数据类型，而 value_type 可以是基本数据类型或复杂数据类型。假如待存储数据文件 product.dat 的内容如下。

```
1    iPhone 14        price:6999,color:black,size:6.7
2    MacBook Pro      price:12999,color:silver,size:13.3
3    Kindle Paperwhite price:998,color:white,size:6
```

如下代码所示，创建数据表 product，存储商品的编号、名称和属性，其中，属性是映射类型。在定义语句中，通过 attributes MAP<STRING, STRING>指定列 attributes 为映射类型，用于存储商品属性信息，其中，键和值的类型都是 STRING。同时，需要使用 MAP KEYS TERMINATED BY 来指定键值对之间的分隔符，使用 COLLECTION ITEMS TERMINATED BY 来指定映射元素之间的分隔符。

```
CREATE TABLE product (
  id INT,
  Name STRING,
  attributes MAP<STRING, STRING>
)
ROW FORMAT DELIMITED FIELDS TERMINATED BY '\t'
COLLECTION ITEMS TERMINATED BY ','
MAP KEYS TERMINATED BY ':';
```

将本地文件/opt/module/mydata/product.dat 加载到数据表 product 中，代码如下。

```
LOAD DATA LOCAL INPATH '/opt/module/mydata/product.dat' INTO TABLE product;
```

（2）查询映射类型数据

数据加载成功后，若要查看数据表中所有商品的数据，可使用如下代码查询。

```
SELECT * FROM product;
```

查询结果如图 8-35 所示。其中，第三列的值表示商品的属性是映射类型，包含价格、颜色和尺寸 3 个键值对。

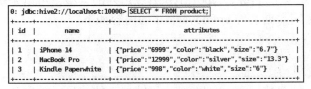

图 8-35　映射类型数据查询结果

在查询数据时，可以使用 attributes[key]来访问映射中指定键的值，其中，key 是键。

如下代码所示，查询 product 表中的商品名称和价格两列数据。查询语句中，需要使用 attributes['price']来访问映射类型中指定键的值，即价格，并使用 AS price 给查询结果列起别名，即 price。

```
SELECT name, attributes['price'] AS price FROM product;
```

查询结果如图 8-36 所示。

图 8-36　查询映射类型数据中的指定键值

（3）插入映射类型数据

当追加映射类型数据时，需要使用 MAP(key1, value1, key2, value2, ...)来构造映射类型的值，其中 key1, value1, key2, value2, ...是键值对的键和值。

如下代码所示，向 product 表中插入一条新的数据时，attributes 列的值为映射类型，包含价格、颜色和尺寸 3 个键值对。需要在插入语句中，调用 MAP()函数来构造映射类型的值，其中第一个参数是键，第二个参数是值，以此类推。

```
INSERT INTO product
VALUES (4, 'AirPods Pro', MAP('price', '1999', 'color', 'white', 'size', 'small'));
```

插入结果如图 8-37 所示。

图 8-37　插入结果

3．结构类型

结构类型（STRUCT）可以存储一组命名列，每列可以是任意类型。结构类型用于存储和处理多个属性组成的对象、多个维度组成的指标等复杂结构数据，可以存储对象的多个属性和值，例如员工的姓名、年龄和工资，或者存储对象的多个关联对象和关系，例如订单的商品、数量和价格。

（1）定义结构类型列

在创建数据表时，需使用 STRUCT<field1: type1, field2: type2, ...>来定义结构类型的列，其中 field1, field2, ...是列的名称，type1, type2, ...是列的类型，可以是基本数据类型或复杂数据类型。假设待存储数据文件 employee.dat 的内容如下。

```
1    Alice     10000,2000
2    Bob       8000,1500
3    Charlie   6000,1000
```

如下代码所示，创建数据表 employee，存储员工的编号、姓名和工资，其中工资是一个结构类型。在定义语句中，通过 salary STRUCT<base: INT, bonus: INT>指定列 salary 为结构类型，用于存储员工的多项工资信息，其中基本工资 base 为 INT 类型，奖金 bonus 为 INT 类型。同时，需使用 ROW FORMAT DELIMITED FIELDS TERMINATED BY 指定结构元素之间的分隔符，使用 COLLECTION ITEMS TERMINATED BY 指定各元素之间的分隔符。

```
CREATE TABLE employee (
 id INT,
 name STRING,
 salary STRUCT<base: INT, bonus: INT>
)
ROW FORMAT DELIMITED FIELDS TERMINATED BY '\t'
COLLECTION ITEMS TERMINATED BY ',';
```

将本地文件/opt/module/mydata/employee.dat 加载到数据表 employee 中，代码如下。

```
LOAD DATA LOCAL INPATH '/opt/module/mydata/employee.dat' INTO TABLE employee;
```

（2）查询结构类型数据

数据加载成功后，若要查看数据表中所有员工的数据，可使用如下代码查询，查询结果如图 8-38 所示。其中，第三列的值表示员工的工资是一个结构类型数据，包含基本工资和奖金两个键值对。

```
0: jdbc:hive2://localhost:10000> SELECT * FROM employee;
+-----+----------+--------------------------------+
| id  |   name   |             salary             |
+-----+----------+--------------------------------+
| 1   | Alice    | {"base":10000,"bonus":2000}    |
| 2   | Bob      | {"base":8000,"bonus":1500}     |
| 3   | Charlie  | {"base":6000,"bonus":1000}     |
+-----+----------+--------------------------------+
```

图 8-38 查询结果

```
SELECT * FROM employee;
```

在查询数据时，可以使用 struct.field 来访问结构中指定列的值，其中，field 是列的名称。如下代码所示，查询 employee 表中的员工姓名和基本工资两列数据。查询语句中使用了 salary.base 来访问结构类型中指定键的值，即基本工资，使用 AS base_salary 给查询结果列起别名，即 base_salary。查询结果如图 8-39 所示。

```
SELECT name, salary.base AS base_salary FROM employee;
```

```
0: jdbc:hive2://localhost:10000> SELECT name, salary.base AS base_salary FROM employee;
+----------+--------------+
|   name   | base_salary  |
+----------+--------------+
| Alice    | 10000        |
| Bob      | 8000         |
| Charlie  | 6000         |
+----------+--------------+
```

图 8-39 查询结构类型数据的指定属性

（3）插入结构类型数据

当追加结构类型数据时，需要使用 named_struct (field1, value1, field2, value2, ...)来构造结构类型的值，其中 field1, field2, ...是列的名称，value1, value2, ...是列的值。

如下代码所示，向 employee 表中插入一条结构类型数据，插入结果如图 8-40 所示。

```
0: jdbc:hive2://localhost:10000> SELECT * FROM employee;
+-----+----------+--------------------------------+
| id  |   name   |             salary             |
+-----+----------+--------------------------------+
| 4   | David    | {"base":5000,"bonus":500}      |
| 1   | Alice    | {"base":10000,"bonus":2000}    |
| 2   | Bob      | {"base":8000,"bonus":1500}     |
| 3   | Charlie  | {"base":6000,"bonus":1000}     |
+-----+----------+--------------------------------+
```

图 8-40 插入结果

```
INSERT INTO employee
VALUES (4, 'David', named_struct('base', 5000, 'bonus', 500));
```

4．联合类型

联合类型（UNIONTYPE）是一种特殊的数据类型，它允许一个字段拥有多个不同的数据类型，但只能存储其中一种类型的值。

联合类型

8.2.3 数据类型转换

Hive 可以使用 HQL 查询和分析大规模的结构化和半结构化数据。在 Hive 中，数据被存储在不同的数据类型中，例如 INT、STRING、ARRAY、MAP 等。有时为满足业务需求或完成复杂的操作，需要对数据进行类型转换。例如，在分析用户的购买行为时，需要将 Hive 中的字符串类型的订单号转换为数值类型，以便进行排序或者分组；在统计用户登录时长时，需要将 Hive 中时间戳类型的登录时间和退出登录时间转换为日期类型，以便进行日期函数的操作。

Hive 支持在原生数据类型之间进行隐式或显式的转换。

1．隐式数据类型转换

隐式数据类型转换是指 Hive 在执行操作时自动进行的数据类型转换。隐式数据类型转换无须用户编写任何代码，只需按照正常的 HQL 语法编写表达式或者函数。Hive 会根据操作符或者函数的参数要求自动进行相应的隐式数据类型转换。

Hive 的原生数据类型可以根据需要进行隐式数据类型转换，类似 Java 的类型转换。例如，表达式中使用 INT 类型与 TINYINT 类型进行数据比较，TINYINT 类型会自动转换为 INT 类型。Hive 不会进行反向转换，INT 类型不能自动转换为 TINYINT 类型。Hive 的复杂数据类型（即 ARRAY、MAP、STRUCT、UNION）不能进行隐式数据类型转换。

例如执行代码 SELECT '3.14' * 2.0;，将 STRING 类型数据与 DOUBLE 类型数据相乘。STRING 类型数据会自动转换为 DOUBLE 类型。因此，执行结果为 6.28，如图 8-41 所示。

注意，隐式数据类型转换的规则是尽量不丢失精度，或者不改变数据的含义。隐式数据类型转换是根据 Hive 的类型层次进行的，宽度越大，表示数据类型的范围越广，精度越高。宽度相同

图 8-41　SELECT '3.14' * 2.0;执行结果

的数据类型之间可以互相转换，宽度较小的数据类型可以隐式地转换为宽度较大的数据类型，反之则需要显式地转换。不同数据类型之间的转换可行性如图 8-42 所示。

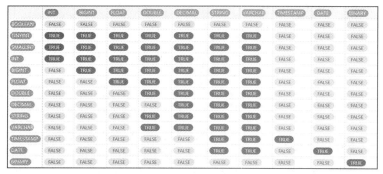

图 8-42　不同数据类型之间的转换可行性

不同数据类型之间的转换规则如下。

（1）任何整数类型都可以隐式地转换为一个范围更广的整数类型，如 TINYINT 类型可以转换成 INT 类型，INT 类型可以转换成 BIGINT 类型。

（2）所有整数类型、FLOAT 类型和 STRING 类型都可以隐式地转换成 DOUBLE 类型。TINYINT 类型、SMALLINT 类型、INT 类型都可以转换为 FLOAT 类型。

（3）BOOLEAN 类型不可以转换为任何其他的类型。

（4）时间戳和日期类型可以隐式地转换成文本类型。

2．显式数据类型转换

显式数据类型转换是指用户在编写 HQL 语句时使用 CAST()函数或者其他函数进行的数据类型转换，显式数据类型转换根据用户的需求和目标进行，可能会丢失精度，或者改变数据的含义，如将 STRING 类型转换为 DATE 类型。

Hive 提供 CAST()函数用于显式地将一种类型的数据转换成另一种类型的数据，语法格式如下。

```
CAST(value AS TYPE)
```

如果转换成功，CAST()函数返回目标类型的值；如果转换失败，CAST()函数返回 NULL。

Hive 还提供了特定的数据类型转换函数，例如日期函数、字符串函数、数学函数等。这些函数可以实现更复杂或者更灵活的数据类型转换。表 8-2 所示为 Hive 中日期时间类型显式转换格式。

表 8-2 日期时间类型显式转换格式

CAST()	说明
CAST(DATE AS DATETIME)	转化为包括秒的时间值，DATETIME 与 TIMESTAMP 等效
CAST(TIMESTAMP AS DATE)	根据本地时区确定时间戳的年/月/日，并作为日期值返回
CAST(STRING AS DATE)	如果字符串的格式为"YYYY-MM-DD"，则返回对应年/月/日的日期值；如果字符串值与此格式不匹配，则返回 NULL
CAST(DATE AS TIMESTAMP)	基于本地时区，时间戳值对应于日期值的年/月/日
CAST(DATE AS STRING)	日期表示的年/月/日被格式化为"YYYY-MM-DD"的字符串

例如，执行代码"SELECT CAST('2022-01-01' AS DATE);"，将 STRING 类型转换为 DATE 类型，执行结果如图 8-43 所示。

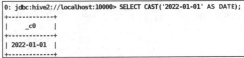

注意，显式数据类型转换可能会丢失精度，使用者需要明确转换目的和结果，避免出现数据错误或者异常。例如，将非法的字符串转换为日期，或者将超出范围的数值转换为整数。

图 8-43 SELECT CAST('2022-01-01' AS DATE);执行结果

8.3 Hive 的数据模型

Hive 的数据模型，一般指 Hive 中的数据抽象，包括数据库、表、分区、桶等概念。这些数据模型是 Hive 对 HDFS 上的数据进行逻辑组织和管理的方式，可以方便用户对数据进行查询和分析。Hive 的数据模型是数据仓库建模的基础，数据模型包括以下 4 种类型。

（1）数据库（Database）。Hive 中的数据库相当于关系数据库中的命名空间，它的作用是将用户和数据库的应用隔离到不同的数据库或者模式中。

（2）表（Table）。Hive 中的表在逻辑上由存储的数据和描述表格数据形式的相关元数据组成。Hive 中的表分为内部表和外部表，内部表的数据存储在 Hive 数据仓库中，外部表的数据可以存储在 Hive 数据仓库外的分布式文件系统中，也可以存储在 Hive 数据仓库中。

（3）分区（Partition）。分区是根据分区键对表的数据进行粗略划分的机制，在 Hive

存储上的体现就是在表的主目录下的一个子目录，这个子目录的名字就是定义的分区列的名字。分区是为了加快数据查询速度而设计的。例如，现有日志文件，文件中的每条记录都带有时间戳，如果根据时间来分区，那么同一天的数据会被分到同一个分区中，如果要查询某一天或某几天的数据，只需要扫描对应分区中的文件即可，查询就会变得很高效。

（4）桶（Bucket）。桶是把表或者分区进一步组织成桶表的方式，也就是说桶是更为细粒度的数据范围划分。Hive 针对表的某一列进行分桶，Hive 采用对表的列值进行哈希计算，然后使用除以桶个数求余的方式决定该条记录存放在哪个桶中。桶表是 Hive 数据模型的最小单元，每个桶只是表目录或者分区目录下的一个文件。

8.3.1 外部表与内部表的定义与区别

Hive 的数据表包括元数据和实际数据两部分。其中，元数据是指表的结构、属性、分区等信息，存储在 Hive 的元数据库中，例如 MySQL。实际数据是指表中存储的具体内容，存储在 HDFS 上的某个目录中。Hive 中包含内部表和外部表两种类型的表，它们的区别主要在于 Hive 是否管理表的全生命周期，即表的元数据和实际数据。

1．内部表的定义与使用

内部表是 Hive 的默认表类型，也叫管理表或托管表。内部表的特点是 Hive 完全管理表的生命周期，包括表的元数据和实际数据。当删除内部表时，表的元数据和实际数据都会从 HDFS 中完全删除。

创建内部表时，LOCATION 关键字为可选的。数据表存储于数据库所在 HDFS 的路径中。Hive 会在 HDFS 上创建一个对应的目录，用来存储表的数据。

例如，创建内部表 student_internal，代码如下所示。

```
CREATE TABLE IF NOT EXISTS student_internal(
   gender STRING, race STRING, parental_level STRING, lunch STRING, course STRING,
math INT, reading INT, writing INT
) ROW FORMAT DELIMITED FIELDS TERMINATED BY ','
```

使用 DESCRIBE 命令查看 student_internal 表的详细信息，如图 8-44 所示，元数据表已经创建成功，并且 Table Type 的值为 MANAGED_TABLE 内部表属性。

```
0: jdbc:hive2://node1:10000> DESCRIBE FORMATTED student_internal;
+-------------------------------+----------------------------------------------------+-----------------+
|          col_name             |                    data_type                       |     comment     |
+-------------------------------+----------------------------------------------------+-----------------+
| # col_name                    | data_type                                          | comment         |
| gender                        | string                                             |                 |
| race                          | string                                             |                 |
| parental_level                | string                                             |                 |
| lunch                         | string                                             |                 |
| course                        | string                                             |                 |
| math                          | int                                                |                 |
| reading                       | int                                                |                 |
| writing                       | int                                                |                 |
|                               | NULL                                               | NULL            |
| # Detailed Table Information  | NULL                                               | NULL            |
| Database:                     | externaldb                                         | NULL            |
| OwnerType:                    | USER                                               | NULL            |
| Owner:                        | hadoop                                             | NULL            |
| CreateTime:                   | Wed May 03 19:47:57 CST 2023                       | NULL            |
| LastAccessTime:               | UNKNOWN                                            | NULL            |
| Retention:                    | 0                                                  | NULL            |
| Location:                     | hdfs://node1:8020/user/hive/warehouse/externaldb.db/student_internal | NULL |
| Table Type:                   | MANAGED_TABLE                                      | NULL            |
| Table Parameters:             | NULL                                               | NULL            |
|                               | bucketing_version                                  | 2               |
```

图 8-44 内部表 student_internal 的详细信息

创建内部表 student_internal 后，在/user/hive/warehouse 下会生成数据存储目录，如图 8-45、

图 8-46 所示。

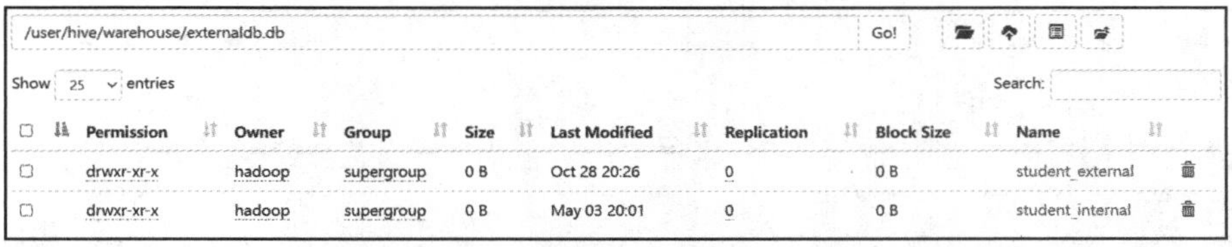

图 8-45　内部表 student_internal 的 HDFS 存储目录

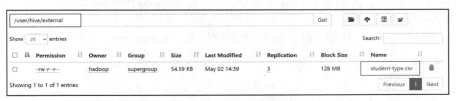

图 8-46　初建时数据表目录下为空

加载数据到内部表时，Hive 会将数据文件移动或复制到对应的目录下。如果是从本地文件系统加载数据，Hive 会复制数据文件到 HDFS 上；如果是从 HDFS 上加载数据，Hive 会移动数据文件到目标目录。

例如，现有 HDFS 文件 /user/hive/external/student-type.csv 待加载，如图 8-47 所示，执行语句 LOAD DATA，代码如下所示。

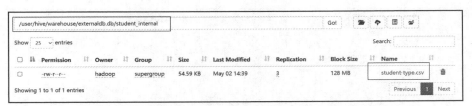

图 8-47　待加载的数据文件

```
LOAD DATA INPATH '/user/hive/external/student-type.csv' OVERWRITE INTO TABLE
student_internal;
```

将数据加载到 Hive 的 student_internal 表中，Hive 会将 student-type.csv 复制到 /user/hive/warehouse/externaldb.db/student_internal，即当前数据库所在 HDFS 路径下的 student_internal 目录下，如图 8-48 所示。

图 8-48　student-type.csv 文件被复制到当前数据库所在 HDFS 路径下

删除内部表时，Hive 会从元存储中删除表的元数据信息，并从 HDFS 上删除对应目录及其所有内容。例如，删除 student_internal 表，代码如下。

```
DROP TABLE student_internal;
```

Hive 会从元存储中删除 student_internal 相关的记录，并从 /user/hive/warehouse 下删除

student_internal 目录及其所有文件，如图 8-49 所示。

图 8-49　执行删除操作后数据文件同时被删除

2. 外部表的定义与使用

外部表是 Hive 的一种特殊表类型，也叫非托管表或自定义表。外部表的特点是 Hive 只管理表的元数据，而不管理表的实际数据。当删除外部表时，表的元数据会从 HDFS 中删除，但表的实际数据不会被删除。外部表只有元数据由 Hive 控制，而实际数据由 HDFS 或其他文件系统控制。外部表的优点是可以保护数据不被误删，也可以减少数据传输和加载的开销。外部表的缺点是不能支持一些操作，如归档、合并、事务等，需要额外维护元数据和实际数据之间的一致性。外部表适用于由其他工具或应用共享、管理的数据，例如从 HDFS 或其他数据库中读取的数据。

创建外部表时，Hive 会在 HDFS 上创建一个对应的目录，用来存储表的元数据。创建外部表时需要使用 EXTERNAL 关键字，即 CREATE EXTERNAL TABLE，并指定表的名称、列名、数据类型、分隔符、位置等属性。其中，LOCATION 关键字用于指明数据存储在 HDFS 上的哪个目录中。

例如，将测试使用的外部文件存储于 HDFS 的/user/hive/mydata 目录中，如图 8-50 所示。

图 8-50　HDFS 中待加载的数据文件 student-type.csv

使用 CREATE EXTERNAL TABLE 命令创建一个外部表来映射这些数据。如创建外部表 student_external 与 HDFS 文件 /user/hive/mydata/student-type.csv 进行关联，代码如下。

```
CREATE EXTERNAL TABLE IF NOT EXISTS student_external(
    gender STRING,
    race STRING,
    parental_level STRING,
    lunch STRING,
    course STRING,
    math INT,
    reading INT,
    writing INT
)
ROW FORMAT DELIMITED FIELDS TERMINATED BY ','
LOCATION '/user/hive/mydata';
```

在代码中使用 LOCATION 关键字直接指定该外部表关联的数据文件所在的文件夹，可以直接通过该外部表对/user/hive/mydata 文件夹下的所有数据文件进行统计分析，图 8-51

所示为查询该外部表的前 3 条数据的结果。

```
0: jdbc:hive2://localhost:10000> SELECT * FROM student_external LIMIT 3;
+--------+---------+------------------+----------+-----------+------+---------+---------+
| gender |  race   |  parental_level  |  lunch   |  course   | math | reading | writing |
+--------+---------+------------------+----------+-----------+------+---------+---------+
| female | group B | bachelor's degree| standard | none      | 72   | 72      | 74      |
| female | group C | some college     | standard | completed | 69   | 90      | 88      |
| female | group B | master's degree  | standard | none      | 90   | 95      | 93      |
+--------+---------+------------------+----------+-----------+------+---------+---------+
```

图 8-51 查询前 3 条记录的结果

使用 DESCRIBE 命令查看 student_external 表的详细信息，如图 8-52 所示，元数据表已经创建成功，并且 Table Type 的值为 EXTERNAL_TABLE。

```
0: jdbc:hive2://node1:10000>  DESCRIBE FORMATTED student_external;
+-----------------------------+----------------------------------+----------+
|          col_name           |            data_type             | comment  |
+-----------------------------+----------------------------------+----------+
| # col_name                  | data_type                        | comment  |
| gender                      | string                           |          |
| race                        | string                           |          |
| parental_level              | string                           |          |
| lunch                       | string                           |          |
| course                      | string                           |          |
| math                        | int                              |          |
| reading                     | int                              |          |
| writing                     | int                              |          |
|                             | NULL                             | NULL     |
| # Detailed Table Information| NULL                             | NULL     |
| Database:                   | externaldb                       | NULL     |
| OwnerType:                  | USER                             | NULL     |
| Owner:                      | hadoop                           | NULL     |
| CreateTime:                 | Thu May 04 13:11:38 CST 2023     | NULL     |
| LastAccessTime:             | UNKNOWN                          | NULL     |
| Retention:                  | 0                                | NULL     |
| Location:                   | hdfs://node1:8020/user/hive      | NULL     |
| Table Type:                 | EXTERNAL_TABLE                   | NULL     |
| Table Parameters:           | NULL                             |          |
```

图 8-52 外部表 student_external 的详细信息

但是访问数据库 student_db 所在目录，Hive 并没有为 student_external 表创建任何存储文件的路径。

加载数据到外部表时，Hive 不会将数据文件移动或复制到对应的目录下，而是通过 LOCATION 关键字指定数据文件所在的 HDFS 路径。因此，上述代码不会改变原有目录下的文件内容，如图 8-53、图 8-54 所示。

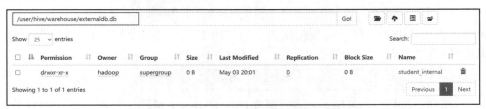

图 8-53 外部表创建后的数据库目录

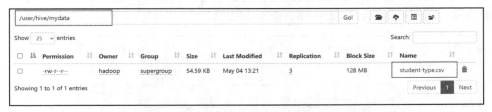

图 8-54 LOAD DATA 命令执行后的 /user/hive/mydata 目录

删除外部表时，Hive 会从元存储中删除表的元数据信息，但不会从 HDFS 上删除 LOACATION 指定的路径及其所有内容。如图 8-55 所示，删除 student_external 表，Hive 会从元存储中删除 student_external 相关的记录，但不会从数据库所在目录下删除外部表目录及其所有文件，如图 8-56 所示。

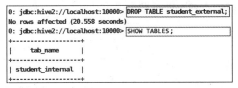

图 8-55 删除外部表 student_external

图 8-56 删除外部表 student_external 后的数据库目录

在创建表时，可以省略指定 HDFS 文件路径的步骤，而通过后续的 LOAD DATA 命令来指定数据加载的位置。以下是一条示例语句，用于创建一个外部表 student_external，未指定 LOCATION 路径。

```
CREATE EXTERNAL TABLE IF NOT EXISTS student_external(
    gender STRING, race STRING, parental_level STRING, lunch STRING, course STRING,
math INT, reading INT, writing INT
)
ROW FORMAT DELIMITED FIELDS TERMINATED BY ','
```

注意，此语句中没有使用 LOCATION 关键字来指定数据文件的位置。执行语句后，Hive 会在元数据中创建一个外部表的记录，并在 HDFS 上创建数据表目录，如图 8-57 所示。

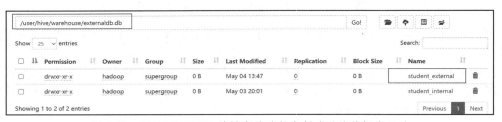

图 8-57 无 LOCATION 关键字的外部表创建后的数据库目录

让外部表关联数据文件，需要使用以下语句将 HDFS 上的数据文件加载到外部表中。语法规范见 8.1.2 节。

```
LOAD DATA INPATH '/user/hive/mydata/' INTO TABLE student_external;
```

执行数据加载语句后，Hive 会将数据文件从 HDFS 上移动到外部表所在的目录下，并更新元数据。注意，这里的移动是物理移动，而不是逻辑移动。也就是说，原来的数据文件会被删除，而不是复制，如图 8-58、图 8-59 所示。

图 8-58 执行 LOAD DATA 命令后的外部表 student_external 目录

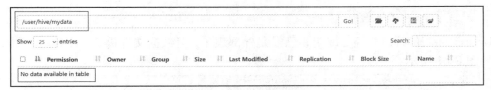

图 8-59　执行 LOAD DATA 命令后的 /user/hive/mydata 目录

无论哪种数据加载方式，删除外部表时，Hive 会删除元数据信息，但不会删除所创建的默认数据表目录及其文件。如果该外部表已经存在过，并通过 DROP 删除了元数据，再次创建同名表以及加载同名文件，文件名会增加"_copy_1"后缀，如图 8-60 所示。

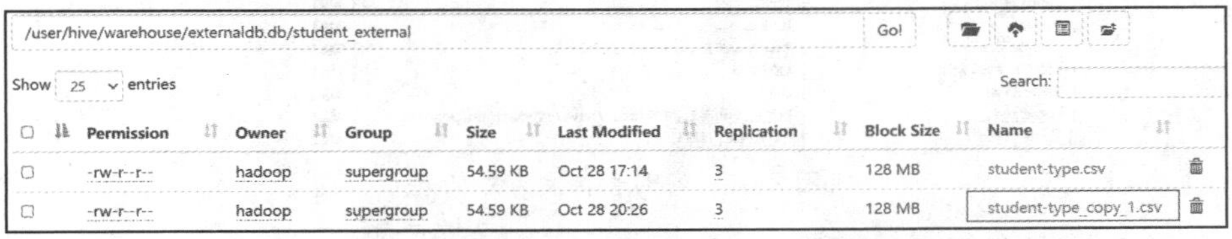

图 8-60　DROP 后创建同名外部表 student_external

3．内部表与外部表的区别

内部表和外部表的区别主要在于 Hive 是否管理表的全生命周期。内部表适用于由 Hive 完全管理的数据，外部表适用于由其他工具或应用共享、管理的数据。内部表和外部表在创建、删除、修改、加载等操作上有不同的语法和效果。

（1）内部表的创建语句不需要使用 EXTERNAL 关键字，而外部表的创建语句需要使用 EXTERNAL 关键字。

（2）当使用 LOAD DATA 命令向内部表中加载数据时，会将数据从源路径复制到目标路径，即 HDFS 上的内部表目录下。当使用 LOAD DATA 命令向外部表中加载数据时，只会修改元数据，不会改变实际数据的位置。如果要向外部表中加载数据，建议使用 INSERT 命令，或者直接将数据放到 HDFS 上的外部表目录下。

（3）当使用 DROP TABLE 命令删除内部表时，会同时删除元数据和实际数据，即 HDFS 上的文件也会被删除或移动到回收站中。当使用 DROP TABLE 命令删除外部表时，只会删除元数据，即 Hive 元数据库中的记录，HDFS 上的文件不会受到影响，仍然可以被其他工具或应用访问。

（4）当对内部表的结构进行修改时，例如添加或删除列等，Hive 会自动同步元数据和实际数据之间的关系，保证一致性。当对外部表的结构或分区进行修改时，Hive 不会自动同步元数据和实际数据之间的关系，可能导致不一致。

4．内部表与外部表的转换

内部表与外部表的转换，可以使用 ALTER TABLE 语句修改表的 EXTERNAL 属性值完成。EXTERNAL 值为 FALSE 时，表为内部表，值为 TRUE 时，表为外部表。

例如，可以使用以下语句将内部表 product 转换为外部表。

```
ALTER TABLE product SET TBLPROPERTIES ('EXTERNAL' = 'TRUE');
```

上述语句中，使用 ALTER TABLE 关键字来指定要修改的表名，然后使用 SET TBLPROPERTIES 关键字来设置表的属性。

注意，EXTERNAL 必须用大写字母，否则设置不会生效。

执行这个语句后，Hive 会将表的类型从内部表改为外部表，但不会改变数据文件的位置。可以使用 DESC FORMATTED 语句查看表的类型和位置。代码如下。

```
DESC FORMATTED product;
```

Hive 返回表的详细信息，说明表已经是外部表了，但数据文件仍然在 Hive 的数据仓库中，如图 8-61 所示。

```
0: jdbc:hive2://localhost:10000> DESC FORMATTED product;
+-------------------------------+----------------------------------------------------+-----------+
|           col_name            |                     data_type                      |  comment  |
+-------------------------------+----------------------------------------------------+-----------+
| # col_name                    | data_type                                          | comment   |
| id                            | int                                                |           |
| name                          | string                                             |           |
| attributes                    | map<string,string>                                 |           |
|                               | NULL                                               | NULL      |
| # Detailed Table Information  | NULL                                               | NULL      |
| Database:                     | student_db                                         | NULL      |
| OwnerType:                    | USER                                               | NULL      |
| Owner:                        | hadoop                                             | NULL      |
| CreateTime:                   | Mon May 01 19:31:22 CST 2023                       | NULL      |
| LastAccessTime:               | UNKNOWN                                            | NULL      |
| Retention:                    | 0                                                  | NULL      |
| Location:                     | hdfs://node1:8020/user/hive/student_db/product     | NULL      |
| Table Type:                   | EXTERNAL_TABLE                                     | NULL      |
```

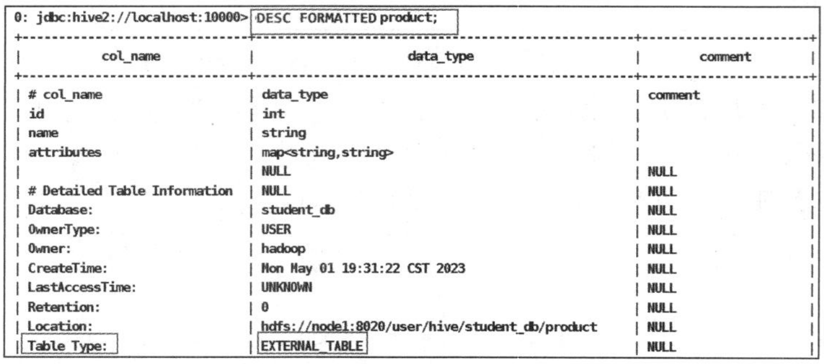

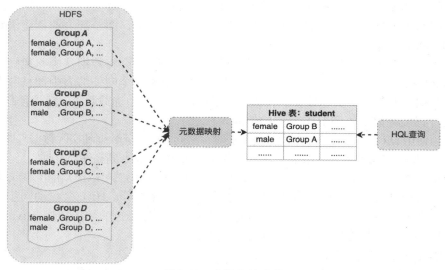

图 8-61　内部表转换为外部表

8.3.2　分区的概念与作用

Hive 分区可以将表的数据按照某些列的值进行划分，存储在不同的子目录中。在查询时，可以根据分区条件缩小数据范围，只扫描需要的分区，减少 I/O 开销和计算量，提高查询效率，避免全表扫描。分区存储示意如图 8-62 所示。

图 8-62　分区存储示意

Hive 分区的应用面向大规模的数据集，需要按照某些常用的过滤条件进行划分。例如，学生分为 A、B、C、D 等不同组，此时可根据分组创建分区。将不同组下的数据导入对应分区进行存储，如图 8-62 所示。通过分区可以减少查询时扫描的数据量，提高查询效率，也可以方便地对不同的分区施行不同的管理策略。例如电商系统在对用户当前兴趣进行分析时，只需要考虑用户日志下的前一个月的数据。此时，可以对用户日志数据按年、月进行分区存储。

分区提供了一个隔离数据和优化查询的便捷方式，不过并非所有的数据都可形成合理的分区。确定合适大小的分区划分方式是非常重要的，不合理的分区划分方式可能导致有的分区数据过多，而某些分区没有数据的情况。

创建分区表语法规则如下。

```
CREATE [EXTERNAL] TABLE table_name (
 col_name data_type,
 ...
)
-- 指定分区列和数据类型
PARTITIONED BY (partition_col data_type, ...)
[ROW FORMAT row_format]
[LOCATION 'hdfs_path'];
```

该语句只创建一个分区表的元数据,并不会创建分区目录或加载数据文件。要创建分区目录,还需要使用如下语句。

```
ALTER TABLE table_name
ADD [IF NOT EXISTS] PARTITION partition_spec [LOCATION 'location']
[, PARTITION partition_spec [LOCATION 'location'], ...];
```

PARTITIONED BY (partition_col data_type, ...) 在创建分区时必须指定,表示要创建的表的分区列和数据类型。partition_col 可以是任意合法的标识符,data_type 可以是 Hive 支持的任意数据类型。

注意,分区表的列是用来将表的数据划分成多个子目录的,每个子目录对应一个分区列的值。分区列是一种伪列,它不存储实际的数据,只是用来标识分区。分区列不能和表中的其他列同名,否则会报如下错误。

```
FAILED: error in semantic analysis: Column repeated in partitioning columns
```

1. 单值分区

单值分区是指将数据根据某个列的值进行分区,每个分区对应该列的一个取值,这个列通常是数据的时间、地理位置等具有单一取值的列。例如,可以根据学生成绩表中的科目信息创建一个单值分区表。学生成绩数据包括学生姓名、学生成绩、科目信息等。学生成绩数据内容示例如下。

```
Alice,90,Hadoop
Bob,80,Hadoop
Cathy,100,Hive
David,50,Hive
Eric,70,Python
Frank,95,Python
```

此时,每门课程一个分区,一个分区中包含的成绩数据都是同一门课程的。这种分区方式被称为"单值分区"。

单值分区表可以大大提高数据的查询效率,因为查询只需要扫描与查询条件匹配的分区,而不需要扫描整个表。同时,单值分区表的数据也更加容易管理和维护。但需要注意,如果分区列的取值过多,会导致 Hive 元数据管理的复杂度升高,同时查询效率也会受到影响。因此,在创建单值分区表时,需要根据实际情况进行取值的选择和分区的设计。

例如,按照科目对学生成绩数据/user/hive/mydata/score.dat 进行分区。单值分区使用一个分区函数来定义如何将分区列的值映射到不同的分区。创建分区表时,需要指定分区列,并将其定义到 PARTITIONED BY 参数中。本例中,定义分区列为科目,分区列名称定义为 subject,代码如下。

```
CREATE TABLE score_subject(
```

```
   name STRING, score INT
)
PARTITIONED BY (subject STRING) -- 按科目进行分区
ROW FORMAT DELIMITED FIELDS TERMINATED BY ",";
```

按照上述科目进行单值分区的 Hive 数据表，将学生成绩数据分成 3 个数据区，分别是 Hadoop 科目区、Hive 科目区和 Python 科目区，数据将按如下格式进行整理。

- subject = 'Hadoop'分区：包含 Hadoop 科目的数据。例如：Alice, 90。
- subject = 'Hive'分区：包含 Hive 科目的数据。例如：Cathy, 100。
- subject = 'Python'分区：包含 Python 科目的数据。例如：Eric, 70。

2．加载分区表数据

在 Hive 中，分区表定义成功后，需要将数据按分区的要求加载。单值分区表可以使用静态分区或动态分区实现数据导入。

静态分区是指在创建表时，指定的分区列的取值已明确。如前文学生成绩数据中，已知科目数值取值范围为[Hadoop,Hive,Python]。在加载数据时，不同的数据存储于哪一个分区，可以使用 PARTITION 子句直接指定。静态分区的优点是方便管理和查询，缺点是需要提前知道所有分区的取值。

动态分区是指在插入数据时动态创建分区，Hive 会根据插入数据的列值自动创建分区。动态分区可以使用 INSERT OVERWRITE 语句和 INSERT INTO 语句来插入数据。相比静态分区，动态分区更加灵活，可以根据实际数据动态创建分区，但是对于大量的分区，会增加元数据管理的复杂度。

分区表在加载数据时，可以使用 LOAD DATA 语句或 INSERT INTO 语句。通过 PARTITION(partition_col=value, ...)指定分区列的值。分区列的值，可以有一个或多个，但其类型必须和分区列的类型一致。

（1）静态分区

静态分区在插入数据时，要用 PARTITION(partition_col=value, ...)指定分区列的值。在使用 LOAD DATA 语句加载数据时，通过 PARTITION 关键字指定加载的目标分区。加载数据时，Hive 会根据分区列的值，在 HDFS 中创建相应的目录，并将数据文件存放在对应的目录中。同时，Hive 会在元数据中记录分区的信息，包括分区值和位置等。语法格式如下。

```
LOAD DATA [LOCAL] INPATH 'file_path'
[OVERWRITE] INTO TABLE table_name
PARTITION (partition_col=value, ...);
```

其中，PARTITION (partition_col=value, ...)参数表示要加载数据的分区。partition_col 和 value 是分区列和分区值。如果表是分区表，必须指定分区参数；如果表不是分区表，不能指定分区参数。

例如"1.单值分区"所述，HDFS 中的数据文件/user/hive/mydata/score_subject 目录，包含按科目划分好的文件集合，每个文件代表一个科目的成绩列表。每个文件的每行包含一个学生的姓名、成绩和科目，用逗号分隔。使用以下语句创建一个按照科目分区的 Hive 数据表 student_score_static。

```
CREATE TABLE student_score_static(
 name STRING,
 score INT
)
PARTITIONED BY (subject STRING) -- 按科目进行分区
```

```
ROW FORMAT DELIMITED FIELDS TERMINATED BY ",";
```

将学生成绩数据集中不同科目的成绩按照文件划分存储，每个文件中存储了一个科目的学生成绩列表，如图 8-63 所示。

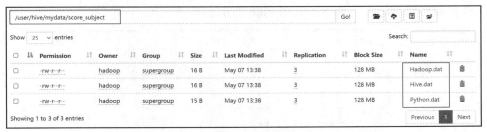

图 8-63　学生成绩数据集目录

① 使用 LOAD DATA 语句加载数据

可以使用以下语句，将 HDFS 中/user/hive/mydata/score_subject 目录中的数据加载到指定表，并且需要指定每个分区的科目。

```
LOAD DATA INPATH '/user/hive/mydata/score_subject/Hadoop.dat'
INTO TABLE student_score_static PARTITION (subject='Hadoop');
```

上述代码将 Hadoop.dat 文件加载到 student_score_static 数据表目录中，并创建对应分区文件夹 subject=Hadoop。因 student_score_static 为内部表，所以，文件 Hadoop.dat 被移动至该目录下，如图 8-64 所示。

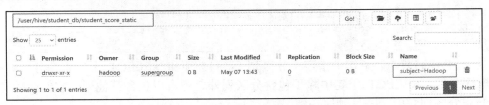

图 8-64　分区 subject=Hadoop 的存储目录

同一分区目录中可以存放多个文件，将文件/user/hive/mydata/score_subject/Hadoop-2023.dat 文件也加载到 subject=Hadoop 分区，如图 8-65 所示，该目录中存放对应的多个文件。

```
LOAD DATA INPATH '/user/hive/mydata/score_subject/Hadoop-2023.dat'
INTO TABLE student_score_static PARTITION (subject='Hadoop');
```

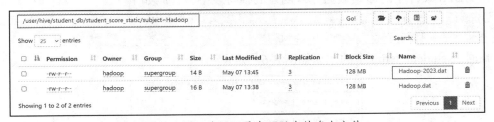

图 8-65　同一分区目录中可以存放多个文件

如果要将全部数据集加载到指定分区下，需要使用多条加载语句，并指定分区值，逐条执行。代码如下。

```
LOAD DATA INPATH '/user/hive/mydata/score_subject/Hive.dat'
```

```
INTO TABLE student_score_static PARTITION (subject='Hive');
LOAD DATA INPATH '/user/hive/mydata/score_subject/Python.dat'
INTO TABLE student_score_static PARTITION (subject='Python');
```

所有文件加载完毕后,按照加载时指定的不同的分区个数,产生了对应的文件夹,并且将文件复制到对应的文件夹下,如图 8-66 所示。

图 8-66　创建多个分区目录

② 使用 INSERT INTO 语句加载数据

将数据查询结果加载到分区表是一种常用的动态分区方式,它可以根据查询结果自动创建或插入分区。语法格式如下。

```
INSERT [OVERWRITE] TABLE target_table (
--非分区列
col_name data_type,
...
)
PARTITION (partition_col1, partition_col2, ...)
SELECT col_name1, col_name2, ..., partition_col1, partition_col2, ...
FROM source_table;
```

其中,PARTITION 子句中指定了分区列,它们必须和 SELECT 子句中的分区列对应,并且顺序一致。SELECT 子句中除了包含分区列外,还可以包含其他列,它们必须和分区表中的非分区列对应,并且顺序一致。

创建一个临时表 student_temp,用来存储文件中的数据。

```
CREATE TABLE student_temp(
 name STRING, score INT, subject STRING
)
ROW FORMAT DELIMITED FIELDS TERMINATED BY ",";
```

将 HDFS 文件中的原始数据导入创建的临时表中,代码如下。

```
LOAD DATA INPATH '/user/hive/mydata/score.dat'
OVERWRITE INTO TABLE student_temp
```

临时表 student_temp 中的数据如图 8-67 所示。

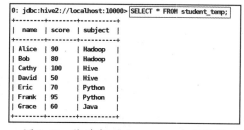

图 8-67　临时表 student_temp 中的数据

例如，使用 INSERT INTO 语句，从 student_temp 数据表中导入数据到 student_score_static 表的 subject=Java 分区，需要在插入时，使用 PARTITION (partition_col=value)指定目标分区，代码如下。

```
INSERT INTO TABLE student_score_static
PARTITION (subject='Java')
SELECT name, score FROM student_temp WHERE subject='Java';
```

上述代码从 student_temp 表中查询科目为 Java 的 name 和 score 两列数据并将数据插入 student_score_static 表中。

注意，查询结果的列个数及顺序，需要与目标表 student_score_static 中的数据列保持一致。插入结果如图 8-68 所示。

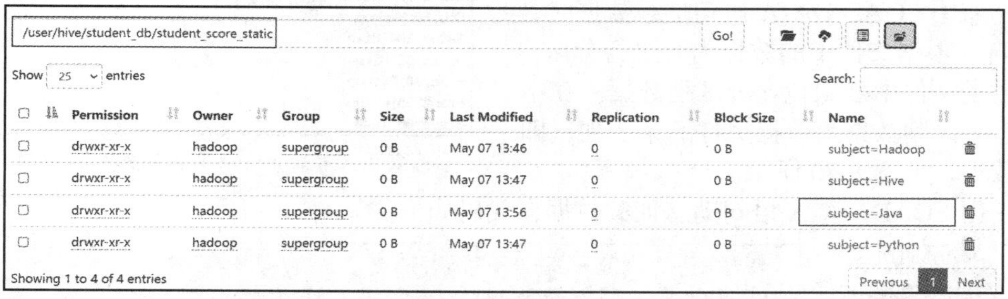

图 8-68　插入结果

静态分区插入数据，需要手动指定每个分区的科目，而且文件中的数据必须和分区匹配，否则会导致数据混乱。

（2）动态分区

静态分区需要手动指定每个分区列的值。如果分区数量很多，操作烦琐。为了解决静态分区的缺点，Hive 提供了动态分区的功能。动态分区是指在加载数据时，根据数据本身的属性自动创建或插入分区。

加载数据之前需要先设置两个参数，开启动态分区的功能，并设置为非严格模式，允许所有的分区都是动态的，否则会报错。

参数设置命令如下所示。

```
-- 开启动态分区功能
SET hive.exec.dynamic.partition = TRUE;
-- 设置动态分区模式为非严格模式，允许所有的分区都是动态的
SET hive.exec.dynamic.partition.mode = nonstrict;
```

例如，HDFS 中的数据文件/user/hive/mydata/score.dat，如图 8-69 所示，包含按科目划分好的成绩信息，所有科目数据都包含在同一个文件中。

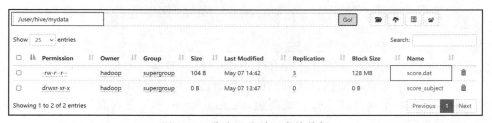

图 8-69　待分区的科目成绩数据

文件的每行包含一个学生的姓名、成绩和科目，用逗号分隔。使用以下语句创建一个按照科目分区的 Hive 数据表 student_score_dynamic。

```
CREATE TABLE student_score_dynamic(
  name STRING,
  score INT
)
PARTITIONED BY (subject STRING) -- 按科目进行分区
ROW FORMAT DELIMITED FIELDS TERMINATED BY ",";
```

使用动态分区的方式向分区表 student_score_dynamic 中加载数据。动态分区不需要手动指定每个分区的科目，而是根据文件中的数据自动创建分区。

① 使用 LOAD DATA 语句加载数据

在使用 LOAD DATA 语句加载数据时，Hive 自动根据文件中的数据内容进行分区。要求数据文件中必须包含分区列数据。在本例中，分区列数据为数据文件的第 3 列，即科目数据，如图 8-70 所示。

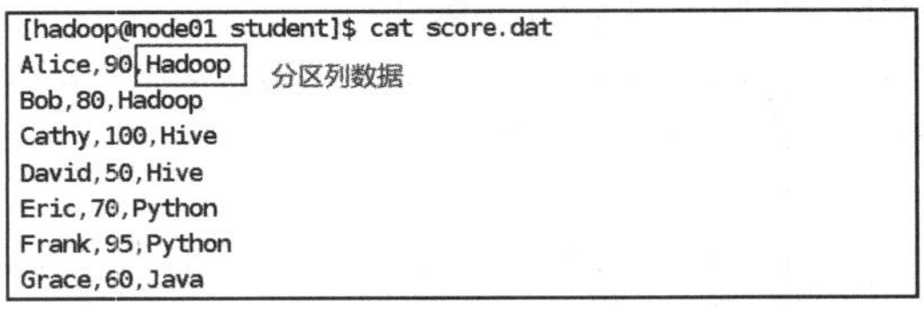
```
[hadoop@node01 student]$ cat score.dat
Alice,90,Hadoop
Bob,80,Hadoop
Cathy,100,Hive
David,50,Hive
Eric,70,Python
Frank,95,Python
Grace,60,Java
```


图 8-70　score.dat 文件中的分区列数据

使用 LOAD DATA 语句动态加载数据，代码如下。

```
LOAD DATA INPATH '/user/hive/mydata/score.dat'
OVERWRITE INTO TABLE student_score_dynamic ;
```

注意，此时无须指定 PARTITION 关键字。因为数据表在创建时指定了分区，数据在加载时，将对应 name 与 score 列数据解析完毕后，会将下一列数值解析为分区列 subject，从而进行动态分区，结果如图 8-71 所示。

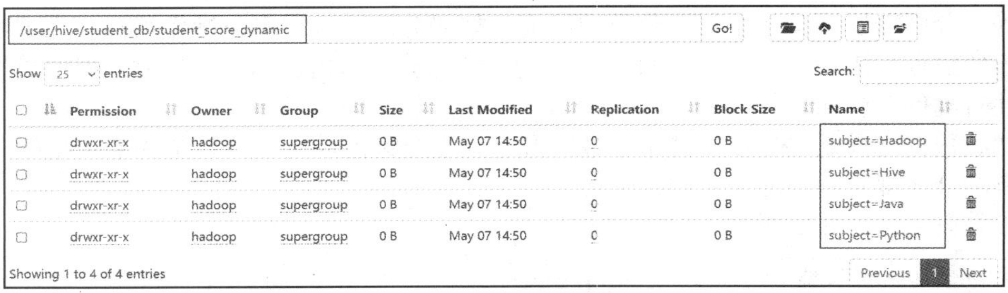

Permission	Owner	Group	Size	Last Modified	Replication	Block Size	Name
drwxr-xr-x	hadoop	supergroup	0 B	May 07 14:50	0	0 B	subject=Hadoop
drwxr-xr-x	hadoop	supergroup	0 B	May 07 14:50	0	0 B	subject=Hive
drwxr-xr-x	hadoop	supergroup	0 B	May 07 14:50	0	0 B	subject=Java
drwxr-xr-x	hadoop	supergroup	0 B	May 07 14:50	0	0 B	subject=Python

图 8-71　使用 LOAD DATA 语句动态分区结果

② 使用 INSERT INTO 语句加载数据

使用 INSERT INTO 语句加载数据的方式，将表 student_temp 中的成绩数据，通过动态分区方式，存储到分区表 student_score_dynamic 中，代码如下。

```
INSERT INTO TABLE student_score_dynamic
PARTITION (subject)
SELECT name, score, subject FROM student_temp;
```

注意，在加载语句中，需要指定 PARTITION 属性。但是只需要指定列名，不需要给分区列赋值，动态分区会自动依据分区列的值进行分区，结果如图 8-72 所示。

每个分区下是一个文件块，包含临时表 student_temp 中对应列值与分区信息相同的数据内容，如图 8-73 所示。

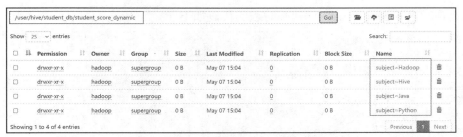

图 8-72　使用 INSERT INTO 语句动态分区结果

图 8-73　Hadoop 分区下的数据内容

动态分区方式适合大批量的数据插入。根据需要，可以限制动态分区创建的数量，避免产生过多的小文件或者超出系统限制；也可以对分区数、文件数进行上限限制，参数设置命令如下所示。

```
--设置每个节点能创建的最大动态分区数
SET hive.exec.max.dynamic.partitions.pernode=1000;
--设置一条语句能创建的最大动态分区数
SET hive.exec.max.dynamic.partitions=10000;
--设置全局能被创建的文件数目的最大值
SET hive.exec.max.created.files=1000000;
```

3．多值分区

多值分区表是 Hive 中一种特殊的表，其每个分区列的值可以是多个，相当于是多个值对应同一个分区，可以用于细粒度更高的数据分析和查询。与普通的分区表相比，其主要的不同点在于创建多值分区表时需要指定多个分区列，每个分区列都可以有多个值。

例如，存在一组订单数据，包括订单号、客户名、商品名、销售数量、销售时间和销售城市。数据被保存在 HDFS 的 /user/hive/mydata/orders.txt 文件中，每行一条数据，每列的值用逗号分隔。数据格式如下所示。

```
1001,张三,iPhone 13,1,2021-10-01 10:00:00,Beijing
1002,李四,iPad Pro,2,2021-10-02 11:00:00,Beijing
1003,王五,MacBook Air,1,2021-10-03 12:00:00,Guangzhou
1004,赵六,AirPods Pro,3,2021-10-04 13:00:00,Guangzhou
1005,孙七,Apple Watch,2,2021-10-05 14:00:00,Shenzhen
```

创建临时表 orders_temp，创建临时表的代码如下。

```
CREATE TABLE orders_temp (
  order_id INT,
  customer_name STRING,
  product_name STRING,
  sale_quantity INT,
  sale_time TIMESTAMP,
  sale_city STRING
)
ROW FORMAT DELIMITED FIELDS TERMINATED BY ",";
```

将上述文件数据导入数据表中，代码如下。

```
LOAD DATA INPATH '/user/hive/mydata/orders.txt'
OVERWRITE INTO TABLE orders_temp ;
```

按照城市和年份来进行分区，可以在创建分区表时，通过 PARTITIONED BY (sale_city STRING, sale_year INT)指定两个分区列，创建分区表的代码如下。

```
CREATE TABLE orders_multi_partitioned (
  order_id INT,
  customer_name STRING,
  product_name STRING,
  sale_quantity INT,
  sale_time TIMESTAMP
) PARTITIONED BY (sale_city STRING, sale_year INT)
ROW FORMAT DELIMITED FIELDS TERMINATED BY ",";
```

在多值分区表中导入数据时可以选择使用 LOAD DATA 语句加载文件，也可以使用 INSERT 语句插入查询结果。具体语法见"2.加载分区表数据"。例如，使用插入查询结果的方式将临时表 orders_temp 中的数据按照城市和年份导入指定分区并存储。

（1）静态分区导入

静态分区导入数据时，需要在插入语句中指定分区值。导入城市为 Beijing、年份为 2021 的数据，代码如下。

```
INSERT INTO orders_multi_partitioned
PARTITION (sale_city='Beijing',sale_year='2021')
SELECT order_id, customer_name, product_name, sale_quantity, sale_time
FROM orders_temp
WHERE sale_city='Beijing' AND YEAR(sale_time)=2021;
```

上述代码把临时表中符合条件的数据导入指定的分区中。其中，YEAR(sale_time)用于提取 sale_time 列中的年份数据。多值分区会创建一个多层的目录，如图 8-74 和图 8-75 所示。第一个分区列 sale_city 作为第一层目录，第二个分区列 sale_year 作为内部目录。如果要导入其他分区，需要写多个插入语句，指定不同的分区值。

图 8-74　多值分区静态分区导入数据的第一分区目录 sale_city=Beijing

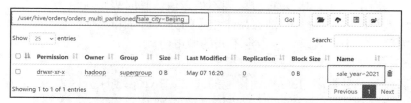

图 8-75　多值分区静态分区导入数据的第二分区目录 sale_year=2021

（2）动态分区导入

动态分区导入数据时，不需要指定分区值，代码如下。

```
INSERT INTO orders_multi_partitioned
PARTITION (sale_city, sale_year)
SELECT order_id,customer_name,product_name,sale_quantity,sale_time,sale_city,
YEAR(sale_time)
FROM orders_temp;
```

图 8-76 和图 8-77 所示为动态分区导入数据后的文件目录结构。

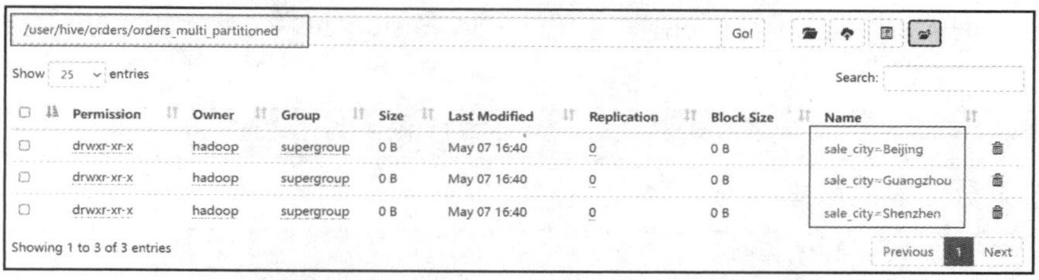

图 8-76　orders_multi_partitioned 的一级分区目录

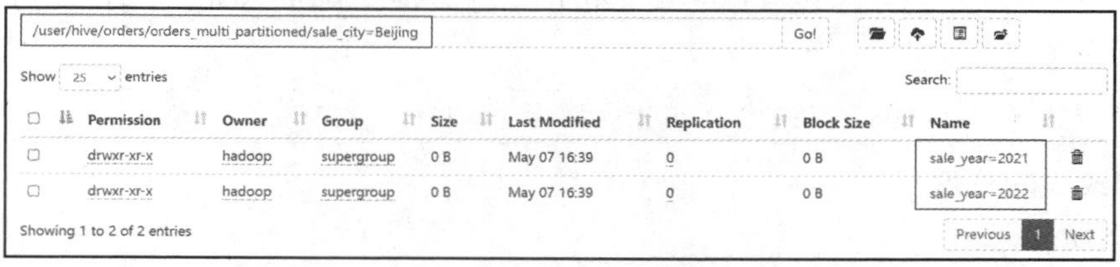

图 8-77　sale_city=Beijing 分区的子分区目录结构

（3）动态分区、静态分区混合使用

动态分区和静态分区混合使用时，在插入数据时，可以指定一部分分区列为静态分区，另一部分分区列为动态分区。这样可以在提高插入效率的同时，保留动态分区的灵活性。

注意，在混合使用静态分区、动态分区时，必须先指定静态分区列，再指定动态分区列，不能交叉指定。

例如，orders_temp 表中的数据按照城市和年份来进行分区，指定城市为静态分区，年份为动态分区。首先从临时表中提取数据，导入分区表 order，再指定城市为静态分区，年份为动态分区，代码如下。

```
INSERT INTO order PARTITION (sale_city='Beijing', sale_year)
SELECT order_id, customer_name, product_name, sale_quantity, sale_time,
YEAR(sale_time)
FROM orders_temp
WHERE sale_city='Beijing';
```

如上述代码所示，在 sale_year 分区列不指定值，临时表中城市为 Beijing 的数据按照不同的年份导入分区表 order 中，动态创建相应的分区目录和数据文件。如果要导入其他城市的数据，需要写多个插入语句，指定不同的城市值。

4．查询分区表

查询分区表是一种提高 Hive 查询性能的方法。Hive 在创建分区表时，会在元数据中记录每个分区的位置和属性，查询时只扫描该目录下的文件，而不是整个表，大大提高了查询效率，节省了大量资源。对分区表的查询需求有以下 3 种。

（1）查询分区表的所有分区

```
SHOW PARTITIONS table_name;
```

例如，查询"2.加载分区表数据"定义的分区表 student_score_static 的所有分区，代码如下。

```
SHOW PARTITIONS student_score_static;
```

（2）查询分区表指定条件的分区

```
SHOW PARTITIONS table_name PARTITION (partition_col=value, ...);
```

例如，查询"2.加载分区表数据"定义的分区表 student_score_static 的所有科目分区，代码如下。

```
SHOW PARTITIONS student_score_static PARTITION (subject);
```

（3）查询分区表的数据

```
SELECT * FROM table_name;
SELECT * FROM table_name WHERE partition_col=value;
```

例如，查询"2.加载分区表数据"定义的分区表 student_score_static 中科目为 Python 的分区，代码如下。

```
SELECT * FROM student_score_static WHERE subject='Python';
```

5．修改表的分区

（1）添加分区

添加分区的语法格式如下。

```
ALTER TABLE table_name
ADD [IF NOT EXISTS] PARTITION (partition_col=value, ...);
```

例如，在"2.加载分区表数据"定义的分区表 student_score_static 的分区中添加一个科目为 C 的分区，代码如下。

```
ALTER TABLE student_score_static
ADD PARTITION (subject='C');
```

（2）重命名分区

重命名分区的语法格式如下。

```
ALTER TABLE table_name
PARTITION (partition_col=value, ...)
RENAME TO PARTITION (partition_col=new_value, ...);
```

例如，在"2.加载分区表数据"定义的分区表 student_score_static 中，将科目分区 Java 重命名为 HBase，代码如下。

```
ALTER TABLE student_score_static
PARTITION (subject='Java')
RENAME TO PARTITION (subject='HBase');
```

（3）删除分区

删除分区的语法格式如下。

```
ALTER TABLE table_name
DROP [IF EXISTS] PARTITION (partition_col=value, ...) [PURGE];
```

例如，删除"2.加载分区表数据"定义的分区表 student_score_static 中科目为 Hive 的分区，代码如下。

```
ALTER TABLE student_score_static
DROP PARTITION (subject='Hive');
```

8.3.3 分桶的概念与作用

Hive 的分桶是一种将数据集按照某些列的值进行哈希运算以划分为多个文件存储的技术，它可以进一步细化数据的组织，提高查询效率和支持抽样查询。如按照日期、地理位置、用户 ID 等，将数据分割成多个文件或目录，每个文件或目录就是一个桶，如图 8-78 所示。当查询数据时，Hive 将只查询满足条件的桶，从而提高查询性能，减少查询时间。此外，Hive 分桶还可以提高数据管理的效率，可以更快地添加、删除和更新数据。

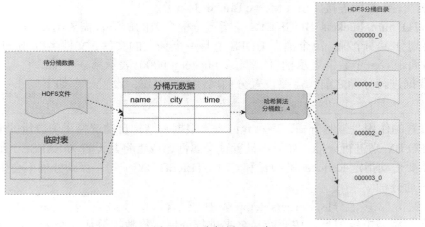

图 8-78 分桶原理示意

Hive 分桶的主要目的是优化大表和大表的 JOIN 操作，提高查询效率和性能。分桶可以将表的数据按照某些列的哈希值进行划分，然后存储在不同的文件中。这样，在进行 JOIN 操作时，可以根据哈希值匹配相同分桶的数据，只在 Map 端进行 JOIN 操作，避免 Reduce 端的 Shuffle 过程，减少 I/O 开销和计算量。

Hive 分区是按照某一列或者多列的值进行的逻辑划分，每个分区就是一个目录，每个分区中的分区数据是相同的，可以提高查询效率。Hive 分桶是按照某一列或者多列的哈希值进行的物理划分，每个分桶就是一个文件，每个分桶中的数据是不同的，可以提高查询性能。

1．创建分桶

Hive 在创建分桶时，需要指定分桶列和分桶个数，例如 CLUSTERED BY (name) INTO 5 BUCKETS。Hive 会根据分桶列的值进行哈希运算，然后对分桶个数求余数，得到哈希值。根据该哈希值将数据放到对应的桶中。创建分桶和创建普通表类似，但需要在表定义中配置 CLUSTERED BY 和 SORTED BY 子句。

创建分桶的语法规则如下。

```
CREATE [EXTERNAL] TABLE table_name (
 col_name data_type,
 ...
)
[
    CLUSTERED BY (col_name [, col_name, ...])
    [SORTED BY (col_name [ASC | DESC] [, col_name [ASC | DESC] ...])]
    INTO num_buckets BUCKETS
]
[ROW FORMAT row_format]
[LOCATION hdfs_path]
```

部分字段的介绍如下。

- CLUSTERED BY (col_name [, col_name, ...])是指定分桶列的语法，可以有一个或多个列作为分桶依据，Hive 会根据这些列的值进行哈希运算，然后对分桶个数求余数，得到一个哈希值，根据这个哈希值将数据放到对应的桶中。
- SORTED BY (col_name [ASC | DESC] [, col_name [ASC | DESC] ...])是指定排序列的语法，可以有一个或多个列作为排序依据，可以指定升序（ASC）或降序（DESC），默认是升序。Hive 会对每个桶中的数据按照这些列进行排序，提高查询效率和支持排序合并桶连接（Sort Merge Bucket Join）。
- INTO num_buckets BUCKETS 是指定分桶个数的语法，需要给出一个正整数表示要划分多少个桶。每个桶在 HDFS 上是一个独立的文件，文件名以 bucket_ 开头，后面跟着一个数字表示桶号。例如 bucket_00000 表示第一个桶。

在对数据进行分桶之前，需要设置分桶属性为 TRUE，设置命令如下。

```
SET hive.enforce.bucketing=TRUE;      -- 设置分桶属性为 TRUE
```

这个设置的作用是强制分桶，表示允许程序根据表结构自动选择正确数量的 Reducer 和 CLUSTERED BY 来进行分桶。如果不设置这个属性，或者将其设置为 FALSE，那么在插入数据时，需要手动指定 Reducer 的数量和 CLUSTERED BY 子句，否则分桶不会生效。

（1）普通分桶

如 8.3.2 节 "3.多值分区" orders_temp 表中，包含订单号、客户名、商品名、销售数量、销售时间和销售城市等信息。按照商品名来进行分桶，将数据分成 4 个桶。代码如下。

```
CREATE TABLE order_name_clustered (
 order_id INT,
 customer_name STRING,
 product_name STRING,
 sale_quantity INT,
 sale_time TIMESTAMP,
 sale_city STRING
) CLUSTERED BY (product_name) INTO 4 BUCKETS;
```

从临时表中提取数据，导入分桶 order_name_clustered，代码如下。

```
INSERT INTO order_name_clustered
SELECT * FROM orders_temp;
```

这样就可以把临时表中的数据按照商品名的哈希值分成 4 个桶，每个桶对应一个文件。

在 HDFS 上，可以看到图 8-79 所示的文件结构，每个文件都存放了对应的数据。

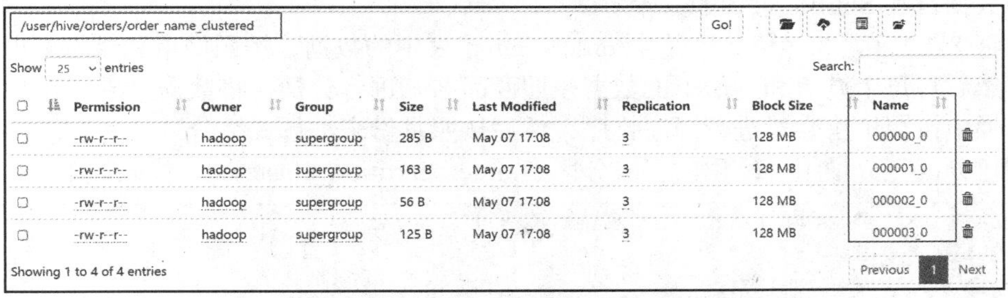

Permission	Owner	Group	Size	Last Modified	Replication	Block Size	Name
-rw-r--r--	hadoop	supergroup	285 B	May 07 17:08	3	128 MB	000000_0
-rw-r--r--	hadoop	supergroup	163 B	May 07 17:08	3	128 MB	000001_0
-rw-r--r--	hadoop	supergroup	56 B	May 07 17:08	3	128 MB	000002_0
-rw-r--r--	hadoop	supergroup	125 B	May 07 17:08	3	128 MB	000003_0

图 8-79 普通分桶后的文件结构

（2）排序分桶

依据 SORTED BY 参数的设置情况，Hive 将分桶方式分为普通分桶和排序分桶两种。排序分桶是 Hive 的一种数据组织方式，可以在分桶的基础上，对每个桶中的数据按照某个列进行排序。排序分桶可以提高查询效率，特别是在进行排序合并桶连接时，可以减少数据倾斜和 Shuffle 过程的开销。

如将 8.3.2 节“3.多值分区”中 orders_temp 表中的数据按照商品名来进行分桶，将数据分成 4 个桶，并且在每个桶中按照销售数量进行降序排序。需修改分桶的创建代码，如下所示。

```
CREATE TABLE order_name_stored (
 order_id INT,
 customer_name STRING,
 product_name STRING,
 sale_quantity INT,
 sale_time TIMESTAMP,
 sale_city STRING
)CLUSTERED BY(product_name) STORTED BY (sale_quantity DESC) INTO 4 BUCKETS;
```

从临时表中提取数据，导入排序分桶 order_name_stored，代码如下。

```
INSERT INTO order_name_stored
SELECT * FROM orders_temp;
```

如以上代码所示，可以把临时表中的数据按照商品名的哈希值分成 4 个桶，并且在每个桶中按照销售数量的降序进行排列。在 HDFS 上，可以看到图 8-80 所示的文件结构，每个文件都存放了对应的数据，并且是有序的。

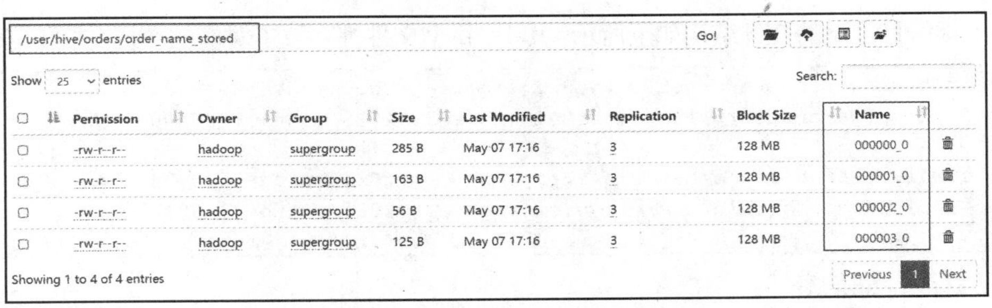

Permission	Owner	Group	Size	Last Modified	Replication	Block Size	Name
-rw-r--r--	hadoop	supergroup	285 B	May 07 17:16	3	128 MB	000000_0
-rw-r--r--	hadoop	supergroup	163 B	May 07 17:16	3	128 MB	000001_0
-rw-r--r--	hadoop	supergroup	56 B	May 07 17:16	3	128 MB	000002_0
-rw-r--r--	hadoop	supergroup	125 B	May 07 17:16	3	128 MB	000003_0

图 8-80 排序分桶后的文件结构

2．分区与分桶的组合使用

分区与分桶组合使用的多级分区是 Hive 的一种数据组织方式，可以在一级分区的基础上，对每个一级分区下的数据进行分桶，然后再进行二级分区，以此类推。分区与分桶组合使用的多级分区可以提高查询效率，特别是在进行多维度的过滤和桶连接时，可以减少扫描的数据量和 Shuffle 过程的开销。

如将 8.3.2 节"3.多值分区"中 orders_temp 表中的数据，按照城市和年份来进行一级分区，然后对每个城市和年份下的数据按照商品名来进行分桶，将数据分成 4 个桶，并且在每个桶中按照销售数量进行降序排序，然后按照月份来进行二级分区。

创建分区与分桶组合使用的多级分区表 order_partition_clustered，代码如下。

```
CREATE TABLE order_partition_clustered (
  order_id INT,
  customer_name STRING,
  product_name STRING,
  sale_quantity INT,
  sale_time TIMESTAMP
) PARTITIONED BY (city STRING, year STRING, month STRING)
CLUSTERED BY (product_name) SORTED BY (sale_quantity DESC) INTO 4 BUCKETS;
```

从临时表中提取数据，导入多级分区表 order_partition_clustered。指定城市为静态分区，指定年份和月份为动态分区，代码如下。

```
INSERT INTO order_partition_clustered
PARTITION (city='Beijing', year, month)
SELECT order_id, customer_name, product_name, sale_quantity, sale_time,
YEAR(sale_time), MONTH(sale_time)
FROM orders_temp
WHERE sale_city='Beijing';
```

如以上代码所示，可以把临时表中城市为 Beijing 的数据按照不同的年份和月份导入多级分区表 order_partition_clustered 中，在每个一级分区下按照商品名进行分桶，并且在每个桶中按照销售数量进行降序排序。在 HDFS 上，可以看到图 8-81 所示的文件结构。

图 8-81　order_partition_clustered 的文件结构

每个年份目录下的文件结构如下所示。其中，每个文件都存放了对应的数据，并且是有序的。

```
/user/hive/warehouse/order/city=Beijing/year=2020/month=10/000000_0
/user/hive/warehouse/order/city=Beijing/year=2020/month=10/000001_0
...
/user/hive/warehouse/order/city=Beijing/year=2021/month=10/000000_0
/user/hive/warehouse/order/city=Beijing/year=2021/month=10/000001_0
...
```

3．修改分桶信息

要修改分桶，可以使用 ALTER TABLE 语句来更改表的属性或者分桶列。修改表的分桶方式或数量，语法格式如下。

```
ALTER TABLE tablename
CLUSTERED BY (col_name, ...)
```

```
[SORTED BY (col_name [ASC|DESC], ...)]
INTO num_buckets BUCKETS
```

（1）更改表的注释

更改表的注释的语法格式如下。

```
ALTER TABLE student
SET TBLPROPERTIES ('comment' = 'This is a bucketed table');
```

（2）更改表的分桶列和数量

更改表的分桶列和数量的语法格式如下。

```
ALTER TABLE student
CLUSTERED BY (score) INTO 8 BUCKETS;
```

8.3.4 Hive 数据表的序列化与反序列化

为了方便地将数据加载到表中，或者将表中的数据以不同的格式输出到 HDFS 中，Hive 需要对数据进行序列化和反序列化操作。

序列化是指将对象转换成字节序列的过程，反序列化是指将字节序列恢复成对象的过程。对象的序列化主要解决对象的持久化问题，即把对象保存到文件中。

如图 8-82 所示，Hive 中的序列化和反序列化是指将表中的每一行数据（Row 对象）转换成 Hadoop 中的键值对<key,value>数据格式，或者将键值对格式转换成表中的每一行数据。Hive 中的序列化和反序列化由接口 SerDe 实现。SerDe 是一个接口，它定义了 serialize 和 deserialize 两种方法。serialize 方法负责将 Row 对象转换成<key,value>数据格式，deserialize 方法负责将<key,value>数据格式转换成 Row 对象。

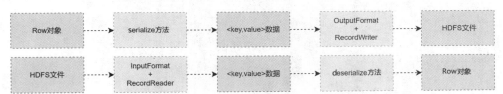

图 8-82　序列化和反序列化原理

Hive 支持多种类型的 SerDe，可以根据不同的数据格式和需求来选择合适的 SerDe。例如，如果数据是以逗号或者制表符分隔的文本文件，可以使用 LazySimpleSerDe 或者 MetadataTypedColumnsetSerDe；如果数据是 Thrift 或者 Avro 格式的二进制文件，可以使用 ThriftSerDe 或者 AvroSerDe；如果数据是 JSON 格式的文件，可以使用 JsonSerDe；如果数据是 ORC 或者 Parquet 格式的文件，可以使用 ORCSerDe 或者 ParquetSerDe 等。Hive 还支持根据具体的业务逻辑来开发自己的 SerDe 类。

Hive 的序列化过程是指当 Hive 需要将表中的数据写入 HDFS 中时，将 Row 对象转换为 Writable 对象的过程。Writable 对象是 Hadoop 中的一种数据抽象，可以表示任意类型的数据。Hive 通过调用 SerDe 的 serialize 方法来实现这个转换，serialize 方法接收一个 Row 对象和一个对象检查器 ObjectInspector 作为参数，返回一个 Writable 对象作为结果。

Hive 的反序列化过程是指当 Hive 需要从 HDFS 中读取表中的数据时，将 Writable 对象转换为 Row 对象的过程。Hive 通过调用 SerDe 的 deserialize 方法来实现这个转换，deserialize 方法接收一个 Writable 对象作为参数，返回一个 Row 对象作为结果。

Hive 使用 SerDe 接口来实现序列化和反序列化的原理是基于多态和动态绑定的机制。

Hive 在创建表时，可以通过 ROW FORMAT SERDE 子句来指定使用哪种 SerDe 类处理表中的数据。也可以省略该子句，让 Hive 根据 STORED AS 子句来选择默认的 SerDe 类。

Hive 在运行时，会根据表的元数据信息来动态加载和绑定相应的 SerDe 类，并调用其 serialize 方法和 deserialize 方法来完成数据的转换。例如，存储用户信息的表 user 的结构如表 8-3 所示。

表 8-3 用户信息表结构

col_name	data_type	comment
id	INT	用户 ID
name	STRING	用户姓名
age	INT	用户年龄
gender	STRING	用户性别

（1）使用 Hive 内置的 LazySimpleSerDe 创建一个内部表，并将数据以文本格式存储在 HDFS 中，使用逗号作为列分隔符，代码如下。

```
CREATE TABLE user (
  id INT,
  name STRING,
  age INT,
  gender STRING
)
ROW FORMAT DELIMITED FIELDS TERMINATED BY ','
STORED AS TEXTFILE;
```

（2）使用 Hive 内置的 ORCSerDe 来创建一个外部表，并将数据以 ORC 格式存储在 HDFS 中，使用 SNAPPY 算法进行压缩，代码如下。

```
CREATE EXTERNAL TABLE user_orc (
  id INT,
  name STRING,
  age INT,
  gender STRING
)
STORED AS ORC
LOCATION '/user/hive/user_orc'
TBLPROPERTIES ("orc.compress"="SNAPPY");
```

（3）使用自定义的 JsonSerDe 来创建一个外部表，并将数据以 JSON 格式存储在 HDFS 中，使用 Gzip 算法进行压缩，代码如下。

```
CREATE EXTERNAL TABLE user_json (
  id INT,
  name STRING,
  age INT,
  gender STRING
)
ROW FORMAT SERDE 'org.openx.data.jsonserde.JsonSerDe'
STORED AS TEXTFILE
LOCATION '/user/hive/user_json'
TBLPROPERTIES ("textfile.compress"="Gzip");
```

Hive 数据表的序列化和反序列化有以下几个方面的作用。

（1）Hive 数据表的序列化可以将数据以特定的格式存储在 HDFS 中，如文本、二进制、JSON、ORC 等，这样可以提高数据的压缩率和读写效率。

（2）Hive 数据表的反序列化可以将 HDFS 中的数据映射到 Hive 数据表中，这样可以方便地使用 HQL 来查询和分析数据，而不需要对数据进行转换。

（3）Hive 数据表的序列化和反序列化支持多种数据类型，如基本数据类型、复杂数据类型、特殊数据类型等，这样可以增强数据的表达能力和灵活性。

（4）Hive 数据表的序列化和反序列化支持多种数据源，如本地文件、数据库等，这样可以实现数据的多样性和一致性。

8.4 本章小结

Hive 是一个基于 Hadoop 的数据仓库系统，它可以使用 HQL 来查询和分析结构化与半结构化的数据。在 Hive 中，需要注意以下几个方面。

（1）创建数据库：可以使用 CREATE DATABASE 或者 CREATE SCHEMA 语句，指定数据库的名称、注释、位置、属性等；可以使用 DESCRIBE DATABASE 或者 SHOW DATABASES 语句来查看数据库的信息；可以使用 DROP DATABASE 语句来删除数据库，如果要删除非空数据库，需要加上 CASCADE 选项。

（2）创建数据表：可以使用 CREATE TABLE 或者 CREATE EXTERNAL TABLE 语句，指定表的名称、列名、数据类型、注释、分区、分桶、存储格式、分隔符、位置等。内部表和外部表的区别在于，内部表的实际数据是由 Hive 管理的，删除表时实际数据也会被删除；外部表的实际数据是由用户管理的，删除表时实际数据不会被删除。可以使用 DESCRIBE TABLE 或者 SHOW TABLES 语句来查看表的信息；可以使用 DROP TABLE 语句来删除表。

（3）数据加载：可以使用 LOAD DATA 语句来加载本地或者 HDFS 上的文件到 Hive 数据表中；可以指定是否覆盖已有数据（OVERWRITE 选项），以及加载到哪个分区（PARTITION 选项）。注意，LOAD DATA 语句只是将文件移动到 Hive 数据表对应的目录下，并不会改变文件的格式或者内容。

（4）数据导出：可以使用 INSERT 语句将 Hive 数据表中的数据导出到本地或者 HDFS 上的文件中；可以指定是否覆盖已有文件（OVERWRITE 选项），以及导出哪些列或者分区（SELECT 子句）。注意，导出的文件是以 000000_0、000001_0 等格式命名的，并且是以制表符分隔的文本文件。

（5）数据类型：Hive 支持多种数据类型，包括基本数据类型（如 INT、STRING、BOOLEAN 等）、复杂数据类型（如 ARRAY、MAP、STRUCT 等）以及特殊数据类型（如 TIMESTAMP、DECIMAL 等）。在创建表时需要指定每一列的数据类型，并且在查询时需要注意数据类型的转换和兼容性。

（6）数据分区和分桶：数据分区和分桶是 Hive 优化查询性能和管理数据的两种技术。数据分区是指按照某些列将数据划分为不同的子集，并且存储在不同的目录下。这样，在查询时就可以根据分区条件过滤掉不相关的数据。数据分桶是指按照某些列将数据划分为固定数量的子集，并且存储在不同的文件中。在查询时可以利用哈希函数快速定位到目标文件，减少扫描的数据量。数据分桶也可以用于抽样查询，通过指定桶号来获取部分数据。

习 题

一、单选题

1. 在 Hive 中，内部表和外部表的区别在于（　　）。

A. 内部表的数据是由 Hive 管理的，外部表的数据是由用户管理的

B. 内部表的数据是由用户管理的，外部表的数据是由 Hive 管理的
C. 内部表的数据是存储在 HDFS 上的，外部表的数据是存储在本地的
D. 内部表的数据是存储在本地的，外部表的数据是存储在 HDFS 上的
E. 内部表和外部表没有区别，只是命名不同

2. 在 Hive 中，数据分区是指按照（　　）将数据划分为不同的子集。
   A. 某些列（通常是日期或者类别等）
   B. 某些行（通常是编号或者序号等）
   C. 某些文件（通常是大小或者格式等）
   D. 某些目录（通常是名称或者路径等）
   E. 某些函数（通常是哈希函数或者排序函数等）

3. 在 Hive 中，数据分桶是指按照（　　）将数据划分为固定数量的子集。
   A. 某些列（通常是日期或者类别等）
   B. 某些行（通常是编号或者序号等）
   C. 某些文件（通常是大小或者格式等）
   D. 某些目录（通常是名称或者路径等）
   E. 某些函数（通常是哈希函数或者排序函数等）

4. 在 Hive 中，创建数据表时可以指定（　　）存储格式。
   A. TEXTFILE　　　　　B. SEQUENCEFILE　　　　C. ORCFILE
   D. PARQUETFILE　　　E. 所有以上选项

5. 在 Hive 中，加载数据到数据表时可以指定是否覆盖已有数据的选项是（　　）。
   A. APPEND　　　　　B. REPLACE　　　　　C. OVERWRITE
   D. UPDATE　　　　　E. DELETE

6. 在 Hive 中，导出数据到本地或者 HDFS 上的文件时可以指定导出哪些列或者分区的子句是（　　）。
   A. WHERE　　　　　B. GROUP BY　　　　　C. ORDER BY
   D. SELECT　　　　　E. HAVING

7. Hive 支持（　　）数据类型。
   A. TIMESTAMP　　　B. DECIMAL　　　　　C. DATE
   D. BINARY　　　　　E. 所有以上选项

8. 在 Hive 中，创建外部表时需要使用下列的（　　）语句。
   A. CREATE TABLE ... LOCATION
   B. CREATE EXTERNAL TABLE ... LOCATION
   C. CREATE TABLE ... EXTERNAL
   D. CREATE EXTERNAL TABLE ... EXTERNAL
   E. CREATE TABLE ... PARTITIONED BY

9. 在 Hive 中，数据分桶时需要在创建表时指定（　　）子句，并且在加载数据时需设置分桶属性为 TRUE。
   A. CLUSTERED BY ... hive.enforce.bucketing
   B. SORTED BY ... hive.enforce.bucketing
   C. CLUSTERED BY ... hive.strict.checks.bucketing
   D. SORTED BY ... hive.strict.checks.bucketing
   E. PARTITIONED BY ... hive.exec.dynamic.partition.mode

10. 在 Hive 中，加载数据到数据表时可以指定加载到哪个分区的选项是（　　）。
   A. PARTITION　　　　B. CLUSTERED BY　　　C. SORTED BY
   D. GROUP BY　　　　 E. ORDER BY

二、多选题

1. 在 Hive 中，创建数据库时可以指定（　　）等信息。
   A. 数据库的名称　　　B. 数据库的注释　　　C. 数据库的位置
   D. 数据库的属性　　　E. 数据库的密码
2. 在 Hive 中，创建数据表时可以使用下列（　　）语句。
   A. CREATE TABLE　　　　B. CREATE EXTERNAL TABLE
   C. CREATE SCHEMA　　　D. CREATE VIEW
   E. CREATE INDEX
3. 在 Hive 中，加载数据到数据表时可以使用下列（　　）语句。
   A. LOAD DATA　　　　B. INSERT INTO　　　C. INSERT OVERWRITE
   D. SELECT INTO　　　E. COPY FROM
4. 在 Hive 中，导出数据到本地或者 HDFS 上的文件时可以使用下列（　　）语句。
   A. LOAD DATA　　　　B. INSERT INTO　　　C. INSERT OVERWRITE
   D. SELECT INTO　　　E. COPY FROM
5. 在 Hive 中，支持下列（　　）基本数据类型。
   A. INT　　　　　　　B. STRING　　　　　　C. BOOLEAN
   D. TIMESTAMP　　　　E. DECIMAL
6. 在 Hive 中，支持下列（　　）复杂数据类型。
   A. ARRAY　　　　　　B. MAP　　　　　　　C. STRUCT
   D. UNIONTYPE　　　　E. JSON
7. 在 Hive 中，加载数据到分桶时需要使用（　　）语句，并且设置（　　）参数为 TRUE。
   A. LOAD DATA
   B. INSERT INTO
   C. INSERT OVERWRITE
   D. SELECT INTO
   E. hive.enforce.bucketing
   F. hive.strict.checks.bucketing
   G. hive.exec.dynamic.partition.mode
   H. hive.mapred.supports.subdirectories
8. 在 Hive 中，创建数据表时可以指定（　　）行格式。
   A. ROW FORMAT DELIMITED
   B. ROW FORMAT SERDE
   C. ROW FORMAT AVRO
   D. ROW FORMAT JSON
   E. ROW FORMAT XML

三、填空题

1. 在 Hive 中，创建数据库时可以使用_____或者_____关键字，它们是等价的。

2. 在 Hive 中，创建数据表时可以使用列子句来指定分区列，例如_____ (year INT, month INT, day INT)。

3. 在 Hive 中，可以使用语句来将本地或者 HDFS 上的文件加载到数据表，例如_____ LOCAL INPATH '/home/user/data.txt' INTO TABLE student。

4. 在 Hive 中，可以使用_____语句来将 Hive 数据表中的数据导出到本地或者 HDFS 上的文件中，例如_____LOCAL DIRECTORY '/home/user/output' SELECT id, name FROM student。

5. 在 Hive 中，支持_____数据类型来表示日期和时间，例如 '2021-12-30 12:34:56'。

6. 在 Hive 中，支持_____数据类型来表示任意精度的十进制数。

7. 在 Hive 中，创建外部表时可使用_____语句并指定_____选项来告诉 Hive 数据所在的路径，例如_____student (id INT, name STRING) _____'/user/hive/student'。

8. 在 Hive 中，数据分桶时需要在创建表时指定_____子句，例如_____(id) INTO 4 BUCKETS，并且在加载数据时设置_____ = TRUE。

四、简答题

1. 什么是 Hive？它有什么特点和优势？
2. Hive 中的元数据是什么？它存储在哪里？如何查看和修改？
3. Hive 中的内部表和外部表有什么区别？在什么场景下使用哪种表？
4. Hive 中的数据分区和分桶有什么作用？它们是如何实现的？

第9章 Hive 数据分析基础

Hive 依托于 Hadoop，用于处理和分析大规模数据。用户通过 Hive 提供的 HQL 语言，可以轻松地完成数据查询和分析。此外，Hive 具备将查询结果输出至 Hadoop 文件系统的能力，并支持将数据以表格形式存储在 HDFS 上。Hive 同时支持多种数据格式，包括 CSV、JSON、ORC、Parquet 等，用户可以根据需要自定义数据格式。此外，Hive 具备多种数据处理功能，如数据过滤、排序、聚合等，可以高效地满足用户业务需求。

Hive 执行效率比较低，不适合实时查询和复杂的数据挖掘。因此，使用 Hive 做数据分析的场景以数据仓库的统计分析为主。例如，对于网站的日志数据，可以使用 Hive 进行用户行为分析、流量分析、转化率分析等。

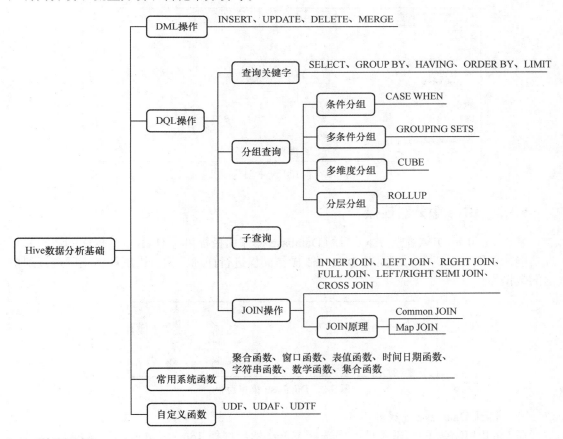

学习目标

（1）掌握基于 IntelliJ IDEA 实现 Hive 操作的方法。

（2）熟悉 Hive 的数据查询语法，包括基本查询、分组查询、子查询、连接查询、联合查询等，理解 Hive 的 JOIN 原理和查询优化方法。

（3）熟悉 Hive 中常用的系统函数，包括聚合函数、窗口函数、表值函数、时间日期函数、字符串函数、数学函数、集合函数等，学会使用各种函数对数据进行处理和分析。

（4）掌握 Hive 中自定义函数的创建和使用方法，包括 UDF、UDAF 和 UDTF 等，学会根据自己的需求扩展 Hive 的功能。

9.1 基于 IntelliJ IDEA 实现 Hive 操作

合适的集成开发环境（Integrated Development Environment，IDE）可以有效提升项目的开发效率和质量。IntelliJ IDEA 是一个强大的集成开发环境，它可以支持 Hive 数据分析项目的开发和调试。IntelliJ IDEA 在 Hive 项目开发中提供了丰富的功能和工具，可以帮助开发者更高效地编写、测试和优化 Hive 相关的代码。

9.1.1 基于 IntelliJ IDEA 配置 Hive

如图 9-1 所示，在 IDEA 中创建 Maven 项目，这里将项目名称设置为 hive_study，并将项目存储在本地磁盘 E:\IdeaProjects 下，单击 Create 完成项目创建。

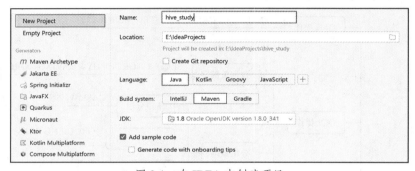

图 9-1　在 IDEA 中创建项目

9.1.2 Hive 服务器连接

基于 IntelliJ IDEA 配置 Hive 后的 Database 操作面板提供了对 Hive 数据库的访问和管理功能，如图 9-2 所示。下面对 Database 操作面板进行详细介绍，讲解如何正确连接到指定的数据库。

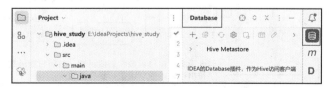

图 9-2　Database 操作面板

（1）打开 Database 工具窗口

在 IntelliJ IDEA 的顶部菜单栏中选择 View，然后选择 Tool Windows，再选择 Database。这将打开 Database 工具窗口，如图 9-3 所示。

（2）添加 Hive 连接

在 Database 工具窗口中，单击左上角的加号（+）按钮，弹出菜单。在菜单中选择 Data Source→Apache Hive（初次连接，数据源需联网下载，或者导入已有 JAR 包），如图 9-4 所示。

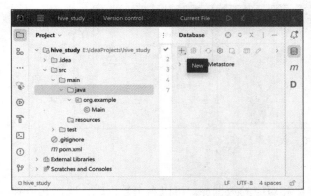

图 9-3　Database 工具窗口

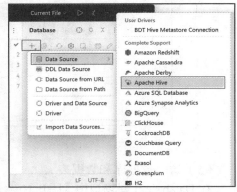

图 9-4　选择 Data Source→Apache Hive

（3）配置 Hive 连接信息

在打开的图 9-5 所示的 Hive 连接信息配置界面中输入以下信息。

图 9-5　连接信息配置界面

- 主机（Host）：Hive 服务器的主机名或 IP 地址。
- 端口号（Port）：Hive 服务器的端口号，默认为 10000。
- 用户名（User）：用于连接 Hive 的用户名。
- 密码（Password）：用于连接 Hive 的密码。

可以选择保存密码，以便下次连接时自动填充密码。单击 Test Connection，验证连接是否成功。

（4）连接到指定的数据库

在 Database 工具窗口中，展开 Hive 连接，将看到已连接的 Hive 服务器。右击连接，选择 Connect，这将建立与 Hive 服务器的连接。连接成功后，将看到连接下的数据库列表，如图 9-6 所示。

图 9-6　数据库列表

（5）访问数据库和数据表

在 Database 工具窗口中，展开 Hive 连接和对应的数据库。可以右击数据库，选择 Refresh 来刷新数据库的元数据。可以右击数据表，选择 Preview Data 来预览表中的数据。

通过上述步骤，可以正确连接到指定的 Hive 数据库。确保提供正确的连接信息（主机名、端口号、用户名和密码），并在连接成功后刷新数据库元数据，以便在 Database 操作面板中查看和管理 Hive 数据库和数据表。连接成功后，可以方便地浏览、查询和操作 Hive 中的数据。

9.1.3　Console 功能区

IntelliJ IDEA 连接 Hive 后的 Console 功能区提供了一个交互式的 HQL 执行环境，如图 9-7 所示，该环境用于编写和执行 HQL 语句。Console 功能区的详解如下。

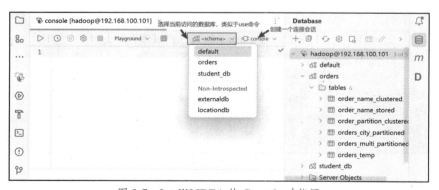

图 9-7　IntelliJ IDEA 的 Console 功能区

（1）编辑区域（Editor Area）

编辑区域是在 Console 功能区中编写和编辑 HQL 语句的主要区域，如图 9-8 所示。可以在这里输入 HQL 语句，包括查询语句、数据操作语句等。IDEA 提供了语法高亮和代码补全功能，可以帮助用户更轻松地编写和编辑 HQL 语句。

（2）结果面板（Result Panel）

结果面板用于显示 HQL 语句的执行结果。执行一个查询语句后，查询的结果会以表格或文本的形式显示在结果面板中。可以在结果面板中查看查询结果、排序数据、导出数据等，如图 9-8 所示。

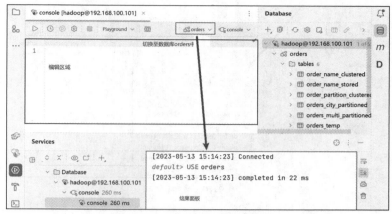

图 9-8　编辑区域和结果面板

（3）执行按钮（Run Button）

如图 9-9 所示，执行按钮位于 Console 功能区的工具栏上，通常显示为一个绿色的三角形。单击执行按钮或右击命令选择 Execute，执行当前编辑区域中的 HQL 语句。执行结果将会在控制台中显示。

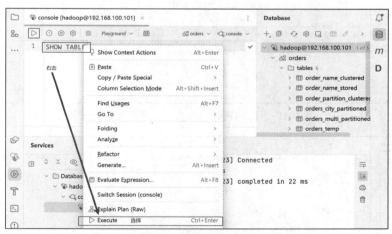

图 9-9　HQL 执行方式

（4）控制台（Console）

如图 9-10 所示，控制台是用于执行 HQL 语句并显示执行结果的区域。单击执行按钮或右击命令选择 Execute 后，控制台会显示 HQL 语句的执行过程和结果。可以在控制台中查看查询结果、错误信息以及其他与执行相关的输出。

在实际开发过程中，为了更方便地管理和保存 HQL 语句的执行结果，需要将 HQL 语句的执行结果与语句存放在一起，避免在其他 HQL 语句执行结束后，影响上一个 HQL 语句执行结果的保留，方便数据之间的对比。单击图 9-11 所示红框标注的位置，可以将执行结果展示在 HQL 语句下方，效果如图 9-12 所示。

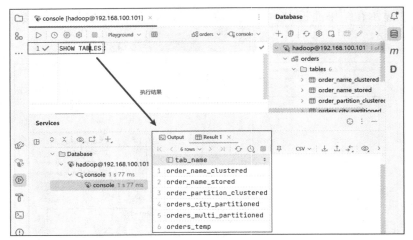

图 9-10　控制台

图 9-11　设置 HQL 语句执行结果展示的位置

图 9-12　执行结果展示在 HQL 语句下方

通过 Console 功能区，可以方便地编写、编辑和执行 HQL 语句，并实时查看执行结果和错误信息；可以更加高效地与 Hive 进行交互，并进行数据查询、操作和分析。

9.2 数据查询

数据分析是指从大量的数据中提取出有价值的信息，以支持决策、发现规律、预测趋势等。数据分析的过程通常包括以下几个步骤：数据采集、数据清洗、数据转换、数据探索、数据建模、数据可视化等。在这些步骤中，数据查询是非常重要的。

在数据分析过程中，需要通过数据查询语句从不同的数据源中获取需要的数据，对数据进行各种处理和分析，例如过滤、分组、排序、聚合、连接、特征分析等操作，以提取出有用的信息和指标。

9.2.1 基本查询

可以使用 SELECT 语句从表中查询分析所需的数据。SELECT 语句的基本语法格式如下。

```
SELECT [ALL | DISTINCT] SELECT_expr, SELECT_expr, ...
FROM table_reference
[WHERE where_condition]
[GROUP BY col_list [HAVING having_condition]]
[CLUSTER BY col_list | [DISTRIBUTE BY col_list] [SORT BY | ORDER BY col_list]]
[LIMIT number];
```

其中，SELECT 是 Hive 查询语句的核心关键字，其可添加的子语句的语法规则如下。

- ALL 关键字表示查询所有的记录，DISTINCT 关键字表示查询不重复的记录；SELECT_expr 表示要查询的列或者表达式，可以使用别名或者函数。
- FROM 关键字表示要查询的表的名称，可以使用子查询或者连接。
- WHERE 关键字表示查询的条件，可以使用逻辑运算符或者函数。
- GROUP BY 关键字表示按照某些列进行分组，通常和聚合函数一起使用。
- HAVING 关键字表示分组后的过滤条件，通常和聚合函数一起使用。
- CLUSTER BY 关键字表示按照某些列进行分布式排序，相当于先 DISTRIBUTE BY 再 SORT BY。
- DISTRIBUTE BY 关键字表示按照某些列进行分区，将相同的值分到同一个分区中。
- SORT BY 关键字表示按照某些列进行排序，只在每个分区内部排序。
- ORDER BY 关键字表示按照某些列进行排序，会对所有的分区进行全局排序。
- LIMIT 关键字表示限制返回的记录数。

注意，Hive 中的 SELECT 语句支持多种函数和子查询，但是有一些限制和注意事项。例如，Hive 要求必须有 FROM 子句；Hive 不支持嵌套的子查询；Hive 不支持连接操作中使用等值连接以外的条件等。具体限制可参考 Hive 的官方文档。

例如，数据表 emp 中存储了员工的信息，数据表 dept 中存储了员工所在部门信息。创建表的代码如下。

```
CREATE EXTERNAL TABLE emp(
    id INT, name STRING, salary DOUBLE, dept_id INT
)
    ROW FORMAT DELIMITED FIELDS TERMINATED BY ','
    STORED AS ORC;
CREATE EXTERNAL TABLE dept(
    id INT, name STRING
)
    ROW FORMAT DELIMITED FIELDS TERMINATED BY ','
    STORED AS ORC;
```

数据表 emp 和 dept 中的内容如图 9-13 所示。

SELECT * FROM emp;

	id	name	salary	dept_id
1	1	Alice	5000	10
2	2	Bob	4000	20
3	3	Cathy	4000	30
4	4	Anna	4000	50
5	5	Andy	6000	30

SELECT * FROM dept;

	id	name
1	10	IT
2	20	HR
3	30	Sales
4	40	BI

图 9-13　数据表 emp 与 dept 中的内容

1．查询所有记录

查询 dept 表中的所有记录，代码如下。

```
SELECT * FROM dept;
```

2．条件查询

条件查询是一种常用的数据查询方法，它可以根据某些条件过滤数据表中的记录，只返回满足条件的记录。

Hive 支持使用 WHERE 子句进行条件查询，语法格式如下。

```
SELECT column_name[,column_name,column_name...]
FROM table_name
WHERE condition;
```

其中，column_name 用于指定要查询的列，table_name 用于指定要查询的表，condition 是布尔表达式，用来指定过滤条件。

Hive 支持使用表 9-1 所示的比较运算符在 WHERE 子句中进行条件比较。

表 9-1　WHERE 条件中的比较运算符

运算符	含义	注意事项	举例
=	等于	适用于所有基本数据类型	salary = 4000
!=	不等于	适用于所有基本数据类型	name != 'Alice'
<	小于	适用于所有基本数据类型	id < 10
<=	小于或等于	适用于所有基本数据类型	salary <= 5000
>	大于	适用于所有基本数据类型	id > 10
>=	大于或等于	适用于所有基本数据类型	salary >= 4000
IS NULL	是否为 NULL 值	适用于所有数据类型	dept_id IS NULL
IS NOT NULL	是否不为 NULL 值	适用于所有数据类型	dept_id IS NOT NULL
LIKE	是否匹配模式字符串，可以使用%和_作为通配符，%表示任意长度的字符序列，_表示任意单个字符	只适用于字符串类型，区分大小写，如果模式字符串为 NULL，则结果为 NULL	name LIKE 'A%'
RLIKE 或 REGEXP	是否匹配正则表达式，可以使用 Java 正则表达式语法	只适用于字符串类型，区分大小写，如果正则表达式为 NULL，则结果为 NULL	name RLIKE '^A'

例如，如果要查询工资大于 4000 元的员工的姓名和部门编号，代码如下。

```
SELECT name, dept_id
FROM emp
WHERE salary > 4000;
```

执行该代码会返回 emp 表中满足 salary > 4000 条件的记录的 name 和 dept_id 值，其中，满足条件的是 Alice 和 Andy，工资分别为 5000 元和 6000 元，其余 3 人为 4000 元，不符合条件。结果如图 9-14 所示。

	name	dept_id
1	Alice	10
2	Andy	30

图 9-14　查询工资大于 4000 元的员工的结果

Hive 支持使用 AND、OR、NOT 等逻辑运算符和 UDF 在 WHERE 子句中组合多个条件。逻辑运算符是用来组合多个条件的运算符，它们可以返回布尔值 TRUE、FALSE 或 NULL。Hive 支持的逻辑运算符如表 9-2 所示。

表 9-2　Hive 支持的逻辑运算符

运算符	含义	注意事项	举例
AND	与	如果两个操作数都为 TRUE，则返回 TRUE，如果有 NULL，则返回 NULL，否则返回 FALSE	salary > 4000 AND dept_id = 10
OR	或	如果两个操作数中有一个为 TRUE，则返回 TRUE，如果两个均为 NULL，则返回 NULL，否则返回 FALSE	dept_id = 10 OR dept_id = 20
NOT	非	如果操作数为 TRUE，则返回 FALSE，如果操作数为 FALSE，则返回 TRUE，如果操作数为 NULL，则返回 NULL	NOT (salary > 4000)

例如，如果要查询工资大于或等于 4000 元且部门编号为 10 或 20 的员工的姓名和工资，代码如下。

```
SELECT id, name, salary, dept_id
FROM emp
WHERE salary >= 4000 AND (dept_id = 10 OR dept_id = 20);
```

执行该代码会返回 emp 表中满足 salary >= 4000 AND (dept_id = 10 OR dept_id = 20)条件的记录。共两条记录满足条件，结果如图 9-15 所示。

	id	name	salary	dept_id
1	1	Alice	5000	10
2	2	Bob	4000	20

图 9-15　工资大于或等于 4000 元且部门编号为 10 或 20 的员工信息

3．查询结果排序

查询结果的排序语法是指在 Hive 中使用 SELECT 语句时，可以通过使用 ORDER BY 子句来实现排序功能，并指定查询结果的排序方向，其中，ASC 表示升序，DESC 表示降序。Hive 支持的排序语法如下所示。

（1）ORDER BY

ORDER BY 用于对查询结果进行全局排序，即按照指定的列和顺序对所有的数据行进行排序。但是为了实现这一点，需要把所有的数据汇集到一个 Reducer 中进行排序，该操作计算时间较长，而且可能超过单个节点的磁盘和内存存储能力导致任务失败。

ORDER BY 在 hive.mapred.mode 为 strict 模式下必须指定 LIMIT 限制输出结果的条数，

否则会报错。例如，使用 ORDER BY 子句让查询结果按照 salary 列降序排列，并限制返回 10 行，代码如下。

```
SELECT name, salary
FROM emp
ORDER BY salary DESC
LIMIT 10;
```

如图 9-16 所示，Hive 会将查询语句转换为 MapReduce 作业，并提交至 Hadoop 集群中执行。

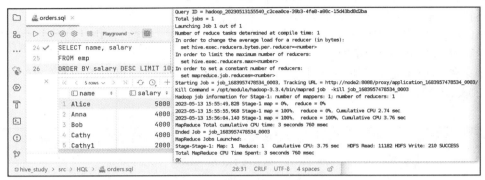

图 9-16　ORDER BY 代码的执行结果

（2）SORT BY

SORT BY 用于对查询结果进行局部排序，即按照指定的列和顺序对每个 Reducer 输出的数据行进行排序。SORT BY 只保证每个 Reducer 的输出有序，不保证全局有序。如果有多个 Reducer，那么每个 Reducer 会对自己处理的数据进行排序，但是不同 Reducer 之间的数据没有顺序关系。SORT BY 可以指定多个 Reducer 来提高效率，但是需要对输出结果进行归并排序才能得到全局有序的结果。

SORT BY 和 ORDER BY 都可以指定升序或降序规则，也可以按照多列进行排序。默认情况下都是按升序排列。例如，使用 SORT BY 子句对查询结果按照 salary 列降序排序，并不限制返回行数，代码如下。

```
SELECT name, salary
FROM emp
SORT BY salary DESC;
```

上述代码的执行结果如图 9-17 所示。

（3）CLUSTER BY

CLUSTER BY 是一种排序和分发数据的方法，它可以实现类似 MapReduce 中的自定义分区功能。CLUSTER BY 子句相当于 DISTRIBUTE BY 和 SORT BY 的组合，它的作用是按照指定的列对数据进行分组和排序，使得列值相同的数据分发到同一个 Reducer 中，并在每个 Reducer 中进行局部排序，最后输出多个有序的文件。它不能保证全局有序，但是可以提高排序效率和并行度。

CLUSTER BY 是根据指定列的哈希值与 Reducer 个数进行取余运算，将余数相同的分到一个分区中，然后在每个分区中对数据进行升序排序，注意不能指定降序。当需要对数据进行分组和排序，但是不需要全局有序时，可以使用 CLUSTER BY 来代替 ORDER BY。

例如，假设有一个员工表 emp，其中的数据如图 9-18 所示。

如果要按照部门编号进行分桶并在每个分桶内部按照部门编号升序排序，可以使用 CLUSTER BY 子句。

	name	salary
1	Andy	6000
2	Alice	5000
3	Anna	4000
4	Cathy	4000
5	Bob	4000

图 9-17　SORT BY 代码的执行结果

```
SELECT * FROM emp;
```

	id	name	salary	dept_id
1	1	Alice	5000	10
2	2	Bob	4000	20
3	3	Cathy	4000	30
4	4	Anna	4000	50
5	5	Andy	6000	30

图 9-18　员工表 emp 中的数据

首先，设置 Reducer 的个数，本例设置为 4。

```
SET mapreduce.job.reduces=4;
```

然后，在每个 Reducer 内部，CLUSTER BY 子句默认会对分桶的字段进行排序，因此 Hive 会自动根据分桶按照 dept_id 进行排序，代码如下。

```
SELECT id, name, salary, dept_id
FROM emp
CLUSTER BY dept_id;
```

执行结果如图 9-19 所示。

上述代码的原理如下。首先，Hive 会根据 dept_id 列的哈希值和 Reducer 的个数进行取余运算，将相同余数的数据分发到同一个 Reducer 中，如图 9-20 所示。例如，如果 dept_id 为 10 的哈希值模 4 等于 1，那么所有 dept_id 为 10 的数据都会被分发到第一个 Reducer 中。其次，Hive 会在每个 Reducer 内部对数据按照 dept_id 列进行升序排序，并输出到结果文件中。例如，第一个 Reducer 会输出 dept_id 为 10 的数据。最终，Hive 会将所有 Reducer 的结果文件合并成一个文件，并返回给用户。

	id	name	salary	dept_id
1	2	Bob	4000	20
2	1	Alice	5000	10
3	5	Andy	6000	30
4	3	Cathy	4000	30
5	4	Anna	4000	50

图 9-19　运行结果

```
Query ID = hadoop_20230517081311_5c11effe-6312-47a5-bf12-b238df0b9c11
Total jobs = 1
Launching Job 1 out of 1
Number of reduce tasks not specified. Defaulting to jobconf value of: 4
In order to change the average load for a reducer (in bytes):
  set hive.exec.reducers.bytes.per.reducer=<number>
In order to limit the maximum number of reducers:
  set hive.exec.reducers.max=<number>
In order to set a constant number of reducers:
  set mapreduce.job.reduces=<number>
Starting Job = job_1683957478534_0034, Tracking URL = http://node2:8088/proxy/application_1683957478534_0034/
Kill Command = /opt/module/hadoop-3.3.4/bin/mapred job  -kill job_1683957478534_0034
Hadoop job information for Stage-1: number of mappers: 1; number of reducers: 4
2023-05-17 08:13:34,282 Stage-1 map = 0%,  reduce = 0%
2023-05-17 08:13:47,378 Stage-1 map = 100%,  reduce = 0%, Cumulative CPU 4.98 sec
2023-05-17 08:13:54,564 Stage-1 map = 100%,  reduce = 25%, Cumulative CPU 8.13 sec
2023-05-17 08:13:55,580 Stage-1 map = 100%,  reduce = 50%, Cumulative CPU 9.75 sec
2023-05-17 08:13:58,635 Stage-1 map = 100%,  reduce = 100%, Cumulative CPU 11.98 sec
MapReduce Total cumulative CPU time: 11 seconds 980 msec
Ended Job = job_1683957478534_0034
MapReduce Jobs Launched:
Stage-Stage-1: Map: 1  Reduce: 4   Cumulative CPU: 11.98 sec   HDFS Read: 27652 HDFS Write: 494 SUCCESS
Total MapReduce CPU Time Spent: 11 seconds 980 msec
OK
```

图 9-20　分桶后 Reducer 的执行情况

（4）DISTRIBUTE BY

DISTRIBUTE BY 是 Hive 中一种常用的数据处理方法，它可以提高数据分发的效率与并行度。DISTRIBUTE BY 用于对查询结果进行分桶，即按照指定的列对数据行进行分桶，但不在每个桶内进行排序。DISTRIBUTE BY 子句可以与 SORT BY 子句结合使用，以实现在每个桶内按照不同的列进行排序。

DISTRIBUTE BY 是一种控制 Map 输出结果的分发的方法，它可以指定某一列作为分桶列，使得相同列值的数据分发到同一个 Reducer 中，不同列值的数据分发到不同的 Reducer 中。DISTRIBUTE BY 不会影响 Reducer 的个数，但是可以通过设置 mapreduce.job.reduces 参数来指定 Reducer 的个数，从而间接指定分桶的总数。

DISTRIBUTE BY 根据指定列的哈希值与 Reducer 个数进行取余后，将余数相同的分到一个分区中。当需要对数据进行分组，但是不需要排序时，可以使用 DISTRIBUTE BY 来代替 CLUSTER BY。

例如，按照员工表 emp 的 dept_id 列进行分桶，首先需要指定分桶总数为 4，代码如下。

```
SET mapreduce.job.reduces=4;--设置桶数
```

查询语句如下。

```
SELECT e.id, e.name, e.salary, d.name AS dept_name
FROM emp e JOIN dept d ON e.dept_id=d.id
DISTRIBUTE BY e.dept_id;
```

这样，每个 Reducer 会处理一个或多个部门的员工数据，并按照部门编号进行排序。如果要在每个部门内部按照员工工资进行排序，可以再加上 SORT BY 子句，代码如下。

```
SET mapreduce.job.reduces=4;
SELECT e.id, e.name, e.salary, d.name AS dept_name
FROM emp e JOIN dept d ON e.dept_id=d.id
DISTRIBUTE BY e.dept_id
SORT BY e.salary DESC;
```

9.2.2 分组查询

分组查询是 HQL 中常用的一种查询方式，它可以按照一个或者多个列对结果进行分组，然后对每个组执行聚合操作。分组查询主要的作用是对数据进行统计和分析，如求每个部门的平均工资、每个学生的最高分数等。分组查询的基本语法格式如下。

```
SELECT 列名1, 列名2, ..., 聚合函数(列名)
FROM 表名
WHERE 条件
GROUP BY 列名1, 列名2, ...
HAVING 条件;
```

其中，SELECT 子句用于指定要查询的列和聚合函数，FROM 子句用于指定要查询的表，WHERE 子句用于指定过滤条件，GROUP BY 子句用于指定分组依据，HAVING 子句用于指定分组后的过滤条件。

1. 分组查询基础

（1）GROUP BY 子句

GROUP BY 子句的作用是按照一个或者多个列对查询结果进行分组，然后对每个组执行聚合操作，如求平均值、最大值、最小值等。它通常和聚合函数一起使用，可以对数据进行统计和分析。

例如，如果要查询每个部门的平均工资和最高工资，代码如下。

```
SELECT dept_id, AVG(salary) AS avg_sal, MAX(salary) AS max_sal
FROM emp
GROUP BY dept_id;
```

执行该代码会返回每个部门编号，以及该部门的平均工资和最高工资。

（2）HAVING 子句

分组查询中，HAVING 子句的作用是对分组后的结果进行进一步的过滤，只返回满足条件的分组。它类似于 WHERE 子句，但是有两个不同点：一是 HAVING 子句可以使用聚合函数，而 WHERE 子句不能；二是 HAVING 子句只用于 GROUP BY 分组查询，而 WHERE 子句可以用于任何查询。

例如，如果要查询平均工资大于 2000 元的部门编号和平均工资，代码如下。

```
SELECT dept_id, AVG(salary) AS avg_sal
FROM emp
GROUP BY dept_id
HAVING avg_sal > 2000;
```

执行该代码会返回平均工资大于 2000 元的部门编号和平均工资。

注意，GROUP BY 子句必须写在 WHERE 子句之后，HAVING 子句必须写在 GROUP BY 子句之后。

2．CASE WHEN 与分组查询

GROUP BY 子句支持使用 CASE WHEN 语句或表达式。GROUP BY 后面使用 CASE WHEN 语句的例子如下。

```
SELECT
  CASE WHEN condition THEN expression ELSE expression END AS alias,
  aggregate_function(column_name) AS alias
FROM
  table_name
GROUP BY
  CASE WHEN condition THEN expression ELSE expression END;
```

例如，要根据员工的工资水平分组，并统计每个工资水平的员工数量，代码如下。

```
SELECT
  CASE WHEN salary >= 5000 THEN 'High'
       WHEN salary >= 4000 THEN 'Medium'
       ELSE 'Low'
  END AS salary_level,
  COUNT(*) AS employee_count
FROM
  emp
GROUP BY
  CASE WHEN salary >= 5000 THEN 'High'
       WHEN salary >= 4000 THEN 'Medium'
       ELSE 'Low'
  END;
```

首先，代码从 emp 表中读取所有的数据，包括 id、name、salary、dept_id 和 txn_date。

其次，对每一行数据，根据 salary 的值，使用 CASE WHEN 语句判断其属于哪个工资水平，并返回相应的字符串值，例如 High、Medium 或 Low。这个值作为分组依据的列，并且起别名 salary_level。

接着，根据 salary_level 的值，将数据分成不同的组，例如 High 组、Medium 组和 Low 组。

然后，使用 COUNT() 函数计算每个组中有多少行数据，并返回一个整数值。这个值作为聚合函数的结果，并且起别名为 employee_count。

最后，将 salary_level 和 employee_count 两列作为查询结果返回，并按照 salary_level

的值排序。

查询结果如图 9-21 所示。

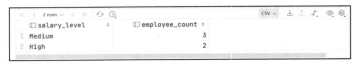

图 9-21　查询结果

3. GROUPING SETS 实现多条件分组查询

GROUPING SETS 子句用于在 GROUP BY 中列出多个分组依据，多个分组之间用括号括起来，并用逗号分隔。例如，GROUP BY a, b GROUPING SETS ((a,b), a) 表示先按照 a 和 b 分组，再按照 a 分组，并将两个结果集合并。

GROUPING SETS 子句可以在 GROUP BY 中指定多个分组选项，相当于用 UNION 连接多个 GROUP BY 查询。

例如，想查询每个部门的员工数量和平均工资，以及总的员工数量和平均工资，代码如下。

```
SELECT dept_id, COUNT(id) AS emp_count, AVG(salary) AS avg_salary
FROM emp
GROUP BY dept_id
GROUPING SETS (dept_id, ( ))
```

首先，从 emp 表中选择所有的记录，emp 表包含员工的编号、姓名、部门编号、工资和日期等信息。

其次，按照部门编号进行分组，并使用 GROUPING SETS 子句指定两个分组依据：dept_id 和空。这表示先按照部门编号分组，再对所有记录进行汇总，并将两个结果集合并。

然后，对每个分组计算两个聚合函数：COUNT(id)用于统计每个分组的员工数，AVG(salary)用于计算每个分组的平均工资，并使用 AS 子句给每个列起一个别名，分别为 emp_count 和 avg_salary。

最后，将计算结果返回，其中包括每个部门的员工数和平均薪资，以及整个公司的总员工数和平均薪资。多分组查询结果如图 9-22 所示。

图 9-22　多分组查询结果

该语句相当于以下两个查询语句的结合。

```
SELECT dept_id, COUNT(id) AS emp_count, AVG(salary) AS avg_salary
FROM emp
GROUP BY dept_id;
SELECT NULL AS dept_id, COUNT(id) AS emp_count, AVG(salary) AS avg_salary
FROM emp;
```

4. CUBE 实现多维度分组查询

CUBE 子句用于在 GROUP BY 中生成所有可能的分组依据的组合，并对每个组合进行聚合操作。例如，GROUP BY a, b WITH CUBE 表示按照 a 和 b、a、b、空进行分组，并将这 4 个结果集合并。CUBE 子句可以快速地得到所有可能的分组依据的聚合结果，以方便进行多维度的数据分析。CUBE 子句在 GROUP BY 中计算所有可能的列组合的小计。

例如，想查询每个部门、每个日期以及所有可能的组合的员工数量和平均工资，代码如下。

```
SELECT dept_id, txn_date, COUNT(id) AS emp_count, AVG(salary) AS avg_salary
FROM emp
GROUP BY dept_id, txn_date
WITH CUBE;
```

首先，从 emp 表中选择所有的记录，emp 表包含员工的编号、姓名、部门编号、工资和日期等信息。

其次，按照部门编号和日期进行分组，并使用 WITH CUBE 子句生成所有可能的分组依据的组合。例如，如果有两个部门 A 和 B，两个日期 2021-01-01 和 2021-01-02，会生成以下 9 个分组依据：(A, 2021-01-01) (A, 2021-01-02) (B, 2021-01-01) (B, 2021-01-02) (A, NULL) (B, NULL) (NULL, 2021-01-01) (NULL, 2021-01-02) (NULL, NULL)。

然后，对每个分组计算两个聚合函数：COUNT(id)用于统计每个分组的员工数，AVG(salary)用于计算每个分组的平均工资，并使用 AS 子句给每个列起一个别名，分别为 emp_count 和 avg_salary。

最后，将计算结果返回。多维度分组查询结果如图 9-23 所示。

	dept_id	txn_date	emp_count	avg_salary
1	\<null\>	2010-09-10	1	4000
2	\<null\>	2012-10-09	1	4000
3	30	2010-09-10	1	4000
4	50	2012-10-09	1	4000
5	20	\<null\>	1	4000
6	20	2010-06-07	1	4000
7	\<null\>	2008-01-02	1	5000
8	\<null\>	2012-08-16	1	6000
9	10	2008-01-02	1	5000
10	30	2012-08-16	1	6000
11	\<null\>	\<null\>	5	4600
12	\<null\>	2010-06-07	1	4000
13	10	\<null\>	1	5000
14	30	\<null\>	2	5000
15	50	\<null\>	1	4000

图 9-23　多维度分组查询结果

5．ROLLUP 实现分层分组查询

ROLLUP 子句用于在 GROUP BY 中生成一个分层的分组依据，并对每个层级进行聚合操作。例如，GROUP BY a, b WITH ROLLUP 表示按照 a 和 b、a、空进行分组，并将这 3 个结果集合并。

ROLLUP 子句可以方便地得到一个分层的分组依据的聚合结果，以方便进行层次化的数据汇总。在 GROUP BY 中计算某个列的层次结构级别的小计。

例如，想查询每个部门、每个日期以及每个分组的员工数量和平均工资，代码如下。

```
SELECT dept_id, txn_date, COUNT(id) AS emp_count, AVG(salary) AS avg_salary
FROM emp
GROUP BY dept_id, txn_date
WITH ROLLUP;
```

首先，从 emp 表中选择所有的记录，emp 表包含员工的编号、姓名、部门编号、工资和日期等信息。

其次，按照部门编号和日期进行分组，并使用 WITH ROLLUP 子句生成一个分层的分

组依据。例如，如果有两个部门 A 和 B，两个日期 2021-01-01 和 2021-01-02，则会生成以下 7 个分组依据：(A, 2021-01-01) (A, 2021-01-02) (B, 2021-01-01) (B, 2021-01-02) (A, NULL) (B, NULL) (NULL, NULL)。

然后，对每个分组计算两个聚合函数：COUNT(id)用于统计每个分组的员工数，AVG(salary)用于计算每个分组的平均工资，并使用 AS 子句给每个列起一个别名，分别为 emp_count 和 avg_salary。

最后，将计算结果返回。分层分组查询结果如图 9-24 所示。

图 9-24　分层分组查询结果

9.2.3　子查询

子查询是指在一个查询语句中嵌套另一个查询语句，以实现一些复杂的功能和需求。子查询可以将一个复杂的查询问题分解为多个简单的查询步骤，从而提高查询的可读性和可维护性。子查询也可以利用中间结果来实现一些难以用单个查询语句完成的功能，例如多表连接、分组过滤、聚合计算等。

子查询的语法规则与普通的查询语句基本相同。子查询可以写在 FROM 子句中、WHERE 子句中和 SELECT 子句中。

（1）在 FROM 子句中使用子查询时，需要给子查询起一个别名。语法格式如下。

```
SELECT
 column_name...
FROM
 (SELECT column_name(s) FROM table_name WHERE condition) AS alias;
```

例如，要查询工资高于平均工资的员工的姓名和工资，代码如下。

```
SELECT
 name, salary
FROM
 (SELECT name, salary, AVG(salary) OVER() AS avg_salary FROM emp) AS sub
WHERE salary > avg_salary;
```

其中，AVG()是用于对数据求平均值的聚合函数，OVER()是窗口函数的一部分，它可以指定窗口的范围和顺序。在这里，OVER()没有任何参数，表示窗口包含全表的所有数据，也就是对全表进行聚合计算，具体语法请参考 9.3.2 节。

子查询语句 SELECT name, salary, AVG(salary) OVER() AS avg_salary FROM emp 的执行结果如下。

```
avg_salary
4600.0
```

整体子查询的结果如图 9-25 所示。

	name	salary
1	Andy	6000
2	Alice	5000

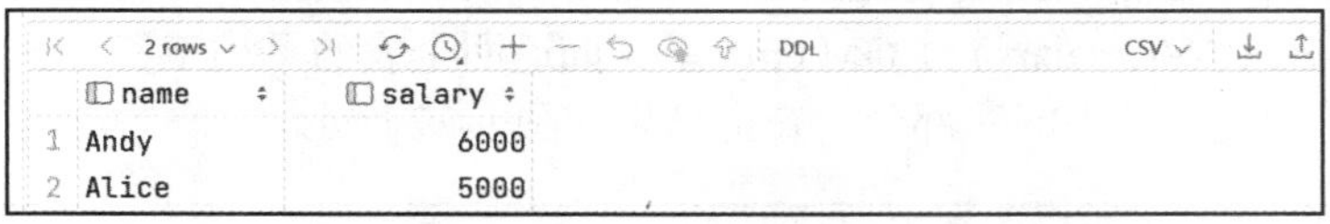

图 9-25　整体子查询的结果

注意，如果不给子查询起一个别名，将会提示如下错误。

```
ERROR 1248 (42000): Every derived table must have its own alias
```

（2）在 WHERE 子句中使用子查询时，需要使用比较运算符或者 IN、EXISTS 等关键字。WHERE 子句中使用子查询的语法格式如下。

```
SELECT
 column_name...
FROM
 table_name
WHERE
 column_name operator (SELECT column_name FROM table_name WHERE condition);
```

例如，要查询工资高于部门平均工资的员工的姓名和工资，代码如下。

```
SELECT
 name, salary
FROM
 emp
WHERE  salary > (SELECT AVG(salary) FROM emp WHERE dept_id = emp.dept_id);
```

其中，WHERE 子句用于指定查询的条件，其中，salary > ...表示只查询工资高于某个值的员工的信息。子查询 SELECT AVG(salary) FROM emp WHERE dept_id = emp.dept_id 用于返回每个部门的平均工资。WHERE 子句用于指定分组的条件，其中，dept_id = emp.dept_id 表示按照部门编号进行分组，并且与外层查询的部门编号相同。这样可以保证比较是在一个部门内进行的。

查询结果如图 9-26 所示。

	name	salary
1	Alice	5000
2	Andy	6000

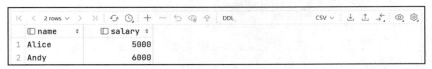

图 9-26　查询结果

（3）在 SELECT 子句中使用子查询时，需要保证子查询只返回一个标量值。这样才能作为 SELECT 子句的一列来显示。在 SELECT 子句中使用子查询的语法格式如下。

```
SELECT
 column_name...,
 (SELECT column_name FROM table_name WHERE condition) AS alias
FROM
 table_name
WHERE
 condition;
```

例如，要查询每个员工的姓名和工资，以及全表的平均工资，代码如下。

```
SELECT name, salary, (SELECT AVG(salary) FROM emp) AS avg_salary
FROM  emp;
```

其中，SELECT AVG(salary) FROM emp 子查询返回全表的平均工资，该子查询返回一个标量值，作为外层查询结果的一部分。查询结果如图 9-27 所示。

	name	salary	avg_salary
1	Alice	5000	4600
2	Bob	4000	4600
3	Cathy	4000	4600
4	Anna	4000	4600
5	Andy	6000	4600

图 9-27 查询结果

注意，若 SELECT 子句中的子查询返回多行一列的结果，该结果不能作为一列，将提示如下错误。

```
ERROR 1242 (21000): Subquery returns more than 1 row
```

另外，Hive 不支持嵌套的子查询；Hive 不支持连接操作中使用等值连接以外的条件；Hive 不支持在 UPDATE、DELETE、MERGE 等语句中使用子查询。具体限制可参考 Hive 的官方文档。

9.2.4 Hive 的 JOIN 操作

数据表的 JOIN 是数据分析处理过程中必不可少的操作。使用多表联查的技术可以从多个数据表中获取具有关联关系的数据。多表联查通过相同的列值组合多个数据表的列，形成一个新的临时表，与 SQL 中的 JOIN 类似。

数据表的 JOIN 语法格式如下。

```
SELECT column_list
FROM table1
JOIN table2
ON join_condition
[WHERE filter_condition]
[GROUP BY group_by_list]
[HAVING having_condition]
[ORDER BY order_by_list]
[LIMIT limit_number];
```

各个参数介绍如下。
- column_list 为要选择的列列表，可以使用别名或者聚合函数。
- table1 和 table2 为要连接的两个表，可以使用别名或者子查询。
- join_condition 为连接条件，用于指定连接方式，一般是两个表相等的列。
- filter_condition 为过滤条件，用于筛选符合条件的记录。
- group_by_list 为分组列表，用于按照某些列进行分组统计。
- having_condition 为分组过滤条件，用于筛选符合条件的分组。
- order_by_list 为排序列表，用于按照某些列进行排序。
- limit_number 为限制条数，用于指定返回结果集的最大行数。

例如，存在员工表 emp 和部门表 dept，要查询每个员工的姓名、工资和所属部门名称，需要使用多表联查来实现。

其中，员工表 emp 包含员工编号 id、员工姓名 name、员工工资 salary 和所属部门编号 dept_id。员工表 emp 中的示例数据如表 9-3 所示。

表 9-3　员工表 emp 中的数据示例

id	name	salary	dept_id
1	Alice	5000	10
2	Bob	4000	20
3	Cathy	4000	30

部门表 dept 包含部门编号 id 和部门名 name。部门表 dept 中的示例数据如表 9-4 所示。

表 9-4　部门表 dept 中的数据示例

id	name
10	IT
20	HR
30	Sales

要查询每个员工的姓名、工资和所属部门名称，可以使用 JOIN 来连接这两个表（仅使用表 9-3 和表 9-4 中的示例数据），代码如下。

```
SELECT e.name, e.salary, d.name AS dept_name
FROM emp e
JOIN dept d
ON e.dept_id = d.id;
```

如图 9-28 所示，对 emp 表与 dept 表执行 JOIN 操作后，产生一个包含两个表信息的新表，该表将 emp 表的 dept_id 与 dept 表的 id 相等的行组合成一个新行。

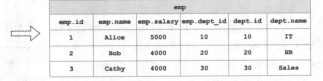

图 9-28　JOIN 产生新表结果

查询条件中限定只显示 emp 表中的 name 与 salary 和 dept 表中的 name 这 3 列的值，结果如表 9-5 所示。

表 9-5　JOIN 查询结果

name	salary	dept_name
Alice	5000	IT
Bob	4000	HR
Cathy	4000	Sales

Hive 支持的 JOIN 类型包括 INNER JOIN、LEFT JOIN 等。

1．INNER JOIN

INNER JOIN 也称为内连接，在实际使用中可以简写为 JOIN。如以上代码所示，实现的是 emp 表和 dept 表之间的内连接。使用 INNER JOIN 时，如果表中有至少一个匹配记录，则返回行。也就是说，只返回两个表中都存在的记录。匹配条件使用 ON 子句指定。

例如，将 emp 表和 dept 表内连接为一个表，代码如下。

```
SELECT e.name, e.salary, d.name AS dept_name
FROM emp e INNER JOIN dept d
ON e.dept_id = d.id;
```

首先，从 emp 表和 dept 表中选择所有的记录，emp 表包含员工的编号、姓名、部门编号和工资等信息，dept 表包含部门的编号和名称等信息。使用 INNER JOIN 子句将 emp 表和 dept 表进行连接，连接条件是 emp 表的 dept_id 列值和 dept 表的 id 列值相等。内连接只返回两个表中有匹配的记录，并且将它们合并为一行，原理如图 9-29 所示。

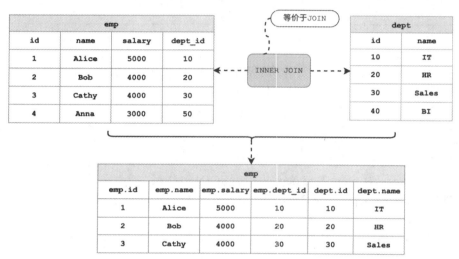

图 9-29　INNER JOIN 原理

其次，使用 SELECT 子句指定要查询的列，分别是 emp 表的 name 列和 salary 列，以及 dept 表的 name 列，并使用 AS 子句给 dept 表的 name 列起一个别名 dept_name。

最后，将查询结果返回，并按照默认的顺序排序。查询结果如图 9-30 所示。

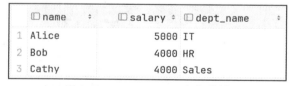

图 9-30　INNER JOIN 查询结果

2．LEFT JOIN

LEFT JOIN 也称为"左连接"，两个表进行左连接操作时，以左表的全部数据为查询条件，与右表进行匹配。即使右表中没有匹配，也从左表返回所有的行。也就是说，该操作返回左表中所有的记录及与之匹配的右表中的记录，如果右表中没有匹配，则用 NULL 填充。匹配条件使用 ON 子句指定。

Hive 的 LEFT JOIN 语法格式如下。

```
SELECT column_name(s)
FROM table1 LEFT JOIN table2
ON table1.column_name = table2.column_name;
```

其中，table1 是左表，table2 是右表，ON 后面是连接条件。

例如，存在两个数据表 emp 和 dept，emp 表存储了员工信息，dept 表存储了部门信息。每个员工属于一个部门，每个部门可以有多个员工。dept 表和 emp 表之间是一对多的关系。

emp 表中的 dept_id 列是外键，它链接到 dept 表中的 id 列。

查询每个员工的姓名、工资和所属部门的名称，代码如下。

```
SELECT e.name, e.salary, d.name AS dept_name
FROM emp e LEFT JOIN dept d
ON e.dept_id = d.id;
```

首先，从 emp 表和 dept 表中读取所有的数据，包括 emp 表的 id、name、salary、dept_id 列，以及 dept 表的 id 和 name 列。

其次，对 emp 表和 dept 表进行左连接，也就是保留 emp 表中的所有数据，以及与之匹配的 dept 表中的数据。匹配的条件是 emp 表的 dept_id 列值等于 dept 表的 id 列值。如果 emp 表中有些数据没有匹配到 dept 表中的数据，那么 dept 表中的列值为 NULL，原理如图 9-31 所示。

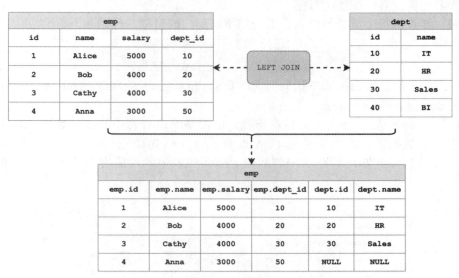

图 9-31 LEFT JOIN 原理

然后，从连接后的结果中选择要查询的列，其中 e.name 和 e.salary 分别表示员工的姓名和工资，d.name 表示部门的名称，别名为 dept_name。

最后，将查询结果返回，并按照默认的顺序排序。查询结果如图 9-32 所示。

emp 表和 dept 表的位置会直接影响查询结果。例如，要查询每个部门的名称和员工数量，代码如下。

```
SELECT e.name, e.salary, d.name AS dept_name
FROM dept d LEFT JOIN emp e
ON d.id = e.dept_id;
```

执行该代码会返回 dept 表中的所有记录，以及与之匹配的 emp 表中的记录。如果某个部门没有对应的员工，那么结果中对应的 name 列和 salary 列将显示为 NULL，查询结果如图 9-33 所示。

	name	salary	dept_name
1	Alice	5000	IT
2	Bob	4000	HR
3	Cathy	4000	Sales
4	Anna	3000	\<null\>

图 9-32 LEFT JOIN 查询结果

	name	salary	dept_name
1	Alice	5000	IT
2	Bob	4000	HR
3	Cathy	4000	Sales
4	\<null\>	\<null\>	BI

图 9-33 LEFT JOIN 左右表交换后的查询结果

3. RIGHT JOIN

RIGHT JOIN 即使左表中没有匹配，也从右表返回所有的行。也就是说，该操作返回右表中所有的记录及与之匹配的左表中的记录，如果左表中没有匹配，则用 NULL 填充。匹配条件使用 ON 子句指定的。RIGHT JOIN 的语法格式如下。

```
SELECT
 column_name(s)
FROM
 table_name1 RIGHT [OUTER] JOIN table_name2 ON join_condition;
```

其中，table_name1 和 table_name2 是要连接的两个表，column_name(s)是要查询的列，join_condition 是连接的条件，可以是一个或多个布尔表达式。OUTER 关键字是可选的，表示是否要包含没有匹配到的数据。

例如，要查询每个员工的姓名、工资和所属部门的名称，代码如下。

```
SELECT e.name, e.salary, d.name AS dept_name
FROM emp e RIGHT JOIN dept d ON e.dept_id = d.id;
```

首先，从 emp 表和 dept 表中读取所有的数据，包括 emp 表的 id、name、salary 和 dept_id 列，以及 dept 表的 id 和 name 列。

其次，对 emp 表和 dept 表进行右连接，也就是保留右表中的所有数据，以及与之匹配的左表中的数据。匹配的条件是 emp 表的 dept_id 列值等于 dept 表的 id 列值。如果右表中有些数据没有匹配到左表中的数据，那么左表中的列值为 NULL，原理如图 9-34 所示。

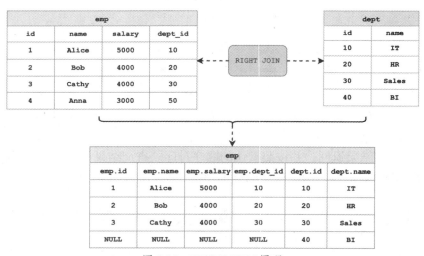

图 9-34 RIGHT JOIN 原理

然后，从连接后的结果中选择要查询的列，其中 e.name 和 e.salary 分别表示员工的姓名和工资，d.name 表示部门的名称，别名为 dept_name。

最后，将查询结果返回，并按照默认的顺序排序。查询结果如图 9-35 所示，与图 9-33 所示的 dept 表左连接 emp 表的结果相同。

	name	salary	dept_name
1	Alice	5000	IT
2	Bob	4000	HR
3	Cathy	4000	Sales
4	<null>	<null>	BI

图 9-35 RIGHT JOIN 查询结果

4. FULL JOIN

FULL JOIN 实现全连接,保留两个表中的所有数据。即返回两个表中任意一个表存在的记录,如果没有匹配,则用 NULL 填充。匹配条件使用 ON 子句指定。FULL JOIN 的语法格式如下。

```
SELECT column_name(s)
FROM table_name1 FULL [OUTER] JOIN table_name2 ON join_condition;
```

其中,table_name1 和 table_name2 是要连接的两个表,column_name(s)是要查询的列,join_condition 是连接的条件,可以是一个或多个布尔表达式。OUTER 关键字是可选的,表示是否要包含没有匹配到的数据。

例如,查询每个员工的姓名、工资和所属部门的名称。代码如下。

```
SELECT e.name, e.salary, d.name AS dept_name
FROM emp e FULL JOIN dept d ON e.dept_id = d.id;
```

首先,从 emp 表和 dept 表中读取所有的数据,包括 emp 表的 id、name、salary 和 dept_id 列,以及 dept 表的 id 和 name 列。

其次,对 emp 表和 dept 表进行全连接,也就是保留两个表中的所有数据。匹配的条件是 emp 表的 dept_id 列等于 dept 表的 id 列。如果有些数据没有匹配到另一个表中的数据,那么另一个表中的列值为 NULL。如图 9-36 所示。

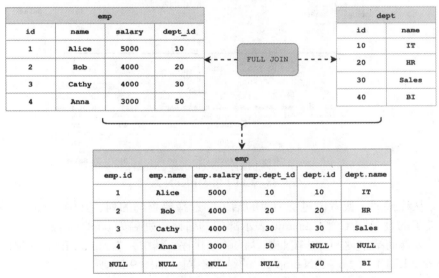

图 9-36 FULL JOIN 原理

然后,从连接后的结果中选择要查询的列,其中 e.name 和 e.salary 分别表示员工的姓名和工资,d.name 表示部门的名称,对应别名 dept_name。

最后,将查询结果返回,并按照默认的顺序排序。查询结果如图 9-37 所示。

图 9-37 FULL JOIN 运行结果

5. LEFT/RIGHT SEMI JOIN

LEFT SEMI JOIN 为左半连接,根据连接条件,只保留左表中与右表有匹配记录的数据。匹配条件使用 ON 子句指定。如果左表中有些数据没有匹配到右表中的数据,那么这些数据被过滤掉。LEFT SEMI JOIN 的语法格式如下。

```
SELECT column_name(s)
FROM table_name1 LEFT SEMI JOIN table_name2 ON join_condition;
```

其中，table_name1 和 table_name2 是要连接的两个表，column_name(s)是要查询的列，join_condition 是连接的条件，可以是一个或多个布尔表达式。

例如，根据连接条件查询在 emp 表中存在且在 dept 表中也存在的员工信息。代码如下。

```
SELECT * FROM emp e LEFT SEMI JOIN dept d ON e.dept_id = d.id;
```

首先，从 emp 表和 dept 表中读取所有的数据，包括 emp 表的 id、name、salary 和 dept_id 列，以及 dept 表的 id 和 name 列。

其次，对 emp 表和 dept 表进行左半连接，也就是只保留左表中与右表有匹配记录（根据连接条件）的数据。匹配的条件是 emp 表的 dept_id 列值等于 dept 表的 id 列值。如果左表中有些数据没有匹配到右表中的数据，那么这些数据被过滤掉，原理如图 9-38 所示。

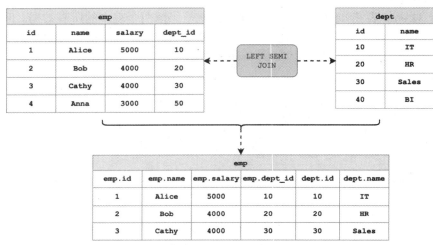

图 9-38　LEFT SEMI JOIN 原理

然后，从连接后（或者说过滤后）的结果中选择要查询的列，其中，e.name 和 e.salary 分别表示员工的姓名和工资，d.name 表示部门的名称，别名为 dept_name。

最后，将查询结果返回，并按照默认的顺序排序。其中，"emp e LEFT SEMI JOIN dept d"与"dept d LEFT SEMI JOIN emp e"的结果不同，如图 9-39 所示。

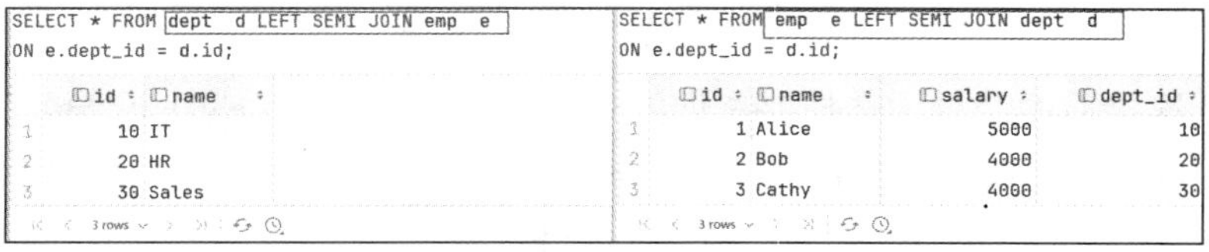

图 9-39　LEFT SEMI JOIN 查询结果

同样存在 RIGHT SEMI JOIN 连接两个表的方法。根据连接条件，只保留右表中与左表有匹配记录的数据。匹配条件使用 ON 子句指定的。如果右表中有某些数据没有匹配到左表中的数据，那么这些数据被过滤掉。

6．CROSS JOIN

CROSS JOIN 表示交叉连接，返回两个表的笛卡儿积。它将一个表中的每一行数据与另一个表中的每一行数据进行组合，形成笛卡儿积。这样会产生很多数据，可能有些是不需要的。可以使用 ON 子句指定连接的条件，对交叉连接后的结果进行过滤，只保留符合条件的数据。CROSS JOIN 的语法格式如下。

```
SELECT column_name(s) FROM table_name1 CROSS JOIN table_name2
[ON join_condition];
```

其中，table_name1 和 table_name2 是要连接的两个表，column_name(s)是要查询的列，join_condition 是可选的连接条件，可以是一个或多个布尔表达式。

例如，根据连接条件查询每个员工与每个部门之间可能存在的关系。不添加 ON 子句以设定关联键，此时结果为两表的笛卡儿积。代码如下。

```
SELECT * FROM emp e CROSS JOIN dept d;
```

首先，从 emp 表和 dept 表中读取所有的数据，包括 emp 表的 id、name、salary 和 dept_id 列，以及 dept 表的 id 和 name 列。

其次，对 emp 表和 dept 表进行交叉连接，也就是将一个表中的每一行数据与另一个表中的每一行数据进行组合，形成笛卡儿积。这样会产生很多数据，可能有些是不需要的，原理如图 9-40 所示。

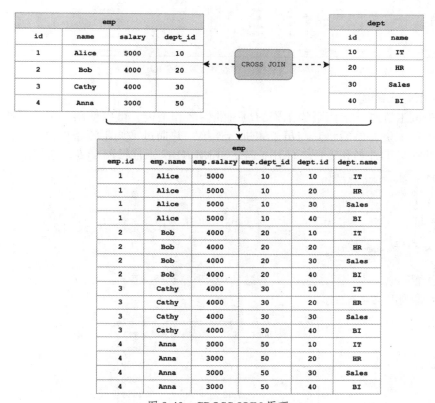

图 9-40　CROSS JOIN 原理

然而，使用 ON 子句指定连接的条件，将交叉连接后的结果过滤，只保留符合条件 emp 表的 dept_id 列值等于 dept 表的 id 列值的部分，结果与 INNER JOIN 的结果一致。这样可以减少不必要的数据。代码如下。

```sql
SELECT e.name, e.salary, d.name AS dept_name
FROM emp e CROSS JOIN dept d ON e.dept_id = d.id;
```

经过筛选后，选定需要查询的列，包括员工姓名（e.name）、工资（e.salary）、部门名称（d.name），并使用别名 dept_name 来表示部门名称。为简化代码，使用表别名 e 和 d。最后，返回查询结果并默认排序。结果如图 9-41 所示。

	name	salary	dept_name
1	Alice	5000	IT
2	Bob	4000	HR
3	Cathy	4000	Sales

图 9-41　CROSS JOIN 查询结果

注意，在使用 CROSS JOIN 的时候，左表和右表的位置可以互换，结果不变，如图 9-42 所示。

	id	name	salary	dept_id	id	name
1	1	Alice	5000	10	10	IT
2	1	Alice	5000	10	20	HR
3	1	Alice	5000	10	30	Sales
4	1	Alice	5000	10	40	BI
5	2	Bob	4000	20	10	IT
6	2	Bob	4000	20	20	HR
7	2	Bob	4000	20	30	Sales
8	2	Bob	4000	20	40	BI
9	3	Cathy	4000	30	10	IT
10	3	Cathy	4000	30	20	HR
11	3	Cathy	4000	30	30	Sales
12	3	Cathy	4000	30	40	BI
13	4	Anna	3000	50	10	IT
14	4	Anna	3000	50	20	HR
15	4	Anna	3000	50	30	Sales
16	4	Anna	3000	50	40	BI

16 rows　SELECT * FROM emp e CROSS JOIN dept d ;

	id	name	id	name	salary	dept_id
1	10	IT	1	Alice	5000	10
2	20	HR	1	Alice	5000	10
3	30	Sales	1	Alice	5000	10
4	40	BI	1	Alice	5000	10
5	10	IT	2	Bob	4000	20
6	20	HR	2	Bob	4000	20
7	30	Sales	2	Bob	4000	20
8	40	BI	2	Bob	4000	20
9	10	IT	3	Cathy	4000	30
10	20	HR	3	Cathy	4000	30
11	30	Sales	3	Cathy	4000	30
12	40	BI	3	Cathy	4000	30
13	10	IT	4	Anna	3000	50
14	20	HR	4	Anna	3000	50
15	30	Sales	4	Anna	3000	50
16	40	BI	4	Anna	3000	50

16 rows　SELECT * FROM dept d CROSS JOIN emp e ;

图 9-42　交换左右表的 CROSS JOIN 结果

7. JOIN 子查询

若要查询工资高于部门平均工资的员工的姓名和工资，可以使用 JOIN 子查询计算每个部门的平均工资，然后将其与员工表进行连接，并通过平均工资条件进行过滤，最终返回符合条件的员工姓名和工资。使用 LEFT SEMI JOIN 来连接两个表，代码如下。

```sql
SELECT e.name, e.salary
FROM emp e
LEFT SEMI JOIN (
    SELECT dept_id, AVG(salary) AS avg_salary
    FROM emp
    GROUP BY dept_id
) t
ON e.dept_id = t.dept_id AND e.salary > t.avg_salary;
```

查询结果如图 9-43 所示。

	dept_id	avg_salary
1	10	5000
2	20	4000
3	30	4000
4	50	3000

图 9-43　JOIN 子查询结果

9.2.5　Hive 的 JOIN 原理

JOIN 操作是非常消耗资源的，因为它需要对多个表进行扫描、排序和合并。因此，在使用 JOIN 操作时，应该尽量缩减参与 JOIN 的表的数量和大小，以及返回的结果集的大小。

Hive 的 JOIN 操作实际上是基于 MapReduce 的分布式处理实现的。当执行 JOIN 操作时，Hive 会将数据集划分为若干个分片，然后将每个分片分发到不同的计算节点上进行处理。JOIN 操作的过程可以分为以下几个步骤。

（1）数据划分和分发

Hive 会根据 JOIN 条件和数据分片规则，将参与 JOIN 操作的数据集进行划分和分发。这确保了具有相同关联键的数据行能够被发送到相同的计算节点上进行处理。

（2）局部处理

每个计算节点会独立地对其所接收到的数据分片进行局部处理。在这个阶段，Hive 会根据 JOIN 条件进行数据匹配，将满足条件的数据行进行组合。对于不同的 JOIN 类型，如内连接、左连接、右连接、全连接等，处理方式会有所不同。

（3）数据合并

在局部处理完成后，Hive 会将各个计算节点上的结果数据进行合并，包括将各个节点上的匹配行进行组合，以及根据 JOIN 类型进行数据填充和处理。

（4）结果输出

Hive 将合并后的结果数据进行输出，以供用户使用。用户可以选择将结果保存到表中或进行进一步的数据分析和处理。

Hive 中的 JOIN 可以分为两种类型：Common JOIN 和 Map JOIN。Hive 中的 JOIN 只支持等值 JOIN，也就是说 JOIN ON 中的条件只能是=，不能是<、>等。

Common JOIN 为 Hive 的默认 JOIN 类型。如果参与 JOIN 的表中有一些很小的表，可以考虑使用 Map JOIN 来优化性能。

1．Common JOIN

Common JOIN 是 Hive 中默认的 JOIN 类型，它是在 Reduce 阶段完成 JOIN 操作的。它适用于两个或多个表都比较大，且没有明显的数据倾斜，即某些键值出现的频率过高的情况。Common JOIN 的执行过程包含 Map 阶段、Shuffle 过程和 Reduce 阶段。

（1）Map 阶段

在 Map 阶段，Hive 会读取源表，即参与 JOIN 的表数据，并将其输出为键值对。输出时，以 JOIN 条件中的列为键，如果 JOIN 有多个关联键，则以这些关联键的组合作为键；输出的值为 JOIN 之后 SELECT 语句或 WHERE 子句中需要用到的列，同时值中还会包含表的 Tag 信息，用于标明此值对应哪个表。例如，有员工表 emp 和部门表 dept 两个表，如表 9-6、表 9-7 所示。

表 9-6　员工表 emp

id	name	age
1	Alice	20
2	Bob	25
3	Carol	30

表 9-7　部门表 dept

id	dept	salary
1	Sales	5000
2	IT	6000
4	HR	4000

若执行如下的 JOIN 语句，两个表将根据 id 进行 JOIN 操作。

```
SELECT a.id, a.name, b.dept, b.salary
FROM emp a JOIN dept b
ON (a.id = b.id);
```

那么 Map 阶段输出的键值对结果如表 9-8 所示。

其中，0 和 1 是 Tag 信息，表示 a 表和 b 表。

键是用来进行 JOIN 操作的列，也就是两个表中共同存在的列，或者说是两个表中可以进行匹配的列。在上例中，键是 id，因为是按照 id 进行 JOIN 的。如果有多个列作为 JOIN 条件，如 id 和 name，那么键就是 id 和 name 的组合，如 1,Alice。

值是 JOIN 之后 SELECT 语句或 WHERE 子句中需要用到的列，以及表的 Tag 信息。在上例中，值包含 name、dept、salary 和 Tag 4 个部分。其中，name、dept 和 salary 是想要输出的列，Tag 用来标识这个值属于哪个表的信息，如 0 表示 a 表，1 表示 b 表。Tag 信息在 Reduce 阶段会用到，用来区分不同表中的数据。

表 9-8　Map 阶段输出的键值对结果

键	值
1	a,Alice,20,0
2	a,Bob,25,0
3	a,Carol,30,0
1	b,Sales,5000,1
2	b,IT,6000,1
4	b,HR,4000,1

（2）Shuffle 过程

在 Shuffle 过程中，Hive 会根据键进行哈希运算，并将键值对按照键的哈希值推送至不同的 ReduceTask 中，确保键相同的键值对位于同一个 ReduceTask 中。

例如，如果有两个 ReduceTask，那么 Shuffle 过程的数据分配如表 9-9 所示。

表 9-9　Shuffle 过程的数据分配

ReduceTask1	ReduceTask2
(1,a,Alice,20,0)	(3,a,Carol,30,0)
(1,b,Sales,5000,1)	(4,b,HR,4000,1)
(2,a,Bob,25,0)	
(2,b,IT,6000,1)	

（3）Reduce 阶段

在 Reduce 阶段，Hive 会根据键完成 JOIN 操作，其间通过 Tag 来识别不同表中的数据，并输出最终结果。

例如，Reduce 阶段会输出表 9-10 所示的结果。

表 9-10　Reduce 阶段输出的结果

id	name	dept	salary
1	Alice	Sales	5000
2	Bob	IT	6000

2．Map JOIN

Map JOIN 是另一种 JOIN 类型，它是在 Map 阶段完成 JOIN 操作的。它适用于一个很小的表和一个大表进行 JOIN 的场景，具体小表有多小，由参数 hive.mapjoin.smalltable.filesize 来决定，默认值为 25MB。如果满足条件，Hive 在执行时会自动转换为 Map JOIN，或者可以使用 hint 提示/*+ mapjoin (table) */来强制执行 Map JOIN。

Map JOIN 的执行过程包含两个阶段：LocalTask 和 MapTask。

（1）LocalTask

在 LocalTASK 阶段，Hive 会在客户端本地执行一个任务，例如 Task A，负责扫描小表的数据，假设为 b 表，并将其转换成一个 HashTable，即散列表的数据结构，并写入本地文件中。之后将该文件加载到 DistributeCache，即分布式缓存中。例如，b 表如表 9-7 所示，那么 LocalTask 会生成表 9-11 所示的 HashTable。

表 9-11　转换的 HashTable 结果

键（id）	值（dept,salary）
1	Sales,5000
2	IT,6000
4	HR,4000

（2）MapTask

在 MapTask 阶段，Hive 会启动一些没有 ReduceTask 的 MapReduce 任务 Task B，负责

扫描大表，假设为 a 表。并从 DistributeCache 中读取小表对应的 HashTable，在 Map 阶段根据 a 表的每一条记录去和 HashTable 关联，并直接输出结果。由于没有 ReduceTask，所以有多少个 MapTask 就有多少个结果文件。例如，有两个 MapTask 扫描 a 表，则 MapTask 输出结果如表 9-12 所示。

然后 Hive 根据 HashTable 进行关联，并输出结果，如表 9-13 所示。

表 9-12 MapTask 输出结果

MapTask1	MapTask2
id,name	id,name
(1,Alice)	(3,Carol)
(2,Bob)	

表 9-13 与 HashTable 关联后输出的结果

MapTask1	MapTask2
id,name,dept,salary	id,name
(1,Alice,Sales,5000)	(3,Carol)
(2,Bob,IT,6000)	

Map JOIN 可以跳过 Shuffle 过程和 Reduce 阶段，并利用 HashTable 提高小表查找速度。但是 Map JOIN 也有一些限制。

- 小表不能太大，否则无法加载到内存中。
- 不适合全外连接或右外连接。
- 不适合多个小表同时进行 JOIN。

Map JOIN 是一种特殊的 JOIN 类型，它会把小表加载到内存中，然后在 Map 阶段就完成 JOIN 操作，避免了 Reduce 阶段的开销。要使用 Map JOIN，可以在 JOIN 前加上/*+ MAPJOIN(table) */的提示语句，例如下列代码。

```
SELECT /*+ MAPJOIN(d) */ e.name, e.salary, d.name AS dept_name
FROM emp e
JOIN dept d
ON e.dept_id = d.id;
```

在 Hive 中，如果参与 JOIN 的表之间没有相等的列，需要进行其他类型的比较（例如大于、小于等），可以考虑使用 Theta JOIN 来优化性能。Theta JOIN 是一种特殊的 JOIN 类型，它会把两个表按照相等条件进行分区和排序，然后在 Reduce 阶段进行比较操作。要使用 Theta JOIN，可以在 JOIN 前和 ON 后加上/*+ THETA */的提示语句，例如下列代码。

```
SELECT /*+ THETA */ e.name, e.salary, d.name AS dept_name
FROM emp e
JOIN dept d
ON /*+ THETA */ e.dept_id > d.id;
```

JOIN 是数据分析处理过程中必不可少的操作，Hive JOIN 的底层是通过 MapReduce 来实现的。Hive 实现 JOIN 时，为提高 MapReduce 的性能，提供了多种 JOIN 方案，例如适合小表 JOIN 大表的 Map JOIN，适合大表 JOIN 小表的 Reduce JOIN，以及适合大表 JOIN 的优化方案 Bucket JOIN 等。

9.3 常用系统函数

函数是一种可以对数据进行处理或转换的工具，可以实现复杂的数据分析和处理任务。Hive 支持多种类型的函数，包括聚合函数、窗口函数、表值函数、时间日期函数、字符串函数、数学函数、集合函数等。这些函数可以单独使用，也可以组合使用，以满足不同的需求。

9.3.1 聚合函数

聚合函数是一类用于对数据进行分组和汇总的函数，可以实现数据的计数、求和、求平均、求最值、求方差、求协方差、求相关系数等操作。例如，当需要对数据进行一些基本的统计分析时，可以使用聚合函数来实现。

例如，可以使用 COUNT()函数计算记录数，使用 SUM()函数计算总和，使用 AVG()函数计算平均值，使用 MIN()或 MAX()函数计算最小值或最大值等。

Hive 聚合函数有很多种，常用的聚合函数如表 9-14 所示。更多函数及用法读者可以参考 Hive 官方文档等相关资料。

表 9-14 常用的 Hive 聚合函数

函数名	功能介绍	使用示例
COUNT(*)、COUNT(expr)、COUNT(DISTINCT expr)	COUNT(*)函数没有参数，表示对整个数据集中的所有行进行计数。 expr 是一个表达式，可以是列名、常量或表达式。 返回 BIGINT 类型非空值，表示计数结果	SELECT COUNT(*) FROM emp; SELECT COUNT(dept_id) FROM emp;
SUM(col)、SUM(DISTINCT col)	col 是一个数值类型的列或表达式。 SUM(col)函数计算给定列中所有数值的总和 SUM(DISTINCT col)计算指定列中不同值的总和	SELECT SUM(salary) FROM emp;
MAX(col)	col 是列名或表达式，必须是可以进行比较的数据类型，如数值、字符串等。 MAX(col)函数会遍历给定列中的所有值，并返回最大的那个值	SELECT MAX(salary) FROM emp;
MIN(col)	col 是列名或表达式，必须是可以进行比较的数据类型，如数值、字符串等。 MIN(col)函数会遍历给定列中的所有值，并返回最小值	SELECT MIN(salary) FROM emp;
AVG(col)、AVG(DISTINCT col)	计算给定列中数值的平均值。 AVG(col)函数计算给定列中所有数值的平均值，而 AVG(DISTINCT col)函数计算给定列中唯一数值的 DOUBLE 类型平均值	SELECT AVG(salary) FROM emp;
PERCENTILE(col, p)	计算给定列的百分位数。百分位数表示在数据集中具有给定百分比的观测值所对应的值。 p 是给定百分比	SELECT PERCENTILE(salary, 0.5) FROM emp;
STDDEV(col)	返回给定列的标准差，用于分析数据的离散程度，返回值为 DOUBLE 类型	SELECT STDDEV(sales) FROM sales_data;
VAR_POP(column)	返回给定列的总体方差，用于评估数据的波动性	SELECT VAR_POP(sales) FROM sales_data;
CORR(col1, col2)	计算给定两列之间的相关系数，用于分析数据间的相关性	SELECT CORR(dept, salary) FROM emp;
COVAR_POP(col1, col2)	计算给定两列之间的总体协方差	SELECT COVAR_POP(dept, salary) FROM stock_data;

9.3.2 窗口函数

窗口（Window）指一组数据行的逻辑子集，它定义了进行聚合、排序和排名操作的范围。窗口由窗口函数的 OVER 子句定义，通过指定分区方式、排序方式和窗口范围来确定。

具体来说，窗口可以包含一个或多个相邻的数据行，这些行被视为一组，以便进行特定的计算。窗口函数在每个窗口内的行上进行操作，并返回与每一行关联的计算结果。

通过定义窗口，可以在窗口函数中对窗口内的数据进行聚合、排序和排名等操作。窗口函数的计算结果与窗口内的每一行相关联，可以作为查询结果的一部分返回。

窗口函数的语法规则如下。

```
Function (arg1,..., argn)
OVER (
[PARTITION BY <用于分组的列名>]
[ORDER BY <用于排序的列名>]
[ROWS/RANGE BETWEEN <窗口起始位置> AND <窗口结束位置>]
)
```

其中，Function (arg1,..., argn) 是对窗口内的数据进行聚合、排序或排名用的函数，可以是任意一种类型的函数。例如 SUM(salary)、RANK()、LEAD(name)等。在窗口函数的 OVER 子句中，窗口可以从以下几个方面进行定义。

1．分区方式

PARTITION BY 子句用于指定窗口内的分组条件，可以有多个列名，用逗号分隔。通过指定一个或多个列作为分区键，将结果集划分为多个分区。每个分区都有自己独立的计算过程。如果省略，则表示整个查询结果作为一个分组。例如 PARTITION BY dept_id 表示按照部门编号进行分组。

2．排序方式

ORDER BY 子句用于指定窗口内的排序条件，可以有多个列名，用逗号分隔。通过指定一个或多个列进行排序，确定在窗口中数据行的排列顺序。排序方式可以是升序或降序。如果省略，则表示不进行排序。例如 ORDER BY salary DESC 表示按照工资降序排序。

3．窗口范围

ROWS/RANGE BETWEEN（window_expression）子句用于指定窗口内的范围条件，确定窗口内计算的范围，即哪些行将包含在窗口中。可以通过行数或行的物理位置来定义窗口范围，例如前 n 行、后 n 行、当前行及其前后若干行等。

可以使用表 9-15 所示的关键字指定窗口的范围。

表9-15　窗口范围关键字及其含义

关键字	含义
UNBOUNDED PRECEDING	表示从窗口最前面的行开始
UNBOUNDED FOLLOWING	表示到窗口最后面的行结束
CURRENT ROW	表示当前行
n PRECEDING	表示往前 n 行或 n 个值
n FOLLOWING	表示往后 n 行或 n 个值

如果省略，则默认为 ROWS BETWEEN UNBOUNDED PRECEDING AND CURRENT ROW。例如 ROWS BETWEEN 2 PRECEDING AND 2 FOLLOWING 表示当前行前后各两行。

例如，要查询每个部门内按照工资降序排列的员工信息，可以使用排序函数 RANK()，通过 OVER 子句的 PARTITION BY 子句和 ORDER BY 子句指定分组与排序规则，代码如下。

```
SELECT name, dept_id, salary,
       AVG(salary) OVER (PARTITION BY dept_id) AS average_salary,
       RANK() OVER (PARTITION BY dept_id
ORDER BY salary DESC) AS salary_rank
FROM emp;
```

其中，PARTITION BY dept_id 子句指定按部门进行分区。每个部门的数据将被视为一个独立的窗口。

AVG(salary) OVER (PARTITION BY dept_id)是聚合窗口函数，计算每个部门分区内的

工资平均值。在每个部门的分区中，聚合窗口函数计算了该部门的所有员工工资的平均值。

RANK() OVER (PARTITION BY dept_id ORDER BY salary DESC)是排名窗口函数，按工资降序排列每个部门分区内的员工信息，并为每个工资分配一个排名。在每个部门的分区中，排名窗口函数根据工资对员工进行排序。

本例中，通过使用窗口函数的分区功能，在每个部门内进行聚合和排序操作，获得了每个部门的工资排名。执行结果如图 9-44 所示。

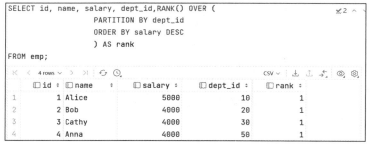

图 9-44　窗口函数的分区执行结果

再如，有一个包含销售订单的表 sales_orders，包含订单号 order_id、销售日期 order_date 和销售额 amount 等信息。表 sales_orders 的示例数据如表 9-16 所示。

表 9-16　表 sales_orders 的示例数据

order_id	order_date	amount
1	2022-01-01	100
2	2022-01-02	200
3	2022-01-03	150
4	2022-01-04	300
5	2022-01-05	250

要计算每个订单的销售额，以及每个订单与其前两个订单的销售总额，可以使用窗口函数计算每个订单的销售额，并使用 window_expression 子句设置窗口范围为当前订单及其前两个订单。

```
SELECT order_id, order_date, amount,
       SUM(amount) OVER (
    ORDER BY order_date
    ROWS BETWEEN 2 PRECEDING AND CURRENT ROW)
    AS sum_amount
    FROM sales_orders;
```

ORDER BY order_date：指定按销售日期进行排序，以确保窗口函数在正确的顺序下进行计算。

ROWS BETWEEN 2 PRECEDING AND CURRENT ROW：窗口表达式，用于设置窗口范围——当前行及其前两行。因此，窗口函数将计算当前订单及其前两个订单的销售总额。执行结果如图 9-45 所示。

图 9-45　执行结果

Hive 提供了聚合窗口函数、排名窗口函数和值窗口函数 3 类窗口函数。

（1）聚合窗口函数

聚合窗口函数可以对窗口内的数据进行求和、求平均值、求最大值、求最小值等聚合操作，例如 SUM(col) OVER()、AVG(col) OVER()、MAX(col) OVER()、MIN(col) OVER()等。

常用的聚合窗口函数的函数名、功能介绍、使用示例如表 9-17 所示。

表 9-17　常用的聚合窗口函数

函数名	功能介绍	使用示例
SUM(col) OVER(PARTITION BY col ORDER BY col)	对数值列进行求和，可以指定分组和排序方式	SELECT id, name, salary, dept_id, SUM(salary) OVER (PARTITION BY dept_id ORDER BY salary DESC) AS total_salary FROM emp;
AVG(col) OVER(PARTITION BY col ORDER BY col)	对数值列进行求平均值，可以指定分组和排序方式	SELECT id, name, salary, dept_id, AVG(salary)OVER (PARTITION BY dept_id ORDER BY salary DESC) AS avg_salary FROM emp;
MIN(col) OVER(PARTITION BY col ORDER BY col)	对数值或字符串列求最小值，可以指定分组和排序方式	SELECT id, name, salary, dept_id, MIN(salary) OVER (PARTITION BY dept_id ORDER BY salary DESC) AS min_salary FROM emp;
MAX(col) OVER(PARTITION BY col ORDER BY col)	对数值或字符串列求最大值，可以指定分组和排序方式	SELECT id, name, salary, dept_id, MAX(salary) OVER (PARTITION BY dept_id ORDER BY salary DESC) AS max_salary FROM emp;

（2）排名窗口函数

排名窗口函数可以对窗口内的数据进行排序、排名、编号等操作，例如 ROW_NUMBER() OVER()、RANK() OVER()、DENSE_RANK() OVER()、NTILE(n) OVER()等。

常用的排名窗口函数的函数名、功能介绍、使用示例如表 9-18 所示。

表 9-18　常用的排名窗口函数

函数名	功能介绍	使用示例
ROW_NUMBER() OVER(PARTITION BY col ORDER BY col)	返回窗口内每一行的序号，从 1 开始，不会重复	SELECT id,name,salary,dept_id, ROW_NUMBER() OVER(PARTITION BY dept_id ORDER BY salary DESC) AS rank FROM emp;
RANK() OVER(PARTITION BY col ORDER BY col)	返回窗口内每一行的排名，从 1 开始，如果有并列，则排名相同，下一个排名跳过并列个数	SELECT id, name, salary, dept_id, RANK() OVER(PARTITION BY dept_id ORDER BY salary DESC) AS rank FROM emp;

续表

函数名	功能介绍	使用示例
DENSE_RANK() OVER(PARTITION BY col ORDER BY col)	返回窗口内每一行的排名,从 1 开始,如果有并列,则排名相同,下一个排名不跳过并列个数	SELECT id, name, salary, dept_id, DENSE_RANK() OVER(PARTITION BY dept_id ORDER BY salary DESC) AS rank FROM emp;
NTILE(n) OVER(PARTITION BY col ORDER BY col)	n 是一个整数,表示要切分的份数;将窗口内的数据按照指定的份数切分,并返回当前行所属的份数编号,从 1 开始	SELECT name, score, NTILE(3) OVER(PARTITION BY class ORDER BY score DESC) AS tile FROM student; 将每个班级按成绩降序排序后切分成 3 份,并返回当前行所属的份数编号

（3）值窗口函数

值窗口函数可以对窗口内的数据进行取值、比较等操作,例如 FIRST_VALUE(col) OVER()、LAST_VALUE(col) OVER()、LAG(col,n,default) OVER()、LEAD(col,n,default) OVER()等。

常用的值窗口函数的函数名、功能介绍、使用示例如表 9-19 所示。

表 9-19 常用的值窗口函数

函数名	功能介绍	使用示例
FIRST_VALUE(col) OVER()	col:要检索第一个值的列或表达式。返回窗口中的第一个值	SELECT col, FIRST_VALUE(col) OVER () AS first_val FROM table;
LAST_VALUE(col) OVER()	col:要检索最后一个值的列或表达式。返回窗口中的最后一个值	SELECT col, LAST_VALUE(col) OVER () AS last_val FROM table;
LAG(col, n, default) OVER()	col:要检索值的列或表达式。 n:要向前回溯的行数。 default:可选参数,当无法找到指定的行时要返回的默认值。 返回当前行之前第 n 行的值	SELECT col, LAG(col, 2, 0) OVER () AS lag_val FROM table;
LEAD(col, n, default) OVER()	col:要检索值的列或表达式。 n:要向后查找的行数。 default:可选参数,当无法找到指定的行时要返回的默认值。 返回当前行之后第 n 行的值	SELECT col, LEAD(col, 1, '') OVER () AS lead_val FROM table;

注意,窗口函数和聚合函数都是可以对数据进行分组和聚合的函数,但它们之间有一些区别。首先,窗口函数可以在不改变原表行数的情况下,对每一行返回一个聚合值,而聚合函数会将原表按照分组条件合并为多行,每一行返回一个聚合值;其次,窗口函数可以在一个查询中使用多个不同的窗口进行聚合,而聚合函数只能使用一个分组条件进行聚合;最后,窗口函数可以在窗口内对数据进行排序、排名、累计等操作,而聚合函数只能对数据进行简单的计算,如求和、求平均值、计数等。

9.3.3 表值函数

表值函数用于生成表类型数据,可以实现数据的生成、展开、转换、连接等操作。例如,可以使用 EXPLODE() 函数将一个数组或一个映射类型的列展开为多行;使用

POSEXPLODE()函数将一个数组或一个映射类型的列展开为多行,并附加位置索引;使用INLINE()函数将一个STRUCT数组类型的列展开为多行和多列等。

Hive数据表值函数有很多种,具体的使用方法和使用示例如表9-20所示。更多用法读者可以参考Hive官方文档等相关资料。

表9-20 Hive表值函数

使用方法	功能说明	使用示例
EXPLODE(col)	将col展开为多行。如果col是数组类型的,则每个元素为一行;如果col是映射类型的,则每个键值对为一行	SELECT EXPLODE(ARRAY(1,2,3)) AS num;
POSEXPLODE(col)	将col展开为多行,并附加位置索引。如果col是数组类型的,则每个元素和其索引为一行,如果col是映射类型的,则每个键值对及其索引为一行	SELECT POSEXPLODE(ARRAY('a','b','c')) AS (pos,val);
INLINE(col)	将一个STRUCT数组类型的col展开为多行和多列,每个STRUCT元素为一行,每个STRUCT字段为一列	SELECT INLINE(ARRAY(STRUCT('a',1), STRUCT('b',2))) AS (letter,num);
STACK(n, val1, val2, ...)	将多个值合并为一个STRUCT类型的列,然后可以使用INLINE()函数将其展开为多个列。 n是一个整数,表示要生成的行数;val1,val2,...是要合并的值,可以是常量或列名,数量必须是n的倍数	SELECT INLINE(STACK(2,'a',1,'b',2)) AS (letter,num);
LATERAL VIEW func(col) table_name AS col_alias	将一个表值函数生成的表作为另一个表的临时视图,并与原表进行连接,可以使用多个lateral view进行嵌套操作。 func是一个表值函数,如EXPLODE等; col是要传入表值函数的列名; table_name是要生成的临时表名; col_alias是要生成的临时列名	SELECT e.emp_id, e.emp_name, e.dept_id, d.dept_name FROM employee e LATERAL VIEW EXPLODE(e.dept_id) d AS dept_id JOIN department d ON d.dept_id = e.dept_id;
JSON_TUPLE(col, k1, k2, ...)	将一个JSON字符串类型的列转换为多个列,每个键对应一个列,如果键不存在或无效,则返回NULL。 col是一个JSON字符串类型的列;k1,k2,...是要提取的JSON对象中的键名	SELECT JSON_TUPLE('{"name":"Alice","age":25,"gender":"F"}', 'name', 'age', 'gender') AS (name,age,gender);
PARSE_URL_TUPLE(col, p1, p2, ...)	将一个URL字符串类型的列转换为多个列,每个部分对应一个列,如果部分不存在或无效,则返回NULL。 col是一个URL字符串类型的列;p1,p2,...是要提取的URL中的部分名称,如HOST、PATH、QUERY、REF等	SELECT PARSE_URL_TUPLE('https://www.example.com/path?query=hello#ref', 'HOST', 'PATH', 'QUERY', 'REF') AS (host,path,query,ref);
STR_TO_MAP(col, delimiter1, delimiter2)	将一个字符串类型的列转换为一个映射类型的列,根据指定的分隔符将字符串切分为键值对,并存储在Map中。 col是一个字符串类型的列;delimiter1是键值对之间的分隔符,默认为逗号(,);delimiter2是键和值之间的分隔符,默认为冒号(:)	SELECT STR_TO_MAP('a:1,b:2,c:3') AS map;

图 9-46 所示的查询语句中，使用 ARRAY()函数创建了一个包含 3 个元素（1,2,3）的数组，并将其作为 EXPLODE()函数的输入参数。EXPLODE()函数会将这个数组转换为 3 行，每行包含数组中的一个元素，并将其命名为 num。

执行该语句后，结果如图 9-46 所示。此时可以进一步对数组中的元素进行处理或分析。例如，可以对 num 列执行求和操作，代码如下。

图 9-46　数组展开函数执行结果

```
SELECT SUM(num) FROM (SELECT EXPLODE(ARRAY(1,2,3)) AS num) t;
```

执行结果为 SUM(num)=6。

9.3.4　时间日期函数

Hive 时间日期函数是一类用于处理时间日期类型数据的函数，它们可以实现时间和日期的获取、格式化、转换、计算、比较等操作。例如，使用 CURRENT_TIMESTAMP()函数获取当前的时间戳，使用 CURRENT_DATE()函数获取当前的日期，使用 UNIX_TIMESTAMP()函数获取当前的 UNIX 时间，使用 TO_DATE()函数将字符串转换为日期类型，使用 DATEDIFF()函数计算两个日期之间的天数差，使用 ADD_MONTHS()或 MONTHS_BETWEEN()函数对月份进行加减或比较的操作，使用 YEAR()、MONTH()、DAY()等函数提取时间或日期中的年份、月份、天数等。

常用的 Hive 时间日期函数如表 9-21 所示。Hive 提供的时间日期处理函数还有很多，读者可查阅 Hive 官方文档进行补充学习。

表 9-21　常用的 Hive 时间日期函数

函数名	功能介绍	使用示例
UNIX_TIMESTAMP() UNIX_TIMESTAMP(STRING date) UNIX_TIMESTAMP(STRING date, STRING pattern)	将日期或字符串转换为从 1970-01-01 00:00:00 UTC 到指定时间的秒数，类型为 BIGINT	SELECT UNIX_TIMESTAMP('2021-01-01 12:34:56') AS time_stamp; SELECT UNIX_TIMESTAMP('2021/01/01', 'yyyy/MM/dd') AS time_stamp;
FROM_UNIXTIME(bigint unixtime) FROM_UNIXTIME(BIGINT unixtime, STRING format)	将 UNIX 时间戳转换为指定格式的日期字符串，类型为 STRING	SELECT FROM_UNIXTIME(1609487696, 'yyyy-MM-dd HH:mm:ss') AS date_time;
DATE_FORMAT(DATE/TIMESTAMP/STRING ts, STRING fmt)	将日期或字符串按照指定格式转换为日期字符串，类型为 STRING	SELECT DATE_FORMAT('2021-01-01', 'yyyy/MM/dd') AS date_time; SELECT DATE_FORMAT(current_date, 'MM-dd-yyyy') AS date_time;
TO_DATE(STRING date, STRING format) TO_TIMESTAMP(STRING timestamp, STRING format)	TO_DATE(STRING)将日期或字符串转换为 yyyy-MM-dd 格式的日期字符串，返回 DATE 类型的日期。 TO_TIMESTAMP 返回 TIMESTAMP 类型的日期和时间	SELECT TO_DATE('2021-01-01 'yyyy-MM-dd') AS date_time; SELECT TO_TIMESTAMP('2023-01-20 12:34:56', 'yyyy-MM-dd HH:mm:ss') AS date_time;

续表

函数名	功能介绍	使用示例
CURRENT_DATE()	返回当前日期 yyyy-MM-dd，类型为 DATE	SELECT CURRENT_DATE() AS date_time;
CURRENT_TIMESTAMP()	返回当前时间戳 yyyy-MM-dd HH:mm:ss，类型为 TIMESTAMP	SELECT CURRENT_TIMESTAMP() AS date_time;
YEAR(STRING date)	返回日期中的年份部分，类型为 INT	SELECT YEAR('2021-01-01') AS year; SELECT YEAR(current_date) AS year;
MONTH(STRING date)	返回日期中的月份部分（1～12），类型为 INT	SELECT MONTH('2021-01-01') AS month; SELECT MONTH(current_date) AS month;
DAY(STRING date) DAYOFMONTH(STRING date) DAYOFYEAR(STRING date) DAYOFWEEK(STRING date)	返回日期中的天数部分（1～31），类型为 INT，第 2～4 个函数分别表示月中第几天、年中第几天、周中第几天（1 代表周日）	SELECT DAY('2021-01-01') AS day; SELECT DAYOFYEAR(current_date) AS day;
HOUR(STRING timestamp) HOUR(INT seconds)	分别表示从时间戳或秒数中提取小时部分并返回时间中的小时部分（0～23），类型为 INT	SELECT HOUR('2021-01-01 12:34:56') AS hour; SELECT HOUR(3600) AS hour;
MINUTE(STRING timestamp) MINUTE(INT seconds)	分别表示从时间戳或秒数中提取分钟部分并返回时间中的分钟部分（0～59），类型为 INT	SELECT MINUTE('2021-01-01 12:34:56') AS minute; SELECT MINUTE(3600) AS minute;
SECOND(STRING timestamp) SECOND(INT seconds)	分别表示从时间戳或秒数中提取秒数部分并返回时间中的秒数部分（0～59），类型为 INT	SELECT SECOND('2021-01-01 12:34:56') AS second; SELECT SECOND(3600) AS second;
WEEKOFYEAR(STRING date)	返回日期所在的年份中的第几周（1～53），类型为 INT	SELECT WEEKOFYEAR('2021-01-01') AS week; SELECT WEEKOFYEAR(current_date) AS week;
QUARTER(STRING date)	返回日期所在的年份中的第几个季度（1～4），类型为 INT	SELECT QUARTER('2021-01-01') AS quarter; SELECT QUARTER(current_date) AS quarter;
LAST_DAY(STRING date)	返回日期所在月份的最后一天的日期 yyyy-MM-dd，类型为 STRING	SELECT LAST_DAY('2021-01-15') AS last_day; SELECT LAST_DAY(current_date) AS last_day;
NEXT_DAY(STRING start_date, STRING day_of_week)	返回日期之后的下一个指定星期几所对应的日期 yyyy-MM-dd，星期几用英文缩写表示，如 SU 代表周日，MO 代表周一，以此类推。如果输入不合法，则返回 NULL。类型为 STRING	SELECT NEXT_DAY('2021-01-15', 'MO') AS next_day; SELECT NEXT_DAY(current_date, 'SU') AS next_day;

续表

函数名	功能介绍	使用示例
DATEDIFF(STRING enddate, STRING startdate)	返回两个日期之间相差的天数，计算方式为结束日期减去开始日期，结果为 INT 类型。如果输入不合法，则返回 NULL	SELECT DATEDIFF('2021-02-15', '2021-02-14') AS diff_days; SELECT DATEDIFF(current_date, '2020-12-31') AS diff_days;

例如，存在员工表 emp，包含员工号 emp_id、姓名 emp_name、部门号 dept_id、入职日期 hire_date 和工资 salary 共 5 列，如表 9-22 所示。

表 9-22　员工表 emp

emp_id	emp_name	dept_id	hire_date	salary
1001	Alice	10	2020-01-01	8000
1002	Bob	10	2020-02-02	6000
1003	Charlie	20	2020-03-03	4000
1004	David	20	2020-04-04	5000
1005	Eva	30	2020-05-05	7000
1006	Frank	30	2020-06-06	7500
1007	Grace	40	2020-07-07	4500

假设有一个部门表 dept，包含部门号 dept_id、部门名 dept_name 和部门创建日期 create_date 共 3 列，如表 9-23 所示。

表 9-23　部门表 dept

dept_id	dept_name	create_date
10	Sales	2019-12-31
20	Marketing	2019-12-30
30	Engineering	2019-12-29
40	Accounting	2019-12-28

求每个部门的员工数、平均工资、最早入职日期、最晚入职日期、入职日期跨度，以及部门创建日期是否在 2020 年之后。代码如下所示。

```
SELECT d.dept_id, d.dept_name, COUNT(e.emp_id) AS count,
AVG(e.salary) AS avg_sal,
MIN(e.hire_date) AS min_date, MAX(e.hire_date) AS max_date,
DATEDIFF(MAX(e.hire_date),MIN(e.hire_date)) AS hire_span,
CASE WHEN d.create_date > TO_DATE('2020-01-01')
THEN 'Yes' ELSE 'No' END AS after_2020
FROM emp e JOIN dept d ON e.dept_id = d.dept_id;
```

执行结果如表 9-24 所示。

表 9-24　执行结果

dept_id	dept_name	count	avg_sal	min_date	max_date	hire_span	after_2020
10	Sales	2	7000	2020-01-01	2020-02-02	32	No
20	Marketing	2	4500	2020-03-03	2020-04-04	32	No
30	Engineering	2	7250	2020-05-05	2020-06-06	32	No
40	Accounting	1	4500	2020-07-07	2020-07-07	0	No

9.3.5　字符串函数

字符串函数是一类用于处理字符串类型数据的函数，它们可以帮助我们实现字符串的拼接、截取、替换、分割、转换、匹配等操作。从各种数据源中获取原始数据时，往往需要对数据进行一些预处理，以便进行后续的分析和挖掘。例如，使用 TRIM()函数去除字符串两边的空格，使用 LOWER()或 UPPER()函数统一字符串的大小写，使用 REGEXP_EXTRACT()函数提取字符串中的有效信息，使用 CONCAT()或 CONCAT_WS()函数将多个字符串拼接为一个字符串，使用 SPLIT()函数将一个字符串分割为多个子串等。

Hive 字符串函数还有很多种，部分常用的函数如表 9-25 所示。更多的字符串函数的用法读者可以参考 Hive 官方文档等相关资料。

表 9-25 常用的 Hive 字符串函数

函数名	功能介绍	使用示例
LENGTH(STRING str)	返回字符串的长度，INT 类型	SELECT LENGTH('hello') AS len; -- 5
REVERSE(STRING str)	返回字符串的反转结果，STRING 类型	SELECT REVERSE('hello') AS rev; -- olleh
CONCAT(STRING str1, STRING str2, ...)	返回多个字符串拼接后的结果，支持输入任意个字符串，STRING 类型	SELECT CONCAT('hello', ' ', 'world') AS con; -- hello world
CONCAT_WS(STRING sep, STRING str1, STRING str2, ...)	返回多个字符串拼接后的结果，指定一个分隔符作为各个字符串间的连接符，STRING 类型	SELECT CONCAT_WS('-', 'hello', 'world') AS con; -- hello-world
SUBSTR(STRING str, INT pos) SUBSTR(STRING str, INT pos, INT len) SUBSTRING(STRING str, INT pos) SUBSTRING(STRING str, INT pos,INT len)	返回字符串从指定位置开始的子串，STRING 类型，可以指定长度或者结尾。如果位置为负数，则从右边开始计算。如果长度为负数，则返回 NULL	SELECT SUBSTR('hello', 2) AS sub; -- ello SELECT SUBSTR('hello', -2) AS sub; -- lo SELECT SUBSTR('hello', 2, 3) AS sub; -- ell SELECT SUBSTR('hello', -2, -1) AS sub; -- NULL
UPPER(STRING str) UCASE(STRING str)	返回字符串的大写格式，STRING 类型	SELECT UPPER('hello') AS up; -- HELLO
LOWER(STRING str) LCASE(STRING str)	返回字符串的小写格式，STRING 类型	SELECT LOWER('HELLO') AS low; -- hello
TRIM(STRING str) LTRIM(STRING str) RTRIM(STRING str)	返回去除字符串两边、左边或者右边的空格后的结果，STRING 类型	SELECT TRIM(' hello ') AS tr; -- hello SELECT LTRIM(' hello ') AS tr; -- hello SELECT RTRIM(' hello ') AS tr; -- hello
REGEXP_EXTRACT(STRING subject, STRING pattern, INT index)	返回字符串按照正则表达式的规则拆分后，指定索引位置的子串，STRING 类型。如果输入不合法，则返回 NULL。索引从 0 开始，0 表示整个匹配结果，1 表示第一个括号内的子串，以次类推	SELECT REGEXP_EXTRACT('foothebar', 'foo(.*?)(bar)', 0) AS ext; -- foothebar SELECT REGEXP_EXTRACT('foothebar', 'foo(.*?)(bar)', 1) AS ext; -- the SELECT REGEXP_EXTRACT('foothebar', 'foo(.*?)(bar)', 2) AS ext; -- bar

续表

函数名	功能介绍	使用示例
REGEXP_REPLACE(STRING initial_string, STRING pattern, STRING replacement)	返回字符串按照正则表达式的规则替换后的结果，STRING 类型。如果输入不合法，则返回 NULL	SELECT REGEXP_REPLACE('foobar','oo','ee') AS rep; -- feebar

求每个员工的姓名首字母、姓名长度、判断姓名是否以 A 开头，并给出部门名的大写形式。代码如下。

```
SELECT e.emp_id, e.emp_name,
SUBSTR(e.emp_name,1,1) AS first_letter, LENGTH(e.emp_name) AS length,
CASE WHEN e.emp_name LIKE 'A%' THEN 'Yes' ELSE 'No' END AS is_start_with_A,
UPPER(d.dept_name) AS dept_name_upper
FROM emp e JOIN dept d ON e.dept_id = d.dept_id;
```

执行结果如表 9-26 所示。

表 9-26 执行结果

emp_id	emp_name	first_letter	length	is_start_with_A	dept_name_upper
1001	Alice	A	5	Yes	SALES
1002	Bob	B	3	No	SALES
1003	Charlie	C	7	No	MARKETING
1004	David	D	5	No	MARKETING
1005	Eva	E	3	No	ENGINEERING
1006	Frank	F	5	No	ENGINEERING
1007	Grace	G	5	No	ACCOUNTING

9.3.6 数学函数

数学函数是一类用于处理数值类型数据的函数，可以帮助我们实现数值的计算、取整、四舍五入、比较、转换、随机等操作。例如，使用+、-、*、/等符号进行加减乘除等运算，使用 POW()或 SQRT()函数进行幂或开方的运算，使用 LOG()或 EXP()函数进行对数或指数运算，使用 SIN()或 COS()等函数进行三角函数的运算，使用 ROUND()或 FLOOR()函数对数值进行四舍五入或向下取整，使用 ABS()函数求绝对值，使用 SIGN()函数判断正负号，使用 BIN()或 HEX()函数将十进制数转换为二进制数或十六进制数等，使用 RAND()函数生成随机数，使用 PI()函数获取圆周率，使用 E()函数获取自然常数等。

Hive 数学函数还有很多种，部分常用的如表 9-27 所示，更多数学函数的使用方法读者可以参考 Hive 官方文档等相关资料。

表 9-27 常用的 Hive 数学函数

函数名	功能介绍	使用示例
ROUND(DOUBLE a,INT d)	返回数字四舍五入到小数点后指定位数的值，DOUBLE 类型	SELECT ROUND(1.15, 1) AS r; -- 1.2
FLOOR(DOUBLE a)	对数字向下取整，即返回不大于该数字的最大整数，BIGINT 类型	SELECT FLOOR(1.6) AS f; -- 1
CEIL(DOUBLE a)	对数字向上取整，即返回不小于该数字的最小整数，BIGINT 类型	SELECT CEIL(1.6) AS c; -- 2

续表

函数名	功能介绍	使用示例
RAND() 或 RAND(INT seed)	返回 0 到 1 之间的随机数，DOUBLE 类型，如果指定了种子，则随机数是确定的	SELECT RAND() AS r; -- 0.9811062452094043 SELECT RAND(2020) AS r; -- 0.6188119599189963
EXP(DOUBLE a) 或 EXP(DECIMAL a)	返回 e 的 a 次方，DOUBLE 类型。e 是自然对数的底数，约等于 2.71828	SELECT EXP(1) AS e; -- 2.718281828459045

9.3.7 集合函数

除了常见的基本数据类型（如数值、字符串、布尔等），Hive 还支持一些复杂的数据类型（如数组、映射和结构等），这些数据类型可以更好地表达和存储复杂的数据结构，例如 JSON、XML 等。

为了方便地操作这些复杂的数据类型，Hive 提供了一系列集合函数，这些函数可以对数组、映射和结构等类型的数据进行各种操作，例如获取元素个数、提取键或值、判断是否包含某个元素、对元素进行排序等。这些函数可以极大地简化和优化对复杂数据类型的处理逻辑，提高查询效率和可读性。

集合函数经常在实际的数据分析和处理中使用。例如，统计每个用户浏览过的商品类别，并按照浏览次数降序排序；计算每个班级每门课程的平均分，并按照班级和课程进行排序；分析每个城市每月的气温变化，并找出最高温度和最低温度等。本节将详细介绍 Hive 集合函数的基本信息、使用方法、参数说明和使用示例。

1．SIZE () 函数

SIZE()函数是用来返回集合类型的元素个数的函数，它可以接收一个数组或者映射类型的数据作为参数，返回一个整数值，表示集合中有多少个元素。语法格式如下。

```
INT  SIZE(collection)
```

其中，collection 是一个数组或者映射类型的数据，函数结果为 collection 的元素个数。例如，有数组类型的数据，如下所示。

```
ARRAY(1,2,3)
```

使用 SIZE()函数来获取数组中的元素个数，代码如下所示。

```
SELECT SIZE(ARRAY(1,2,3)) FROM src;
```

上述语句执行后将返回整数 3，表示数组中有 3 个元素。

2．MAP_KEYS () 函数

MAP_KEYS()函数是用来返回映射类型的所有键的函数，它可以接收一个映射类型的数据作为参数，返回一个数组类型的数据，包含映射中的所有键。语法格式如下。

```
ARRAY<K>   MAP_KEYS(map)
```

例如，有映射类型的数据，如下所示。

```
MAP('a',1,'b',2)
```

使用 MAP_KEYS()函数来获取映射中的所有键，代码如下。

```
SELECT MAP_KEYS(MAP('a',1,'b',2)) FROM src;
```

上述语句执行后将返回包含映射所有键列表的数组['a','b']，表示映射中有两个键，分别是'a'和'b'。

3．MAP_VALUES()函数

MAP_VALUES()函数是用来返回映射类型的所有值的函数，它可以接收一个映射类型的数据作为参数，返回一个数组类型的数据，包含映射中的所有值。语法格式如下。

```
ARRAY<V>  MAP_VALUES(map)
```

例如，有映射类型的数据，如下所示。

```
MAP('a',1,'b',2)
```

使用 MAP_VALUES()函数来获取映射中的所有值，代码如下。

```
SELECT MAP_VALUES(MAP('a',1,'b',2)) FROM src;
```

上述语句执行后将返回包含映射所有值列表的数组[1,2]，表示映射中有两个值，分别是 1 和 2。

4．ARRAY_CONTAINS()函数

ARRAY_CONTAINS()函数是用来判断数组中是否包含指定的元素的函数，它可以接收一个数组类型和一个任意类型的数据作为参数，返回一个布尔值，表示数组中是否包含该元素。

例如，有数组类型的数据，如下所示。

```
ARRAY(1,2,3)
```

使用 ARRAY_CONTAINS()函数来判断数组中是否包含某个元素，代码如下。

```
SELECT ARRAY_CONTAINS(ARRAY(1,2,3),3) FROM src;
```

上述语句执行后将返回 TRUE，表示数组中包含元素 3。

5．SORT_ARRAY()函数

SORT_ARRAY()函数是用来对数组中的元素进行升序排序，并返回排序后的数组的函数，它可以接收一个数组类型的数据作为参数，返回一个数组类型的数据，表示排序后的结果。数组中的元素必须是可比较的类型，如数值或字符串。

例如，有数组类型的数据，如下所示。

```
ARRAY(3,1,2)
```

使用 SORT_ARRAY()函数来对数组中的元素进行升序排序，并返回排序后的数组，代码如下。

```
SELECT SORT_ARRAY(ARRAY(3,1,2)) FROM src;
```

上述语句执行后将返回[1,2,3]，表示排序后的结果。

9.4 自定义函数

Hive 提供了许多内置的函数，可以用来处理和操作数据，如数学函数、字符串函数、时间日期函数、聚合函数等。但是，有时可能需要实现一些 Hive 没有提供的功能，或者自

定义一些逻辑，以满足特定的业务需求。此时可以利用 Hive 的可扩展性，自定义函数。

Hive 支持下列 3 种类型的自定义函数。

（1）UDF（User Defined Function）：用户自定义函数，用于对单个数据行进行操作，并返回一个值。例如，对一个字符串进行加密或解密。

（2）UDAF（User Defined Aggregation Function）：用户自定义聚合函数，用于对多个数据行进行操作，并返回一个值。例如，计算一个数组的中位数或标准差。

（3）UDTF（User Defined Table-Generating Functions）：用户自定义表值函数，用于对单个数据行进行操作，并返回多个值或多个行。例如，将一个字符串拆分为多个单词或将一个 JSON 对象解析为多个键值对。

Hive 自定义函数可以用 Java 或 Python 编写，并打包成 JAR 文件，在 Hive 中注册并使用。本节介绍如何编写、打包、注册和使用 Hive 自定义函数，并给出一些示例和注意事项。

9.4.1 UDF

UDF 包含两种类型：一种为临时函数，仅在当前会话中有效，退出后重新连接即无法使用；另一种为永久函数，注册 UDF 信息到 Metastore 元数据中，可永久使用。

1．UDF 的编写

要使用 UDF，需要编写并继承自定义类。该类为 UDF 或者 GennericUDF 的子类。

（1）org.apache.hadoop.hive.ql.exec.UDF（简称 UDF 类）。该类处理并返回基本数据类型，包括 int、String、boolean、double 等。

UDF 类是抽象类，用于创建 Hive UDF。通过继承 UDF 类并实现 evaluate()方法，在该方法中定义函数的行为。在 Hive 查询中，UDF 会将输入参数传递给 evaluate()方法，并返回计算结果。

```
public Object evaluate(DeferredObject[] arguments) throws HiveException
```

evaluate()方法是 UDF 的核心逻辑，它接收一个 DeferredObject 数组作为输入参数，并返回计算结果。DeferredObject 用于封装执行环境中传递的数据。DeferredObject 提供了对数据类型和值的封装，使得 UDF 能够安全地处理不同类型的输入。evaluate()方法的输入参数值并不是立即计算的，而是在调用 get()方法时才计算，由此保证根据需要选择是否计算某个参数的值，实现短路求值。

例如，继承 org.apache.hadoop.hive.ql.exec.UDF 以实现小写字符转换成大写字符功能。具体代码如下。

```
public class UpperCaseUDF extends UDF {
    public Text evaluate(Text input) {
        if (input == null) {
            return null;
        }
        return new Text(input.toString().toUpperCase());
    }
}
```

（2）org.apache.hadoop.hive.ql.udf.generic.GenericUDF（简称 GenericUDF 类）。该类可处理并返回复杂数据类型，如 Map、List、Array 等，同时支持嵌套。

GenericUDF 类是抽象类。GenericUDF 类中定义了以下 3 个抽象方法。

① 初始化方法。

```
abstract ObjectInspector initialize(ObjectInspector[] arguments);
```

GenericUDF 类中的 initialize(ObjectInspector[] arguments)方法只调用一次，并且在 evaluate()方法之前调用。该方法接收的参数是一个 ObjectInspectors 数组。该方法检查接收的参数类型和参数个数是否正确。

② 数据处理方法。

```
abstract Object evaluate(GenericUDF.DeferredObject[] arguments);
```

类似于 UDF 类的 evaluate()方法，该方法处理真实的参数，并返回最终结果。

③ 返回一个字符串，用于显示 UDF 的参数和返回值。

```
abstract String getDisplayString(String[] children);
```

该方法用于在 GenericUDF 执行的时候，输出提示信息。而提示信息就是使用该方法后返回的字符串。

例如，下面使用 GenericUDF 判断两个字符串是否相等。在 evaluate()方法中，先判断第一个参数是否为空，如果为空，就直接返回 false，不需要再计算第二个参数的值。如果不为空，就调用 get()方法获取第一个参数的值，并与第二个参数的值比较，返回结果。

```
  public class GenericUDFExample extends GenericUDF {
   private PrimitiveObjectInspector stringOI1;
   private PrimitiveObjectInspector stringOI2;
   @Override
   public ObjectInspector initialize(ObjectInspector[] arguments)
 throws UDFArgumentException {
     stringOI1 = (PrimitiveObjectInspector) arguments[0];
     stringOI2 = (PrimitiveObjectInspector) arguments[1];
     return PrimitiveObjectInspectorFactory.javaBooleanObjectInspector;
   }
   @Override
   public Object evaluate(DeferredObject[] arguments) throws HiveException {
     // 获取第一个参数的值
     Object arg1 = arguments[0].get();
     // 检测该参数是否为空
     if (arg1 == null) {
       return false;
     }
     // 获取第二个参数的值
     Object arg2 = arguments[1].get();
     // 比较两个参数的值是否相等
     return stringOI1.getPrimitiveJavaObject(arg1)
 .equals(stringOI2.getPrimitiveJavaObject(arg2));
   }
   @Override
   public String getDisplayString(String[] children) {
     return "GenericUDFExample(" + children[0] + ", " + children[1] + ")";
   }
 }
```

其中，接口 PrimitiveObjectInspector 是 ObjectInspector 的子接口，用来检查原始数据类型的对象，例如 String、Int、Boolean 等。PrimitiveObjectInspector 接口有两个方法，getPrimitiveJavaObject()和 getPrimitiveWritableObject()，分别用来获取对象的 Java 原始类型和 Writable 类型的值。

initialize()是 GenericUDF 类的初始化方法，用于检查输入参数的类型和个数，以及返回结果的类型。其输入参数是 ObjectInspector 数组，表示输入参数的对象检查器；返回值是 ObjectInspector，表示结果的对象检查器。

本例先使用 stringOI2 对象检查器将 arg1 和 arg2 两个 DeferredObject 转换为 Writable 对象，再调用 getPrimitiveJavaObject()方法，将 Writable 对象转换为 String 对象。如 stringOI2.getPrimitiveJavaObject(arg2)，将获取参数 arg2 的 Java 原始类型的值，即 String 对象。通过 Java 的原始 String 类型的 equals()方法比较两个字符串是否相等。

2．UDF 的注册与使用

首先将上述 Java 代码编译为可执行的 JAR 文件。确保 JAR 文件包含所需的依赖项。将生成的 JAR 文件复制到 HDFS 的适当目录，如/user/hive/udf 文件路径下，如图 9-47 所示。

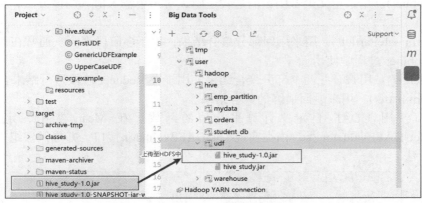

图 9-47　上传 JAR 文件

执行以下命令来注册 UDF。如果在 Hive 中注册的 UDF 中存在多个 JAR 包中含有相同的类，可以使用语句 USING JAR 'hdfs:///user/hive/udf/hive_study.jar';指定具体使用的 JAR 包。

```
--（1）添加 JAR 文件
ADD JAR hdfs:///user/hive/udf/hive_study-1.0.jar;
--（2）创建函数
CREATE FUNCTION udf_upper
AS 'hive.study.UpperCaseUDF'
USING JAR 'hdfs:///user/hive/udf/hive_study.jar';
```

此时，可以在 Hive 中使用 UDF。在 Hive 查询中，udf_upper()被注册为将数据中的小写字符转换为大写字符的函数，使用方式与内部函数的使用方式相同。如以下代码所示，使用 udf_upper()函数将 emp 表中的员工名称转换为大写。执行结果如图 9-48 所示。

```
SELECT udf_upper(emp_name) FROM emp;
```

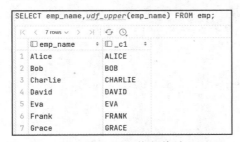

图 9-48　UDF 执行结果

9.4.2 UDAF

UDAF 允许自定义聚合逻辑，以便在 Hive 查询中使用。

1．UDAF 的编写

org.apache.hadoop.hive.ql.exec.UDAF 是 UDAF 的基类。实现 Hive UDAF 时，需要继承 org.apache.hadoop.hive.ql.exec.UDAF 类，并在子类中以静态内部类的方式实现 UDAFEvaluator 接口。

UDAFEvaluator 接口有以下 5 个方法。

（1）init()：用来在聚合之前初始化聚合函数的状态，如计数器、累加器等。

（2）iterate()：用来定义聚合函数的迭代逻辑，对每个输入值调用该方法，更新聚合函数的状态。

（3）terminatePartial()：用来返回部分聚合结果，用于多阶段聚合。通常在 MapReduce 任务的 Combiner 过程中使用。

（4）merge()：用来合并两个部分聚合结果，用于在 Reducer 阶段进行结果合并。

（5）terminate()：用来返回最终的聚合结果。

例如，使用 UDAF 自定义计算平均值的函数。在 Mean 类中，定义嵌套的 MeanDoubleUDAFEvaluator 类，该类实现了 UDAFEvaluator 接口，并提供一组用于实现聚合函数的方法。

```
public class Mean extends UDAF {
 public static class MeanDoubleUDAFEvaluator implements UDAFEvaluator {
    public static class PartialResult {
      double sum;
      long count;
    }
    private PartialResult partial;
// 初始化聚合函数的状态
    public void init() {
      partial = null;
    }
// 聚合函数的迭代逻辑
    public boolean iterate(Double value) {
      if (value == null) {
        return true;
      }
      if (partial == null) {
        partial = new PartialResult();
      }
      partial.sum += value;
      partial.count++;
      return true;
    }
// 返回聚合函数的部分结果
    public PartialResult terminatePartial() {
      return partial;
    }
// 合并两个部分聚合结果
    public boolean merge(PartialResult other) {
      if (other == null) {
        return true;
      }
      if (partial == null) {
        partial = new PartialResult();
```

```
      }
      partial.sum += other.sum;
      partial.count += other.count;
      return true;
    }
// 返回最终的聚合结果
    public Double terminate() {
      if (partial == null) {
        return null;
      }
      return partial.sum / partial.count;
    }
  }
}
```

2. UDAF 的注册及使用

在 Hive 中注册 UDAF，可以使用 CREATE TEMPORARY FUNCTION 或 CREATE FUNCTION 语句进行注册。

```
CREATE TEMPORARY FUNCTION 函数名
AS '类名';
```

注册成功后，可以在 Hive 查询中使用 UDAF。使用方式如下。

```
SELECT column, custom_udaf(column)
FROM table
GROUP BY column;
```

例如，将上述代码打包到 hive_study-2.0.jar 文件中，并上传到 Hive 的 classpath 中，如图 9-49 所示，然后在 Hive 中创建一个临时函数 Mean，就可以直接使用该自定义函数。

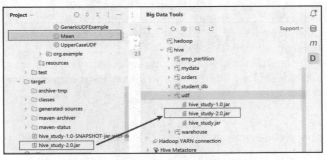

图 9-49　上传 hive_study_2.0.jar

```
ADD JAR hdfs:///user/hive/udf/hive_study-2.0.jar;
CREATE TEMPORARY FUNCTION mean AS 'hive.study.Mean';
```

```
SELECT mean(salary) FROM emp;
```

执行 UDAF mean() 的结果如图 9-50 所示。

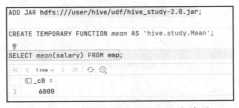

图 9-50　执行 UDAF mean() 的结果

9.4.3 UDTF

UDTF 是用户自定义表生成函数,它可以将一行数据转换为多行多列的数据,用于实现一些 Hive 内置的函数无法完成的功能,例如拆分数组、字符串等。

1.UDTF 的编写

要使用 UDTF,需要继承 org.apache.hadoop.hive.ql.udf.generic.GenericUDTF 抽象类,并在子类中实现以下 4 个方法。

(1) initialize():用来初始化函数,检查输入参数的类型和个数,以及返回结果的类型。它的参数是一个 ObjectInspector 数组,表示输入参数的对象检查器。它的返回值是一个 StructObjectInspector,表示结果的对象检查器。

(2) process():用来处理每一行数据,生成多行多列的结果。它的参数是一个 Object 数组,表示输入参数的值。它可以调用 forward()方法将结果传递给下一个操作符。

(3) close():用来在所有数据处理完毕后执行一些清理操作。它可以调用 forward()方法将最后一批结果传递给下一个操作符。

(4) getDisplayString():用来返回函数的显示字符串,用于输出错误信息或日志。

例如,自定义一个拆分字符串的 UDTF,该函数将输入的字符串拆分为多个行,并返回一个包含拆分结果的表。代码如下。

```java
public class SplitStringUDTF extends GenericUDTF {
    private transient StringObjectInspector inputOI;
    @Override
    public StructObjectInspector initialize(ObjectInspector[] argOIs) throws UDFArgumentException {
        inputOI = (StringObjectInspector) argOIs[0];
        List<String> fieldNames = new ArrayList<>();
        List<ObjectInspector> fieldOIs = new ArrayList<>();
        fieldNames.add("value");
        fieldOIs.add(PrimitiveObjectInspectorFactory.javaStringObjectInspector);
        return ObjectInspectorFactory .getStandardStructObjectInspector
(fieldNames, fieldOIs);
    }
    @Override
    public void process(Object[] args) throws HiveException {
        // 获取输入参数的值
        String input = inputOI.getPrimitiveJavaObject(args[0]);
        // 拆分字符串并输出每个拆分的值
        if (input != null) {
            String[] parts = input.split(",");
            for (String part : parts) {
                forward(new Object[]{part});
            }
        }
    }
    @Override
    public void close() throws HiveException {
        // 空实现
    }
}
```

2. UDTF 的注册及使用

在上面的示例中,SplitStringUDTF 实现的 UDTF 将输入的字符串按逗号进行拆分,并将每个拆分后的值作为单独的行输出。要使用这个 UDTF,需要先将其编译打包为 JAR 文件,然后才能在 Hive 中注册并使用。

```
ADD JAR hdfs:///user/hive/udf/hive_study-3.0.jar;
CREATE TEMPORARY FUNCTION split_string
AS 'hive.study.SplitStringUDTF';
```

使用 UDTF 拆分字符串,执行结果如图 9-51 所示。

```
SELECT split_string('apple,orange,banana') AS value;
```

图 9-51 执行结果

9.5 本章小结

本章主要介绍了 Hive 数据分析的基础知识,包括基于 IntelliJ IDEA 实现 Hive 操作、数据查询、常用系统函数和自定义函数等。通过对本章的学习,读者了解了 Hive 是什么,它能做什么,它是怎么做的,以及如何使用 Hive 对存储在 Hadoop 中的数据进行查询和分析。

在实际的开发过程中,我们需要善于使用各种开发工具。本章介绍了如何使用 SELECT、GROUP BY、HAVING、ORDER BY、LIMIT 等语句对 Hive 数据表中的数据进行基本的查询和分组排序操作,以及如何使用子查询、JOIN、UNION 等语句对多个表进行复杂的查询和连接操作。在使用 Hive 时,需要掌握 Hive 的 JOIN 原理和查询优化的方法,并理解 Hive 的查询机制和性能提升的技巧。

Hive 提供了很多常用函数,如聚合函数、窗口函数、表值函数、时间日期函数、字符串函数、数学函数、集合函数等。在实际的数据分析过程中,需使用各种函数对数据进行处理和分析。

进行复杂数据的分析时,在现有方法不能支撑业务的情况下,可以在 Hive 中创建和使用 UDF、UDAF 和 UDTF 等,还可以根据自己的需求扩展 Hive 的功能。

通过对本章的学习,读者可以掌握 Hive 数据分析的基本概念和方法,为后续的进阶学习打下坚实的基础。

习 题

一、单选题

1. Hive 是基于(　　)的数据仓库。
A. Hadoop　　　B. Spark　　　C. Flink　　　D. Storm

2. Hive 中存储元数据的关系数据库默认是（　　）。
A. Derby　　　　B. MySQL　　　　C. Oracle　　　　D. PostgreSQL
3. Hive 中表的类型分为（　　）和（　　）两种。
A. 内部表　外部表　　　　　　B. 分区表　非分区表
C. 桶表　非桶表　　　　　　　D. 管理表　临时表
4. Hive 中使用（　　）语句创建表。
A. CREATE TABLE　　　　　　B. CREATE SCHEMA
C. CREATE DATABASE　　　　D. CREATE VIEW
5. Hive 中使用（　　）语句加载数据到表中。
A. LOAD DATA　　　　　　　B. INSERT INTO
C. IMPORT DATA　　　　　　D. COPY DATA
6. Hive 中使用（　　）语句对数据进行基本的查询操作。
A. SELECT　　B. QUERY　　C. FETCH　　　D. RETRIEVE
7. Hive 中使用（　　）语句对数据进行分组查询操作。
A. GROUP BY　B. GROUP AS　C. GROUP WITH　D. GROUP IN
8. Hive 中使用（　　）语句对数据进行子查询操作。
A. SUBQUERY　　　　　　　　B. SUBSELECT
C. SELECT IN　　　　　　　　D. SELECT FROM
9. Hive 中使用（　　）语句对数据进行连接查询操作。
A. JOIN　　　B. CONNECT　　C. RELATE　　D. ASSOCIATE
10. Hive 中使用（　　）语句对数据进行联合查询操作。
A. UNION　　B. COMBINE　　C. MERGE　　D. INTEGRATE
11. Hive 中 JOIN 的类型有（　　）。
A. INNER JOIN、OUTER JOIN、CROSS JOIN、SELF JOIN
B. INNER JOIN、LEFT OUTER JOIN、RIGHT OUTER JOIN、FULL OUTER JOIN
C. INNER JOIN、LEFT JOIN、RIGHT JOIN、FULL JOIN
D. INNER JOIN、LEFT OUTER JOIN、RIGHT OUTER JOIN、CROSS JOIN

二、填空题

1. 在 Hive 中将数据从一个表插入另一个表中，例如：_____TABLE table2 SELECT * FROM table1;。

2. 将 Hive 数据表中的数据导出到本地文件或 HDFS 上，例如：_____TABLE table1 TO '/user/hive/data/table1';。

3. 在 Hive 中，对表中的数据进行基本的查询操作，例如：SELECT * FROM table1 _____ id > 10;。

4. 在 Hive 中，对表中的数据进行分组操作，可以使用聚合函数对分组后的数据进行计算，例如根据 name 分组：SELECT name, COUNT(*) AS count FROM table1 _____ name;。

5. 在 Hive 中，可以对分组后的数据进行过滤操作，例如：SELECT name, COUNT(*) AS count FROM table1 GROUP BY name _____ count > 10;。

6. 在 Hive 中，可以对查询结果进行排序操作，并且可以指定升序或降序，例如：SELECT * FROM table1 _____ id DESC;。

7. 在 Hive 中，可以对查询结果进行限制操作，并且可以指定返回的记录数，例如限定返回 10 条：SELECT * FROM table1＿＿＿＿＿＿＿；。

8. 在 Hive 中，可以对多个表进行连接操作，并且可以指定连接类型和连接条件，例如指定内连接：SELECT t1.id, t1.name, t2.age FROM table1 t1 ＿＿＿＿＿＿＿ table2 t2 ＿＿＿＿＿＿＿ t1.id = t2.id;。

9. 在 Hive 中创建和使用 UDF、UDAF 和 UDTF 时，需要将自定义函数注册到 Hive 中，并指定函数名和类名，例如将类 MyUDF 指定函数名为 my_udf：＿＿＿＿＿＿＿ my_udf AS 'com.example.MyUDF';。

三、简答题

1. 请写出 HQL 语句，创建一个名为 student 的表，包含 id（整型）、name（字符串）、age（整型）、gender（字符串）4 列，使用逗号作为分隔符，使用文本文件作为存储格式。

2. 请写出 HQL 语句，将 student 表中的数据导出到本地文件系统的 /user/hive/data/student 目录下。

3. 请写出 HQL 语句，将本地文件系统的 /user/hive/data/course 目录下的数据导入名为 course 的表中，该表包含 id（整型）、name（字符串）、score（浮点型）3 列，使用制表符作为分隔符，使用序列化文件作为存储格式。

4. 请写出 HQL 语句，查询 student 表中年龄大于 18 岁的学生的姓名和性别，并按照姓名升序排序，只返回前 10 条记录。

5. 请写出 HQL 语句，查询 student 表和 course 表中的数据，并将两个表按照 id 进行内连接，返回每个学生的姓名、课程名和成绩，并按照成绩降序排序。

第 10 章 Hive 数据分析案例

　　数据分析是一种使用统计和计算方法来解释、整理和理解数据的过程。它涉及采集、清洗、转换和分析数据，以从数据中提取有用的信息、发现趋势和模式，并得出相关结论。数据分析的主要目的是通过深入分析数据，发现隐藏在数据背后的模式、关联性和趋势，从而获取有关客户行为、市场趋势、业务运营等方面的信息，从而做出更明智的决策。

　　数据分析在各个行业中都扮演着重要的角色。例如，在零售和电子商务行业，数据分析可以帮助零售商了解消费者购买行为、预测需求、进行库存管理和优化定价策略；在金融服务行业，银行、保险公司和投资机构等金融机构使用数据分析来评估风险、进行信用评分、开展反欺诈监测和管理投资组合；在市场营销行业，数据分析可以帮助企业了解目标市场、消费者行为和广告效果，以制定更有效的市场推广策略等。

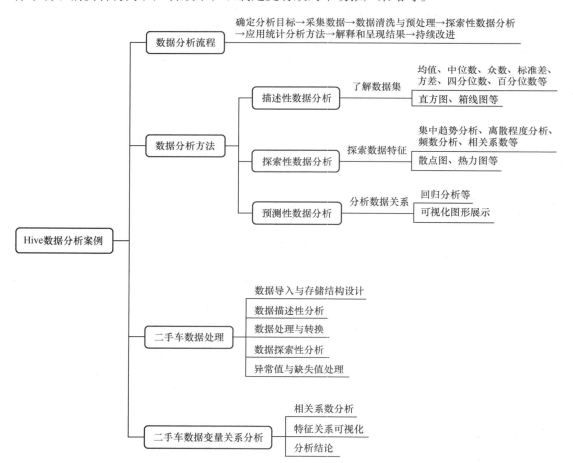

学习目标

(1) 掌握常用的数据分析方法,包括描述性数据分析、探索性数据分析、预测性数据分析。

(2) 熟练应用 Hive 技术处理数据集。

(3) 熟练运用数据分析方法探索已有数据集,并得出有效结论。

10.1 数据分析流程与数据分析目标的选定

数据分析是从大量数据中提取有意义的信息的过程。数据分析几乎在所有行业中都可以发挥作用,它帮助企业更好地理解和利用数据来取得竞争优势、提高效率和推动创新。

10.1.1 数据分析流程

数据分析的基本流程因项目的具体需求和数据特点而有所不同,技术工具和方法也在不断发展,可以根据需要选择合适的工具和技术来支持数据分析的各个环节。

数据分析的基本流程如下。

(1) 确定分析目标:明确数据分析的目标是什么,即希望回答什么问题,解决哪个业务问题,或者发现隐藏在数据中的规律、趋势和模式。

(2) 采集数据:采集、分析与目标相关的数据。这些数据来源多样,包括数据库、日志文件、传感器、调查问卷等。确保采集到的数据是准确、完整的,并且符合设定的分析需求。

(3) 数据清洗与预处理:在进行数据分析之前,需要对数据进行清洗和预处理。这包括去除重复数据、处理缺失值、处理异常值,并对数据进行格式转换和标准化,以便于进行后续的分析工作。

(4) 探索性数据分析:在进行正式的分析之前,先进行探索性数据分析可以更好地理解数据的特征和关系。通过绘制图表、计算统计指标和进行可视化等方式,可以探索出数据中的模式、趋势和异常情况。

(5) 应用统计分析方法:一旦对数据有了初步的了解,就可以选择适当的统计分析方法来回答设定的研究问题或达到分析目标。这可能涉及描述性统计、推断统计、回归、聚类、时间序列等分析方法。

(6) 解释和呈现结果:完成数据分析后,需要解释获得的结果,并将其呈现给利益相关者。这包括撰写报告、创建可视化图表、制作演示文稿或交互式仪表板等,以便他人能够理解此次数据分析的发现,并做出相应的决策。

(7) 持续改进:从数据的反馈中学习,调整分析策略,并不断提高分析的准确性和可信度。数据分析是一个迭代的过程,可以根据结果和反馈不断改进当前的分析方法和模型。

以上是数据分析的基本流程,实际的数据分析过程可能因项目的具体需求和数据的特点而有所不同。同时,相关技术、工具和方法也在不断发展,我们应学会灵活地根据需要选择合适的工具和技术来支持数据分析的各个环节。

10.1.2 数据分析目标的选定

在进行数据分析之前,明确分析的目标是至关重要的。选定合适的数据分析目标可以帮助分析者明确分析的方向和重点,确保分析的结果对业务决策具有实际意义。在确定数据分析目标时,应考虑以下几个关键因素。

1. 业务需求一致性

分析的目标应当与业务需求保持一致。充分了解业务问题、决策需求以及希望通过数据分析解决的具体问题，有助于明确分析的方向和目标，确保分析结果能够满足业务需求。

2. 数据可用性

在选定目标时，必须充分考虑可用的数据资源，了解数据类型、数据量、数据质量以及数据的时间范围等方面的限制。这些因素对目标的设定具有重要的指导意义。

3. 可行性和可度量性

目标应具备可操作性，即可以通过数据分析来达成。同时目标应具备可度量性，以便评估分析结果的有效性和达成程度。

需要注意的是，数据分析的意义和解读需要结合具体的应用场景和背景来确定。例如，对于汽车销售数据而言，这些分析结果可以为市场研究、销售预测、产品策划等提供一定的参考。然而，在实际应用中，还需要结合更多的因素和分析方法来得出更准确和全面的结论。

10.2 常用数据分析方法

数据分析中，通常需要对数据集做描述性数据分析（Descriptive Data Analysis）、探索性数据分析（Exploratory Data Analysis）等。这些只是常见的数据分析方法，分析的内容和目标之间会有重叠，实际上，数据分析领域有很多不同的技术和方法，具体选择何种方法取决于数据的性质、分析的目标以及可用的工具和技术。

10.2.1 描述性数据分析

描述性数据分析是用于描述和总结数据集基本特征的方法，通过统计指标和可视化手段来揭示数据的基本特征和规律。它通过计算一些统计量来提供数据的定量描述，帮助分析者了解数据的集中趋势、离散程度和分布形态，而无须进行更深入的推断或建模。

1. 分析目标

描述性数据分析使用数值和图形来描述和总结数据集基本特征。除了数据集的中位数，描述性数据分析还涉及均值、众数、标准差、方差等统计量。这些统计量可以帮助我们更好地了解数据集的基本特征和规律。描述性数据统计不涉及对数据的推断或预测，只是对数据进行展示和概括。

描述性数据分析通常包括以下几个方面。

（1）描述数据的集中趋势。数据的集中趋势是指数据集中各个数据的中心位置，反映了数据的平均水平和典型值。集中趋势可以用数据的均值、中位数、众数等统计量来描述。

（2）衡量数据的离散程度。数据的离散程度是指数据集中各个数据之间的差异大小，反映了数据的分散程度和波动程度。具体来说，离散程度越高，说明数据之间的差异越大，数据的分散程度和波动程度越高；离散程度越低，说明数据之间的差异越小，数据的分散程度和波动程度越低。

（3）理解数据的分布形态。数据的分布形式是指数据集中各个数据特征的分布情况，反映了特征分布规律。典型的分布形态包括正态分布、偏态分布、峰态分布等。

（4）检测数据的异常值和缺失值。通过统计指标和可视化展示，可识别数据中的异常值和缺失值。通过对异常值和缺失值进行处理，可避免数据分析结果的不准确。

（5）提供数据的可视化展示。使用图表和图形工具将数据可视化展示，可使数据更具可解释性。

2. 分析方法

描述性数据分析主要依靠统计分析和可视化手段来实现。主要解决以下几类问题。

（1）数据的分布情况

通过计算数据的统计指标，如均值、中位数、众数、标准差、方差等，以描述数据的集中趋势、离散程度和分布形态。例如观察数据的形状，可以通过绘制直方图、箱线图、茎叶图等来展示数据的对称性、偏度、峰度等特征。

（2）不同特征的频数分布

频数分布即数据中各个取值或区间出现的次数和比例。将数据进行分组统计，并绘制频数分布表和频率直方图，以了解数据的分布情况和密度。

（3）数据的关系分析

数据相关性与依赖性分析，即数据中两个或多个变量之间是否存在相关性或依赖性，这是数据研究的重点，一般通过可视化方法完成。分析时常用的图包括箱线图、散点图、折线图与直方图。箱线图可展示数据分布形态和离散程度，散点图用于观察变量关系和趋势，折线图展示数据变化趋势，直方图显示数据分布与密度。

3. 基本流程

在进行描述性数据分析时，通常使用表 10-1 所示的统计量进行分析。

表 10-1 常用的描述性统计量

统计量	含义
均值（Mean）	表示数据的平均值，由所有观测值的总和除以观测值的数量得到。均值可以用来描述数据的集中趋势
中位数（Median）	将数据按照大小排列，中间位置的值即中位数。中位数可以用来描述数据的中间位置，相比于均值更具有稳健性，不受极端值的影响
众数（Mode）	表示数据中出现频率最高的值或值的组合。众数可以用来描述数据的集中趋势，尤其适用于分类数据
标准差（Standard Deviation）	衡量数据的离散程度，表示观测值与均值之间的平均差异。标准差越大，数据的离散程度越高
范围（Range）	表示数据的最大值与最小值之间的差异。范围可以体现数据的总体分布情况
四分位数（Quartiles）	将数据按照大小排列，分为 4 等份，处于 3 个分割点位置的数值便是四分位数，即上四分位数、中位数和下四分位数。四分位数可以用来描述数据的分布形态，判断数据的偏态和尾重
百分位数（Percentiles）	将数据按照大小排列，分为 100 等份，用来描述数据在整体分布中的位置

描述性数据分析的基本流程如下。

（1）数据采集和整理：采集原始数据，并进行数据清洗和预处理，包括处理缺失值、处理异常值和转换数据格式等。

（2）描述性统计分析：计算数据的统计指标，如均值、中位数、众数、标准差、方差等，以描述数据的集中趋势、离散程度和分布形态。

（3）频数分布分析：将数据进行分组统计，绘制频数分布表和频率直方图，了解数据的分布情况和密度。

（4）可视化展示：使用适当的图表和图形工具，将数据可视化，使数据更具可解释性。

(5)得出结论：根据描述性数据分析的结果，得出结论，为后续的决策和进一步分析提供基础。

10.2.2 探索性数据分析

探索性数据分析是指对数据集进行探索和发现，旨在通过对数据进行初步的统计分析和可视化展示，发现数据中的模式、趋势和关联关系，深入了解数据的内在结构和特征，为后续的深入分析和决策提供基础。

1．分析目标

探索性数据分析通过对数据的可视化和汇总统计，了解数据的特征、分布、范围和异常情况。主要目标是理解数据的基本特征和内在规律，发现数据中的趋势、异常和关联关系，提供数据的初步结论，再通过探索数据的变量之间的关系和趋势，发现潜在的模式、相关性和规律，为进一步分析提供线索。

探索性数据分析，可以帮助人们理解数据集的基本特征和属性，发现数据中的模式、趋势和关联关系。检测数据中的异常值和缺失值，提供数据的可视化展示，可使数据更具有可解释性，为数据清洗和预处理提供指导，为后续的深入分析和决策提供基础。

2．分析方法

探索性数据分析主要依靠统计分析和可视化展示两种方法来实现。在统计分析方面，常用的方法包括描述统计、频数分布、相关分析、群组分析以及可视化分析等。

(1)描述统计

计算数据的基本统计量，如均值、中位数、标准差、最大值、最小值等，以描述数据的集中趋势、离散程度和分布形态。

(2)频数分布

将数据进行分组统计，并绘制频数分布表和频率直方图，以了解数据的分布情况和密度。

(3)相关分析

计算变量之间的相关系数，如皮尔逊（Pearson）相关系数、斯皮尔曼（Spearman）相关系数等，以揭示变量之间的关系。相关分析可以帮助人们了解两个变量之间的线性关系强度和方向，例如，是否存在正相关、负相关或无相关性。

相关分析是一种统计分析方法，用于评估两个变量之间的关联程度。它帮助人们理解和量化变量之间的线性关系，从而揭示变量之间的相互作用和影响。相关分析只能检测线性关系，不能确定因果关系。此外，相关分析只能揭示变量之间的关联程度，而不能说明其具体的机制或原因。因此，在进行相关分析时，需要综合考虑其他领域知识和统计方法，以得出更全面和准确的结论。

以下是相关分析的基本步骤和方法。

① 相关系数计算。常用的相关系数是皮尔逊相关系数，它用于衡量两个连续变量之间的线性关系强度和方向。皮尔逊相关系数的取值范围为-1~1，0 表示无相关性，正值表示正相关，负值表示负相关。

② 相关性可视化。使用散点图可以直观地显示两个变量之间的关系。在散点图中，横轴和纵轴分别表示两个变量，数据点的分布可以给出相关性的大致趋势。

③ 相关性矩阵。对于多个变量之间的关系，可以通过计算相关性矩阵得出，其中，每个元素是任意两个变量之间的相关系数。相关性矩阵可以用热力图来可视化，颜色的深浅表示相关性的强度。

④ 统计显著性检验。对于计算得到的相关系数，可以进行统计显著性检验来确定其是否具有统计意义。常用的方法是计算皮尔逊相关系数（p-value），如果 p-value 小于预先设定的显著性水平，则认为相关系数具有统计意义。

⑤ 解释结果。通过分析相关系数和可视化结果，我们可以得出变量之间的关系。正相关表示两个变量一起增大，负相关表示一个变量增大时另一个变量减小，无相关性表示两个变量之间没有明显的线性关系。

（4）群组分析

将数据根据某些特征进行分组，比较不同群组之间的差异和相似性，以发现群组间的模式和规律。

探索性数据分析中有下列常用的群组分析方法。

① 聚类分析。

聚类分析是一种无监督学习方法，旨在将相似的数据点聚集在一起，形成具有相似特征的群组。聚类分析方法根据数据点之间的相似性度量（如欧氏距离、余弦相似度等）将数据进行分组。常用的聚类分析方法包括 k-means 聚类、层次聚类、密度聚类等。

② 判别分析。

判别分析是一种有监督学习方法，旨在寻找一个投影空间，使不同类别的数据点在该空间中有最大的分离度。判别分析可以用于分类和群组分析，它通过最大化类别间的差异性和最小化类别内的差异性来实现。常用的判别分析方法包括线性判别分析（Linear Discriminant Analysis，LDA）、二次判别分析（Quadratic Discriminant Analysis，QDA）等。

（5）可视化分析

在可视化展示方面，经常使用基本的直方图、散点图来表示数据的形状，进行基本分析，再使用折线图或者热力图探索、分析变量之间的关联关系。

3．基本流程

探索性数据分析通常按照以下基本流程进行。

（1）数据采集和整理：采集原始数据，并进行数据清洗和预处理，包括处理缺失值、处理异常值和转换数据格式等。

（2）描述性统计分析：计算数据的基本统计量，绘制频数分布表和频率直方图，以描述数据的集中趋势、离散程度和分布形态；通过观察数据的分布特征，了解数据的偏度、峰度、异常值和缺失值等。

（3）变量关系分析：计算变量之间的相关系数，研究不同变量之间的相关性、依赖关系和相互作用；绘制散点图、箱线图等图形，以探索变量之间的关系和趋势。

（4）群组分析：根据某些特征将数据分组，比较不同群组之间的差异和相似性，发现群组间的模式和规律。

（5）可视化展示：使用适当的图表和图形工具，将数据可视化，使数据更具有可解释性。

（6）得出结论：根据探索性数据分析的结果，得出结论，为后续的深入分析和决策提供依据。

通过分析变量之间的相关性和重要性，选择最具预测能力和解释能力的特征，以减少特征空间的维度，实现特征选择。通过探索性数据分析，可以得出一些初步的结论、见解或假设，为进一步的分析和决策提供依据。

4．描述性数据分析与探索性数据分析的关系与区别

描述性数据分析与探索性数据分析在一定程度上有相同之处，但也存在一些区别。主

要区别如下。

（1）目的不同

描述性数据分析旨在总结和描述数据的基本特征和规律，而探索性数据分析更侧重于发现数据中的模式、趋势和关联关系。

（2）方法略有不同

描述性数据分析主要依靠统计指标和可视化手段，而探索性数据分析更注重对数据的探索、发现和挖掘，可能会使用更多的统计分析方法和模型。

（3）深度不同

描述性数据分析一般较为表面，着重于数据的基本特征，而探索性数据分析更深入地挖掘数据，可能涉及更复杂的分析和模型构建。

尽管存在一些区别，但描述性数据分析和探索性数据分析是数据分析过程中互补的环节。描述性数据分析提供了数据的基本概况和总结，为后续的探索性数据分析提供基础；而探索性数据分析则更进一步地探索数据，为深入分析和决策提供更丰富的信息和见解。

10.2.3 预测性数据分析

预测性数据分析是指利用数据科学技术、数学模型和统计方法来预测未来事件的技术。它可以帮助企业、组织和个人在不确定的情况下做出更明智的决策，以实现更高的业务价值。预测性数据分析的核心目标是通过分析历史数据和当前数据来预测未来的趋势和可能的结果。

1．分析目标

预测性数据分析的任务是利用历史数据、统计信息和机器学习技术，对未来趋势和可能发生的事件进行预测。例如，预测未来市场趋势和消费者行为，帮助企业制定更有效的营销策略；预测未来的道路交通状况，帮助规划交通路线和出行时间；预测疾病发生的概率和流行趋势，以便制定公共卫生政策等。

预测性数据分析的任务是通过分析历史数据和预测未来趋势，帮助企业与机构更好地应对不确定性，提高决策效率和准确性。

2．分析方法

预测性数据分析的分析方法可以用于预测未来趋势和结果，以及识别关键变量和预测变量。

（1）回归分析：一种用于研究变量之间的关系的统计学方法。

（2）时间序列分析：一种用于研究时间序列数据的方法。

（3）机器学习：一种用于预测性分析的技术。机器学习算法可以通过大量数据训练模型，以便更好地预测未来趋势和结果。

（4）深度学习：一种模拟人脑神经网络的机器学习算法。深度学习可以处理复杂的数据和非线性关系，因此在预测性分析中非常有用。

3．基本流程

（1）数据采集：采集和整理大量的数据，包括历史数据、实时数据、外部数据等。数据采集的方式包括手动采集、自动采集和通过第三方数据源采集。

（2）数据清洗与预处理：数据清洗是对采集到的数据进行处理，以消除数据中的错误、不一致、重复和无关信息；预处理包括数据的归一化、标准化、缺失值处理、异常值处理等。

（3）特征工程：从原始数据中提取有用的特征，以便为模型提供更好的训练数据，包括特征选择、特征提取、特征编码等。

(4)模型选择与训练:选择合适的预测性分析模型,并使用训练数据对模型进行训练。常用的预测性分析模型包括线性回归、决策树、支持向量机、神经网络等。

(5)模型评估与优化:使用测试数据评估模型的性能,包括准确率、召回率、F1 分数等;根据评估结果,对模型进行调优以提高预测性能。

10.3 二手车数据集

假设有一份二手车数据集,该数据集中包括车辆的各种属性和特征信息,如图 10-1 所示。

	A	B	C	D	E	F	G	H	I	J	K	L	M
1	Name	Location	Year	Kilometers_Driven	Fuel_Type	Transmission	Owner_Type	Mileage	Engine	Power	Seats	New_Price	Price
2	Maruti Wagon R LXI CNG	Mumbai	2010	72000	CNG	Manual	First	26.6 km/kg	998 CC	58.16 bhp	5		1.75
3	Hyundai Creta 1.6 CRDi SX Option	Pune	2015	41000	Diesel	Manual	First	19.67 kmpl	1582 CC	126.2 bhp	5		12.5
4	Honda Jazz V	Chennai	2011	46000	Petrol	Manual	First	18.2 kmpl	1199 CC	88.7 bhp	5	8.61 Lakh	4.5
5	Maruti Ertiga VDI	Chennai	2012	87000	Diesel	Manual	First	20.77 kmpl	1248 CC	88.76 bhp	7		6
6	Audi A4 New 2.0 TDI Multitronic	Coimbatore	2013	40670	Diesel	Automatic	Second	15.2 kmpl	1968 CC	140.8 bhp	5		17.74
7	Hyundai EON LPG Era Plus Option	Hyderabad	2012	75000	LPG	Manual	First	21.1 km/kg	814 CC	55.2 bhp	5		2.35
8	Nissan Micra Diesel XV	Jaipur	2013	86999	Diesel	Manual	First	23.08 kmpl	1461 CC	63.1 bhp	5		3.5
9	Toyota Innova Crysta 2.8 GX AT 8S	Mumbai	2016	36000	Diesel	Automatic	First	11.36 kmpl	2755 CC	171.5 bhp	8	21 Lakh	17.5

图 10-1 二手车数据集(部分)

10.3.1 数据集简介

该数据集包含汽车销售的相关信息。每条数据代表一辆汽车的记录,包括其基本属性、技术参数和价格信息。这些数据对消费者了解汽车市场、分析不同汽车型号的特征和价格趋势具有重要意义。

数据集中包含各种汽车属性,例如车辆名称、车辆所在地、车辆出厂年份、车辆行驶里程、车辆燃料类型、车辆变速箱类型等。此外,还有关于油耗、发动机排量、发动机功率、座位数、新车价格和二手车报价等信息。

根据给出的数据集,建立数据分析的特征指标体系,如表 10-2 所示。

表 10-2 特征指标体系

特征	特征说明	特征分析意义
Name	车辆名称	用于识别不同品牌和型号的车辆,作为车辆分类的重要特征
Location	车辆所在地	分析不同地区的二手车市场情况,包括不同地区的价格、销量、需求等
Year	车辆出厂年份	计算车龄,车龄会影响车辆的价格,可分析车辆使用年限对价格、质量、需求等的影响
Kilometers_Driven	车辆行驶里程	反映车辆的磨损程度和使用频率,可分析车辆行驶里程对价格、质量、需求等的影响
Fuel_Type	车辆燃料类型	用于分析不同类型车辆的燃料消耗、环保性能和运营成本
Transmission	车辆变速箱类型	影响车辆的驾驶体验和操作便利性,可分析不同类型的变速箱的价格、销量、操作性等
Owner_Type	车辆拥有者类型	反映车辆的使用历史和维护情况,可分析不同拥有者类型对价格、质量等的影响
Mileage	车辆单位油耗里程	评估车辆燃料经济性的指标,可分析车辆油耗对价格、销量、环保性能等的影响
Engine	车辆发动机排量	作为车辆性能和动力输出的指标之一,可分析车辆排量对价格、销量、动力性能等的影响
Power	车辆发动机功率	评估车辆动力性能的重要指标,可分析车辆功率对价格、销量、动力性能等的影响

续表

特征	特征说明	特征分析意义
Seats	车辆座位数	衡量车辆乘坐空间和舒适性的重要指标，可分析车辆座位数对价格、销量、舒适性等的影响
New_Price	车辆新车指导价	反映车辆的折旧情况和二手车的性价比，可分析车辆新旧程度对价格、质量、需求等的影响
Price	车辆二手车报价	分析二手车市场行情和车辆价值的重要指标，可分析车辆报价与其他特征之间的关系

该数据集以文本文件的形式存储，列之间使用逗号进行分隔。

10.3.2 数据分析目标

对于该二手车数据集，可以设定以下数据分析目标。

（1）售价预测：基于汽车的属性和技术参数，构建一个预测模型，以预测汽车的售价。这可以帮助买家和卖家了解汽车价格的合理范围，支持定价策略和决策。

（2）市场趋势分析：通过分析不同汽车型号的售价、出厂年份和行驶里程等因素，揭示汽车市场的趋势和变化。这有助于了解不同型号的汽车的价格走势，预测市场需求和供应的变化。

（3）特征重要性分析：通过评估各个汽车属性对售价的影响程度，确定哪些属性对决定汽车价格的重要性更高。这可以帮助汽车制造商和销售商了解消费者的偏好和市场需求，优化产品设计和定价策略。

（4）品牌比较与竞争分析：比较不同汽车品牌的售价、性能和市场份额等指标，分析各品牌之间的竞争状况和优劣势。这可以为汽车制造商和销售商提供有关市场竞争策略的洞察和决策支持。

10.3.3 数据导入

根据给出的数据结构和示例数据，创建名为 car_data 的表，包含 13 列，根据数据值内容分析可知，除 Year、Kilometers_Driven、Seats 和 Price 等 4 列为数值以外，其他列都含有字符，这些列的内容以 STRING 类型导入 Hive 数据表中。HQL 建表语句如下。

```
CREATE TABLE car_data(
                Name STRING,
                Location STRING,
                Year INT,
                Kilometers_Driven INT,
                Fuel_Type STRING,
                Transmission STRING,
                Owner_Type STRING,
                Mileage STRING,
                Engine STRING,
                Power STRING,
                Seats INT,
                New_Price STRING,
                Price FLOAT
)ROW FORMAT DELIMITED   --指定行格式
 FIELDS TERMINATED BY ',' --指定列分隔符为逗号
 STORED AS TEXTFILE;    --指定存储格式为文本文件
```

将数据集导入数据表中，代码如下。

```
LOAD DATA INPATH '/user/hive/car/car_price_all_notitle.csv'
    OVERWRITE INTO TABLE car_data;
```

10.4 二手车市场特征和需求探索案例

探索二手车的市场特征和需求，对汽车行业和消费者都有指导意义。本案例将分析目标细化为探索二手车市场在不同地区、不同车辆出厂年份、不同品牌、不同燃料类型等维度下的特征和需求；探索二手车市场中不同类别或群组的特征和偏好；探索二手车市场中影响二手车价格、质量和保值率的重要因素。

本案例使用 HQL 进行分组、聚合、排序等操作，并得到一些有意义的统计结果。本案例可通过分析车辆的出厂年份和行驶里程，了解车辆的使用历史和磨损程度；通过分析燃料类型和变速箱类型，了解车辆的燃料经济性和驾驶特性；通过分析车辆拥有者类型，了解车辆的使用情况和维护记录；通过分析车辆单位里程油耗、发动机排量和座位数，了解关于车辆性能和乘坐空间信息；通过分析新车指导价和二手车报价，了解车辆折旧情况和市场价值。

10.4.1 二手车数据描述性分析

通过以下 HQL 语句，统计当前二手车数据集的大小，如图 10-2 所示，结果显示数据集中共含有 6019 条数据。

```
SELECT COUNT(*) AS count FROM car_data;
```

图 10-2 数据集的大小

对数据进行基本的描述性统计，需要计算各个特征列的频数、百分比、均值、标准差等。例如，可以通过以下语句查看不同地区的二手车数量和占比。

```
SELECT Location, COUNT(*) AS count,
ROUND(100.0 * COUNT(*) / (SELECT COUNT(*) FROM car_data), 2) AS percentage
FROM car_data GROUP BY Location ORDER BY count DESC;
```

该语句根据 Location 列对数据进行分组，计算不同地区的二手车数量和占比，并按照数量降序排序。统计结果如图 10-3 所示，使用柱状图对其进行可视化展示，如图 10-4 所示。汽车所在地字段值为 Mumbai 的二手车数量最多，有 790 辆，占总数的 13.13%；汽车所在地字段值为 Ahmedabad 的二手车数量最少，有 224 辆，占总数的 3.72%。

	location	count	percentage
1	Mumbai	790	13.13
2	Hyderabad	742	12.33
3	Kochi	651	10.82
4	Coimbatore	636	10.57
5	Pune	622	10.33
6	Delhi	554	9.20
7	Kolkata	535	8.89
8	Chennai	494	8.21
9	Jaipur	413	6.86
10	Bangalore	358	5.95
11	Ahmedabad	224	3.72

图 10-3 车辆所在地分组统计结果

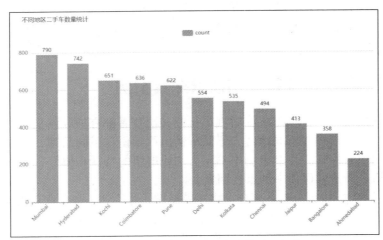

图 10-4 车辆所在地分组统计结果可视化

类似地，车辆出厂年份对于二手车的销售预测和价格分析，是一个重要的变量。车辆出厂年份可以提供关于二手车的车龄信息，而车龄在一定程度上与二手车的价格相关。因此，对车辆出厂年份进行分析可以帮助我们了解二手车市场的变化，但需要与其他相关变量进行综合分析。例如，可以使用以下语句来查看不同车辆出厂年份的二手车数量和占比。

```
SELECT Year, COUNT(*) AS count,
ROUND(100.0 * COUNT(*) / (SELECT COUNT(*) FROM car_data), 2) AS percentage
FROM car_data
GROUP BY Year
ORDER BY count DESC;
```

该语句根据 Year 列对数据进行分组，并计算不同出厂年份的二手车的数量和占比，并按照数量降序排序。统计结果如图 10-5 所示，使用柱状图对其进行可视化展示，如图 10-6 所示。二手车数据库中数量最多的是 2014 年出厂的车辆，有 797 辆，占总数的 13.24%；二手车数据库中数量最少的是 1999 年出厂的车辆，有 2 辆，占总数的 0.03%。

	Year	count	percentage
1	2014	797	13.24
2	2015	744	12.36
3	2016	741	12.31
4	2013	649	10.78
5	2017	587	9.75
6	2012	580	9.64
7	2011	466	7.74
8	2010	342	5.68
9	2018	298	4.95
10	2009	198	3.29
11	2008	174	2.89
12	2007	125	2.08
13	2019	102	1.69
14	2006	78	1.30
15	2005	57	0.95
16	2004	31	0.52
17	2003	17	0.28
18	2002	15	0.25
19	2001	8	0.13
20	2000	4	0.07
21	1998	4	0.07
22	1999	2	0.03

图 10-5 车辆出厂年份分组统计结果

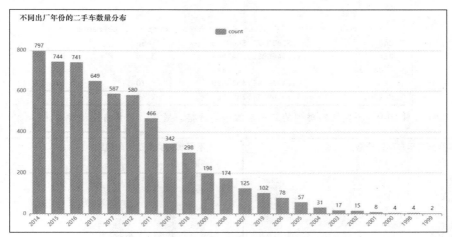

图 10-6　车辆出厂年份分组统计结果可视化

车辆座位数可以提供车辆空间大小信息，可以体现需求用户群体分类情况，因此也是较为重要的属性。若想分析二手车座位数对价格的影响，需要了解不同座位数的二手车在二手车市场的占比情况，可以通过分组统计方式，分析其频数。本节数据集统计结果如图 10-7 所示，使用柱状图对其进行可视化展示，如图 10-8 所示。其中，含有 5 个座位的车辆数量最多，有 5014 辆，其次是 7 个座位的车辆，有 674 辆。

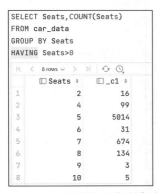

图 10-7　座位数分组统计结果

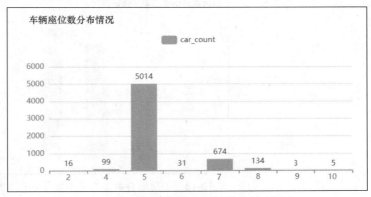

图 10-8　车辆座位数分组统计结果可视化

同理，使用类似的语句来查看其他特征列的频数和百分比，如 Fuel_Type、Transmission、Owner_Type 等，代码如下。

```
SELECT Fuel_Type,AVG(price) AS price_avg,COUNT(Fuel_Type) AS car_count
FROM car_data
GROUP BY Fuel_Type;
```

不同燃料类型的二手车的平均价格、数量、数量占比统计结果如图 10-9 所示。对统计结果进行可视化，如图 10-10、图 10-11 以及图 10-12 所示。其中 Diesel 燃料类型的二手车数量最多，平均销售价格在 12.88 万卢比（1 卢比≈0.0879 人民币）左右；其次是 Petrol 燃料类型的车辆，平均价格约 5.7 万卢比；其他燃料类型的车辆较少。因此，燃料类型对二手车价格有一定影响。

除了频数和百分比外，还可以使用 HQL 语句来计算一些数值类型列的均值、标准差等。例如，使用以下的语句来查看不同地区的二手车价格的均值和标准差。

	fuel_type	price_avg	car_count	percentage
1	CNG	3.5167857195649828	56	0.01
2	Diesel	12.840605298647084	3205	0.53
3	Electric	12.875	2	0
4	LPG	2.486999976634979	10	0
5	Petrol	5.7010997752594585	2746	0.46

图 10-9　不同燃料类型的二手车的平均价格、数量、数量占比统计结果

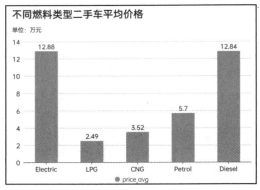

图 10-10　不同燃料类型二手车平均价格可视化

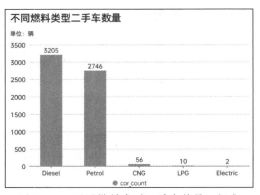

图 10-11　不同燃料类型二手车数量可视化

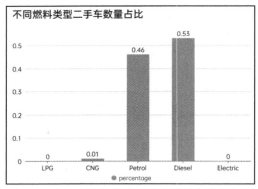

图 10-12　不同燃料类型二手车数量占比可视化

```
SELECT Location,
    ROUND(AVG(Price), 2) AS avg_price,
    ROUND(STDDEV(Price), 2) AS std_price
FROM car_data
GROUP BY Location
ORDER BY avg_price DESC;
```

该语句根据 Location 列对数据进行分组，并计算不同地区的二手车价格的均值和标准差，并按照均值降序排序。统计结果如图 10-13 所示，值为 Coimbatore 的二手车平均价格最高，平均价格为 15.08 万卢比，标准差为 14.91 万卢比；值为 Kolkata 的二手车平均价格最低，平均价格为 5.66 万卢比，标准差为 6.94 万卢比。

类似地，可以使用以下语句来查看不同出厂年份的车辆的二手车价格均值和标准差。

```
SELECT Year,
    ROUND(AVG(Price), 2) AS avg_price,
    ROUND(STDDEV(Price), 2) AS std_price
```

```
FROM car_data
GROUP BY Year
ORDER BY avg_price DESC;
```

	location	avg_price	std_price
1	Coimbatore	15.08	14.91
2	Bangalore	13.33	14.34
3	Kochi	11.18	11.84
4	Hyderabad	9.78	11.98
5	Delhi	9.71	11.53
6	Mumbai	9.43	10.19
7	Ahmedabad	8.46	8.4
8	Chennai	7.75	9.71
9	Pune	6.73	7.57
10	Jaipur	5.81	5.89
11	Kolkata	5.66	6.94

图 10-13 计算不同地区的二手车价格的均值和标准差

该语句根据 Year 列对数据进行分组，并计算不同出厂年份的车辆对应的二手车价格的均值和标准差，并按照均值降序排序。统计结果如图 10-14 所示，使用折线图对其进行可视化展示，如图 10-15 所示。结果显示，2019 年出厂的车辆对应的二手车平均价格最高，平均价格为 19.46 万卢比，标准差为 18.48 万卢比；1999 年出厂的车辆对应的二手车平均价格最低，平均价格为 0.83 万卢比，标准差为 0.06 万卢比。

	Year	avg_price	std_price
1	2019	19.46	18.48
2	2018	15.73	16.1
3	2017	13.76	14.63
4	2016	11.72	12.02
5	2015	11.22	12.09
6	2014	9.64	9.49
7	2013	8.7	9.14
8	2012	7.32	7.66
9	2011	6.83	8.89
10	2010	5.52	6.33
11	2009	5.18	4.93
12	2008	3.92	4.4
13	2006	3.36	6.91
14	2007	3.2	3.48
15	2003	2.44	3.68
16	2005	2.03	1.86
17	2004	1.94	1.48
18	2001	1.54	1.4
19	1998	1.43	1.43
20	2002	1.29	0.77
21	2000	1.18	1.43
22	1999	0.83	0.06

图 10-14 计算不同出厂年份的车辆对应的二手车价格的均值和标准差

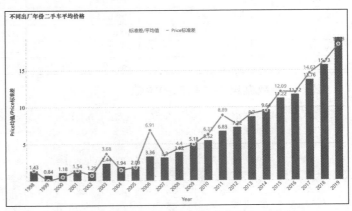

图 10-15 生产年份分组平均价格分析可视化

同理，可以使用类似的语句来查看其他数值类型列的均值和标准差，如 Kilometers_Driven、Mileage、Engine、Power、Seats 等。

为了更详细地了解二手车数据集，本案例对数据集中部分列的最小值、最大值、平均值、标准差、中位数等描述性统计指标进行计算。

1．计算数据集中部分列的最小值、最大值、平均值、标准差

```
SELECT MIN(Year) AS min_year, MAX(Year) AS max_year, AVG(Year) AS avg_year,
STDDEV(Year) AS std_year FROM car_data;
    SELECT MIN(Kilometers_Driven) AS min_km, MAX(Kilometers_Driven) AS max_km, AVG
(Kilometers_Driven) AS avg_km, STDDEV(Kilometers_Driven) AS std_km FROM car_data;
    SELECT MIN(Mileage) AS min_mileage, MAX(Mileage) AS max_mileage, AVG(Mileage)
```

```
AS avg_mileage, STDDEV(Mileage) AS std_mileage FROM car_data;
    SELECT MIN(Engine) AS min_engine, MAX(Engine) AS max_engine, AVG(Engine) AS
avg_engine, STDDEV(Engine) AS std_engine FROM car_data;
    SELECT MIN(Power) AS min_power, MAX(Power) AS max_power, AVG(Power) AS
avg_power, STDDEV(Power) AS std_power FROM car_data;
    SELECT MIN(Seats) AS min_seats, MAX(Seats) AS max_seats, AVG(Seats) AS
avg_seats, STDDEV(Seats) AS std_seats FROM car_data;
    SELECT MIN(New_Price) AS min_new_price, MAX(New_Price) AS max_new_price, AVG
(New_Price) AS avg_new_price, STDDEV(New_Price) AS std_new_price FROM car_data;
    SELECT MIN(Price) AS min_price, MAX(Price) AS max_price, AVG(Price) AS
avg_price, STDDEV(Price) AS std_price FROM car_data;
```

上述代码对二手车数据集中的车辆出厂年份、车辆行驶里程、车辆单位油耗里程、车辆发动机排量、车辆发动机功率、车辆座位数、车辆新车指导价以及车辆二手车报价进行统计分析。将求出的结果整合到一个结果表中，可以通过创建中间结果表，在每一项统计分析结束后，逐条将语句执行结果写入中间结果表中，数据量小也可以手动创建中间结果表。结果如表 10-3 所示。

表 10-3　数据集中的最小值、最大值、平均值、标准差分析结果

	MIN	MAX	AVG	STDDEV
Year	1998.00	2019.00	2013.36	3.27
Kilometers_Driven	171.00	6500000.00	58738.38	91261.26
Mileage	0.00	33.54	18.13	4.58
Engine	72.00	5998.00	1621.28	601.30
Power	34.20	560.00	113.25	53.87
Seats	2.00	10.00	5.28	0.81
New_Price	1.00	99.92	20.32	20.19
Price	0.44	160.00	9.48	11.19

2．计算数据集中各列的中位数

```
SELECT PERCENTILE(Year,0.5) AS median_year FROM car_data;
SELECT PERCENTILE(Kilometers_Driven,0.5) AS median_km FROM car_data;
SELECT PERCENTILE(Engine,0.5) AS median_engine FROM car_data;
SELECT PERCENTILE(Seats,0.5) AS median_seats FROM car_data;
SELECT PERCENTILE_APPROX(Mileage,0.5) AS median_mileage FROM car_data;
SELECT PERCENTILE_APPROX(Power,0.5) AS median_power FROM car_data;
SELECT PERCENTILE_APPROX(New_Price,0.5) AS median_new_price FROM car_data;
SELECT PERCENTILE_APPROX(Price,0.5) As median_price FROM car_data;
```

上述代码将对二手车数据集中的相关列的中位数进行计算，以衡量各个指标的集中趋势，结果如表 10-4 所示。

通过对数据集进行描述性统计分析，得出以下结论。

该数据集包含1998年至2019年出厂的车辆的二手车信息。该数据集中数据的基本分布情况如下。

- 二手车的行驶里程从 171kmpl 到 650000kmpl 不等，平均值约为 58738kmpl，中位数为 53000kmpl。

表 10-4　数据集中位数分析结果

属性	中位数
median_year	2014
median_km	53000
median_engine	1493
median_seats	5
median_mileage	18.14812469
median_power	97.62856947
median_new_price	11.39000034
median_price	5.632500052

- 二手车的单位油耗里程从 0km 到 33.54km 不等，平均值为 18.13km，中位数约为 18.15km。
- 二手车的发动机排量从 72 CC 到 5998 CC 不等，平均值约为 1621 CC，中位数为 1493 CC。
- 二手车的发动机功率值从 34.2 制动马力到 560 制动马力不等，平均值约为 113 制动马力，中位数约为 97.6 制动马力。
- 二手车的座位数从 2 到 10 不等，平均值为 5.28 个，中位数为 5 个。
- 二手车的新车指导价从 1 万卢比到 99.92 万卢比不等，平均值为 20.32 万卢比，中位数约为 11.4 万卢比。
- 二手车的报价从 0.44 万卢比到 160 万卢比不等，平均值为 9.48 万卢比，中位数约为 5.63 万卢比。

通过分析可知，不同地区的二手车数量和平均价格有明显的差异。
- Coimbatore 地区的二手车数量较多，平均价格最高。
- Kolkata 地区的二手车数量也较多，但平均价格最低。

二手车的价格与车辆的出厂年份、燃料类型等都存在一定的关联关系，需要进一步挖掘。不同出厂年份的二手车的数量和平均价格有明显的差异。
- 2019 年出厂的车辆数量少，平均价格最高。
- 1999 年出厂的车辆数量较少，但平均价格最低。

不同燃料类型的二手车的数量和平均价格有明显的差异。
- 燃料类型为 Diesel 的二手车数量最多，平均价格较高。
- 燃料类型为 Electric 的二手车数量最少，但平均价格最高。

10.4.2 二手车数据处理与转换

为保证后续的分析，需要从车辆单位油耗里程、车辆发动机排量、车辆发动机功率以及车辆新车指导价等特征中提取具体数据。因此，本例要对这几列进行特征处理和转换，代码如下。

```
CREATE TABLE car_data AS
    SELECT
      Name,Location,Year,Kilometers_Driven,Fuel_Type,Transmission,Owner_Type,
Mileage,Engine,
      Power,Seats,New_Price, Price,SUBSTRING_INDEX(Name, ' ', 1) AS Brand,
      REGEXP_REPLACE(Name, '[^0-9.]', '') AS Model,
      CAST(REGEXP_REPLACE(Mileage, '[^0-9.]', '') AS DECIMAL(10, 2)) AS Mileage_Value,
      CAST(REGEXP_REPLACE(Engine, '[^0-9.]', '') AS DECIMAL(10, 2)) AS Engine_Value,
      CAST(REGEXP_REPLACE(Power, '[^0-9.]', '') AS DECIMAL(10, 2)) AS Power_Value
    FROM car_original;
```

从车辆名称（Name）列中提取品牌（Brand）和型号（Model），通过字符串操作和正则表达式实现。并将车辆单位油耗里程（Mileage）、车辆发动机排量（Engine）、车辆发动机功率（Power）列中的非数字字符替换为空白，并转换为数值类型。

经过特征处理和转换后，得到了处理后的数据集 processed_car_data，其中包含提取的品牌、型号以及转换后的数值特征。

接下来对数据进行预处理，包括缺失值处理、异常值处理、数据类型转换等，以确保数据的质量和可用性。

10.4.3 二手车数据探索性分析

在进行数据预处理之前,需要先对数据进行一些基本的探索和检查,以发现数据中可能存在的问题和缺陷。

首先,使用以下语句查看表中有多少条记录。

```
SELECT COUNT(*) FROM processed_car_data;
```

结果显示,表中有 6019 条记录。这与原始数据文件中的记录数相符。每条记录有 13 个字段。这些字段中,有 8 个是数值类型的,有 5 个是字符串类型的。

接下来,使用以下语句查看表中是否有缺失值。

```
SELECT COUNT(*) - COUNT(Name) AS missing_name,
       COUNT(*) - COUNT(Location) AS missing_location,
       COUNT(*) - COUNT(Year) AS missing_year,
       COUNT(*) - COUNT(Kilometers_Driven) AS missing_kilometers_driven,
       COUNT(*) - COUNT(Fuel_Type) AS missing_fuel_type,
       COUNT(*) - COUNT(Transmission) AS missing_transmission,
       COUNT(*) - COUNT(Owner_Type) AS missing_owner_type,
       COUNT(*) - COUNT(Mileage) AS missing_mileage,
       COUNT(*) - COUNT(Engine) AS missing_engine,
       COUNT(*) - COUNT(Power) AS missing_power,
       COUNT(*) - COUNT(Seats) AS missing_seats,
       COUNT(*) - COUNT(New_Price) AS missing_new_price,
       COUNT(*) - COUNT(Price) AS missing_price
FROM car_data;
```

该语句计算了每列缺失值的数量。结果如图 10-16 所示,除了 New_Price 列有 5049 个缺失值外,其他列都没有缺失值。这说明 New_Price 列是一个可选的列,可能只有部分二手车有新车指导价信息。因此,本例忽略 New_Price 列的缺失值。

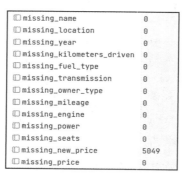

图 10-16 缺失值分析结果

然后使用以下语句查看表中各个列是否有异常值。

```
SELECT MIN(Year) AS min_year, MAX(Year) AS max_year, AVG(Year) AS avg_year,
STDDEV(Year) AS std_year FROM car_data;
```

参考上述语句,计算每个数值类型列的最小值、最大值、平均值和标准差。结果如图 10-17 所示,有些列中存在一些异常值,如 Kilometers_Driven 列中有一个值为 6500000,远远超过了其他值,这可能是一个输入错误或者一个极端的个例。类似地,Mileage 列中有一个值为 0,这可能是一个缺失值或者是一个无效值。

```
min_year                1998
max_year                2019
avg_year                2013.4776907356948
std_year                3.1642986072335284
min_kilometers_driven   171
max_kilometers_driven   6500000
avg_kilometers_driven   58316.99914850136
std_kilometers_driven   92161.56145864578
min_mileage             0
max_mileage             33.54
avg_mileage             18.277838891630925
std_mileage             4.365284845785886
min_engine              624
max_engine              5998
avg_engine              1625.7455722070845
std_engine              601.5905507204128
min_power               34.2
max_power               560
avg_power               113.2768938489441
std_power               53.87730355783875
min_seats               2
max_seats               10
avg_seats               5.283719346049046
std_seats               0.8050127744389681
min_new_price           1
max_new_price           99.92
avg_new_price           20.32890643195712
std_new_price           20.196750619544236
min_price               0.44
max_price               160
avg_price               9.603918590697102
std_price               11.248495306911689
```

图 10-17 异常值分析结果

最后使用以下语句来查看表中是否有重复值。

```
SELECT Name, Location, Year, Kilometers_Driven, Fuel_Type, Transmission, Owner_Type
FROM car_data
GROUP BY Name, Location, Year, Kilometers_Driven, Fuel_Type, Transmission,
Owner_Type
HAVING COUNT(*) > 1;
```

该语句根据除 Mileage、Engine、Power、Seats、New_Price 和 Price 之外的其他列来分组数据,并筛选出重复记录的数量大于 1 的分组。结果显示,表中有多个重复记录,这可能是数据采集或录入有误导致的。

10.4.4 二手车数据异常值与缺失值处理

分析结束后,将对数据进行清洗和转换,主要包含以下 3 种操作。

(1)缺失值处理:检查数据中是否存在缺失值,并根据缺失值的情况选择适当的处理方式,如删除缺失值所在的记录、填充缺失值等。

(2)异常值处理:检查数据中是否存在异常值或不合理的数据,例如极大或极小的数值、不符合业务逻辑的数据等,根据具体情况进行处理,可以删除异常值或使用合理的替代值进行修正。

(3)数据类型转换:对于数据集中的数值类型和文本类型数据,根据其含义和用途,进行适当的数据类型转换,确保数据的正确解释和处理。

通过 10.4.3 节的分析可以看出,数据集中存在一些问题和缺陷,如缺失值、异常值和重复值等。为了保证数据的质量和完整性,需要对这些问题和缺陷进行一些必要的预处理操作。具体的操作方法可以根据不同的情况和需求来选择。

10.5 二手车数据变量关系分析

二手车数据集包含关于二手车销售的信息,包括汽车的属性、技术参数和价格。本节通过对这些变量之间的关系进行分析,从而了解二手车市场的动态、价格影响因素以及不同变量之间的相关性。

10.5.1 相关系数简介

相关系数是一种度量两个连续变量之间线性关系强度和方向的统计量。相关系数的值可以在[-1,1]变化。

相关系数的绝对值代表了两个变量之间的线性关系强度,相关系数的绝对值越大,表示两个变量之间的线性关系越强。

相关系数的符号代表了两个变量之间的线性关系的方向。正相关表示一个变量增大时,另一个变量也倾向于增大;负相关表示一个变量增大时,另一个变量倾向于减小;零相关表示两个变量之间没有线性关系。

10.5.2 二手车数据相关系数分析

在对数据集进行探索和清洗后,使用统计方法和可视化工具分析变量之间的联系和相关性,揭示变量之间的模式和趋势。

一般通过计算变量之间的相关系数来衡量变量之间的线性关系。常用的相关性指标有皮尔逊相关系数和斯皮尔曼等级相关系数。

计算变量之间的相关系数,可以使用 Hive 的聚合函数 CORR(col1,col2)。该函数用于计算两个数值列之间的皮尔逊相关系数。皮尔逊相关系数是一种用于衡量两个变量之间线性相关程度的统计指标。皮尔逊相关系数的取值范围是-1 到 1。当相关系数为正时,表示两个变量呈正相关;当相关系数为负时,表示两个变量呈负相关;当相关系数为 0 时,表示两个变量无线性相关。相关系数的绝对值越接近 1,表示线性相关程度越强;其绝对值越接近 0,表示线性相关程度越弱。分析步骤如下。

(1)创建相关性分析结果表

```
CREATE TABLE feature_correlation (
    feature1 STRING,
    feature2 STRING,
    correlation FLOAT
);
```

(2)计算特征之间的相关系数

```
INSERT INTO TABLE feature_correlation
SELECT
    CORR(feature1, feature2) AS correlation
FROM
    your_table;
```

(3)查看相关性分析结果

```
SELECT * FROM feature_correlation;
```

例如,想知道二手车数据集中相应列与车辆出厂年份之间的相关系数,可以使用以下的 HQL 语句。

```
SELECT CORR(Year,Kilometers_Driven) AS corr_year_km,
       CORR(Year,Mileage) AS corr_year_mileage,
       CORR(Year,Engine) AS corr_year_engine,
       CORR(Year,Power) AS corr_year_power,
       CORR(Year,Seats) AS corr_year_seats,
       CORR(Year,New_Price) AS corr_year_new_price,
       CORR(Year,Price) AS corr_year_price
FROM car_data;
```

执行上述代码后，可以得到车辆出厂年份与相应变量的相关系数，如表 10-5 所示。可以得到以下结论。

- 车辆出厂年份（Year）和车辆行驶里程（Kilometers_Driven）之间有一定程度的负相关（$r \approx -0.173$），表示车辆出厂年份越晚的二手车，行驶里程越少。
- 车辆出厂年份（Year）和车辆单位油耗里程（Mileage）之间有一定程度的正相关（$r \approx 0.296$），表示车辆出厂年份越晚的二手车，燃油效率越高。

表 10-5 车辆出厂年份与相应变量的相关系数

corr_year_km	−0.173048
corr_year_mileage	0.296417
corr_year_engine	−0.053712
corr_year_power	0.014531
corr_year_seats	−0.012354
corr_year_new_price	0.141051
corr_year_price	0.305327

- 车辆出厂年份（Year）和车辆发动机排量（Engine）之间没有明显的线性关系（$r \approx -0.054$），表示车辆出厂年份对发动机排量没有显著影响。
- 车辆出厂年份（Year）和车辆发动机功率（Power）之间没有明显的线性关系（$r \approx 0.015$），表示车辆出厂年份对车辆发动机功率没有显著影响。
- 车辆出厂年份（Year）和车辆座位数（Seats）之间没有明显的线性关系（$r \approx -0.012$），表示车辆出厂年份对座位数没有显著影响。
- 车辆出厂年份（Year）和车辆新车指导价（New_Price）之间有一定程度的正相关（$r \approx 0.141$），表示车辆出厂年份越晚的二手车，新车指导价越高。
- 车辆出厂年份（Year）和车辆二手车报价（Price）之间有一定程度的正相关（$r \approx 0.305$），表示车辆出厂年份越晚的二手车，二手车报价越高。

再如，想知道二手车数据集中相应列与车辆二手车报价之间的相关系数，可以使用以下 HQL 语句。

```
--查看数据集中相应列与车辆二手车报价之间的相关系数
SELECT CORR(Price,Year) as corr_price_year,
       CORR(Price,Kilometers_Driven) AS corr_price_km,
       CORR(Price,Mileage) AS corr_price_mileage,
       CORR(Price,Engine) AS corr_price_engine,
       CORR(Price,Power) AS corr_price_power,
       CORR(Price,Seats) AS corr_price_seats,
       CORR(Price,New_Price) AS corr_price_new_price,
       CORR(Price,Price) AS corr_price_price
FROM car_data;
```

执行上述代码后，可以得到车辆二手车报价与其他变量的相关系数，如表 10-6 所示。

表 10-6 车辆二手车报价与其他变量的相关系数

corr_price_year	0.305327
corr_price_km	−0.011493
corr_price_mileage	−0.341652
corr_price_engine	0.658047
corr_price_power	0.772843
corr_price_seats	−0.052225
corr_price_new_price	0.67884
corr_price_price	1

通过对上述相关系数的分析,可以得出以下结论。
- 车辆出厂年份、车辆发动机排量和车辆发动机功率等变量对二手车价格具有一定的影响。
- 高里程、较旧的车辆以及较少座位数的二手车往往具有较低的价格。

同理,在二手车数据集中的各个数据变量之间可以进行完整的相关系数分析,获得相关矩阵。代码如下。

```
SELECT CORR(Kilometers_Driven,Mileage) AS corr_km_mileage,
       CORR(Kilometers_Driven,Engine) AS corr_km_engine,
       CORR(Kilometers_Driven,Power) AS corr_km_power,
       CORR(Kilometers_Driven,Seats) AS corr_km_seats,
       CORR(Kilometers_Driven,New_Price) AS corr_km_new_price,
       CORR(Kilometers_Driven,Price) AS corr_km_price
FROM car_data;
SELECT CORR(Mileage,Engine) AS corr_mileage_engine,
       CORR(Mileage,Power) AS corr_mileage_power,
       CORR(Mileage,Seats) AS corr_mileage_seats,
       CORR(Mileage,New_Price) AS corr_mileage_new_price,
       CORR(Mileage,Price) AS corr_mileage_price
FROM car_data;
SELECT CORR(Engine,Power) AS corr_engine_power,
       CORR(Engine,Seats) AS corr_engine_seats,
       CORR(Engine,New_Price) AS corr_engine_new_price,
       CORR(Engine,Price) AS corr_engine_price
FROM car_data;
SELECT CORR(Power,Seats) AS corr_power_seats,
       CORR(Power,New_Price) AS corr_power_new_price,
       CORR(Power,Price) AS corr_power_price
FROM car_data;
SELECT CORR(Seats,New_Price) AS corr_seats_new_price,
       CORR(Seats,Price) AS corr_seats_price
FROM car_data;
SELECT CORR(New_Price,Price) AS corr_new_price_price
FROM car_data;
```

执行上述代码后,可以得到二手车数据集中相关变量之间的相关系数,矩阵如表 10-7 所示(仅保留两位小数)。

表 10-7 相关系数矩阵

	Year	Kilometers_Driven	Mileage	Engine	Power	Seats	New_Price	Price
Year	1.00	−0.17	0.30	−0.05	0.01	−0.01	0.14	0.31
Kilometers_Driven		1.00	−0.07	0.09	0.03	0.08	−0.02	−0.01

续表

	Year	Kilometers_Driven	Mileage	Engine	Power	Seats	New_Price	Price
Mileage			1.00	−0.64	−0.54	−0.33	−0.30	−0.34
Engine				1.00	0.87	0.40	0.62	0.66
Power					1.00	−0.10	0.77	0.77
Seats						1.00	−0.06	−0.05
New_Price							1.00	0.68
Price								1.00

从上述矩阵中可以发现，本数据集部分列之间存在较强的正相关或负相关关系，如下。
- 发动机排量和发动机功率之间呈强正相关（0.87），说明排量越大的车辆，功率越高。
- 单位油耗里程和发动机排量之间呈强负相关（−0.64），说明排量越大的车辆，单位油耗里程越低。
- 新车指导价和发动机功率之间呈强正相关（0.77），说明功率越高的车辆，新车指导价越高。
- 新车指导价和二手车报价之间呈强正相关（0.68），说明新车指导价越高的车辆，二手车报价也越高。

10.5.3 特征关系可视化分析

通过绘制图表和使用可视化工具，可以直观地展示变量之间的关系和趋势。常用的可视化方法包括绘制散点图、线性回归图和箱线图等。数据可视化工具有很多，本案例通过 HQL 语句导出绘图用数据，使用 Tableau 对数据进行可视化分析，下面以二手车报价与行驶里程和座位数之间的可视化数据关系分析为例进行说明。

（1）绘制：二手车报价与行驶里程散点图

```
SELECT Kilometers_Driven, Price
FROM car_original
WHERE Kilometers_Driven IS NOT NULL AND Price IS NOT NULL;
```

绘制的散点图如图 10-18 所示。

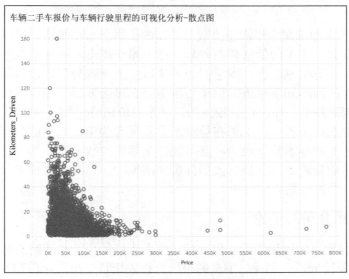

图 10-18　二手车报价与行驶里程散点图

通过观察绘制的二手车报价与行驶里程散点图，可以得出以下结论。
- 二手车报价与行驶里程之间存在负相关关系。散点图呈现出明显的下降趋势，即随着行驶里程的增加，二手车报价会逐渐降低，那么可以推断二手车的价格受到行驶里程的影响，行驶里程较高的车辆的二手车价格较低。
- 散点图呈现出分散的分布。散点图显示二手车报价与行驶里程之间没有明显的趋势，说明二手车报价与行驶里程之间的关系较为复杂，还可能受到其他因素的影响，例如车辆的品牌、车况、年份等。

（2）绘制不同座位数二手车的价格分布箱线图

```
SELECT Seats, Price
FROM car_original
WHERE Seats IS NOT NULL AND Price IS NOT NULL;
```

绘制的箱线图如图10-19所示。

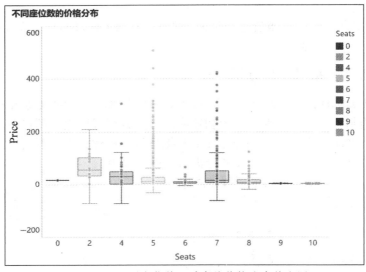

图10-19　不同座位数二手车的价格分布箱线图

通过绘制二手车数据集中不同座位数二手车的价格分布箱线图，可以得出以下结论。
- 不同座位数二手车的价格存在差异。如果箱线图中不同座位数的箱体（盒子）的位置和大小有明显差异，即它们的中位数、上下四分位数以及箱体的高度不同，那么可以推断不同座位数二手车的价格存在显著差异。座位数较多的二手车的价格可能相对较高，而座位数较少的二手车的价格可能相对较低。
- 部分座位数样本较少。如果在箱线图中发现有些座位数对应的箱体较小，即表示这些座位数的样本数量较少。这可能是车辆座位数分布不均，导致某些座位数的车辆样本数量较少。在进行数据分析和建模时，需要考虑样本数量不平衡对结果的影响，并进行相应的处理。

10.5.4　结果分析与结论

根据分析的结果可以得出结论，以支持二手车市场的决策和策略的制定。

（1）根据相关性分析，发现二手车的报价与行驶里程、出厂年份和座位数之间存在一定的相关性。行驶里程较高、出厂年份较早或座位数较少的二手车往往价格较低。

（2）通过可视化分析，可以观察到价格与行驶里程呈现负相关关系，并且不同座位数的二手车的价格分布存在差异。

根据类似的数据分析，可以通过这个数据集得出一些有用的结论。例如，该二手车数据集中的二手车报价主要受到发动机排量、发动机功率和新车指导价这 3 个因素的影响，而与其他因素如出厂年份、行驶里程、单位油耗里程和座位数的关系不大。

10.6 二手车数据聚类分析

本节将用 Hive 实现一个简单的聚类分析，把二手车数据根据价格和性能分成 5 类。具体步骤如下。

（1）聚类划分依据计算。

在数据科学和机器学习中，百分位数在数据分析中提供了一种有效的方法来理解数据的分布，并可以用于聚类、异常检测、特征工程等多种应用。使用 Hive 的内置函数 PERCENTILE_APPROX()，可以快速计算数值列的近似百分位数。

PERCENTILE_APPROX()函数接收两个参数：数值列和百分位数。它返回给定百分位数下该列的值。本节的案例使用 PERCENTILE_APPROX()函数来计算价格和性能的 25%、50%和 75%百分位数。

```
SELECT PERCENTILE_APPROX(Price, 0.25) AS price_25,
       PERCENTILE_APPROX(Price, 0.5) AS price_50,
       PERCENTILE_APPROX(Price, 0.75) AS price_75,
       PERCENTILE_APPROX(Power, 0.25) AS power_25,
       PERCENTILE_APPROX(Power, 0.5) AS power_50,
       PERCENTILE_APPROX(Power, 0.75) AS power_75
  FROM car_data;
```

该查询返回"Price"和"Power"特征的 25%、50%和 75%百分位数，百分位数表示小于或等于这个值的数据占总数据的百分比。如表 10-8 所示，这些百分位数将作为聚类划分依据。这种划分方法简单、直观，并且可以快速地帮助分析者理解数据的分布。比如，价格的 25%百分位数约是 3.5，表示有 25%的二手车的价格小于或等于 3.5 万元。

表 10-8 聚类划分依据

区间名称	区间边界值
price_25	3.492530495
price_50	5.632500052
price_75	9.946249843
power_25	74.99099979
power_50	97.62856947
power_75	138.0931865

（2）根据价格和性能的百分位数，给每辆二手车打上一个类别标签，本节将数据集分为 5 类，具体划分标准如下。

- 类别 1：价格低于 25%百分位数，性能低于 25%百分位数。
- 类别 2：价格低于 50%百分位数，性能低于 50%百分位数。
- 类别 3：价格低于 75%百分位数，性能低于 75%百分位数。
- 类别 4：价格高于 75%百分位数，性能高于 75%百分位数。

- 类别5：其他情况。

```
CREATE TABLE car_cluster AS
SELECT *,
       CASE WHEN Price < 3.49 AND Power < 74.99 THEN 1
       --根据上一步计算出的百分位数填入具体的值
            WHEN Price < 5.63 AND Power < 97.63 THEN 2
            WHEN Price < 9.95 AND Power < 138.09 THEN 3
            WHEN Price >= 9.95 AND Power >= 138.09 THEN 4
            ELSE 5 END AS cluster_label
FROM car_data;
```

该语句根据价格和性能的百分位数，给每辆二手车打上了一个类别标签，从1到5。这是一种简单的聚类方法，也称为基于阈值的聚类。基于阈值的聚类是一种根据预先设定的阈值或划分标准对数据进行聚类的方法。它适用于数据特征明显且容易区分的情况。

根据表10-9所示的聚类结果，可以看出不同类别的二手车有不同的数量。例如，类别1和类别4的相对较少，表示价格低且性能差或者价格高且性能好的二手车都不多见；而类别2和类别3都比较多，表示价格适中且性能一般的二手车占了大部分；类别5也有一定数量，表示价格和性能不匹配的二手车也存在。

表10-9 价格和性能分类表

cluster_label	count
1	767
2	1365
3	1897
4	1195
5	795

10.7 本章小结

本章介绍了常用的数据分析方法和技巧，并以二手车数据集为例进行了实际的数据分析。本章针对二手车数据集进行了一系列的数据分析，进行了二手车数据的描述性数据分析，通过统计指标和可视化图表展示了二手车市场的特征和需求情况；对二手车数据进行了处理和转换，以便更好地进行后续的探索性数据分析；在探索性数据分析阶段，通过对数据的分析和可视化，深入挖掘了二手车市场的潜在模式和趋势。为了确保数据的质量和准确性，本章还介绍了处理二手车数据中的异常值和缺失值的方法。通过对异常值的识别和处理以及对缺失值的填充或删除，保证了后续数据分析。

本章还进行了二手车数据的变量关系分析，应用相关系数分析方法来探索二手车数据中各个变量之间的关系。通过分析相关系数矩阵，揭示了二手车数据中变量之间的线性相关性。

本章还进行了二手车数据的聚类分析，通过对二手车数据进行聚类，发现了数据集中的潜在群组和类别，并为进一步的细分分析和决策提供了参考。

本章的数据分析案例提供了一个实际的应用示例，展示了如何使用Hive进行数据分析。读者可以根据这些方法和案例，将相关方法应用到其他领域和数据集的分析中，以提取有价值的信息。

习 题

一、单选题

1. 常用数据分析方法中，描述性数据分析的主要目的是（   ）。
A. 发现数据集中的模式和趋势   B. 研究变量之间的关系

C. 总结和描述数据集的基本特征   D. 进行数据的聚类分析
2. 探索性数据分析的主要目的是（　　）。
A. 描述数据集的基本特征   B. 分析变量之间的关联性
C. 发现数据集中的异常值   D. 发现数据集中的模式、趋势和关联关系
3. 关联性数据分析用于（　　）。
A. 描述数据集的基本特征   B. 分析变量之间的关联性
C. 发现数据集中的异常值   D. 探索数据集中的模式和趋势
4. 在二手车数据集中，可以使用（　　）方法来处理异常值和缺失值。
A. 直接删除异常值和缺失值
B. 使用插值方法填充缺失值
C. 使用平均值或中位数替换异常值和缺失值
D. 手动校正异常值和缺失值
5. 相关系数用于衡量（　　）。
A. 变量之间的线性关系   B. 变量之间的非线性关系
C. 变量的分布形状   D. 变量的差异程度
6. 在二手车数据分析中，聚类分析的主要目的是（　　）。
A. 发现数据集中的异常值   B. 描述数据集的基本特征
C. 探索数据集中的模式和趋势   D. 发现数据集中的潜在群组和类别

二、简答题

1. 描述性数据分析和探索性数据分析有什么区别？请举例说明它们在数据分析中的应用。
2. 二手车数据集中的异常值和缺失值对数据分析有什么影响？如何处理这些异常值和缺失值？

第三篇 非关系数据库 HBase

第 11 章 HBase 基础知识

HBase 是 Hadoop "生态圈"中重要的一环,是 NoSQL 数据库中典型的列数据库。HBase 的数据访问方式和 Hadoop 以及 Hive 均有较大差异。本章从 HBase 的基本操作入手,对 HBase 的用法进行介绍。

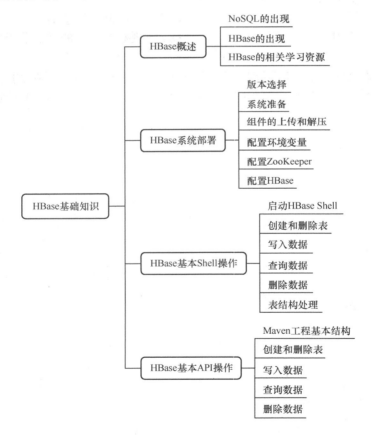

学习目标
(1)掌握 HBase 的部署方式,能够在 Linux 环境下部署分布式 HBase 集群。
(2)掌握 HBase 的基本 Shell 操作,能够在 Shell 中完成基本交互。

11.1 HBase 概述

HBase 是典型的 NoSQL 数据库之一，具体来说属于 NoSQL 中的列数据库。HBase 可以存储结构化数据，也可以存储非结构化数据或半结构化数据。HBase 不支持 SQL 查询，也不支持 SELECT 语法结构，而有自己的一套基于 Scan 的语法体系。在学习 HBase 时，既要理解 HBase 的结构特点，也要掌握 HBase 的查询原理。

11.1.1 NoSQL 的出现

1998 年，卡洛·斯特罗齐（Carlo Strozzi）开发了一个轻量、开源、不提供 SQL 功能的关系数据库，这是 NoSQL 数据库的最早记录。

2009 年，Last.fm 的约翰·奥斯卡松（Johan Oskarsson）发起了一次关于分布式开源数据库的讨论，来自 Rackspace 公司的埃里克·埃文斯（Eric Evans）再次提出了 NoSQL 的概念，这时的 NoSQL 主要指非关系、分布式、不提供 ACID 的数据库设计模式。

2009 年在亚特兰大举行的 "no:sql(east)" 讨论会是一个里程碑，其口号是 "select fun, profit from real_world where relational=false;"。因此，对 NoSQL 普遍的解释是 "非关联型的"，强调键值存储和面向文档数据库的优点，而不是单纯地反对关系数据库管理系统。

11.1.2 HBase 的出现

HBase 作为 Hadoop "生态圈"的重要组成部分，与 HDFS 和 MapReduce 一样，其设计理念同样来源于谷歌的内部框架公开论文。

相关的论文一共有 3 篇，2003 年和 2004 年，谷歌先后发表了两篇：奠定 HDFS 基础的 *The Google File System* 和奠定 MapReduce 基础的 *MapReduce：Simplified Data Processing on Large Clusters*。

2006 年，谷歌再次发了一篇论文 *BigTable：A Distributed Storage System for Structured Data*，该论文奠定了 HBase 的设计理念。

很快在 2007 年 2 月，Hadoop 项目中就成立了 HBase 子项目。HBase 在 2010 年又成为 Apache 的顶级开源项目。

HBase 的 1.0 版本于 2015 年 2 月发布，但因为 1.0 相比 0.98 的 API 有变动，因此在较长的一段时间内并没有得到广泛运用。

2018 年 4 月，HBase 2.0 的第一个正式版发布，此时距离 HBase 项目的成立已经过去了 11 年。目前 HBase 的 3.x 版本也在开发中。

11.1.3 HBase 的相关学习资源

HBase 的代码和发布包可以通过 GitHub 下载，也可以在 HBase 的官方网站下载。

对于集群部署、参数选择等问题都可以在 HBase 官方文档里查阅。

11.2 HBase 系统部署

在进行具体介绍之前，先介绍 HBase 的安装与部署。

11.2.1 版本选择

截至本书编写时，3.x 版本的 HBase 仍处于开发阶段，最新版为 3.0.0-alpha-2，为开发人员测试版。本书选择 HBase 2.4.11 作为部署对象，其下载链接可以从 Apache 的官方网站中找到。

打开链接，HBase 下载页如图 11-1 所示。

Releases

Version	Release Date	Compatibility Report	Changes	Release Notes	Download	Notices
3.0.0-alpha-2	2021/12/23	3.0.0-alpha-2 vs 2.0.0	Changes	Release Notes	src (sha512 asc) bin (sha512 asc) client-bin (sha512 asc)	Testing only, not production ready
2.4.11	2022/03/18	2.4.11 vs 2.4.10	Changes	Release Notes	src (sha512 asc) bin (sha512 asc) client-bin (sha512 asc)	*stable release*
1.7.1	2021/07/21	1.7.0 vs 1.7.1	Changes	Release Notes	src (sha512 asc) bin (sha512 asc)	

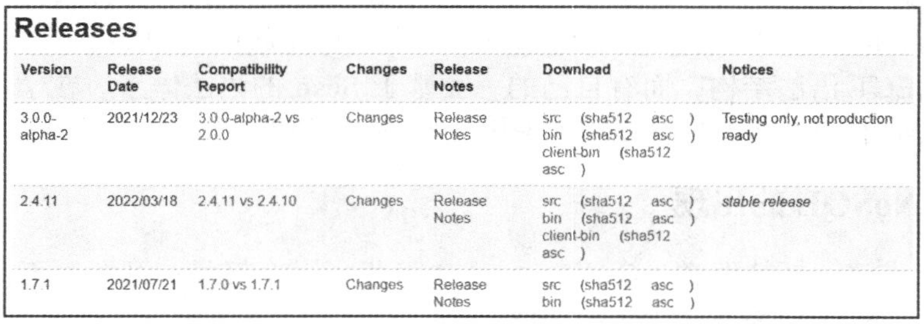

图 11-1　HBase 下载页

可以看到，Download 下有 3 种不同的下载对象。

（1）src：HBase 的源码包，如果需要学习源码的实现，可以下载查看。

（2）bin：HBase 的部署包，包含服务器和客户端，是必须下载的内容。

（3）client-bin：HBase 的单独客户端，无须下载。

下载 hbase-2.4.11-bin.tar.gz 到本地路径备用。

Hadoop 的正常运行还需要 ZooKeeper 的支持，一般来说，HBase 内置了一组 ZooKeeper，默认情况下使用内置的 ZooKeeper 进行通信即可。但 ZooKeeper 本身属于 Hadoop“生态圈”的一个基本组件，为了后续的应用扩展，最好是独立部署 ZooKeeper。

因为当前只有 HBase 使用 ZooKeeper，所以 ZooKeeper 的版本选择和 HBase 统一即可。HBase 所用的 ZooKeeper 版本可以从 HBase 的源码中查到，如果前面下载了 HBase 的源码包，可以在其 Maven 控制文件 pom.xml 的 1497 行看到相匹配的 ZooKeeper 版本：

```
<zookeeper.version>3.5.7</zookeeper.version>
```

从 Apache 官方网站下载 ZooKeeper。选择 3.5.x 中的版本 3.5.9 进行下载，如图 11-2 所示。

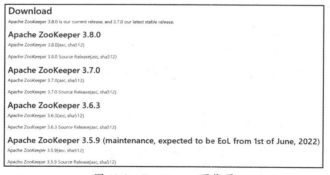

图 11-2　ZooKeeper 下载页

下载 apache-zookeeper-3.5.9-bin.tar.gz 到本地路径备用。

11.2.2　系统准备

在部署 HBase 时，确保此时已经完成了 Hadoop 的分布式部署。在进行后续部署之前，请确认已经做好以下准备。

（1）有 3 台部署了 Hadoop 的主机或虚拟机，主机名（Hostname）分别为 zzti、zzti1、zzti2，

其中，zzti 为主节点，zzti1 和 zzti2 为从节点。

（2）3 台主机或虚拟机的操作系统为 CentOS 7，3 台主机均有同一个用户账户 zzti，并且相互之间可以无密码登录。

（3）3 台主机或虚拟机有统一的工作目录，本章假定目录结构如图 11-3 所示。其中，bin 为专用的脚本执行目录，data 为各个库的数据目录，libs 为各个库的保存目录，logs 为日志目录，run 为实验的运行目录，temp 存放临时文件，test 用于测试。另外需要注意该/zzti 目录下所有文件的所有权均属于 zzti 账户。

```
[zzti@zzti /]$ ll /zzti/
total 0
drwxrwxr-x. 2 zzti zzti  29 Apr 19 10:22 bin
drwxrwxr-x. 5 zzti zzti  49 Apr 20 15:38 data
drwxrwxr-x. 8 zzti zzti 216 Apr 23 13:09 libs
drwxrwxr-x. 3 zzti zzti  20 Feb 28 11:11 logs
drwxrwxr-x. 4 zzti zzti 245 Apr 19 19:39 run
drwxrwxr-x. 5 zzti zzti  45 Apr 20 15:31 temp
drwxrwxr-x. 2 zzti zzti   6 Apr 23 13:10 test
```

图 11-3　主机/虚拟机目录结构

（4）JDK 版本为 1.8.x，建议使用 1.8.0_202，这是最后一个免费版，也可以使用对应版本的 OpenJDK。

（5）Hadoop 版本为 3.x，建议使用 3.2.x，截至本书编写时还不能用 3.3.x，因为 3.3.x 和 Hadoop 2.4.x 有兼容问题。

对于前 3 个要求，如果主机或虚拟机在环境上部署的不是 CentOS 7，或主机名和要求不同，在部署的时候需要根据具体情况调整部署参数，调整的方式不详述，读者可参考各个参数的作用进行调试。

11.2.3　组件的上传和解压

从开始部署到实验过程中，如果没有特别说明，都默认在 zzti 账户下进行。上传组件使用 lszrz 工具，如果没有安装该工具需提前安装，在 Shell 下运行如下命令。

```
sudo yum install lszrz
```

在部署过程中首先在主节点进行部署，主节点部署完成后再进行从节点的部署。首先上传 ZooKeeper 的库文件到 libs 目录下，并解压，步骤如下。

（1）切换到库文件的存储目录，执行 cd /zzti/libs。

（2）执行上传命令 rz，然后在弹出的窗口内选择 apache-zookeeper-3.5.9-bin.tar.gz 上传。

（3）上传完毕后，执行 tar -zxvf apache-zookeeper-3.5.9-bin.tar.gz。

（4）删掉上传的库文件，执行 rm apache-zookeeper-3.5.9-bin.tar.gz。

（5）为 ZooKeeper 库建立软连接，执行 ln -s zookeeper-3.5.9 zookeeper。

接着上传 HBase，步骤如下。

（1）切换到库文件的存储目录，执行 cd /zzti/libs。

（2）执行上传命令 rz，然后在弹出的窗口内选择 hbase-2.4.11-bin.tar.gz 上传。

（3）上传完毕后，执行 tar -zxvf hbase-2.4.11-bin.tar.gz。

（4）删掉上传的库文件，执行 rm hbase-2.4.11-bin.tar.gz。

（5）为 HBase 库建立软连接，执行 ln -s hbase-2.4.11-bin hbase。

接着在 zzti1 和 zzti2 两个从节点上执行相同的操作，至此，即做好了分布式环境下的 ZooKeeper 和 HBase 库的初步部署。

11.2.4　配置环境变量

本节主要需要配置 ZooKeeper 和 HBase 的 HOME 环境变量，这一环境变量可以配置在若干位置，为了使其对系统的影响最小，将其配置在 zzti 账户的 bashrc 文件中。

首先对主节点进行配置，步骤如下。

（1）使用 vim 打开 bashrc 文件（执行 vim~/.bashrc），在文件的最后添加下列几行。

```
export ZOOKEEPER_HOME=/zzti/libs/zookeeper/
export HBASE_HOME=/zzti/libs/hbase/
export PATH=$PATH:$ZOOKEEPER_HOME/bin:$HBASE_HOME/bin
```

（2）执行完毕后，断开终端，并重新连接。

然后可以尝试输入 echo $HBASE_HOME 查看配置是否生效。

接着在 zzti1 和 zzti2 两个从节点上执行相同的操作，如此，即做好了分布式环境下的环境变量的部署。

11.2.5 配置 ZooKeeper

ZooKeeper 集群并不需要手动配置主节点，其运行过程中会自发选择集群的主节点，所以 3 个主机的配置方式可以保持一致。配置步骤如下。

（1）进入 ZooKeeper 的配置文件目录，执行 cd /zzti/libs/zookeeper/conf/。

（2）将 zoo_sample.cfg 重命名为 zoo.cfg，执行 cp zoo_sample.cfg zoo.cfg。

（3）执行 vim zoo.cfg，在 zoo.cfg 文件末尾追加 3 台主机的地址，并修改 zoo.cfg 中 dataDir 的地址。

```
server.1=zzti:2888:3888
server.2=zzti1:2888:3888
server.3=zzti2:2888:3888
dataDir=/zzti/data/zookeeper
```

接着修改 ZooKeeper 的 log 地址，可以修改 log4j.properties 文件，也可以使用软连接的方式将 log 地址迁移出去。使用软连接的方式修改 ZooKeeper 的 log 地址的步骤如下。

（1）创建真实地址目录，执行 mkdir /zzti/logs/zookeeper。

（2）建立软连接，执行 ln -s /zzti/logs/zookeeper /zzti/libs/zookeeper/logs。

之后需要初始化 ZooKeeper 的运行目录，步骤如下。

（1）创建 ZooKeeper 运行目录，执行 mkdir /zzti/data/zookeeper。

（2）在运行目录中写入 myid 文件，执行 echo 1 > /zzti/data/zookeeper/myid。

这样，主节点的 ZooKeeper 就配置好了，使用相同的方式配置 zzti1 和 zzti2 节点。注意 myid 文件中，zzti1 应写入 2，zzti2 应写入 3。

下面验证配置是否正常。在 3 个节点上均执行 zkServer.sh start，如果显示如下内容，说明启动正常。

```
ZooKeeper JMX enabled by default
Using config: /zzti/libs/zookeeper/bin/../conf/zoo.cfg
Starting zookeeper ... STARTED
```

然后，在 3 个节点上分别输入并执行 zkServer.sh status，如果一切正常，会看到如下内容。

```
有两个节点 Mode: follower
有一个节点 Mode: leader
```

两个节点是 follower、一个节点是 leader 的状态是 ZooKeeper 自行选择的，并不是通过配置文件事先指定的，此时说明 ZooKeeper 配置成功。

11.2.6 配置 HBase

HBase 的配置涉及的文件较多，先配置 hbase-site.xml 文件。步骤如下。

（1）进入 HBase 的配置文件目录，执行 cd /zzti/libs/hbase/conf/。
（2）新建 hbase-site.xml 文件，使用 vim 打开文件 hbase-site.xml。
（3）在文件内添加下面几行：

```xml
<property>
  <name>hbase.cluster.distributed</name>
  <value>true</value>
</property>
<property>
  <name>hbase.rootdir</name>
  <value>hdfs://zzti:9000/hbase</value>
</property>
<property>
  <name>hbase.zookeeper.quorum</name>
  <value>zzti:2181,zzti1:2181,zzti2:2181</value>
</property>
```

按相同方式在 zzti1 和 zzti2 上配置 hbase-site.xml 文件。

接下来配置 hbase-env.sh 和 regionservers 文件。步骤如下。

（1）打开 conf 目录下的 hbase-env.sh 文件，在该文件最后添加一行 export HBASE_MANAGES_ZK=false。

（2）打开 conf 目录下的 regionservers 文件，将其原有的内容清空，并添加下面 3 行：

```
zzti
zzti1
zzti2
```

按相同方式在 zzti1 和 zzti2 上配置 hbase-env.sh 和 regionservers 文件。

然后仿照 ZooKeeper 的 log 目录的处理方式，对 HBase 的日志路径进行如下处理。

（1）创建真实地址目录 mkdir /zzti/logs/hbase。
（2）建立软连接，执行 ln -s /zzti/logs/hbase /zzti/libs/hbase/logs。

此时，HBase 就配置完成了，下面验证 HBase 的部署情况，步骤如下。

（1）确保 Hadoop 的 HDFS 和 Yarn 已经启动。
（2）如果没有启动，在主节点的 Hadoop 的 sbin 目录下启动 start-dfs-sh 和 start-yarn.sh。
（3）之后启动 HBase 集群，在主节点运行 start-hbase.sh。
（4）启动完毕后，进入 HBase 的 Shell，在任意一个节点运行 HBase Shell。
（5）在启动的 Shell 中执行 list 命令，看能否得到空数组。

```
[zzti@zzti hbase]$ hbase shell
HBase Shell
Use "help" to get list of supported commands.
Use "exit" to quit this interactive shell.
For Reference, please visit: http://hbase.apache.org/2.0/book.html#shell
Version 2.4.11, r7e672a0da0586e6b7449310815182695bc6ae193, Tue Mar 15 10:31:00 PDT 2022
Took 0.0022 seconds
hbase:001:0> list
TABLE
0 row(s)
Took 0.3919 seconds
=> []
```

出现上述内容说明 HBase 的部署已经全部完成。

11.3 HBase 基本 Shell 操作

HBase 的基本 Shell 操作包括表管理和数据的增、删、改、查，本节以学生数据为例，展示 HBase 的基本 Shell 操作方式。

11.3.1 启动 HBase Shell

分别启动 ZooKeeper、Hadoop 和 HBase 服务，在 HBase 的 bin 目录下输入 hbase shell 并执行，启动 HBase Shell，如图 11-4 所示。

```
[zzti@zzti sbin]$ hbase shell
HBase Shell
Use "help" to get list of supported commands.
Use "exit" to quit this interactive shell.
For Reference, please visit: http://hbase.apache.org/2.0/book.html#shell
Version 2.4.11, r7e672a0da0586e6b7449310815182695bc6ae193, Tue Mar 15 10:31:00 PDT 2022
Took 0.0016 seconds
hbase:001:0>
```

图 11-4　启动 HBase Shell

11.3.2 创建和删除表

创建一个名为 students 的 HBase 表，且有一个列簇为 data，代码如下。

```
create "students","data"
```

如果要指定多个列簇，如 data1、data2、data3，按序写入即可。

```
create "students2","data1","data2","data3"
```

HBase 定位一个数据，需要指定表名、行键、列簇、列名和时间戳，其中，列簇是建表的时候就需要提前声明的，而列名并不需要提前声明，可以在用的时候自由添加。

默认情况下，建好的表只有一个数据版本，如果需要多个数据版本，可以通过 VERSIONS 进行指定。

```
create "students3",{NAME=>"data",VERSIONS=>3}
```

VERSIONS 指定的值是表名、行键、列簇、列名均相同，时间戳不同的数据在 HBase 上能保留的最大数量，即数据版本的数量。默认情况下，取数据都是取的时间戳最新的数据，如果数据版本数为 1，旧的数据会由 HBase 自动删除，如果数据版本数不为 1，如本例中为 3，那么 HBase 会保留旧的两条时间戳较小的数据，用户可以通过指定时间戳的方式查到。

数据版本主要用于数据恢复场景，如线上某业务新生成的一批数据突然发现有问题，如果数据版本数大于 1，并不需要重新生成一遍，只需要按照最新的时间戳删掉这一批数据，那么之前的数据就能够立刻变为最新的数据提供服务。

表建好后，可以通过 list 命令进行查看，如图 11-5 所示。

删除 HBase 表，需要执行下列两步操作。

```
disable "students2"
drop "students2"
```

如果目的不是删除而是清空数据表，可以使用 truncate 命令，如图 11-6 所示。

```
truncate "students3"
```

```
hbase:001:0> create "students","data"
Created table students
Took 1.0269 seconds
=> Hbase::Table - students
hbase:002:0> create "students2","data1","data2","data3"
Created table students2
Took 1.1296 seconds
=> Hbase::Table - students2
hbase:003:0> create "students3",{NAME=>"data",VERSIONS=>3}
Created table students3
Took 0.6231 seconds
=> Hbase::Table - students3
hbase:004:0> list
TABLE
students
students2
students3
3 row(s)
Took 0.0212 seconds
=> ["students", "students2", "students3"]
hbase:005:0>
```

图 11-5 查看建好的表

```
hbase:007:0> truncate "students3"
Truncating 'students3' table (it may take a while):
Disabling table...
Truncating table...
Took 0.9740 seconds
hbase:008:0>
```

图 11-6 清空数据表

11.3.3 写入数据

向 HBase 中写入数据需使用 put 命令，例如在创建的 students 表中写入两个学生的姓名 "zhangsan" 和 "lisi"。

```
put "students","1","data:name","zhangsan"
put "students","2","data:name","lisi"
```

这里的 1 和 2 是 HBase 的行键，同一个行键下的数据可以认为是"一条"数据。"data:name" 表示将数据写到列簇为 data、列名为 name 的列下，最后的 zhangsan 为写入的数据。

按照上述方式分别写入 zhangsan 和 lisi 的性别、生日、籍贯、宿舍号。

```
put "students","1","data:gender","male"
put "students","2","data:gender","male"
put "students","1","data:birthday","2003-04-06"
put "students","2","data:birthday","2003-10-11"
put "students","1","data:home","kaifeng"
put "students","2","data:home","luoyang"
put "students","1","data:dorm","1#101"
put "students","2","data:dorm","1#101"
```

另外，HBase 并没有类似 MySQL 的 update 命令，新增和修改数据都是通过 put 命令来实现的。如果要更新一条数据，按照同样的行键+列簇+列名执行 put 命令即可。

写入后，可以通过 scan 命令查看写入结果，如图 11-7 所示。

```
hbase:008:0> put "students","1","data:name","zhangsan"
Took 0.0893 seconds
hbase:009:0> put "students","2","data:name","lisi"
Took 0.0044 seconds
hbase:010:0> put "students","1","data:gender","male"
Took 0.0050 seconds
hbase:011:0> put "students","2","data:gender","male"
Took 0.0036 seconds
hbase:012:0> put "students","1","data:birthday","2003-04-06"
Took 0.0046 seconds
hbase:013:0> put "students","2","data:birthday","2003-10-11"
Took 0.0034 seconds
hbase:014:0> put "students","1","data:home","kaifeng"
Took 0.0035 seconds
hbase:015:0> put "students","2","data:home","luoyang"
Took 0.0038 seconds
hbase:016:0> put "students","1","data:dorm","1#101"
Took 0.0037 seconds
hbase:017:0> put "students","2","data:dorm","1#101"
Took 0.0030 seconds
hbase:018:0> scan "students"
ROW                     COLUMN+CELL
 1                      column=data:birthday, timestamp=2022-05-17T11:15:31.969, value=2003-04-06
 1                      column=data:dorm, timestamp=2022-05-17T11:15:32.044, value=1#101
 1                      column=data:gender, timestamp=2022-05-17T11:15:31.927, value=male
 1                      column=data:home, timestamp=2022-05-17T11:15:32.007, value=kaifeng
 1                      column=data:name, timestamp=2022-05-17T11:15:22.347, value=zhangsan
 2                      column=data:birthday, timestamp=2022-05-17T11:15:31.991, value=2003-10-11
 2                      column=data:dorm, timestamp=2022-05-17T11:15:32.078, value=1#101
 2                      column=data:gender, timestamp=2022-05-17T11:15:31.947, value=male
 2                      column=data:home, timestamp=2022-05-17T11:15:32.025, value=luoyang
 2                      column=data:name, timestamp=2022-05-17T11:15:27.345, value=lisi
2 row(s)
Took 0.0345 seconds
hbase:019:0>
```

图 11-7 查看写入结果

11.3.4 查询数据

11.3.3 节使用了 scan 命令查询全表数据，scan 是 HBase 常用的检索命令，最简单的用法即检索全表。

```
scan "students"
```

scan 可以指定检索某个列簇，或者某列，效果如图 11-8 所示。

图 11-8 scan 基本查询

```
scan "students",COLUMNS=>"data"
scan "students",COLUMNS=>"data:name"
```

scan 也可以限制返回的条数。

```
scan "students",COLUMNS=>"data:name",LIMIT=>1
```

同时，scan 也可以加上过滤器完成复杂查询。如希望查询家在 kaifeng 的同学的相应记录可以使用以下代码。

```
scan "students",COLUMNS=>"data:home",FILTER=>"ValueFilter(=,'binary:kaifeng')"
```

效果如图 11-9 所示。复杂的过滤器将在第 12 章介绍，此处不详述。

图 11-9 scan 条件查询

如果要得到单条数据，HBase 还提供了一个 get 命令，例如要得到行键为 2 的同学的全部数据，命令如下，效果如图 11-10 所示。

```
get "students","2"
```

```
hbase:023:0> get "students","2"
COLUMN                           CELL
 data:birthday                   timestamp=2022-05-17T11:15:31.991, value=2003-10-11
 data:dorm                       timestamp=2022-05-17T11:15:32.078, value=1#101
 data:gender                     timestamp=2022-05-17T11:15:31.947, value=male
 data:home                       timestamp=2022-05-17T11:15:32.025, value=luoyang
 data:name                       timestamp=2022-05-17T11:15:27.345, value=lisi
1 row(s)
Took 0.0130 seconds
hbase:024:0>
```

图 11-10　get 查询

相比于 scan 命令，get 命令主要提供基本的查询任务，灵活性并不高。

11.3.5　删除数据

删除数据需要用 delete 命令，按照使用方式分为按列簇删除、按列删除和按行删除 3 类。
按列簇删除：

```
delete "students","1","data"
```

按列删除：

```
delete "students","1","data:dorm"
```

按行删除：

```
deleteall "students","1"
```

效果如图 11-11 所示。

```
hbase:025:0> delete "students","1","data"
Took 0.0112 seconds
hbase:026:0> delete "students","1","data:dorm"
Took 0.0046 seconds
hbase:027:0> deleteall "students","1"
Took 0.0043 seconds
hbase:028:0> scan "students"
ROW                              COLUMN+CELL
 2                               column=data:birthday, timestamp=2022-05-17T11:15:31.991, value=2003-10-11
 2                               column=data:dorm, timestamp=2022-05-17T11:15:32.078, value=1#101
 2                               column=data:gender, timestamp=2022-05-17T11:15:31.947, value=male
 2                               column=data:home, timestamp=2022-05-17T11:15:32.025, value=luoyang
 2                               column=data:name, timestamp=2022-05-17T11:15:27.345, value=lisi
1 row(s)
Took 0.0081 seconds
hbase:029:0>
```

图 11-11　删除数据

11.3.6　表结构处理

HBase 表有许多内部属性，如是否启用数据压缩、设置生存时间（Time To Live，TTL）或设置数据版本等。

若要查看当前的表结构属性，可以使用查看表结构的 describe 命令：

```
describe "students"
```

如果要修改表结构，例如将数据版本号改为 2，那么需要先通过 disable 命令将表暂停服务，然后用 alter 命令进行修改，再用 enable 命令启用服务，步骤如下。

```
disable "students"
alter "students",{NAME=>"data",VERSIONS=>2}
enable "students"
```

效果如图 11-12 所示。

```
hbase:029:0> describe "students"
Table students is ENABLED
students
COLUMN FAMILIES DESCRIPTION
{NAME => 'data', BLOOMFILTER => 'ROW', IN_MEMORY => 'false', VERSIONS => '1', KEEP_DELETED_CELLS => 'FAL
SE', DATA_BLOCK_ENCODING => 'NONE', COMPRESSION => 'NONE', TTL => 'FOREVER', MIN_VERSIONS => '0', BLOCKC
ACHE => 'true', BLOCKSIZE => '65536', REPLICATION_SCOPE => '0'}

1 row(s)
Quota is disabled
Took 0.0182 seconds
hbase:030:0> disable "students"
Took 0.3252 seconds
hbase:031:0> alter "students",{NAME=>"data",VERSIONS=>2}
Updating all regions with the new schema...
All regions updated.
Done.
Took 1.0627 seconds
hbase:032:0> enable "students"
Took 0.6196 seconds
hbase:033:0> describe "students"
Table students is ENABLED
students
COLUMN FAMILIES DESCRIPTION
{NAME => 'data', BLOOMFILTER => 'ROW', IN_MEMORY => 'false', VERSIONS => '2', KEEP_DELETED_CELLS => 'FAL
SE', DATA_BLOCK_ENCODING => 'NONE', COMPRESSION => 'NONE', TTL => 'FOREVER', MIN_VERSIONS => '0', BLOCKC
ACHE => 'true', BLOCKSIZE => '65536', REPLICATION_SCOPE => '0'}

1 row(s)
Quota is disabled
Took 0.0149 seconds
hbase:034:0>
```

图 11-12 表结构操作

注意在删除表的时候，也用到了 disable 命令，这一命令是告诉 HBase 当前表需要暂停服务进行维护，维护结束后用 enable 启用服务才可访问。

11.4　HBase 基本 API 操作

HBase 的操作既可以通过 Shell 进行，也可以通过 Java API 进行。使用 Java API 需要引入 HBase 的库文件，现在最常用的方法是使用 Maven 来进行包管理，非常方便。

11.4.1　Maven 工程基本结构

Maven 的配置可以参考下面的最简配置：

```xml
<?xml version="1.0" encoding="UTF-8"?>
<project xmlns="http://maven.apache.org/POM/4.0.0"
    xmlns:xsi="http://www.w3.org/2001/XMLSchema-instance"
    xsi:schemaLocation="http://maven.apache.org/POM/4.0.0 http://maven.apache.org/xsd/maven-4.0.0.xsd">
    <modelVersion>4.0.0</modelVersion>
    <groupId>cn.edu.zzti</groupId>
    <artifactId>hbase</artifactId>
    <version>2022</version>
    <packaging>jar</packaging>
    <properties>
        <project.build.sourceEncoding>UTF-8</project.build.sourceEncoding>
        <maven.compiler.source>1.8</maven.compiler.source>
        <maven.compiler.target>1.8</maven.compiler.target>
        <hadoop.version>3.2.2</hadoop.version>
        <hbase.version>2.4.11</hbase.version>
    </properties>
    <dependencies>
        <dependency>
            <groupId>org.apache.hadoop</groupId>
            <artifactId>hadoop-client</artifactId>
            <version>${hadoop.version}</version>
        </dependency>
        <dependency>
```

```xml
            <groupId>org.apache.hbase</groupId>
            <artifactId>hbase-client</artifactId>
            <version>${hbase.version}</version>
        </dependency>
    </dependencies>
    <build>
        <plugins>
            <plugin>
                <groupId>org.apache.maven.plugins</groupId>
                <artifactId>maven-compiler-plugin</artifactId>
                <version>3.8.1</version>
                <configuration>
                    <source>1.8</source>
                    <target>1.8</target>
                    <encoding>UTF-8</encoding>
                </configuration>
            </plugin>
        </plugins>
        <resources>
            <resource>
                <directory>src/main/resources</directory>
                <includes>
                    <include>*.xml</include>
                    <include>*.properties</include>
                </includes>
            </resource>
        </resources>
    </build>
</project>
```

然后将之前配置的 Hadoop 和 HBase 的几个配置文件从服务器下载到工程的 src/main/resources 文件夹中，Hadoop 和 HBase 在运行时会自动加载该文件夹。注意在配置文件中配置的地址都是用 zzti 代替的，因此需要把 192.168.17.150 zzti 这样的字符串配置到 Windows 的 hosts 文件中。

另外，如果要在 Windows 上连接服务器的 HBase 集群，运行时需要使用 Windows 环境下编译的 Hadoop 工程目录。这个库官方并没有提供，但很多网友编译好之后会分享到 GitHub 上，因此可以从 GitHub 上找一个可用的 Hadoop 运行库。例如在 GitHub 中以 winutils 为关键字搜索，找到合适的版本的库目录，下载后放到工程的根目录下即可。

配置好这些内容后，Maven 工程的基本结构如图 11-13 所示。

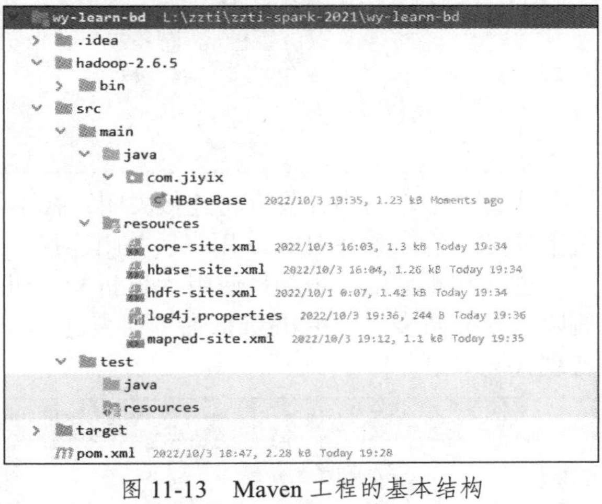

有了基本的工程结构，就可以进行 API 操作了。和 Shell 的处理方式类似，可以用 Java API 进行表管理和增、删、改、查的操作。

图 11-13 Maven 工程的基本结构

11.4.2 创建和删除表

显然，使用 HBase API 之前，需要连接服务器，但每次都从头连接会很麻烦。因此创建一个 HBase 的基类 HBaseBase.java，这样每次需要连接 HBase 服务器的时候只要继承这个基类就行了。

连接 HBase 的时候一般只需要配置 ZooKeeper，配置时可以在创建 HBaseConfiguration 之后使用 SET 命令将 hbase-site.xml 中关于 ZooKeeper 的参数写入。但这种方式在开发时一旦服务器有更改就要手动更新，比较麻烦。因此使用之前将 hbase-site.xml 放入 Maven 的 resources 文件夹，HBaseConfiguration 在初始化的时候会自动读取这个文件的内容，就不需要手动更新了。

另外，该基类主要提供 Connection 和 Admin 两个对象供继承它的类使用，如果需要对数据进行增、删、改、查，一般通过 Connection 对象完成，如果需要对表的属性进行增、删、查、改，则通过 Admin 对象完成。

```java
public class HBaseBase {
    public static String hadoopLocalHome = new File("").getAbsolutePath() + "/hadoop-2.6.5";
    static {
        System.setProperty("hadoop.home.dir", hadoopLocalHome);
        System.load(hadoopLocalHome + "/bin/hadoop.dll");
    }
    public Connection hbaseConn = null;
    public Admin hbaseAdmin = null;
    public HBaseBase() {
        try {
            Configuration conf = HBaseConfiguration.create();
            for (Iterator<Map.Entry<String, String>> it = conf.iterator(); it.hasNext(); ) {
                Map.Entry<String, String> entry = it.next();
                System.out.println("参数[" + entry.getKey() + "]=" + entry.getValue());
            }
            this.hbaseConn = ConnectionFactory.createConnection(conf);
            this.hbaseAdmin = hbaseConn.getAdmin();
        } catch (Exception e) {
            e.printStackTrace();
            System.exit(-1);
        }
    }
}
```

注意这个基类中并没有将连接关闭，在学习过程中这样做没有问题，如果要正式开发线上任务，请注意在 HBase 用完后关闭连接。

创建和删除学生表都是使用 Admin 对象进行操作的，创建使用的是 createTable()方法。删除需要分两步，先用 disable 命令让表进入维护状态，再用 delete 命令删掉这个表。具体实现代码如下。

```java
public class CreateAndDeleteTable extends HBaseBase {
    public void run() throws IOException {
        // 创建学生表
        TableName tableName = TableName.valueOf("students");
        HTableDescriptor desc = new HTableDescriptor(tableName);
        desc.addFamily(new HColumnDescriptor("data"));
        admin.createTable(desc);
        System.out.println(Arrays.asList(admin.listTableNames()));
        // 删除学生表
        admin.disableTable(tableName);
```

```
            admin.deleteTable(tableName);
            System.out.println(Arrays.asList(admin.listTableNames()));
    }
    public static void main(String[] args) throws IOException {
        new CreateAndDeleteTable().run();
    }
}
```

11.4.3 写入数据

写入数据首先需要从连接中获取数据表。之后有两种方式：一种是创建一个 Put 对象并使用 Table 类的 put()方法将其写入；另一种是如果要一次写入多条数据，可以先把所有的 Put 对象写入一个数组，再将整个数组一次性写入 HBase。

和 Shell 一样，Java 的 API 也没有修改数据的专用方法，修改数据也是使用 put()方法完成。

具体实现代码如下。

```
public class PutStudentsData extends HBaseBase {
    public void run() throws IOException {
        // 获取数据表对象
        TableName tableName = TableName.valueOf("students");
        Table table = conn.getTable(tableName);
        // 写入一条数据
        Put put = new Put(Bytes.toBytes("1"));
        put.addColumn(Bytes.toBytes("data"), Bytes.toBytes("name"), Bytes.toBytes("zhangsan"));
        put.addColumn(Bytes.toBytes("data"), Bytes.toBytes("sex"), Bytes.toBytes("male"));
        put.addColumn(Bytes.toBytes("data"), Bytes.toBytes("birthday"), Bytes.toBytes("2003-04-06"));
        put.addColumn(Bytes.toBytes("data"), Bytes.toBytes("home"), Bytes.toBytes("kaifeng"));
        put.addColumn(Bytes.toBytes("data"), Bytes.toBytes("dorm"), Bytes.toBytes("1#101"));
        table.put(put);
        // 写入一串数据
        List<Put> putList = new ArrayList<Put>();
        put = new Put(Bytes.toBytes("2"));
        put.addColumn(Bytes.toBytes("data"), Bytes.toBytes("name"), Bytes.toBytes("lisi"));
        put.addColumn(Bytes.toBytes("data"), Bytes.toBytes("sex"), Bytes.toBytes("male"));
        put.addColumn(Bytes.toBytes("data"), Bytes.toBytes("birthday"), Bytes.toBytes("2003-10-11"));
        put.addColumn(Bytes.toBytes("data"), Bytes.toBytes("home"), Bytes.toBytes("anyang"));
        put.addColumn(Bytes.toBytes("data"), Bytes.toBytes("dorm"), Bytes.toBytes("1#101"));
        putList.add(put);
        ... //此处写入 3 号和 4 号学生数据，因篇幅问题省略
        table.put(putList);
    }
    public static void main(String[] args) throws IOException {
        new PutStudentsData().run();
    }
}
```

11.4.4 查询数据

查看学生数据有两种方式，一种是使用 get 命令查看，另一种是使用 scan 命令查看。

get 命令可以按照行键获取其指定的若干列数据，下面的代码使用 get 命令获取行键为 1 的学生的 name、birthday、home 等 3 列数据。

scan 命令针对若干列进行扫描，扫描的时候可以指定过滤器，过滤器能够返回扫描时仅满足过滤规则的数据，下面的代码为使用 scan 命令返回行键为 2 的 3 列数据。

```java
public class GetAndScanStudentsData extends HBaseBase {
    public void run() throws IOException {
        // 获取数据表对象
        TableName tableName = TableName.valueOf("students");
        Table table = conn.getTable(tableName);
        // 使用 get 命令查看
        Get get = new Get(Bytes.toBytes("1"));
        get.addColumn(Bytes.toBytes("data"), Bytes.toBytes("name"));
        get.addColumn(Bytes.toBytes("data"), Bytes.toBytes("birthday"));
        get.addColumn(Bytes.toBytes("data"), Bytes.toBytes("home"));
        Result result = table.get(get);
        System.out.println("1.name: "
+ Bytes.toString(result.getValue(Bytes.toBytes("data"), Bytes.toBytes("name"))));
        System.out.println("1.birthday: "
+ Bytes.toString(result.getValue(Bytes.toBytes("data"), Bytes.toBytes("birthday"))));
        System.out.println("1.home: "
+ Bytes.toString(result.getValue(Bytes.toBytes("data"), Bytes.toBytes("home"))));
        // 使用 scan 命令检索
        Scan scan = new Scan();
        scan.addColumn(Bytes.toBytes("data"), Bytes.toBytes("name"));
        scan.addColumn(Bytes.toBytes("data"), Bytes.toBytes("birthday"));
        scan.addColumn(Bytes.toBytes("data"), Bytes.toBytes("home"));
        scan.setFilter(new RowFilter(CompareFilter.CompareOp.EQUAL,
new BinaryComparator(Bytes.toBytes("2"))));
        ResultScanner scanner = table.getScanner(scan);
        for (Result res : scanner) {
            System.out.println("2.name: "
+ Bytes.toString(result.getValue(Bytes.toBytes("data"), Bytes.toBytes("name"))));
            System.out.println("2.birthday: "
+ Bytes.toString(result.getValue(Bytes.toBytes("data"), Bytes.toBytes("birthday"))));
            System.out.println("2.home: "
+ Bytes.toString(result.getValue(Bytes.toBytes("data"), Bytes.toBytes("home"))));
        }
    }
    public static void main(String[] args) throws IOException {
        new GetAndScanStudentsData().run();
    }
}
```

11.4.5 删除数据

删除数据使用 delete 命令，可以指定删除一整行数据，或者指定删除某行数据的某列。下面的代码删除了行键为 1 的学生的所有数据和行键为 2 的学生的宿舍号（其他列数据保留）。

```java
public class DeleteStudentsData extends HBaseBase {
    public void run() throws IOException {
```

```
        // 获取数据表对象
        TableName tableName = TableName.valueOf("students");
        Table table = conn.getTable(tableName);
        // 删除行键为 1 的学生的所有数据
        Delete delete = new Delete(Bytes.toBytes("1"));
        table.delete(delete);
        // 仅删除行键为 2 的学生的宿舍号
        delete = new Delete(Bytes.toBytes("2"));
        delete.addColumn(Bytes.toBytes("data"), Bytes.toBytes("dorm"));
        table.delete(delete);
    }
    public static void main(String[] args) throws IOException {
        new DeleteStudentsData().run();
    }
}
```

11.5 本章小结

本章对 HBase 的基本应用进行了介绍，通过对本章的学习，读者能够掌握 HBase 的基本操作与使用。

HBase 是属于 NoSQL 的一种特殊数据库，也称为列数据库。在部署上，HBase 需要和 ZooKeeper 一起部署。在操作上，HBase 支持通过 Shell 进行操作和通过 Java API 进行操作。对于基本的操作指令的使用，是应用 HBase 需要掌握的重点。

本章虽然介绍了 HBase 的基本操作，但对于 HBase 数据库的特点，目前讲解得依然不够深入，第 12 章会详细介绍什么是列数据库，以及 HBase 的具体架构。

习 题

一、单选题

1. 以下库或组件中，（　　）和 HBase 不相关。
A. MongoDB   B. Hadoop   C. ZooKeeper   D. HDFS
2. 以下（　　）不是 HBase 数据模型的组成部分。
A. 表   B. 列簇   C. 列   D. 外键
3. 关于 HBase 的 Shell 和 API 操作，说法不正确的是（　　）。
A. 简单的命令使用 Shell 比 API 更方便
B. 同一个任务在 Shell 下的执行效率比 API 更高
C. 无论是 Shell 还是 API 在执行命令前都需要和 HBase 服务器连接
D. HBase 的 Shell 不支持 SQL 语法查询语句

二、简答题

请简述 HBase 的特点。

三、编程题

写出实现下列功能需要的 HBase Shell 命令。
（1）在 HBase 中建立一个考生表，表名是 soft，列簇是 stu。
（2）逐行增加数据，直到数据库内的数据如图 11-14 所示。
（3）使用 get 命令获取行键为 03 的同学的所有数据。

```
ROW                COLUMN+CELL
01                 column=stu:age, timestamp=1528859306596, value=21
01                 column=stu:gender, timestamp=1528859514410, value=boy
01                 column=stu:name, timestamp=1528859265784, value=zhangsan
02                 column=stu:age, timestamp=1528859300382, value=19
02                 column=stu:gender, timestamp=1528859520359, value=girl
02                 column=stu:name, timestamp=1528859273505, value=lisi
03                 column=stu:age, timestamp=1528859291374, value=20
03                 column=stu:gender, timestamp=1528859508788, value=boy
03                 column=stu:name, timestamp=1528859279474, value=wangwu
04                 column=stu:age, timestamp=1528859561369, value=20
04                 column=stu:gender, timestamp=1528859552489, value=girl
04                 column=stu:name, timestamp=1528859541771, value=zhaoliu
```

图 11-14　数据效果

（4）使用 get 命令获取行键为 01 的同学的性别。

第 12 章 HBase 原理与架构

第 11 章介绍了 HBase 的基本概念和基本操作方法,但只是把 HBase 理解为一个 "API 较为特殊的数据库",并未深入介绍 HBase 的特点和适用场景。要搞清楚这些内容,需要深入了解 HBase 的原理和架构。

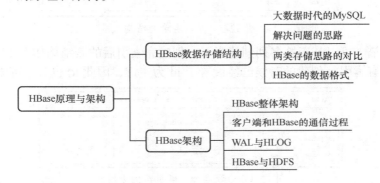

学习目标
(1)掌握列数据库原理。
(2)掌握 HBase 的架构原理。

12.1 HBase 数据存储结构

HBase 是典型的 NoSQL 数据库,NoSQL 数据库一般分为文档数据库和列数据库两种,HBase 属于列数据库。那么,为什么 HBase 要实现为列数据库?

12.1.1 大数据时代的 MySQL

显然,在所有数据的保存格式中,纯文本文件格式是最简单的。这里以一份记录学生名单的文本文件为例,说明文件格式与数据查询问题。学生名单文本文件如图 12-1 所示。

在学生管理工作中,常常会遇到一些统计任务,例如计算是男生多还是女生多,或者统计籍贯一样的学生是否都在一个宿舍等。为便于统计,常见的方法是把数据保存在 Excel 等数据表单中进行数据分析。但对于实际应用系统来讲,显然需要更强大的工具,因此可以将这些数据保存到 MySQL 关系数据库中,并通过 SQL 语句或编程语言的 API 进行数据分析。加载完毕后可以把这些数据展示,如图 12-2 所示。

该表的结构如图 12-3 所示。

MySQL 是典型的行数据库,这样的数据库有个特点,即查询某个特定值——如王五同学的生日,需要全表逐行扫描,直到找到姓名是王五的行,显然效率很低。

students.txt - 记事本

文件(F) 编辑(E) 格式(O) 查看(V) 帮助(H)

1	张三	男	2003-04-06	开封	1#101
2	李四	男	2003-10-11	安阳	1#101
3	王五	男	2004-06-04	洛阳	1#102
4	赵六	男	2002-03-04	三门峡	1#102
5	孙七	女	2003-09-15	商丘	2#101
6	周八	女	2002-07-08	周口	2#101
7	吴九	女	2004-06-04	南阳	2#102
8	郑十	女	2003-12-21	驻马店	2#103

第 9 行，第 1 列　100%　Windows (CRLF)　UTF-8

图 12-1　学生名单文本文件

id	name	sex	birthday	home	dormitory
1	张三	男	2003-04-06	开封	1#101
2	李四	男	2003-10-11	安阳	1#101
3	王五	男	2004-06-04	洛阳	1#102
4	赵六	男	2002-03-04	三门峡	1#102
5	孙七	女	2003-09-15	商丘	2#101
6	周八	女	2002-07-08	周口	2#101
7	吴九	女	2004-06-04	南阳	2#102
8	郑十	女	2003-12-21	驻马店	2#103

图 12-2　MySQL 加载后的学生名单表

Field	Type	Null	Key	Default	Extra
id	int(10) unsigned	NO	PRI	NULL	auto_increment
name	char(4)	YES		NULL	
sex	char(2)	YES		NULL	
birthday	date	YES		NULL	
home	varchar(255)	YES		NULL	
dormitory	char(6)	YES		NULL	

图 12-3　学生名单表结构

为加速扫描，可以基于姓名列创建索引，创建完索引后的表结构如图 12-4 所示。注意该表除了姓名有索引，创建的时候已经设置了 id 为主键，因此 id 也有主键索引。

Field	Type	Null	Key	Default	Extra
id	int(10) unsigned	NO	PRI	NULL	auto_increment
name	char(4)	YES	MUL	NULL	
sex	char(2)	YES		NULL	
birthday	date	YES		NULL	
home	varchar(255)	YES		NULL	
dormitory	char(6)	YES		NULL	

图 12-4　为姓名加了索引后的表结构

MySQL 添加索引后就可以提高查询速度，这里因为 MySQL 使用 B+树对被查询对象构建查询树，将逐行扫描变成树搜索；这样虽然提高了效率，但是代价是消耗了额外的存储空间，是一种典型的通过空间换时间的方式。

思考：能不能按照“行号×每行长度+行内偏移量”的方式直接算出对应的位置？

答案是否定的。因为该表中籍贯这一列的数据类型是 varchar，也就是说籍贯在 MySQL 中按行存储的时候可能长短不一。考虑到本例，MySQL 在硬盘上的实际存储效果可能如图 12-5 所示。

1	张三	男	2003/4/6	开封	1#101
2	李四	男	2003/10/11	安阳	1#101
3	王五	男	2004/6/4	洛阳	1#102
4	赵六	男	2002/3/4	三门峡	1#102
5	孙七	女	2003/9/15	商丘	2#101
6	周八	女	2002/7/8	周口	2#101
7	吴九	女	2004/6/4	南阳	2#102
8	郑十	女	2003/12/21	驻马店	2#103

图 12-5　MySQL 在硬盘上的实际存储效果

思考：这种方式有什么优缺点？

答：优点是结构清晰、简单，查询时同一行的数据只需要查询一次，且按行追加数据也很方便；缺点是对于特征矩阵稀疏的数据集，保存时会有较大的空间浪费，而且在没有索引的情况下按列查询需要扫描所有不相关的列。

在大数据场景下，经常遇到数据有缺失的情况，假设一个有 1 亿用户的购物网站，网站上一共有 3000 万种商品，如果需要存储用户的交易数据供后续分析，应该怎么存？图 12-6

所示为简单的用户-商品购买矩阵。

	product1	product2	product3	...	product30000000
user1	1	1	0	...	0
user2	1	0	0	...	1
user3	0	1	1	...	0
⋮					
user100000000	1	0	0	...	1

图 12-6　用户-商品购买矩阵

显然，用户在网站上购买的商品数总是远远小于网站的总商品数量的，因此图 12-6 所示的用户-商品购买矩阵是极其稀疏的。另一个问题是这个矩阵行很多，列也很多，以行或列的方式建 MySQL 表显然不合适。不妨将其展开成两列，第一列存用户名，第二列以字符串的方式存商品名，这就形成了用户购买表，如图 12-7 所示。

user1	product1,product2
user2	product1,product30000000
user3	product2,product3
⋮	
user100000000	product1,product30000000

图 12-7　用户购买表

然后直接把用户购买表保存到 MySQL 中是不是就万事大吉了？这样做有 3 个问题。

（1）查询不便。如果要查询哪些用户之前购买了 product1，以前可以为 product1 创建索引，现在只能全表进行文字匹配。

（2）存储不便。商品数量不定，是使用 varchar 还是 char？

（3）SQL 性能丢失。因查询不便导致的问题，商品名成了纯文本，难以设计 SQL 语句进行查询。

12.1.2　解决问题的思路

思考：对于这 3 个问题，可以从哪些方面解决？

这里仍以学生表为对象，分析处理方式。

思路 1：将每条数据的复杂性内敛，另外，设计解析结构处理每条数据的内部元素。

例如学生表中的前两条数据可以以 JSON 格式存储，如图 12-8 所示。

思路 1 回避了在框架层面对数据结构进行限制的前提，实现时不局限于 JSON，可以用任何一种数据库来做，而且数据的所有操作细节都是额外实现的，这样能够针对不同的应用方向设计不同目标的数据库。

思路 1 的数据库一般称为文档数据库，细分下既有键值数据库，也有图数据库。

思路 2：不再要求一条数据的列之间有固定的位置关系。

该方式下，数据库的呈现形式如图 12-9 所示。

图 12-8　思路 1 的 JSON 数据存储格式　　图 12-9　思路 2 的数据存储格式

这一思路下，数据相当于是按列拆开进行存储的，这样一方面消除了存储限制造成的空间浪费，另一方面也能够兼容非常大的列，而且列数据库因为需要按照数据的特征维度进行列拆分，所以必须对拆分后的数据使用方式负责，需要在相应的框架层面对数据的使用有更多的支持，即 API 会比较丰富。在按特征查询的场景中，列数据库的性能相比文档数据库显然会较好。

但这样显然会造成按行取某个数据的所有列会查询每个列的保存文件。同时在框架层面对数据的使用负责往往会导致数据的结构受限，这样如果要实现按应用方向的细分库则会遇到麻烦。

思路 2 即列数据库的基本原理，HBase 即列数据库的典型代表。

12.1.3 两类存储思路的对比

首先，如果数据量不大，显然直接使用 MySQL 这样的关系数据库就够了，下面的对比都是针对大数据场景而言的。

如果任务数据较为稀疏，或追求数据在列查询上有更好的性能，则列数据库更合适。

如果需要数据支持复杂的数据结构，或有定制化的查询要求，或者希望数据的修改和删除更方便，则文档数据库更合适。

无论是列数据库还是文档数据库，都属于 NoSQL 的范畴。

12.1.4 HBase 的数据格式

作为列数据库，HBase 最基本的单元是列。

若干列组成列簇，列簇是每个 RegionServer 组件上实际存储的文件，也可称为列簇文件。若干列簇组成一个表。

每行数据在定位上，先由列簇确定在哪个列簇内，再由行键确定数据在列簇文件中的具体位置，因为行键在列簇文件内按字典序排列，所以这一方式定位速度极快。

每个"行键+列簇+列名"在逻辑上对应一个单元格，每个单元格可保留若干版本的值。因此定位一个数据可以使用如下格式：

```
(Table, RowKey, Family, Column, Timestamp)→Value
```

对于学生表中的数据，HBase 中的存储形式如图 12-10 所示。

```
ROW                  COLUMN+CELL
1                    column=data:birthday, timestamp=1633282219543, value=2003-04-06
1                    column=data:dorm, timestamp=1633282219543, value=1#101
1                    column=data:home, timestamp=1633282219543, value=kaifeng
1                    column=data:name, timestamp=1633282219543, value=zhangsan
1                    column=data:sex, timestamp=1633282219543, value=male
2                    column=data:birthday, timestamp=1633282219557, value=2003-10-11
2                    column=data:dorm, timestamp=1633282219557, value=1#101
2                    column=data:home, timestamp=1633282219557, value=anyang
2                    column=data:name, timestamp=1633282219557, value=lisi
2                    column=data:sex, timestamp=1633282219557, value=male
```

图 12-10　学生表中的数据在 HBase 中的存储形式

可以看出，HBase 在查询数据时，返回值是按列一条条返回的，这就是典型的列数据库特点。

12.2　HBase 架构

HBase 的架构如图 12-11 所示。

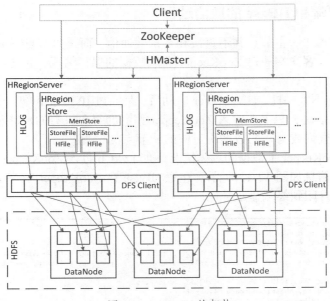

图 12-11 HBase 的架构

12.2.1 HBase 整体架构

HBase 的结构分为 1 个 HMaster（主节点）和多个 HRegionServer（从节点）。主节点负责集群的管理，从节点负责存储文件和响应查询命令。

HMaster 的结构较简单，主要用于获取集群整体情况并写入 ZooKeeper，以及负责一些集群管理工作。和 Hive 不同的是，HMaster 的元数据并不保存于第三方数据库或本地文件，而是保存在 HDFS 上，和数据文件放在一起。HRegionServer 的结构如图 12-12 所示。

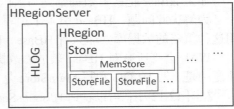

图 12-12 HRegionServer 的结构

HRegionServer 是具体存储文件和响应读写请求的节点管理器，其结构较复杂，从上往下细分了若干层，从层级上说，它们的顺序如下。

HRegionServer -> HRegion×N -> Store×N -> MemStore×1 + StoreFile×N

以图 12-11 为参考，完整的 HBase 写数据过程如下。

（1）客户端 Client 访问 ZooKeeper，获取 HRegionServer 的地址。

（2）客户端 Client 向该 HRegionServer 发起写请求（put、delete），该写请求本质上是一个含有 KeyValue 信息的 RPC 通信。

（3）请求被 HRegionServer 发送给对应的 HRegion。

（4）HRegion 将数据写入 MemStore，同时发给 HLOG。

（5）在 MemStore 写满的时候，数据会异步写入一个 StoreFile。

注意在写入时，优先写内存中的 MemStore。当 MemStore 满了以后，再刷写回磁盘形成 StoreFile。因此 HBase 的写入速度极快，在所有大数据存储库中都是数一数二的，HBase 是一种典型的写优先数据库。

12.2.2 客户端和 HBase 的通信过程

在 HBase 的架构中，主节点并不直接和客户端通信。而是主节点将 HBase 集群的状况送入 ZooKeeper 中，客户端通过 ZooKeeper 获取数据的保存情况，再访问对应的从节点获取这部分数据。

这一点和 Hive 不太一样，HiveServer 启动后，是通过 IP 地址和端口号进行连接的。但客户端和 HBase 通信时，只需要输入 ZooKeeper 集群的每台机器的地址和端口，客户端会自行找到当前需要查询或写入的数据所对应的从节点的位置。

不妨看一下 ZooKeeper 上数据的具体情况，执行 zkCli 进入 ZooKeeper 的控制台，HBase 在 ZooKeeper 中的信息如图 12-13 所示。注意 HBase 在 ZooKeeper 中存储信息是以二进制形式保存的，因此打印到终端显示乱码。

```
[zk: localhost:2181(CONNECTED) 27] ls /
[hbase, zookeeper]
[zk: localhost:2181(CONNECTED) 28] ls /hbase
[backup-masters, draining, flush-table-proc, hbaseid, master, master-maintenance,
 meta-region-server, namespace, online-snapshot, rs, running, splitWAL, switch, t
able]
[zk: localhost:2181(CONNECTED) 29] ls /hbase/table
[hbase:meta, hbase:namespace, students]
[zk: localhost:2181(CONNECTED) 30] get /hbase/table/students
⍰master:16000a⍰⍰⍰⍰⍰PBUF
```

图 12-13　HBase 在 ZooKeeper 中的信息

12.2.3　WAL 与 HLOG

如果 HBase 把所有数据都先写入内存，那么发生意外断电怎么办？

为解决此问题，HBase 引入了预写日志（Write Ahead Log，WAL）这一解决方式，使用这种策略的数据库并非只有 HBase，MySQL 和 PostgreSQL 也都支持 WAL。

WAL 会将所有对 HBase 表的修改操作按顺序保存到一个磁盘日志（HLOG）中，值得注意的是，写 HLOG 和写 MemStore 是并行的，因此不会影响写入操作本身的性能。

在图 12-12 中，可以看到 HRegionServer 中左侧的组件即 HLOG，它在一个 HRegionServer 中有且仅有一个，这意味着在一个节点上，所有 HRegion 写入操作的 WAL 都记录在一个文件中。

显然，HLOG 并不是无限大的，当 MemStore 被刷写到磁盘上时，HLOG 上对应被刷写的这部分数据就会被清除，而没有写入磁盘的数据，会一直在 HLOG 上保留。如果此时发生断电或异常情况导致 MemStore 被清空，HBase 就可以通过调用 HLOG 上一条条的写入命令，按序写入 HBase，确保数据不丢失，实现了高可靠性。

12.2.4　HBase 与 HDFS

MemStore 有了高可靠性，那么实际存储在磁盘上的 HBase 数据文件如何实现高可靠？

这一点 HBase 使用了一种简单的策略，即将数据文件的高可靠依靠 HDFS 来实现。在图 12-11 的下方，可以看到 HBase 会把 HLOG 和 HFile 都保存在 HDFS 上，而 HDFS 可以通过副本对其文件进行分散的多份存储，这恰好也是 HBase 需要的。

事实上，HBase 的所有数据，包括元数据和实际数据，默认情况下都是保存在 HDFS 的/hbase 目录下的，如图 12-14 所示，可以通过 Hadoop 命令查看 HLOG。

```
[zzti@zzti conf]$ hadoop fs -ls /hbase
Found 12 items
drwxr-xr-x   - zzti supergroup          0 2022-04-21 14:07 /hbase/.hbck
drwxr-xr-x   - zzti supergroup          0 2022-04-21 14:07 /hbase/.tmp
drwxr-xr-x   - zzti supergroup          0 2022-04-21 14:07 /hbase/MasterData
drwxr-xr-x   - zzti supergroup          0 2022-04-21 14:07 /hbase/WALs
drwxr-xr-x   - zzti supergroup          0 2022-04-21 16:37 /hbase/archive
drwxr-xr-x   - zzti supergroup          0 2022-04-21 14:07 /hbase/corrupt
drwxr-xr-x   - zzti supergroup          0 2022-04-21 14:07 /hbase/data
-rw-r--r--   3 zzti supergroup         42 2022-04-21 14:07 /hbase/hbase.id
-rw-r--r--   3 zzti supergroup          7 2022-04-21 14:07 /hbase/hbase.version
drwxr-xr-x   - zzti supergroup          0 2022-04-21 14:07 /hbase/mobdir
drwxr-xr-x   - zzti supergroup          0 2022-04-22 19:08 /hbase/oldWALs
drwx--x--x   - zzti supergroup          0 2022-04-21 14:07 /hbase/staging
[zzti@zzti conf]$ hadoop fs -ls /hbase/WALs/*
Found 2 items
-rw-r--r--   3 zzti supergroup          0 2022-04-22 19:08 /hbase/WALs/zzti,16020,1650550064936/zzti%2C16020%2C1650550064936.1650654486861
-rw-r--r--   3 zzti supergroup          0 2022-04-22 19:08 /hbase/WALs/zzti,16020,1650550064936/zzti%2C16020%2C1650550064936.meta.1650654486833.meta
Found 1 items
-rw-r--r--   1 zzti supergroup          0 2022-04-22 19:08 /hbase/WALs/zzti1,16020,1650550064959/zzti1%2C16020%2C1650550064959.1650654489194
Found 2 items
-rw-r--r--   1 zzti supergroup          0 2022-04-22 19:08 /hbase/WALs/zzti2,16020,1650550064833/zzti2%2C16020%2C1650550064833.1650654489704
-rw-r--r--   1 zzti supergroup          0 2022-04-22 18:13 /hbase/WALs/zzti2,16020,1650550064833/zzti2%2C16020%2C1650550064833.meta.1650651189456.meta
```

图 12-14　查看 HLOG

12.3 本章小结

本章介绍了 HBase 数据格式和 HBase 架构。

HBase 属于典型的列数据库，这适应了大数据环境下对存储文件的要求，同时也带来了 NoSQL 的灵活性。

在架构上，HBase 和 HDFS 深度整合，可靠性强，并且优先保证了写速度，是 Hadoop “生态圈”中写速度最快的数据库之一。

习　　题

一、单选题

1. HBase 属于（　　）存储类型。

A. 列存储　　B. 文档存储　　C. 内存存储　　D. 图存储

2. WAL 机制将指令写入（　　）。

A. 磁盘中　　B. 内存中　　C. 缓存中　　D. 寄存器中

3.（　　）是 HBase 使用 WAL 带来的好处。

A. 高可靠性　　B. 高性能　　C. 系统逻辑清晰　　D. 方便二次开发

二、简答题

1. 简述 HBase 的写数据过程。
2. 简述 HRegionServer 的层级结构。

第 13 章 HBase 案例开发

本书第 11 章、第 12 章介绍了 HBase 的基础知识原理和架构，HBase 的每个表都是一个 HDFS 文件，或者更准确地说，每个 Family 都是一个文件。那么 HBase 的操作和基于 HDFS 的查询有什么区别？同时 Hive 数据也是 HDFS 上的文件，那么 HBase 和 Hive 又有什么区别？本章通过案例介绍 HBase 的高级功能及其使用特点。

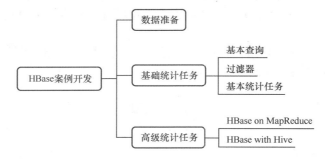

学习目标
（1）掌握 HBase 的 scan 命令的基本应用和常用过滤器的使用方式。
（2）掌握借助 MapReduce 完成 HBase 查询的方法。
（3）掌握将 HBase 和 Hive 进行组合的方法。

13.1 数据准备

为便于后续的统计，先准备一下数据，与前面的方式类似，以学生信息作为统计对象。
为了执行统计任务，不妨做一下学生数据的模拟，这样可以控制数据量的大小，在执行测试任务时，导入小批量数据，在验证大数据效果时，导入大批量数据。
这里需要模拟姓名、班级、学号、性别、生日、手机号、地址、成绩这几部分数据，对应的列名为：name、clazz、sid、gender、birthday、phone、loc、score。
准备如下两个函数，用来读取本地文件。

```
public String loadFileToString(String filename) throws Exception {
    StringBuilder sb = new StringBuilder();
    BufferedReader br = new BufferedReader(new FileReader(filename));
    while (br.ready()) {
        sb.append(br.readLine().trim());
    }
    br.close();
    return sb.toString();
}
public String[] loadFileToArr(String filename) throws Exception {
    List<String> arrList = new ArrayList<>();
```

```
        BufferedReader br = new BufferedReader(new FileReader(filename));
        while (br.ready()) {
            String line = br.readLine().trim();
            if (line.length() > 0) {
                arrList.add(line);
            }
        }
        br.close();
        return arrList.toArray(new String[arrList.size()]);
}
```

接下来需要准备一些必需的文件,以更准确地模拟学生的信息。

对于姓名,需要准备一个百家姓文件(family_names.txt)来模拟姓氏,以及一个常用字文件(common_words.txt)来模拟名字。

对于手机号,需要准备一个手机号的常用号段文件(phone_start.txt)来模拟手机号前3位。

对于地址,需要准备一个省份地市文件(citys.txt)来模拟真实的地址前缀。

这些文件准备好以后,就可以模拟数据了。

```
// 百家姓
char[] family_names = loadFileToString("data/family_names.txt").toCharArray();
// 常用字
char[] common_words = loadFileToString("data/common_words.txt").toCharArray();
// 生成班级
int clazzLength = 100;
String[] clazz = new String[clazzLength];
for (int i = 0; i < clazzLength; i++) {
    clazz[i] = "RB" + String.format("%03d", i);
}
String[] gender = {"男", "女"};
// 生成出生年月日,截取 3 年的
List<String> birthdayList = new ArrayList<>(4 * 365);
long from = System.currentTimeMillis() - 221 * 365 * 24 * 3600 * 1000;
long to = System.currentTimeMillis() - 191 * 365 * 24 * 3600 * 1000;
SimpleDateFormat sdf = new SimpleDateFormat("yyyy-MM-dd");
for (long t = from; t < to; t += 241 * 3600 * 1000) {
    birthdayList.add(sdf.format(new Date(t)));
}
String[] birthday = birthdayList.toArray(new String[birthdayList.size()]);
// 加载常用号段(前 3 位,后 8 位随机生成)
String[] phone = loadFileToArr("data/phone_start.txt");
// 加载省份地市文件用以生成省份和地市,门牌号随机生成
String[] city = loadFileToArr("data/citys.txt");
```

利用上面准备好的数据,就可以随机模拟任意数量的学生数据了。

一共模拟 100 个班级的学生,每个班 10000 人。值得注意的是,如果一个人一个人地添加,导入会很慢,因此将每 10000 人做成一个 put 列表一次性导入,提升导入效率。

```
Random rand = new Random();
Table table = conn.getTable(TableName.valueOf("students"));
List<Put> putList = new ArrayList<>();
for (int i = 0; i < clazzLength * 10000; i++) {
    String stuClazz = clazz[i / 10000];
    String sid = stuClazz + String.format("%04d", i % 10000);
    Put put = new Put(Bytes.toBytes(sid));
    StringBuilder randName = new StringBuilder();
    randName.append(family_names[rand.nextInt(family_names.length)]);
```

```
        randName.append(common_words[rand.nextInt(common_words.length)]);
        randName.append(common_words[rand.nextInt(common_words.length)]);
        put.addColumn(Bytes.toBytes("data"), Bytes.toBytes("name"), Bytes.toBytes
    (randName.toString()));
        put.addColumn(Bytes.toBytes("data"), Bytes.toBytes("clazz"), Bytes.toBytes
    (stuClazz));
        put.addColumn(Bytes.toBytes("data"), Bytes.toBytes("sid"), Bytes.toBytes(sid));
        put.addColumn(Bytes.toBytes("data"), Bytes.toBytes("gender"),
    Bytes.toBytes(gender[rand.nextInt(gender.length)]));
        put.addColumn(Bytes.toBytes("data"), Bytes.toBytes("birthday"),
    Bytes.toBytes(birthday[rand.nextInt(birthday.length)]));
        String randPhone = phone[rand.nextInt(phone.length)]
     + String.format("%08d", rand.nextInt(100000000));
        put.addColumn(Bytes.toBytes("data"), Bytes.toBytes("phone"), Bytes.toBytes
    (randPhone));
        String randLoc = city[rand.nextInt(city.length)] + String.format("%03d",
    rand.nextInt(1000)) + "号";
        put.addColumn(Bytes.toBytes("data"), Bytes.toBytes("loc"), Bytes.toBytes
    (randLoc));
        put.addColumn(Bytes.toBytes("data"), Bytes.toBytes("score"), Bytes.toBytes
    (rand.nextInt(100)+""));
        putList.add(put);
        if (i % 10000 == 9999) {
              table.put(putList);
              putList.clear();
              System.out.println(stuClazz + "导入完成");
        }
    }
```

为了验证导入是否成功，在 HBase Shell 中输入并执行下列代码进行验证。

```
count "students"
```

得到图 13-1 所示的结果，说明导入成功。

```
Current count: 991000, row: RB0990999
Current count: 992000, row: RB0991999
Current count: 993000, row: RB0992999
Current count: 994000, row: RB0993999
Current count: 995000, row: RB0994999
Current count: 996000, row: RB0995999
Current count: 997000, row: RB0996999
Current count: 998000, row: RB0997999
Current count: 999000, row: RB0998999
Current count: 1000000, row: RB0999999
1000000 row(s)
Took 66.4703 seconds
=> 1000000
```

图 13-1　成功导入 100 万条学生数据

13.2 基础统计任务

本书第 11 章介绍了 scan 命令的基本用法，这里先尝试利用 scan 命令在学生数据集上进行基本的统计。

13.2.1　基本查询

首先，如果知道行键，要查询某一条具体的数据，用 get 命令即可。

```
get "students","RB0000001","data:birthday"
```

如果不知道行键，此时查询就需要用 scan 命令，如查询生日这一列的数据。

```
scan "students",{COLUMNS=>"data:birthday"}
```

但用此方法会返回全部数据，如果只需要返回前 10 条记录，可以使用 LIMIT 进行限制。

```
scan "students",{COLUMNS=>"data:birthday",LIMIT=>10}
```

如果要同时查询两列数据并返回前 10 条记录，可以使用如下语句。

```
scan "students",{COLUMNS=>["data:birthday","data:name"],LIMIT=>10}
```

前面的查询都精确到了具体列，scan 命令也支持按列簇查询。

```
scan "students",{COLUMNS=>"data",LIMIT=>10}
```

13.2.2 过滤器

前面的这些查询都比较简单，如果有一些复杂的查询需求，如不是按照具体的行键查询，而是希望查询行键中有 888 的学生的姓名，仅用当前的知识就无法解决了。

对于复杂查询，HBase 提供了不同类型的过滤器来实现，如上面的需求可以用行键过滤器 RowFilter 完成。

```
scan "students",COLUMNS=>"data:name:toString"
```

最终得到结果如图 13-2 所示。

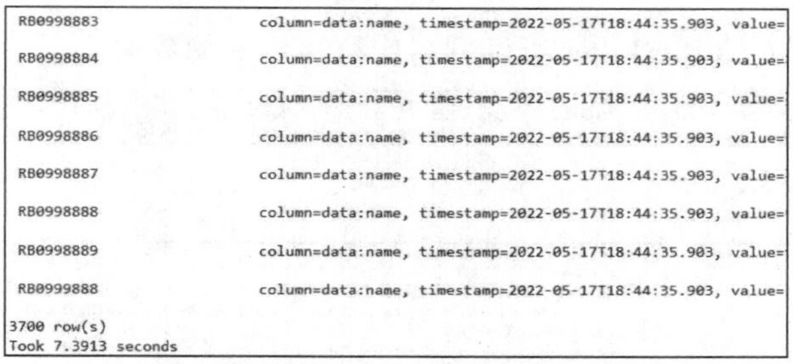

图 13-2　查询行键中有 888 的学生的姓名结果

除了 RowFilter，HBase 支持的其他过滤器可以用 show_filters 命令查看。

```
hbase:001:0> show_filters
DependentColumnFilter
KeyOnlyFilter
ColumnCountGetFilter
SingleColumnValueFilter
PrefixFilter
SingleColumnValueExcludeFilter
FirstKeyOnlyFilter
ColumnRangeFilter
ColumnValueFilter
TimestampsFilter
FamilyFilter
QualifierFilter
ColumnPrefixFilter
RowFilter
MultipleColumnPrefixFilter
InclusiveStopFilter
PageFilter
ValueFilter
ColumnPaginationFilter
```

```
Took 0.0061 seconds
=> #<Java::JavaUtil::HashMap::KeySet:0x7404ddca>
```

过滤器从类型上划分，大体可以分为键过滤器、值过滤器和特殊过滤器 3 类。

还应注意到，RowFilter 的第一个参数是关系运算符，它指定了值比较的方式，可以是 =、>、<、>=、<=、!=这样的比较运算符；第二个参数 substring 是字符串包含的比较，常用的还有字节码比较器（BinaryComparator）、正则表达式比较器（RegexStringComparator）和空元素比较器（NullComparator）等几类。

下面学习其他几个过滤器的使用方法，如列簇过滤器 FamilyFilter。

```
scan "students",FILTER=>"FamilyFilter(=,'binary:data')",LIMIT=>1
```

结果如图 13-3 所示。

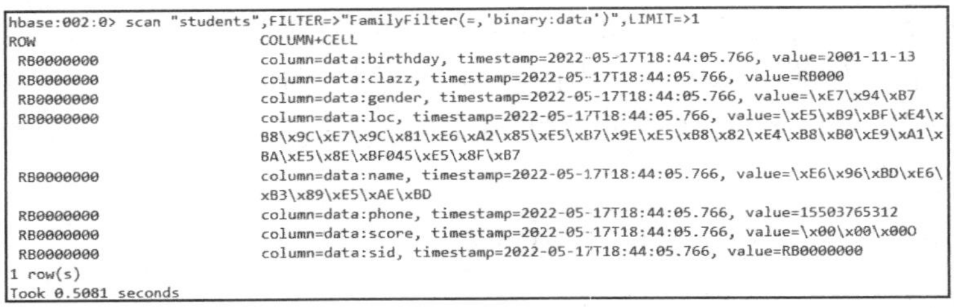

图 13-3 列簇过滤器的使用

使用列名过滤器 QualifierFilter 查询列名中有字母 e 的数据。

```
scan "students",FILTER=>"QualifierFilter(=,'substring:e')",LIMIT=>1
```

结果如图 13-4 所示。

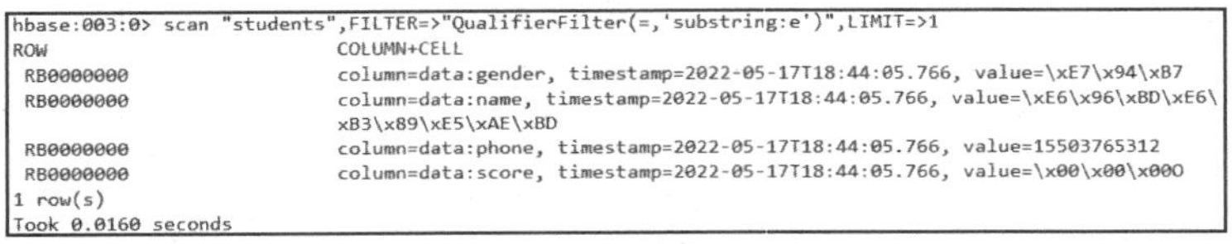

图 13-4 列名过滤器的使用

使用值过滤器 ValueFilter 查询 3 月出生的学生的信息。

```
scan "students",COLUMNS=>"data:birthday:toString", FILTER=>"ValueFilter
(=,'substring:-03-')", LIMIT=>10
```

结果如图 13-5 所示。

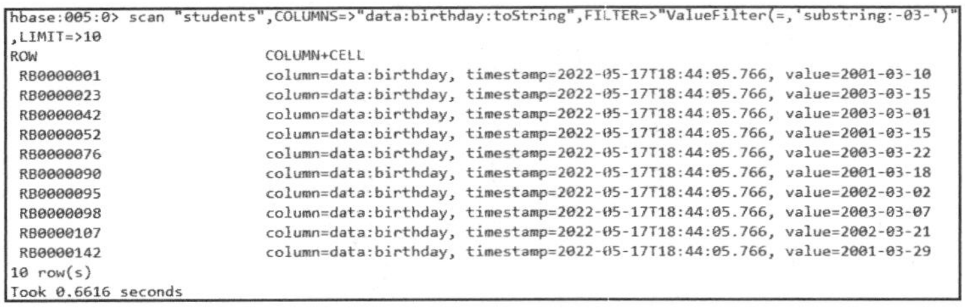

图 13-5 值过滤器的使用

也可以通过值过滤器对数值比较进行匹配，如查询成绩大于 90 分的学生的信息。

```
scan "students",COLUMNS=>"data:score",FILTER=>"ValueFilter(>,'binary:90')",LIMIT=>10
```

结果如图 13-6 所示。

```
hbase:011:0> scan "students",COLUMNS=>"data:score",FILTER=>"ValueFilter(>,'binary:90')",LIMIT=>10
ROW                    COLUMN+CELL
 RB0000018             column=data:score, timestamp=2022-05-17T20:50:00.506, value=93
 RB0000019             column=data:score, timestamp=2022-05-17T20:50:00.506, value=91
 RB0000042             column=data:score, timestamp=2022-05-17T20:50:00.506, value=95
 RB0000051             column=data:score, timestamp=2022-05-17T20:50:00.506, value=98
 RB0000064             column=data:score, timestamp=2022-05-17T20:50:00.506, value=94
 RB0000066             column=data:score, timestamp=2022-05-17T20:50:00.506, value=91
 RB0000085             column=data:score, timestamp=2022-05-17T20:50:00.506, value=91
 RB0000100             column=data:score, timestamp=2022-05-17T20:50:00.506, value=92
 RB0000103             column=data:score, timestamp=2022-05-17T20:50:00.506, value=99
 RB0000135             column=data:score, timestamp=2022-05-17T20:50:00.506, value=92
10 row(s)
Took 0.0211 seconds
```

图 13-6　数值比较

特殊过滤器一般用于提供结果的特定化展示，如希望只返回前 3 列数据。如果希望返回每个 Region 前 3 列的数据，可以使用 ColumnCountGetFilter。

```
scan "students",FILTER=>"ColumnCountGetFilter(3)"
```

结果如图 13-7 所示，实验中有 2 个 Region，每个返回 3 列。

```
hbase:020:0> scan "students",FILTER=>"ColumnCountGetFilter(3)"
ROW                    COLUMN+CELL
 RB0000000             column=data:birthday, timestamp=2022-05-17T20:50:00.506, value=2002-05-17
 RB0000000             column=data:clazz, timestamp=2022-05-17T20:50:00.506, value=RB000
 RB0000000             column=data:gender, timestamp=2022-05-17T20:50:00.506, value=\xE5\xA5\xB3
 RB0210072             column=data:birthday, timestamp=2022-05-17T20:50:08.225, value=2000-06-18
 RB0210072             column=data:clazz, timestamp=2022-05-17T20:50:08.225, value=RB021
 RB0210072             column=data:gender, timestamp=2022-05-17T20:50:08.225, value=\xE5\xA5\xB3
2 row(s)
Took 0.0080 seconds
```

图 13-7　返回前 3 列的数据

如果希望返回前 2 行的数据，可以使用 PageFilter。

```
scan "students",FILTER=>"PageFilter(2)"
```

结果如图 13-8 所示，实验中有 2 个 Region，每个返回 2 列。

```
hbase:021:0> scan "students",FILTER=>"PageFilter(2)"
ROW                    COLUMN+CELL
 RB0000000             column=data:birthday, timestamp=2022-05-17T20:50:00.506, value=2002-05-17
 RB0000000             column=data:clazz, timestamp=2022-05-17T20:50:00.506, value=RB000
 RB0000000             column=data:gender, timestamp=2022-05-17T20:50:00.506, value=\xE5\xA5\xB3
 RB0000000             column=data:loc, timestamp=2022-05-17T20:50:00.506, value=\xE6\x96\xB0\xE7\x
                       96\x86\xE7\xBB\xB4\xE5\x90\xBE\xE5\xB0\x94\xAA\xE6\x82\xBB\xE5\xBC\x
                       BA\xE5\x96\x80\xE4\xBB\x80\xE5\x9C\x8C\xE5\x8B\xB1\xE5\x90\x89\x
                       E6\xB2\x99\xE5\x8E\xBF865\xE5\x8F\xB7
 RB0000000             column=data:name, timestamp=2022-05-17T20:50:00.506, value=\xE6\x94\xBF\xE5\
                       xB1\x80\xE5\x88\xAD
 RB0000000             column=data:phone, timestamp=2022-05-17T20:50:00.506, value=17026176196
 RB0000000             column=data:score, timestamp=2022-05-17T20:50:00.506, value=14
 RB0000000             column=data:sid, timestamp=2022-05-17T20:50:00.506, value=RB0000000
 RB0000001             column=data:birthday, timestamp=2022-05-17T20:50:00.506, value=2002-05-21
 RB0000001             column=data:clazz, timestamp=2022-05-17T20:50:00.506, value=RB000
 RB0000001             column=data:gender, timestamp=2022-05-17T20:50:00.506, value=\xE5\xA5\xB3
 RB0000001             column=data:loc, timestamp=2022-05-17T20:50:00.506, value=\xE4\xBA\x91\xE5\x
                       8D\x97\xE7\x9C\x81\xE7\xBA\xA2\xE6\xB2\xB3\xE5\x93\x88\xE5\xB0\xBC\xE6\x97\x
                       8F\xE5\xBD\x9D\xE6\x97\x8F\xE3\x87\xAA\xE6\xB2\xB7\xE3\xE9\xE5\xB2\xB3\x
                       E5\x8F\xA3\xE7\x91\xE6\xE6\x97\x8F\xE8\x87\xAA\xE6\xB2\xBB\xE5\x8E\xBF678\xE
                       5\x8F\xB7
 RB0000001             column=data:name, timestamp=2022-05-17T20:50:00.506, value=\xE6\x9C\x89\xE4\
                       xB8\x8A\xE9\xBE\x84
 RB0000001             column=data:phone, timestamp=2022-05-17T20:50:00.506, value=14521423242
 RB0000001             column=data:score, timestamp=2022-05-17T20:50:00.506, value=25
 RB0000001             column=data:sid, timestamp=2022-05-17T20:50:00.506, value=RB0000001
 RB0210072             column=data:birthday, timestamp=2022-05-17T20:50:08.225, value=2000-06-18
 RB0210072             column=data:clazz, timestamp=2022-05-17T20:50:08.225, value=RB021
 RB0210072             column=data:gender, timestamp=2022-05-17T20:50:08.225, value=\xE5\xA5\xB3
 RB0210072             column=data:loc, timestamp=2022-05-17T20:50:08.225, value=\xE5\x90\x89\xE6\x
                       9E\x97\xE7\x9C\x81\xE5\xBB\xB6\xE8\xBE\xB9\xE6\x9C\x9D\xE9\xB2\x9C\xE6\x97\x
                       8F\xE8\x87\xAA\xE6\xB2\xBB\xE5\xB7\x9E\xE6\x6B1\xAA\xE5\xB8\x85\xE5\xBF06
                       9\xE5\x8F\xB7
 RB0210072             column=data:name, timestamp=2022-05-17T20:50:08.225, value=\xE5\xB7\xAB\xE5\
                       x8D\xA2\xE6\x91\x98
 RB0210072             column=data:phone, timestamp=2022-05-17T20:50:08.225, value=13374046765
 RB0210072             column=data:score, timestamp=2022-05-17T20:50:08.225, value=43
 RB0210072             column=data:sid, timestamp=2022-05-17T20:50:08.225, value=RB0210072
 RB0210073             column=data:birthday, timestamp=2022-05-17T20:50:08.225, value=2001-03-01
 RB0210073             column=data:clazz, timestamp=2022-05-17T20:50:08.225, value=RB021
 RB0210073             column=data:gender, timestamp=2022-05-17T20:50:08.225, value=\xE5\xA5\xB3
 RB0210073             column=data:loc, timestamp=2022-05-17T20:50:08.225, value=\xE6\xB9\x96\xE5\
                       8C\x97\xE7\x9C\x81\xE8\xD\xB6\xE5\xB7\x9E\xE5\x88\x82\xE6\xB1\x9F\xE9\x99\x
                       B5\xE5\x8E\xBF676\xE5\x8F\xB7
 RB0210073             column=data:name, timestamp=2022-05-17T20:50:08.225, value=\xE5\x9B\xBD\xE8\
                       x8C\x8E\xE8\xBE\x9F
 RB0210073             column=data:phone, timestamp=2022-05-17T20:50:08.225, value=13260580050
 RB0210073             column=data:score, timestamp=2022-05-17T20:50:08.225, value=90
 RB0210073             column=data:sid, timestamp=2022-05-17T20:50:08.225, value=RB0210073
4 row(s)
Took 0.0230 seconds
```

图 13-8　返回前 2 行的数据

13.2.3 基本统计任务

完成下面几个任务。

1. 任务一：计数——统计男生和女生的总人数

使用 Shell 完成的代码如下。

```
count "students",{FILTER=>"ValueFilter(=,'binary:男')"}
count "students",{FILTER=>"ValueFilter(=,'binary:女')"}
```

如果使用 Java API 来完成统计，代码如下。

```
Scan scan = new Scan();
scan.addColumn(Bytes.toBytes("data"), Bytes.toBytes("gender"));
ResultScanner scanner = table.getScanner(scan);
int boyCount = 0, girlCount = 0;
for (Result res : scanner) {
    String resString = Bytes.toString(res.getValue(Bytes.toBytes("data"),
Bytes.toBytes("gender")));
    if (resString.equals("男")) {
        boyCount++;
    } else {
        girlCount++;
    }
}
System.out.println("男生人数" + boyCount);
System.out.println("女生人数" + girlCount);
conn.close();
```

统计结果如图 13-9 所示。

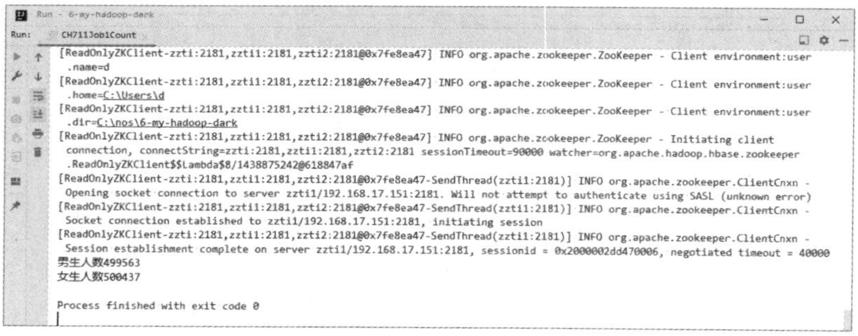

图 13-9　男女生人数统计结果

2. 任务二：去重——求学生中出现的所有姓氏

该任务直接使用 Shell 实现并不容易，可使用 Java API 来完成，代码如下。

```
Scan scan = new Scan();
scan.addColumn(Bytes.toBytes("data"), Bytes.toBytes("name"));
ResultScanner scanner = table.getScanner(scan);
HashSet<String> familyNameSet = new HashSet<>();
for (Result res : scanner) {
    String resString = Bytes.toString(res.getValue(Bytes.toBytes("data"),
Bytes.toBytes("name")));
    if(resString.length()>0){
        familyNameSet.add(resString.split("")[0]);
    }
}
```

```
System.out.println(familyNameSet);
conn.close();
```

统计结果如图 13-10 所示。

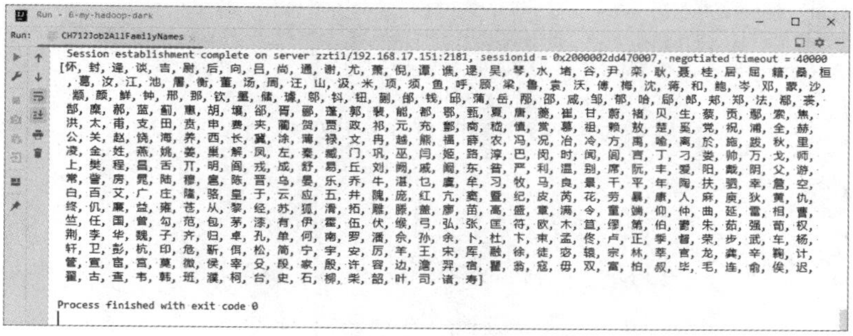

图 13-10 姓氏去重统计结果

3．任务三：求最值——求最高分和最低分

Shell 并没有求极值的统计函数，仍需用 Java API 实现，代码如下。

```
Scan scan = new Scan();
scan.addColumn(Bytes.toBytes("data"), Bytes.toBytes("score"));
ResultScanner scanner = table.getScanner(scan);
int maxScore = Integer.MIN_VALUE, minScore = Integer.MAX_VALUE;
for (Result res : scanner) {
    String resString = Bytes.toString(res.getValue(Bytes.toBytes("data"),
Bytes.toBytes("score")));
    if (resString.length() > 0) {
        int num = Integer.parseInt(resString);
        if (num > maxScore) {
            maxScore = num;
        }
        if (num < minScore) {
            minScore = num;
        }
    }
}
System.out.println("最大值"+maxScore);
System.out.println("最小值"+minScore);
conn.close();
```

统计结果如图 13-11 所示。

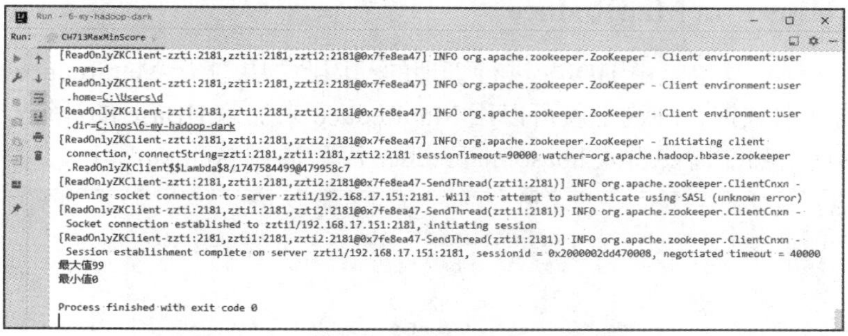

图 13-11 最高分最低分统计结果

4．任务四：求均值——求平均分数

使用 Java API 实现，代码如下。

```java
Scan scan = new Scan();
scan.addColumn(Bytes.toBytes("data"), Bytes.toBytes("score"));
ResultScanner scanner = table.getScanner(scan);
int totalScore = 0, count = 0;
for (Result res : scanner) {
    String resString = Bytes.toString(res.getValue(Bytes.toBytes("data"),
Bytes.toBytes("score")));
    if (resString.length() > 0) {
        int num = Integer.parseInt(resString);
        count++;
        totalScore += num;
    }
}
System.out.println("平均分" + (double)totalScore/count);
conn.close();
```

统计结果如图 13-12 所示。

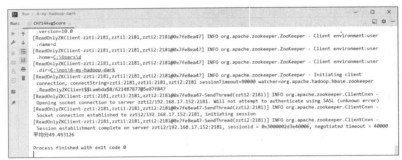

图 13-12　平均分数统计结果

13.3 高级统计任务

读者此时可能已经注意到，使用 scan 命令进行统计任务，似乎和分布式计算无关了。在进行计算任务时，除了读取数据，实际的计算任务都是在本地实现的。

这样虽然在程序设计中较为方便，但是并没有用到大数据计算中分布式计算的能力。

对于 Hive 数据库来说，它采用的方式是将计算任务发送到 MapReduce 计算引擎中完成的，那么 HBase 有没有办法利用 MapReduce 来进行计算？

13.3.1 HBase on MapReduce

HBase 的数据本身也是由 HDFS 进行管理的，因此如果能让 MapReduce 直接从 HDFS 的 HBase 表内获取数据，理论上就可以用 MapReduce 来加速 HBase 的计算。

如果要用这一功能需要引入 hbase-mapreduce 库，通过 pom.xml 引入，具体代码如下。

```xml
<dependency>
    <groupId>org.apache.hbase</groupId>
    <artifactId>hbase-mapreduce</artifactId>
    <version>2.4.11</version>
    <exclusions>
        <exclusion>
            <artifactId>slf4j-log4j12</artifactId>
            <groupId>org.slf4j</groupId>
        </exclusion>
```

```xml
            <exclusion>
                <groupId>org.glassfish</groupId>
                <artifactId>javax.el</artifactId>
            </exclusion>
        </exclusions>
</dependency>
```

下面用一个简单的例子作为引导，输出张姓学生的姓名和学号，具体代码如下。

```java
public static void main(String[] args) throws Exception {
    Configuration conf = HBaseConfiguration.create();
    Job job = Job.getInstance(conf, "myjob");
    job.setJarByClass(CH721MRFamilyZhang.class);
    job.setNumReduceTasks(0);
    List<Scan> scans = new ArrayList<Scan>();
    Scan scan = new Scan();
    scan.setCaching(200);
    scan.setCacheBlocks(false);
    scan.setAttribute(Scan.SCAN_ATTRIBUTES_TABLE_NAME, _table_name);
    scans.add(scan);
    TableMapReduceUtil.initTableMapperJob(scans, MyMapper.class, Text.class, Text.class, job);
    FileOutputFormat.setOutputPath(job, new Path("/ch721"));
    System.exit(job.waitForCompletion(true) ? 0 : 1);
}
static class MyMapper extends TableMapper<Text, Text> {
    protected void map(ImmutableBytesWritable key, Result columns, Context context) throws IOException, InterruptedException {
        Cell nameCell = columns.getColumnLatestCell(_family, _q_name);
        Cell sidCell = columns.getColumnLatestCell(_family, _q_sid);
        if (nameCell != null && sidCell != null) {
            String name = Bytes.toString(CellUtil.cloneValue(nameCell));
            String sid = Bytes.toString(CellUtil.cloneValue(sidCell));
            if (name.startsWith("张")) {
                context.write(new Text("张"), new Text(sid));
            }
        }
    }
}
```

执行结果如图 13-13 所示。

```
[zzti@zzti sbin]$ hadoop fs -cat /ch721/* |head -10
张      RB0210101
张      RB0210542
张      RB0211288
张      RB0211300
张      RB0211344
张      RB0211490
张      RB0211826
张      RB0212166
张      RB0212638
张      RB0212717
```

图 13-13　输出张姓学生的姓名和学号

前一个例子只有 Map，没有 Reduce。下面以统计成绩的最大值和最小值为例介绍加上 Reduce 的方法，具体代码如下。

```java
public static void main(String[] args) throws Exception {
    Configuration conf = HBaseConfiguration.create();
    Job job = Job.getInstance(conf, "myjob");
    job.setJarByClass(CH722MRMaxMinScore.class);
```

```
        job.setReducerClass(MyReducer.class);
        List<Scan> scans = new ArrayList<Scan>();
        Scan scan = new Scan();
        scan.setCaching(200);
        scan.setCacheBlocks(false);
        scan.setAttribute(Scan.SCAN_ATTRIBUTES_TABLE_NAME, _table_name);
        scans.add(scan);
        TableMapReduceUtil.initTableMapperJob(scans, MyMapper.class, Text.class,
IntWritable.class, job);
        FileOutputFormat.setOutputPath(job, new Path("/ch722"));
        System.exit(job.waitForCompletion(true) ? 0 : 1);
    }
    static class MyMapper extends TableMapper<Text, IntWritable> {
        private int maxScore = Integer.MIN_VALUE, minScore = Integer.MAX_VALUE;
        protected void map(ImmutableBytesWritable key, Result columns, Context
context) throws IOException, InterruptedException {
            Cell scoreCell = columns.getColumnLatestCell(_family, _q_score);
            if (scoreCell != null) {
                Integer score = Integer.parseInt(Bytes.toString(CellUtil.cloneValue
(scoreCell)));
                if (score > maxScore) {
                    maxScore = score;
                }
                if (score < minScore) {
                    minScore = score;
                }
            }
        }
        protected void cleanup(Context context) throws IOException,
InterruptedException {
            context.write(new Text("score"), new IntWritable(maxScore));
            context.write(new Text("score"), new IntWritable(minScore));
        }
    }
    private static class MyReducer extends Reducer<Text, IntWritable, Text, Text> {
        public void reduce(Text key, Iterable<IntWritable> values, Context context)
                throws IOException, InterruptedException {
            int maxScore = Integer.MIN_VALUE, minScore = Integer.MAX_VALUE;
            for (IntWritable value : values) {
                int num = value.get();
                if (num > maxScore) {
                    maxScore = num;
                }
                if (num < minScore) {
                    minScore = num;
                }
            }
            context.write(new Text("max:" + maxScore), new Text("min:" + minScore));
        }
    }
}
```

执行结果如图 13-14 所示。

上例中，最终的结果输出到了一个文件中。如果想让结果输出到另一个 HBase 表中，可以使用 TableMapReduceUtil，如另外建一个 HBase 表 students_age，计算每个人的年龄并输入这个新表内。

先在 HBase Shell 中手动创建这个表。

```
[zzti@zzti sbin]$ hadoop fs -cat /ch722/*
max:99   min:0
```

图 13-14 统计成绩的最大值最小值

```
create "students_age","data"
```

接着运行下面的程序。

```java
public static void main(String[] args) throws Exception {
    Configuration conf = HBaseConfiguration.create();
    Job job = Job.getInstance(conf, "myjob");
    job.setJarByClass(CH723MRStudentsAge.class);
    job.setReducerClass(MyReducer.class);
    List<Scan> scans = new ArrayList<Scan>();
    Scan scan = new Scan();
    scan.setCaching(200);
    scan.setCacheBlocks(false);
    scan.setAttribute(Scan.SCAN_ATTRIBUTES_TABLE_NAME, _table_name);
    scans.add(scan);
    TableMapReduceUtil.initTableMapperJob(scans, MyMapper.class, Text.class, Text.class, job);
    TableMapReduceUtil.initTableReducerJob("students_age", MyReducer.class, job);
    System.exit(job.waitForCompletion(true) ? 0 : 1);
}
static class MyMapper extends TableMapper<Text, Text> {
    protected void map(ImmutableBytesWritable key, Result columns, Context context) throws IOException, InterruptedException {
        Cell birthdayCell = columns.getColumnLatestCell(_family, _q_birthday);
        if (birthdayCell != null) {
            String birthday = Bytes.toString(CellUtil.cloneValue(birthdayCell));
            Integer birthYear = Integer.parseInt(birthday.split("-")[0]);
            Integer age = 2022 - birthYear;
            context.write(new Text(Bytes.toString(key.get())), new Text(age + ""));
        }
    }
}
static class MyReducer extends TableReducer<Text, Text, ImmutableBytesWritable> {
    public void reduce(Text key, Iterable<Text> values, Context context)
            throws IOException, InterruptedException {
        Put put = new Put(key.getBytes());
        put.addColumn(_family, Bytes.toBytes("age"),
                Bytes.toBytes(values.iterator().next().toString()));
        context.write(new ImmutableBytesWritable(key.getBytes()), put);
    }
}
```

结果如图 13-15 所示。

```
hbase:023:0> scan "students_age",LIMIT=>10
ROW                    COLUMN+CELL
 RB0000000             column=data:age, timestamp=2022-05-17T21:19:13.731, value=20
 RB0000001             column=data:age, timestamp=2022-05-17T21:19:13.731, value=20
 RB0000002             column=data:age, timestamp=2022-05-17T21:19:13.731, value=22
 RB0000003             column=data:age, timestamp=2022-05-17T21:19:13.731, value=21
 RB0000004             column=data:age, timestamp=2022-05-17T21:19:13.731, value=20
 RB0000005             column=data:age, timestamp=2022-05-17T21:19:13.731, value=21
 RB0000006             column=data:age, timestamp=2022-05-17T21:19:13.731, value=21
 RB0000007             column=data:age, timestamp=2022-05-17T21:19:13.731, value=22
 RB0000008             column=data:age, timestamp=2022-05-17T21:19:13.731, value=21
 RB0000009             column=data:age, timestamp=2022-05-17T21:19:13.731, value=19
10 row(s)
Took 0.0168 seconds
```

图 13-15　MapReduce 读一个表写一个表

事实上，更聪明的做法是写入原表中的另外一列，这样更能体现 HBase 的特点，对增量更新非常友好。

此时只需要将 main() 函数中的表名 students_age 换成原表的表名 students，其他什么都不需要改，直接运行即可，结果如图13-16所示。

```
hbase:024:0> get "students","RB0000001"
COLUMN                    CELL
  data:age                timestamp=2022-05-17T21:21:24.824, value=20
  data:birthday           timestamp=2022-05-17T20:50:00.506, value=2002-05-21
  data:clazz              timestamp=2022-05-17T20:50:00.506, value=RB000
  data:gender             timestamp=2022-05-17T20:50:00.506, value=\xE5\xA5\xB3
  data:loc                timestamp=2022-05-17T20:50:00.506, value=\xE4\xBA\x91\xE5\x8D\x97\xE7\x9C\x8
                          1\xE7\xBA\xA2\xE6\xB3\x95\xE5\x93\x88\xE5\xB0\xBC\xE6\x97\x8F\xE5\xBD\x9D\xE
                          6\x97\x8F\xE8\x87\xAA\xE6\xB2\xBB\xE5\xB7\x9E\xE6\xB2\xB3\xE5\x8F\xA3\xE7\x9
                          1\xB6\xE6\x97\x8F\xE8\x87\xAA\xE6\xB2\xBB\xE5\x8E\xBF678\xE5\x8F\xB7
  data:name               timestamp=2022-05-17T20:50:00.506, value=\xE6\x9C\x89\xE4\xB8\x8A\xE9\xBE\x8
                          4
  data:phone              timestamp=2022-05-17T20:50:00.506, value=14521423242
  data:score              timestamp=2022-05-17T20:50:00.506, value=25
  data:sid                timestamp=2022-05-17T20:50:00.506, value=RB0000001
1 row(s)
Took 0.0243 seconds
```

图13-16　MapReduce写回原表

由图13-16可以看出，原表内的数据多了一个age列。

这种方式对线上业务非常友好，因为数据库设计人员不再需要操心前后兼容的事情，写的人可以自由写，读的人可以自由读，这就是NoSQL的特点之一。

下面用HBase+MapReduce完成两个任务。

1．任务一：求男生比女生多几个

在之前代码的基础上，只需要对map()方法的读入数据和reduce()方法的输出进行修改即可完成该任务。

```java
protected void map(ImmutableBytesWritable key, Result columns, Context context) {
    Cell scoreCell = columns.getColumnLatestCell(_family, _q_gender);
    if (scoreCell != null) {
        String gender = Bytes.toString(CellUtil.cloneValue(scoreCell));
        if (gender.equals("男")) {
            boycount++;
        } else {
            girlcount++;
        }
    }
}
public void reduce(Text key, Iterable<Text> values, Context context)
        throws IOException, InterruptedException {
    int count = 0;
    for (Text value : values) {
        count += Integer.parseInt(value.toString());
    }
    context.write(new Text("男生比女生多"), new Text(count + ""));
}
```

执行结果如图13-17所示。

```
[zzti@zzti sbin]$ hadoop fs -cat /ch731/*
男生比女生多      -874
```

图13-17　男生比女生多几个

2．任务二：求出生在哪一天的人数第三多

和上例一样，只需要修改map()方法的输入和reduce()方法的输出即可。

```java
protected void map(ImmutableBytesWritable key, Result columns, Context context) {
    Cell cell = columns.getColumnLatestCell(_family, _q_birthday);
    if (cell != null) {
```

```
            String birthday = Bytes.toString(CellUtil.cloneValue(cell));
            String date = birthday.substring(8);
            Integer count = map.get(date);
            if (count != null) {
                map.put(date, count + 1);
            } else {
                map.put(date, 1);
            }
        }
    }
    public void reduce(
            Text key, Iterable<Text> values, Context context)
            throws IOException, InterruptedException {
        HashMap<String, Integer> map = new HashMap<>();
        for (Text value : values) {
            String[] toks = value.toString().split("\t");
            Integer count = map.get(toks[0]);
            if (count != null) {
                map.put(toks[0], count + Integer.parseInt(toks[1]));
            } else {
                map.put(toks[0], Integer.parseInt(toks[1]));
            }
        }
        List<Map.Entry<String, Integer>> sortlist = new ArrayList<>(map.entrySet());
        sortlist.sort(new Comparator<Map.Entry<String, Integer>>() {
            public int compare(Map.Entry<String, Integer> o1, Map.Entry<String, Integer> o2) {
                return o2.getValue() - o1.getValue();
            }
        });
        context.write(new Text("第三多"), new Text(sortlist.get(2) + ""));
        context.write(new Text("整个map"), new Text(sortlist.toString()));
    }
}
```

执行结果如图 13-18 所示。

```
[zzti@zzti sbin]$ hadoop fs -cat /ch732/*
第三多   06=33143
整个map [10=33234, 17=33162, 06=33143, 21=33131, 11=33066, 02=33049, 13=32983, 14=32983, 03=32967, 19=32
951, 01=32944, 18=32939, 28=32891, 12=32886, 20=32882, 23=32838, 25=32836, 09=32835, 26=32809, 07=32801,
24=32799, 08=32799, 04=32737, 05=32567, 22=32555, 16=32519, 27=32505, 15=32430, 30=30190, 29=30166, 31=
19403]
```

图 13-18 出生在哪一天的人数第三多

13.3.2 HBase with Hive

既然 HBase 可以使用 MapReduce 访问，且其数据由 HDFS 管理，那么 HBase 是否能够用 Hive 进行查询？

事实上之前使用 Hive 的外接表时主要是外接 HDFS 的数据，但它也可以外接 HBase 的数据表，此时实际数据依然由 HBase 管理，但赋予了 Hive 查询能力。

这一特点在工业界被广泛应用，一般认为 Hive 不利于写，HBase 不利于读，但二者结合起来则优势互补。

先为 students 表建立 Hive 的外接表。

```
CREATE EXTERNAL TABLE IF NOT EXISTS zzti.students_hbase (
sid STRING, name STRING, clazz STRING, gender STRING, birthday DATE, phone
BIGINT, loc STRING, score INT
) STORED BY 'org.apache.hadoop.hive.hbase.HBaseStorageHandler'
```

```
WITH SERDEPROPERTIES("hbase.columns.mapping"="data:name, data:clazz,
data:gender, data:birthday, data:phone, data:loc, data:score")
TBLPROPERTIES("hbase.table.name"="students");
```

建完后可以做一下测试，在 HBase 中填入一条数据。

```
put "students","RB123456","data:score",500
```

在 Hive 中查询。

```
SELECT sid, score FROM zzti.students_hbase WHERE sid="RB123456";
```

查询结果如图 13-19 所示。

```
hive> SELECT sid, score FROM zzti.students_hbase WHERE sid="RB123456";
OK
RB123456            500
```

图 13-19　Hive 查询结果

显然，HBase 的数据使用 Hive 可以很方便地查询。那么如何在 Hive 中写入数据？在 Hive 中导入数据使用的命令如下。

```
LOAD DATA LOCAL INPATH '/zzti/run/students_10w.data' OVERWRITE INTO TABLE
zzti.students_hbase;
INSERT OVERWRITE INTO students_hbase SELECT sid,name,clazz,gender,birthday,
phone,loc,score FROM students;
```

如果直接执行上述代码，会收到图 13-20 所示的错误信息。

```
FAILED: SemanticException [Error 10101]: A non-native table cannot be used as target for LOAD
709789 [58ffe019-00be-4760-b713-e20e3d3de777 main] ERROR org.apache.hadoop.hive.ql.Driver  - FAILED: SemanticException [Er
ror 10101]: A non-native table cannot be used as target for LOAD
org.apache.hadoop.hive.ql.parse.SemanticException: A non-native table cannot be used as target for LOAD
        at org.apache.hadoop.hive.ql.parse.LoadSemanticAnalyzer.analyzeLoad(LoadSemanticAnalyzer.java:318)
        at org.apache.hadoop.hive.ql.parse.LoadSemanticAnalyzer.analyzeInternal(LoadSemanticAnalyzer.java:262)
        at org.apache.hadoop.hive.ql.parse.BaseSemanticAnalyzer.analyze(BaseSemanticAnalyzer.java:285)
        at org.apache.hadoop.hive.ql.Driver.compile(Driver.java:659)
        at org.apache.hadoop.hive.ql.Driver.compileInternal(Driver.java:1826)
        at org.apache.hadoop.hive.ql.Driver.compileAndRespond(Driver.java:1773)
        at org.apache.hadoop.hive.ql.Driver.compileAndRespond(Driver.java:1768)
        at org.apache.hadoop.hive.ql.reexec.ReExecDriver.compileAndRespond(ReExecDriver.java:126)
        at org.apache.hadoop.hive.ql.reexec.ReExecDriver.run(ReExecDriver.java:214)
        at org.apache.hadoop.hive.cli.CliDriver.processLocalCmd(CliDriver.java:239)
        at org.apache.hadoop.hive.cli.CliDriver.processCmd(CliDriver.java:188)
        at org.apache.hadoop.hive.cli.CliDriver.processLine(CliDriver.java:402)
        at org.apache.hadoop.hive.cli.CliDriver.executeDriver(CliDriver.java:821)
        at org.apache.hadoop.hive.cli.CliDriver.run(CliDriver.java:759)
        at org.apache.hadoop.hive.cli.CliDriver.main(CliDriver.java:683)
        at sun.reflect.NativeMethodAccessorImpl.invoke0(Native Method)
        at sun.reflect.NativeMethodAccessorImpl.invoke(NativeMethodAccessorImpl.java:62)
        at sun.reflect.DelegatingMethodAccessorImpl.invoke(DelegatingMethodAccessorImpl.java:43)
        at java.lang.reflect.Method.invoke(Method.java:498)
        at org.apache.hadoop.util.RunJar.run(RunJar.java:323)
        at org.apache.hadoop.util.RunJar.main(RunJar.java:236)
```

图 13-20　使用 LOAD DATA 从本地向 Hive 加载数据

也就是说 Hive 对于外接的 HBase 并不支持直接导入文件数据，但可以迂回实现这个功能，如先导入本地数据到某个 Hive 临时表，导入完毕后，再使用 SELECT 的方式导入 HBase 的外接表。

```
INSERT OVERWRITE TABLE students_hbase SELECT sid,name,clazz,gender,birthday,
phone,loc,score FROM students;
```

执行上述代码会触发一个 MapReduce 任务，任务结束后，从 Hive 或 HBase 中都可以正常查询到写入的数据。

13.4　本章小结

本章介绍了 HBase 的一些统计案例，重点介绍了 scan+Filter、HBase+MapReduce 和

HBase+Hive 的使用方法。

一般来说，如果使用 HBase 查询并不复杂，使用 scan+Filter 也能够完成查询。

如果查询任务中有不同行数据之间的比较，或者说需要结果做变换，使用 HBase+MapReduce 更合适。

当然，HBase+Hive 适用于所有情况，一般来说，条件允许的情况下，最好为所有需要接收复杂查询命令的 HBase 表都建立 Hive 外接表。在查询的灵活性上，HBase 与支持 SQL 的 Hive 相比还是弱了一些。

习 题

一、单选题

1. 基本统计任务中，HBase 的 API 不擅长做（　　）任务。
   A. 求最大值或最小值　　　　　　B. 求平均数
   C. 求某个前缀的匹配项　　　　　D. 将数据排序后输出
2. 在 MapReduce 任务中使用 HBase，HBase 不能（　　）。
   A. 在 Shuffle 过程中调用　　　　B. 在 map()方法或 reduce()方法中调用
   C. 作为 MapReduce 任务的输入源　D. 作为 MapReduce 任务的输出源
3. 建立 HBase 的 Hive 外接表后，（　　）。
   A. Hive 会额外复制一份数据到自己的数据库下
   B. Hive 会额外复制两份数据到自己的数据库下
   C. Hive 会在 HBase 中生成一个副本表
   D. Hive 不会复制 HBase 的数据到自己的数据库中

二、简答题

使用 MapReduce 操作 HBase 时，二者为什么必须在同一集群？

三、编程题

1. 已知 HBase 表名是 exam_2019_a，有 3 列数据'data:A','data:B','data:C'，若要为该表创建一个对应的 Hive 外接表,Hive 数据库名为 exam_db,Hive 数据表名称是 exam_2019_b，Hive 列名对应 x、y、z 分别为 p、q、r，Hive 的 key 列名称为 k。

（1）请写出 Hive 的建表语句。

（2）请写出显示 Hive 中该表对应的 k 列和 r 列的 Hive 查询语句。

（3）建好表后，在 HBase 中执行下面的插入数据语句：

```
hbase(main):001:0>for i in '3'..'6' do put 'exam_2019_a',"#{i}",'data:A',"#{i}+#{i}" end
hbase(main):002:0>for i in '3'..'6' do put 'exam_2019_a',"#{i}",'data:B',"#{i}-#{i}" end
hbase(main):003:0>for i in '3'..'6' do put 'exam_2019_a',"#{i}",'data:C',"#{i}|#{i}" end
```

插入数据完毕后，若再执行（2）中的 Hive 查询语句，请写出查询得到的最终数据。

2. 某文档中存储的字符串如下，请通过 MapReduce 计算每一个字符串出现的次数，并将结果存入 HBase 中。

```
HBase    Hive    Hadoop    HBase    Mapreduce    Hdfs    Hive
```

第四篇 综合案例

第 14 章 综合案例：维基百科数据挖掘

本章介绍一个综合案例，在维基百科的数据集上实现一些分析任务。

维基百科是典型的百科类网站，其数据开源，可以自由下载和查询，在自然语言处理领域经常被作为语料集进行分析。完整的维基百科语料集很大，本章只分析中文部分的百科数据，帮助读者学习大数据技术的使用技巧。

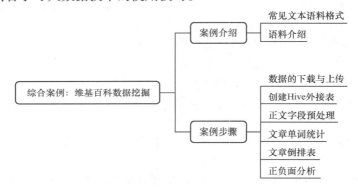

学习目标
（1）掌握文本语料解析的处理思路。
（2）掌握综合运用 MapReduce、Hive、HBase 来进行文本语料信息挖掘的能力。

14.1 案例介绍

在互联网企业内，文本信息挖掘是一个广泛应用的技术领域，主要原因在于线上数据无论是用户日志还是业务信息，其主要的呈现方式均为文本。

本案例通过对维基百科的信息进行挖掘来介绍文本信息挖掘。

14.1.1 常见文本语料格式

常见的文本信息的组成形式有 plaintext、CSV、JSON、XML。plaintext 是普通文本语料，CSV 是在每行内以逗号分隔的表结构语料，JSON 是以标点符号进行分割的字段型语料，XML 是以标签分割的文档结构语料。

本章使用的维基百科数据，原始数据的格式是 XML，而且其数据量很大，如果不使用大数据工具，很难正常打开和分析。

14.1.2 语料介绍

互联网的发展催生了许多以传播和分享知识为主的百科类网站，其中比较有名的是维基百科。维基百科是一种开放编辑和免费共享的百科全书，其知识的创建与维护来自世界各地的志愿者，人们可以自由地访问、添加、编辑其中的内容。

维基百科中，每一个页面都有独立的页面 ID。常见的页面分为消歧页和文章页，输入关键字进行查询，首先进入的是消歧页，在消歧页中选择感兴趣的选项，即可进入对应的文章页。

作为开源的百科数据平台，维基百科的所有数据都可以下载。下载界面如图 14-1 所示。

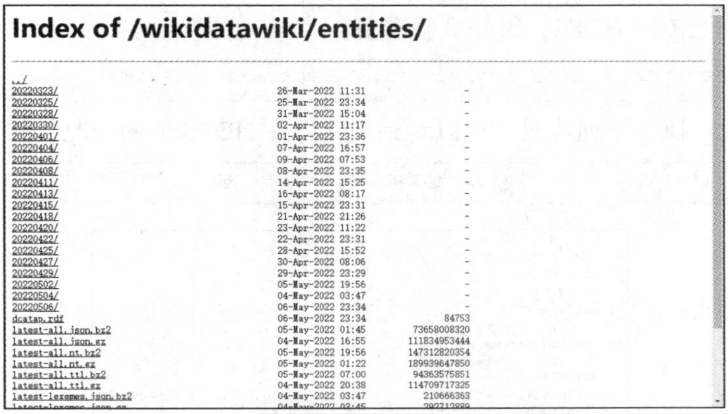

图 14-1　维基百科全量数据下载界面

这份数据既包括中文数据也包括英文数据。这里主要针对中文语料进行分析，中文维基百科的数据可以从维基百科官方网站下载，下载界面如图 14-2 所示。

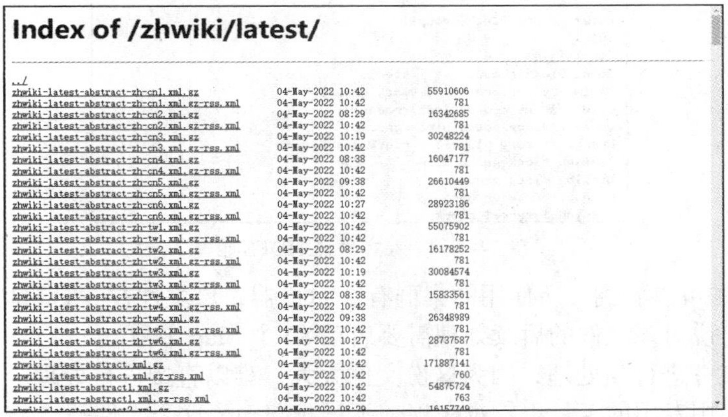

图 14-2　中文维基百科数据下载界面

维基百科的文件一般每月更新一次，常用的有如下几条。

zhwiki-latest-pages-articles.xml.bz2：词条正文。

zhwiki-latest-redict.sql：词条重定向。

zhwiki-latest-pagelinks.sql：词条页面内容外链。

zhwiki-latest-page.sql：词条标题及摘要

zhwiki-latest-categorylinks.sql：词条开放分类链接。

这里使用词条正文数据作为处理数据集对象。

14.2 案例步骤

14.2.1 数据的下载与上传

本例主要对维基百科的页面内容进行分析，因此在维基百科的中文下载界面选择下载文件：zhwiki-latest-pages-articles.xml.bz2。下载完毕后，将其解压，得到一个大约 10GB 的 XML 文件：zhwiki-latest-pages-articles.xml。

将这份文件上传到 HDFS，做好实验准备。

```
hadoop fs -put /zzti/run/ zhwiki-latest-pages-articles.xml /zhwiki/
```

上传完毕后，执行下列代码，可以看到该文件在 HDFS 上的情况，如图 14-3 所示。

```
hdfs fsck /zhwiki/zhwiki-latest-pages-articles.xml
```

```
Status: HEALTHY
 Number of data-nodes:   3
 Number of racks:        1
 Total dirs:             0
 Total symlinks:         0

Replicated Blocks:
 Total size:     10685191755 B
 Total files:    1
 Total blocks (validated):       80 (avg. block size 133564896 B)
 Minimally replicated blocks:    80 (100.0 %)
 Over-replicated blocks:         0 (0.0 %)
 Under-replicated blocks:        0 (0.0 %)
 Mis-replicated blocks:          0 (0.0 %)
 Default replication factor:     3
 Average block replication:      3.0
 Missing blocks:                 0
 Corrupt blocks:                 0
 Missing replicas:               0 (0.0 %)

Erasure Coded Block Groups:
 Total size:     0 B
 Total files:    0
 Total block groups (validated):         0
 Minimally erasure-coded block groups:   0
 Over-erasure-coded block groups:        0
 Under-erasure-coded block groups:       0
 Unsatisfactory placement block groups:  0
 Average block group size:               0.0
 Missing block groups:                   0
 Corrupt block groups:                   0
 Missing internal blocks:                0
```

图 14-3 导入文件的 HDFS 信息

从图 14-3 中可以看到，所使用的集群有 3 台机器，该文件在 3 台机器上分布了 80 个数据块，也就是说对该文件的后续处理需要启动 80 个 Map 节点。

现在对该文件进行预处理，因为这份文件太大，难以直接进行处理。事实上即便是打开看一下，不使用专用的工具也较难实现。不过我们知道这个文件是 XML 格式的，并且是维基百科的页面内容，以及每个页面在文件中都以<page>、</page>标签做切分。有了这些信息，就可以对数据进行预处理。

利用 MapReduce 来检测<page>、</page>标签，这样的一组标签一般来说是一一对应的。在一组<page>、</page>标签之中的即页面属性，这里以梅西为例，其消歧页的页面属性为：

```
<page>
    <title>梅西</title>
    <ns>0</ns>
    <id>1348496</id>
```

```
        <revision>
            …//页面正文
        </revision>
</page>
```

事实上不同的页面属性并不一样,有的多有的少。为便于后续计算,将这个数据处理后导入 HBase 表 exp201,导入之前,先手动创建 exp201 表。

```
hbase>create "exp201","data"
```

此时可以导入 Job 初始化的代码,如下所示。

```
Configuration conf = new Configuration();
Job job = Job.getInstance(conf, "myjob");
job.setJarByClass(Exp201PreProssA.class);
job.setMapperClass(MyMapper.class);
job.setMapOutputKeyClass(Text.class);
job.setMapOutputValueClass(Text.class);
job.setReducerClass(MyReducer.class);
FileInputFormat.addInputPath(job, new Path("/zhwiki"));
TableMapReduceUtil.initTableReducerJob(new String(_table_name), MyReducer.class, job);
System.exit(job.waitForCompletion(true) ? 0 : 1);
```

对于 Map 的设计,需要在 Map 中检测出相邻的<page>和</page>标签,并将中间部分的数据结构化后发给 Reduce。结构化的方式有很多,方便起见,只需要将这部分数据变为 JSON 格式即可。

对于 Mapper 类的设定可以写作:

```
class MyMapper extends Mapper<LongWritable, Text, Text, Text> {
    StringBuilder sb=new StringBuilder();
    SAXReader reader = new SAXReader();
    public void map(LongWritable key, Text value, Context context) {
        if (value.toString().contains("<page>")) {
            sb = new StringBuilder();
            sb.append(value);
        } else if (value.toString().contains("</page>")) {
            try {// 使用 dom4j 来解析 XML,将 XML 解析为 JSON
                sb.append(value);
                JSONObject jobj = new JSONObject();
                Document doc = reader.read(new StringReader(sb.toString()));
                Element root = doc.getRootElement();
                Iterator i1 = root.elementIterator();
                if (i1.hasNext()) {
                    while (i1.hasNext()) {
                        Element l1 = (Element) i1.next();
                        String n1 = l1.getName();
                        Iterator i2 = l1.elementIterator();
                        if (i2.hasNext()) {
                            while (i2.hasNext()) {
                                Element l2 = (Element) i2.next();
                                String n2 = l2.getName();
                                Iterator i3 = l2.elementIterator();
                                if (i3.hasNext()) {
                                    while (i3.hasNext()) {
                                        Element l3 = (Element) i3.next();
                                        String n3 = l3.getName();
                                        String valueText = l3.getText();
                                        if (valueText != null && valueText.
trim().length() > 0) {
```

```
                                                         jobj.put(n1 + "_" + n2 + "_"
+ n3, l3.getText());
                                                }
                                            }
                                        } else {
                                            String valueText = l2.getText();
                                            if (valueText != null && valueText.
trim().length() > 0) {
                                                jobj.put(n1 + "_" + n2,
l2.getText());
                                            }
                                        }
                                    }
                                } else {
                                    String valueText = l1.getText();
                                    if (valueText != null && valueText.trim().
length() > 0) {
                                        jobj.put(n1, l1.getText());
                                    }
                                }
                            }
                        }
                        if (jobj.getString("id") != null) {
                            context.write(new Text(jobj.getString("id")), new Text
(jobj.toJSONString()));
                        }
                    } catch (Exception e) {}
                } else {
                    sb.append(value);
                }
            }
        }
```

在 Reduce 的设计上，主要是将前面得到的数据保存到 HBase 中，前面已经构造好键，这里只需要将值解析出来即可。

```
class MyReducer extends TableReducer<Text, Text, ImmutableBytesWritable> {
    public void reduce(Text key, Iterable<Text> values, Context context)
            throws IOException, InterruptedException {
        String text = values.iterator().next().toString();
        JSONObject jobj = JSONObject.parseObject(text);
        Put put = new Put(key.getBytes());
        for (Map.Entry<String, Object> entry : jobj.entrySet()) {
            put.addColumn(_family,
                    Bytes.toBytes(entry.getKey()),
                    Bytes.toBytes(entry.getValue().toString()));
        }
        context.write(new ImmutableBytesWritable(key.getBytes()), put);
    }
}
```

将该程序打包后上传至服务器执行，如果用的是虚拟机，因为这部分数据量较大，最好给虚拟机留出不少于 100GB 的空闲空间。如果内存和磁盘空间不够，也可以将这个文件缩小。一种简单的方式是在 Map 的 context.write 前加入随机丢弃的指令；或者利用本地 Java 工程使用文件流随机读取文件内容并截断。因为判断一个维基百科页面使用的是<page>、</page>标签的形式，所以如果中间数据有缺失，直接扔掉问题数据即可。

导入成功后，可以检查一下导入数据的数量，使用 HBase 在控制台输入：

```
hbase>count "exp201"
```

最终得到图 14-4 所示结果。

```
Current count: 3814000, row: 9851572
Current count: 3815000, row: 9863172
Current count: 3816000, row: 9873882
Current count: 3817000, row: 9884382
Current count: 3818000, row: 9894592
Current count: 3819000, row: 9904882
Current count: 3820000, row: 9915052
Current count: 3821000, row: 9925462
Current count: 3822000, row: 9936042
Current count: 3823000, row: 9946762
Current count: 3824000, row: 9956932
Current count: 3825000, row: 9969012
Current count: 3826000, row: 9983022
3826843 row(s)
Took 289.2781 seconds
=> 3826843
```

图 14-4　导入 HDFS 后的数据量

此时可以看到，HBase 的 count 每次只能统计 1000 条数据，因此需要一段时间才能得到最终的结果 3826843。注意这个数据并不是原始文件中的真实数据，因为在解析 XML 文件的时候并没有特别精细地处理数据中的各种情况，但当前的数据量已经足够我们完成后续实验了。

也可以检查一下导入数据的情况，如查看梅西的数据。

```
hbase> get "exp201","1348496"
```

得到图 14-5 所示结果。

```
hbase:031:0> get "exp201","1348496"
COLUMN                        CELL
 data:id                      timestamp=2022-05-13T23:35:11.459, value=1348496
 data:ns                      timestamp=2022-05-13T23:35:11.459, value=0
 data:revision_comment        timestamp=2022-05-13T23:35:11.459, value=\xE5\x9B\x9E\xE9\x80\x80[[Special:Contrib
                              utions/140.126.248.232|140.126.248.232]]\xEF\xBC\x88[[User talk:140.126.248.232|\x
                              E8\xAE\xA8\xE8\xAE\xBA]]\xEF\xBC\x89\xE5\x81\x9A\xE5\x87\xBA\xE7\x9A\x842\xE6\xAC\
                              xA1\xE7\xBC\x96\xE8\xBE\x91\xEF\xBC\x9A\xE7\xA0\xB4\xE5\x9D\x8F\xE8\xA1\x8C\xE4\xB
                              8\xBA
 data:revision_contributor_id timestamp=2022-05-13T23:35:11.459, value=2265386
 data:revision_contributor_us timestamp=2022-05-13T23:35:11.459, value=\xE5\x8D\x97\xE5\x86\xA5\xE5\xA4\xA7\xE9\
 ername                       xB9\x8F
 data:revision_format         timestamp=2022-05-13T23:35:11.459, value=text/x-wiki
 data:revision_id             timestamp=2022-05-13T23:35:11.459, value=69116390
 data:revision_model          timestamp=2022-05-13T23:35:11.459, value=wikitext
 data:revision_parentid       timestamp=2022-05-13T23:35:11.459, value=67726709
 data:revision_sha1           timestamp=2022-05-13T23:35:11.459, value=323nwmp0p2dq67bf5n30an7rdg03z15
 data:revision_text           timestamp=2022-05-13T23:35:11.459, value='''\xE6\xA2\x85\xE8\xA5\xBF'''\xE5\x8F\xA
                              F\xE4\xBB\xA5\xE6\x8C\x87\xEF\xBC\x9A==\xE5\x85\xAC\xE5\x8F\xB8==*[[\xE6\xA2\x85\x
```

图 14-5　梅西的数据

14.2.2　创建 Hive 外接表

上一步已经把数据导入 HBase 了，但也发现，用 HBase 对数据进行处理并不方便，即便是统计数量也需要不少时间。

为了后续分析的方便，不妨创建一个 HBase 对应的 Hive 外接表。如果要创建这个外接表，需要掌握 HBase 中所有的列名。

虽然可以通过查询数据知道文件中究竟有哪些列，但由于这个文件本身是大文件，更稳妥的方式是单独计算一下文件中的所有列，不妨用一个 MapReduce 程序来完成这个任务。

```
Configuration conf = HBaseConfiguration.create();
Job job = Job.getInstance(conf, "myjob");
job.setJarByClass(Exp202ShowColumn.class);
job.setReducerClass(MyReducer.class);
List<Scan> scans = new ArrayList<>();
Scan scan = new Scan();
scan.setCaching(200);
scan.setCacheBlocks(false);
scan.setAttribute(Scan.SCAN_ATTRIBUTES_TABLE_NAME, "exp 201");
scans.add(scan);
TableMapReduceUtil.initTableMapperJob(scans, MyMapper.class, Text.class,
Text.class, job);
TableMapReduceUtil.initTableReducerJob(new String("exp 202"),
MyReducer.class, job);
System.exit(job.waitForCompletion(true) ? 0 : 1);
```

对于 Map 和 Reduce 的设计，获取所有列本身就是一个去重的任务，可以使用两个阶段的去重，首先在 Map 中将所有列写入 Map 的本地 HashSet 中，然后在 Reduce 中进行去重后，写入一个新的 HBase 表 exp202。

```
class MyMapper extends TableMapper<Text, Text> {
        ArrayList<String> qualList = new ArrayList<>();
        protected void map(ImmutableBytesWritable key, Result columns, Context
context) throws IOException, InterruptedException {
            for (Cell cell : columns.rawCells()) {
                String qual = Bytes.toString(CellUtil.cloneQualifier(cell));
                qualList.add(qual);
            }
        }
        @Override
        protected void cleanup(Context context) throws IOException,
InterruptedException {
            context.write(new Text("cols"),
                    new Text(String.join(",", qualList.stream().distinct().
collect(Collectors.toList()))));
        }
    }
class MyReducer extends TableReducer<Text, Text, ImmutableBytesWritable> {
        public void reduce(Text key, Iterable<Text> values, Context context)
throws IOException, InterruptedException {
            HashSet<String> qualSet = new HashSet<>();
            for (Text t : values) {
                qualSet.addAll(Arrays.asList(t.toString().split(",")));
            }
            for (String qual : qualSet) {
                try{
                    Put put = new Put(Bytes.toBytes(qual));
                    put.addColumn(_family,
                            Bytes.toBytes("col"),
                            Bytes.toBytes(qual));
                    context.write(new ImmutableBytesWritable(key.getBytes()), put);
                } catch(Exception e){
                    e.printStackTrace();
                }
            }
        }
    }
TableMapReduceUtil.initTableMapperJob(scans, MyMapper.class, Text.class,
Text.class, job);
TableMapReduceUtil.initTableReducerJob(new String(_table_name_2),
MyReducer.class, job);
System.exit(job.waitForCompletion(true) ? 0 : 1);
```

此时可以 scan 这个表，查看 HBase 的所有列，如图 14-6 所示。

```
hbase:018:0> scan "exp202"
ROW                              COLUMN+CELL
 id                              column=data:col, timestamp=2022-05-09T01:10:16.092, value=id
 ns                              column=data:col, timestamp=2022-05-09T01:10:16.092, value=ns
 revision_comment                column=data:col, timestamp=2022-05-09T01:10:16.092, value=revision_comment
 revision_contributor_id         column=data:col, timestamp=2022-05-09T01:10:16.092, value=revision_contributor_id
 revision_contributor_ip         column=data:col, timestamp=2022-05-09T01:10:16.092, value=revision_contributor_ip
 revision_contributor_username   column=data:col, timestamp=2022-05-09T01:10:16.092, value=revision_contributor_username
 revision_format                 column=data:col, timestamp=2022-05-09T01:10:16.092, value=revision_format
 revision_id                     column=data:col, timestamp=2022-05-09T01:10:16.092, value=revision_id
 revision_model                  column=data:col, timestamp=2022-05-09T01:10:16.092, value=revision_model
 revision_parentid               column=data:col, timestamp=2022-05-09T01:10:16.092, value=revision_parentid
 revision_sha1                   column=data:col, timestamp=2022-05-09T01:10:16.092, value=revision_sha1
 revision_text                   column=data:col, timestamp=2022-05-09T01:10:16.092, value=revision_text
 revision_timestamp              column=data:col, timestamp=2022-05-09T01:10:16.092, value=revision_timestamp
 title                           column=data:col, timestamp=2022-05-09T01:10:16.092, value=title
14 row(s)
```

图 14-6 HBase 的所有列

基于上述结果，就可以创建该表的 Hive 外接表 exp202_external，创建语句如下。

```
CREATE EXTERNAL TABLE IF NOT EXISTS zzti.exp202_external (
id STRING,
ns STRING,
comment STRING,
rcid STRING,
rcip STRING,
rcusername STRING,
rformat STRING,
rid STRING,
rmodel STRING,
rparentid STRING,
rsha1 STRING,
rtext STRING,
rtimestamp STRING,
title STRING
) STORED BY 'org.apache.hadoop.hive.hbase.HBaseStorageHandler'
WITH SERDEPROPERTIES("hbase.columns.mapping"="
data:ns,
data:revision_comment,
data:revision_contributor_id,
data:revision_contributor_ip,
data:revision_contributor_username,
data:revision_format,
data:revision_id,
data:revision_model,
data:revision_parentid,
data:revision_sha1,
data:revision_text,
data:revision_timestamp,
data:title
") TBLPROPERTIES("hbase.table.name"="exp201");
```

创建好以后可以用 Hive 统计数据数量。

```
hive> SELECT COUNT(id) FROM exp202_external;
```

统计结果如图 14-7 所示。

```
Query ID = zzti_20220513235125_d6f1ecdb-76df-4316-a012-c971597eff08
Total jobs = 1
Launching Job 1 out of 1
Number of reduce tasks determined at compile time: 1
In order to change the average load for a reducer (in bytes):
  set hive.exec.reducers.bytes.per.reducer=<number>
In order to limit the maximum number of reducers:
  set hive.exec.reducers.max=<number>
In order to set a constant number of reducers:
  set mapreduce.job.reduces=<number>
Starting Job = job_1652483005931_0001, Tracking URL = http://zzti:8088/proxy/application_1652483005931_0001/
Kill Command = /zzti/libs/hadoop/bin/mapred job  -kill job_1652483005931_0001
Hadoop job information for Stage-1: number of mappers: 4; number of reducers: 1
2022-05-13 23:51:40,172 Stage-1 map = 0%,  reduce = 0%
2022-05-13 23:51:46,451 Stage-1 map = 25%,  reduce = 0%, Cumulative CPU 7.03 sec
2022-05-13 23:51:56,791 Stage-1 map = 50%,  reduce = 0%, Cumulative CPU 17.65 sec
2022-05-13 23:52:00,932 Stage-1 map = 75%,  reduce = 0%, Cumulative CPU 37.81 sec
2022-05-13 23:52:04,035 Stage-1 map = 75%,  reduce = 25%, Cumulative CPU 38.32 sec
2022-05-13 23:52:28,673 Stage-1 map = 100%,  reduce = 25%, Cumulative CPU 46.67 sec
2022-05-13 23:52:29,693 Stage-1 map = 100%,  reduce = 100%, Cumulative CPU 48.67 sec
MapReduce Total cumulative CPU time: 48 seconds 670 msec
Ended Job = job_1652483005931_0001
MapReduce Jobs Launched:
Stage-Stage-1: Map: 4  Reduce: 1   Cumulative CPU: 48.67 sec   HDFS Read: 75131 HDFS Write: 107 SUCCESS
Total MapReduce CPU Time Spent: 48 seconds 670 msec
OK
3826843
Time taken: 64.941 seconds, Fetched: 1 row(s)
```

图 14-7　统计结果

可以看到使用 Hive 统计只需要约 1 分钟即可完成，这是因为 Hive 的 COUNT()函数启动了一个 MapReduce 程序，所以效率比 HBase 的简单 count 命令的效率要高。

14.2.3　正文字段预处理

进行数据分析主要通过对正文的处理，但是当前正文中有很多不利于分析的英文、符号、繁体字等，因此需要对数据做一下清洗。为便于后面操作，在该步骤中还可以进行分词并将分词操作结果保存进 HBase。

这里可以利用 HBase 的不限制列的特点，从 HBase 表 exp201 中读取数据并写入 exp201，这样做就不需要重新建表。另外，本次操作并不需要用到 Shuffle 过程来排序，且主要是做数据清洗，所以可以省掉 Reduce 阶段，这样需要将提交任务的代码修改为：

```
Configuration conf = HBaseConfiguration.create();
Job job = Job.getInstance(conf, "myjob");
job.setJarByClass(Exp203CleanText.class);
job.setNumReduceTasks(0);
List<Scan> scans = new ArrayList<>();
Scan scan = new Scan();
scan.addColumn(Bytes.toBytes("data"), Bytes.toBytes("revision_text"));
scan.setCaching(200);
scan.setCacheBlocks(false);
scan.setAttribute(Scan.SCAN_ATTRIBUTES_TABLE_NAME, Bytes.toBytes("exp201"));
scans.add(scan);
TableMapReduceUtil.initTableMapperJob(scans, MyMapper.class, ImmutableBytesWritable.
class, Mutation.class, job);
job.setOutputFormatClass(TableOutputFormat.class);
job.getConfiguration().set(TableOutputFormat.OUTPUT_TABLE, "exp201");
System.exit(job.waitForCompletion(true) ? 0 : 1);
```

在 map() 方法中，需要进行繁简转换和分词两个操作，可以通过引入 Ansj 分词器来解决，在工程的 pom.xml 中加入如下依赖：

```
<dependency>
    <groupId>org.ansj</groupId>
    <artifactId>ansj_seg</artifactId>
    <version>5.1.6</version>
</dependency>
```

此时 Mapper 类可以写为：

```
class MyMapper extends TableMapper<ImmutableBytesWritable, Mutation> {
    NlpAnalysis analysis = new NlpAnalysis();
    protected void map(ImmutableBytesWritable key, Result columns, Mapper
<ImmutableBytesWritable, Result, ImmutableBytesWritable, Mutation>.Context
context) throws IOException, InterruptedException {
        Cell cell = columns.getColumnLatestCell(Bytes.toBytes("data"),
Bytes.toBytes("revision_text"));
        if (cell != null) {
            String textSrc = Bytes.toString(CellUtil.cloneValue(cell));
            StringBuilder sb = new StringBuilder();
            for (char c : textSrc.toCharArray()) {
                if (c >= 19968 && c <= 40869) { // 只要中文
                    sb.append(c);
                }
            }
            String sjt = JianFan.f2j(sb.toString()); // 繁简转换
            // 将简体的字段存入 HBase
            {
```

```
                    Put put = new Put(columns.getRow());
                    put.addColumn(Bytes.toBytes("data"), Bytes.toBytes("content"),
Bytes.toBytes(sjt));
                    context.write(key, put);
                }
                // 分词，统计词频并转换
                org.ansj.domain.Result result = analysis.parseStr(sjt);
                // 统计次数，并输出
                CountMap<String> countMap = new CountMap<>();
                for (Term term : result) {
                    String tok = term.getName();
                    // 太长的词不要，单个字不要
                    if (tok.length() < 10 && tok.length() > 1) {
                        countMap.add(tok);
                    }
                }
                String countMapOutput = countMap.toSortedString(true);
                {
                    Put put = new Put(columns.getRow());
                    put.addColumn(Bytes.toBytes("data"),
                                Bytes.toBytes("toks"),
                                Bytes.toBytes(countMapOutput));
                    context.write(key, put);
                }
            }
        }
}
```

预处理后，将数据写入 content 和 toks 列，可以使用 HBase 查看这两列的信息。

```
hbase>get "exp201","1348496",["data:content:toString","data:toks:toString"]
```

预处理后，正文中没有了标点符号，分词字段中也只是文章的单词出现数量。

14.2.4 文章单词统计

前面已经对数据做了很多预处理工作，此时可以在得到的 toks 列上进行一些文本分析任务。其中，最经典的文本分析任务是 WordCount，实现这一任务需要 toks 列数据，我们将数据写入一个新表 exp204，代码如下。

```
Configuration conf = HBaseConfiguration.create();
Job job = Job.getInstance(conf, "myjob");
job.setJarByClass(Exp204WordCount.class);
job.setReducerClass(MyReducer.class);
List<Scan> scans = new ArrayList<>();
Scan scan = new Scan();
scan.addColumn(Bytes.toBytes("data"), Bytes.toBytes("toks"));
scan.setCaching(200);
scan.setCacheBlocks(false);
scan.setAttribute(Scan.SCAN_ATTRIBUTES_TABLE_NAME, Bytes.toBytes("exp201"));
scans.add(scan);
TableMapReduceUtil.initTableMapperJob(scans, MyMapper.class, Text.class,
Text.class, job);
TableMapReduceUtil.initTableReducerJob(new String("exp204"), MyReducer.class, job);
System.exit(job.waitForCompletion(true) ? 0 : 1);
```

而 Map 和 Reduce 的函数实现中使用最经典的方式读取即可，代码如下：

```java
class MyMapper extends TableMapper<Text, Text> {
    protected void map(ImmutableBytesWritable key, Result columns, Context context) throws IOException, InterruptedException {
        Cell cell = columns.getColumnLatestCell(Bytes.toBytes("data"), Bytes.toBytes("toks"));
        if (cell != null) {
            String toks = Bytes.toString(CellUtil.cloneValue(cell));
            for (String tok : toks.split(",")) {
                String[] wordCount = tok.split(":");
                if(wordCount.length==2) {
                    context.write(new Text(wordCount[0]), new Text(wordCount[1]));
                }
            }
        }
    }
}
class MyReducer extends TableReducer<Text, Text, ImmutableBytesWritable> {
    public void reduce(Text key, Iterable<Text> values, Context context) throws IOException, InterruptedException {
        int count = 0;
        for (Text value : values) {
            count += Integer.parseInt(value.toString());
        }
        Put put = new Put(Bytes.toBytes(key.toString()));
        put.addColumn(_family,
            Bytes.toBytes("word"),
            Bytes.toBytes(count+""));
        context.write(new ImmutableBytesWritable(key.getBytes()), put);
    }
}
```

文章单词的统计结果写入了 HBase 表 exp204 中，结果如图 14-8 所示。

图 14-8 单词的统计结果

```
hbase> scan "exp204",COLUMNS=>"data:word",LIMIT=>10
```

14.2.5 文章倒排表

计算倒排表也是文本分析的经典任务，这一任务的提交方式和 WordCount 的基本一致，

Map 和 Reduce 的设计如下。

```java
class MyMapper extends TableMapper<Text, Text> {
    protected void map(ImmutableBytesWritable key, Result columns, Context
context) throws IOException, InterruptedException {
        Cell cell = columns.getColumnLatestCell(Bytes.toBytes("data"),
Bytes.toBytes("toks"));
        if (cell != null) {
            String toks = Bytes.toString(CellUtil.cloneValue(cell));
            for (String tok : toks.split(",")) {
                String[] wordCount = tok.split(":");
                if (wordCount.length == 2) {
                    context.write(new Text(wordCount[0]), new Text
(columns.getRow()));
                }
            }
        }
    }
}

class MyReducer extends TableReducer<Text, Text, ImmutableBytesWritable> {
    public void reduce(Text key, Iterable<Text> values, Context context)
throws IOException, InterruptedException {
        List<String> vals = new ArrayList<>();
        for (Text value : values) {
            vals.add(value.toString());
        }
        Put put = new Put(Bytes.toBytes(key.toString()));
        put.addColumn(_family,
            Bytes.toBytes("ii"),
            Bytes.toBytes(String.join(",", vals)));
        context.write(new ImmutableBytesWritable(key.getBytes()), put);
    }
}
```

倒排结果写入 HBase 表 exp204 中，只不过列变成了新建的 ii，结果如图 14-9 所示。

```
\xE4\xB8\x80\xE4\xB8\x80\xE4  column=data:ii, timestamp=2022-05-19T09:34:08.284, value=1655405,1601620,9093222,6915
\xB8\x80                                                                                 278,6369358,3592246,2823738,2842496,4109177,5590733,5556925,5657341
\xE4\xB8\x80\xE4\xB8\x80      column=data:ii, timestamp=2022-05-19T09:34:08.284, value=6058694,3672868
\xE4\xB8\x80
\xE4\xB8\x80\xE4\xB8\x80\xE4  column=data:ii, timestamp=2022-05-19T09:34:08.284, value=5078637
\xB8\x80\xE4\xB8\x80\xE4\xB8
\x80
\xE4\xB8\x80\xE4\xB8\x80\xE4  column=data:ii, timestamp=2022-05-19T09:34:08.284, value=6838593
\xB8\x80\xE4\xB8\x80\xE4\xB8
\x80\xE4\xB8\x80\xE7\xAC\xAC
\xE4\xB8\x89
\xE4\xB8\x80\xE4\xB8\x80\xE4  column=data:ii, timestamp=2022-05-19T09:34:08.284, value=2990285
\xB8\x80\xE4\xB8\x80\xE4\xB8
\x80\xE6\x9C\xA8\xE6\x9D\x91
\xE5\x8F\x88\xE4\xBD\x91
\xE4\xB8\x80\xE4\xB8\x80\xE4  column=data:ii, timestamp=2022-05-19T09:34:08.284, value=3902893
\xB8\x80\xE4\xB8\x80\xE5\x8F
\xAA\xE6\x9C\x89
\xE4\xB8\x80\xE4\xB8\x80\xE4  column=data:ii, timestamp=2022-05-19T09:34:08.284, value=3495452
\xB8\x80\xE4\xB8\x80\xE5\xB9
\xB4
\xE4\xB8\x80\xE4\xB8\x80\xE4  column=data:ii, timestamp=2022-05-19T09:34:08.284, value=1087037
\xB8\x80\xE4\xB8\x80\xE5\xB9
\xB4\xE7\xBA\xA7
\xE4\xB8\x80\xE4\xB8\x80\xE4  column=data:ii, timestamp=2022-05-19T09:34:08.284, value=2830093
\xB8\x80\xE4\xB8\x80\xE6\x88
\xAF\xE5\x8F\xB0
10 row(s)
Took 0.0192 seconds
```

图 14-9　倒排表

```
hbase> scan "exp204",COLUMNS=>"data:ii",LIMIT=>10
```

文章的倒排表有长有短，这和不同词的热度不同有关。

14.2.6 正负面分析

正负面分析是一个文档分析一次，所以用不到 MapReduce 的 Shuffle 过程，在提交任务时使用不带 Reduce 的提交方式，和预处理基本一致。

这样一来，只需要设计 Mapper，并不需要考虑设计 Reducer。在 Mapper 的设计中，需要提前准备好两个词典，一个是正面词词典，另一个是负面词词典。在这两个词典中分别放入一些表示正面属性的词和表示负面属性的词，并且将这两个词传给每一个 MapTask。

一种简单的方式是，将这两个文件提前上传到 HDFS，本例中将其传入 HDFS 的/dict 文件夹下，然后在 Mapper 的 setup()方法中，加载这两个文件，将其写入两个集合，之后在 map()方法中只需要判断之前已经完成分词的 toks 列中有没有这两个集合中的词即可。

最终的分析结果使用一个数字变量 pos_neg 表示，如果正面词多，这一值为正，反之为负，将最终的结果写入原表的 pos_neg 列中。

```java
class MyMapper extends TableMapper<ImmutableBytesWritable, Mutation> {
    public HashSet<String> posSet = new HashSet<>();
    public HashSet<String> negSet = new HashSet<>();
    protected void setup(Context context) throws IOException {
        Configuration conf = new Configuration();
        FileSystem fs = null;
        try {
            fs = FileSystem.get(new URI("hdfs://zzti:9000"), conf);
            {
                InputStream in = fs.open(new Path("/dict/正面词.dict"));
                BufferedReader br = new BufferedReader(new InputStreamReader(in));
                String line = null;
                while ((line = br.readLine()) != null) {
                    posSet.add(line.trim());
                }
                br.close();
            }
            {
                InputStream in = fs.open(new Path("/dict/负面词.dict"));
                BufferedReader br = new BufferedReader(new InputStreamReader(in));
                String line = null;
                while ((line = br.readLine()) != null) {
                    negSet.add(line.trim());
                }
                br.close();
            }
            fs.close();
        } catch (URISyntaxException e) {
            throw new RuntimeException(e);
        }
        System.out.println(posSet.size() + ":" + negSet.size());
    }

    protected void map(ImmutableBytesWritable key, Result columns,
    Mapper<ImmutableBytesWritable, Result, ImmutableBytesWritable, Mutation>.
    Context context) throws IOException, InterruptedException {
        Cell cell = columns.getColumnLatestCell(Bytes.toBytes("data"),
Bytes.toBytes("toks"));
        if (cell != null) {
```

```
                int pos_neg = 0;
                String toks = Bytes.toString(CellUtil.cloneValue(cell));
                for (String tok : toks.split(",")) {
                    String[] wordCount = tok.split(":");
                    if (wordCount.length == 2) {
                        if (posSet.contains(wordCount[0])) {
                            pos_neg++;
                        } else if (negSet.contains(wordCount[0])) {
                            pos_neg--;
                        }
                    }
                }
                Put put = new Put(columns.getRow());
                put.addColumn(Bytes.toBytes("data"),
                              Bytes.toBytes("pos_neg"),
                              Bytes.toBytes(pos_neg+""));
                context.write(key, put);
            }
        }
    }
}
```

执行完上述代码之后，可以查看 exp201 表中前几篇文章的正负面分析结果，结果如图 14-10 所示。

```
hbase:019:0> scan "exp201",COLUMNS=>"data:pos_neg",LIMIT=>10
ROW                   COLUMN+CELL
 1                    column=data:pos_neg, timestamp=2022-05-19T10:47:49.205, value=0
 100                  column=data:pos_neg, timestamp=2022-05-19T10:47:49.205, value=32
 100000               column=data:pos_neg, timestamp=2022-05-19T10:47:49.205, value=0
 1000001              column=data:pos_neg, timestamp=2022-05-19T10:47:49.205, value=0
 1000003              column=data:pos_neg, timestamp=2022-05-19T10:47:49.205, value=0
 1000007              column=data:pos_neg, timestamp=2022-05-19T10:47:49.205, value=2
 1000014              column=data:pos_neg, timestamp=2022-05-19T10:47:49.205, value=0
 1000017              column=data:pos_neg, timestamp=2022-05-19T10:47:49.205, value=1
 1000023              column=data:pos_neg, timestamp=2022-05-19T10:47:49.205, value=0
 1000024              column=data:pos_neg, timestamp=2022-05-19T10:47:49.205, value=0
10 row(s)
Took 0.0232 seconds
```

图 14-10　正负面分析结果

```
hbase> scan "exp201",COLUMNS=>"data:pos_neg",LIMIT=>10
```

14.3　本章小结

本章通过对维基百科的中文语料进行典型综合分析，既帮助读者掌握了基本的文本语料分析技巧，也培养了读者综合使用 MapReduce、Hive、HBase 来完成文本数据分析的能力。

参考文献

[1] 肖睿，兰伟，廖春琼. Hadoop 数据仓库实战[M]. 北京：人民邮电出版社, 2020.

[2] 魏祖宽. 基于 Hadoop 的大数据分析和处理[M]. 北京：电子工业出版社, 2017.

[3] WHITE T. Hadoop 权威指南：大数据的存储与分析[M]. 4 版. 王海，华东，刘喻，等, 译. 北京：清华大学出版社, 2017.

[4] 卡普廖洛，万普勒，卢森格林. Hive 编程指南[M]. 曹坤, 译. 北京：人民邮电出版社, 2013.

[5] 杨力. 大数据 Hive 离线计算开发实战[M]. 北京：人民邮电出版社, 2020.

[6] 乔治. HBase 权威指南[M]. 代志远，刘佳，蒋杰, 译. 北京：人民邮电出版社, 2013.